新编

电脑选购、组装、维护与故障处理

从入门到精通

◎ 龙马高新教育 策划

◎ 赵源源 主编

人民邮电出版社

北京

图书在版编目（CIP）数据

新编电脑选购、组装、维护与故障处理从入门到精通/
赵源源主编. — 北京：人民邮电出版社，2016.1（2019.8重印）
ISBN 978-7-115-40400-8

Ⅰ. ①新… Ⅱ. ①赵… Ⅲ. ①电子计算机－选购－基
本知识②电子计算机－组装－基本知识③电子计算机－维
修－基本知识 Ⅳ. ①TP3

中国版本图书馆CIP数据核字(2015)第279597号

内 容 提 要

本书以零基础讲解为宗旨，用实例引导读者学习，深入浅出地介绍了电脑选购、组装、维护与故障
处理的相关知识和方法。

全书分为6篇，共27章。第1篇【入门篇】主要介绍了电脑的基础知识、电脑硬件的选购方法，以
及电脑组装方案等；第2篇【组装实战篇】主要介绍了电脑组装的方法、BIOS 设置、硬盘分区、操作系
统与设备驱动的安装、系统启动后的设置，以及网络连接方法等；第 3 篇【电脑维护篇】主要介绍了软
件管理方法、硬盘的管理与维护、数据的维护、电脑的优化与设置、电脑硬件的保养方法等；第4篇【故
障处理篇】主要介绍了电脑故障处理的基础知识，以及开/关机故障、CPU 与内存故障、主板与硬盘故障、
其他设备故障、操作系统故障、常见软件故障和网络故障的处理方法等；第 5 篇【系统安全篇】主要介
绍了电脑病毒的防御与安全设置，以及电脑操作系统的备份、还原与重装方法等；第 6 篇【高手秘技篇】
主要介绍了恢复误删除数据的方法、使用 U 盘安装操作系统、刻录 DVD 系统安装盘，以及为 500 台电
脑同时批量安装操作系统的方法等。

在本书附赠的 DVD 多媒体教学光盘中，包含了 20 小时与图书内容同步的教学录像，以及案例的配
套素材和结果文件。此外，还赠送了大量相关内容的教学录像和电子书，便于读者扩展学习。

本书不仅适合电脑选购、组装、维护与故障处理的初、中级用户学习使用，也可以作为各类院校相
关专业学生和电脑培训班学员的教材或辅导用书。

◆ 策　　划　龙马高新教育
　　主　　编　赵源源
　　责任编辑　张　翼
　　责任印制　杨林杰

◆ 人民邮电出版社出版发行　　北京市丰台区成寿寺路 11 号
　　邮编　100164　电子邮件　315@ptpress.com.cn
　　网址　http://www.ptpress.com.cn
　　固安县铭成印刷有限公司印刷

◆ 开本：787×1092　1/16
　　印张：30
　　字数：727 千字　　　　　　　2016 年 1 月第 1 版
　　印数：9 601－10 200 册　　　2019 年 8 月河北第 10 次印刷

定价：69.80 元（附光盘）

读者服务热线：(010)81055410　印装质量热线：(010)81055316
反盗版热线：(010)81055315
广告经营许可证：京东工商广登字 20170147 号

电脑是社会进入信息时代的重要标志，掌握丰富的电脑知识、正确熟练地操作电脑已成为信息时代对每个人的要求。为满足广大读者的学习需要，我们针对不同学习对象的接受能力，总结了多位电脑高手、高级设计师及计算机教育专家的经验，精心编写了这套"新编从入门到精通"丛书。

丛书主要内容

本套丛书涉及读者在日常工作和学习中常见的电脑应用领域，在介绍软硬件的基础知识及具体操作时均以读者经常使用的版本为主，在必要的地方也兼顾了其他版本，以满足不同领域读者的需求。本套丛书主要包括以下品种。

新编学电脑从入门到精通	新编老年人学电脑从入门到精通
新编笔记本电脑应用从入门到精通	新编电脑办公（Windows 8 + Office 2010版）从入门到精通
新编Office 2003从入门到精通	新编电脑办公（Windows 8 + Office 2013版）从入门到精通
新编Office 2010从入门到精通	新编电脑办公（Windows 7 + Office 2013版）从入门到精通
新编Office 2013从入门到精通	新编PowerPoint 2013从入门到精通
新编电脑打字与Word排版从入门到精通	新编电脑选购、组装、维护与故障处理从入门到精通
新编黑客攻击与防范从入门到精通	新编电脑及数码设备系统安装与维护从入门到精通
新编Photoshop CC从入门到精通	新编中文版AutoCAD 2015从入门到精通
新编UG 9.0从入门到精通	新编SPSS 23.0从入门到精通
新编Premiere CC从入门到精通	新编SolidWorks 2015从入门到精通
新编金蝶KIS从入门到精通	新编用友U8 V12.0从入门到精通
新编淘宝网开店、装修、推广从入门到精通	新编微信公众平台搭建与开发从入门到精通
新编Word/Excel/PPT 2003从入门到精通	新编Word/Excel/PPT 2007从入门到精通
新编Word/Excel/PPT 2010从入门到精通	新编Word/Excel/PPT 2013从入门到精通
新编Word 2013从入门到精通	新编Excel 2003从入门到精通
新编Excel 2010从入门到精通	新编Excel 2013从入门到精通
新编网站设计与网页制作（Dreamweaver CC + Photoshop CC + Flash CC版）从入门到精通	

本书特色

○ 零基础、入门级的讲解

无论读者是否从事计算机相关行业，是否了解电脑选购、组装、维护与故障处理方法，都能从本书中找到最佳的起点。本书入门级的讲解可以帮助读者快速地从新手迈向高手行列。

○ 精选内容，实用至上

全部内容都经过精心选取编排，在贴近实际的同时，突出重点、难点，帮助读者对所学知识深化理解，触类旁通。

○ 实例为主，图文并茂

在介绍过程中，每一个知识点均配有实例辅助讲解，每一个操作步骤均配有对应的插图加深认识。这种图文并茂的方法能够使读者在学习过程中直观、清晰地看到操作过程和效果，便于深刻理解和掌握。

○ 高手指导，扩展学习

本书以"高手支招"的形式为读者提炼了各种高级操作技巧，总结了大量系统实用的操作方法，以便读者学习到更多的内容。

○ 双栏排版，超大容量

本书采用双栏排版的形式，大大扩充了信息容量，在 400 多页的篇幅中容纳了传统图书 600 多页的内容。这样就能在有限的篇幅中为读者奉送更多的知识和实战案例。

○ 书盘结合，互动教学

本书配套的多媒体教学光盘内容与书中知识紧密结合并互相补充。在多媒体光盘中，我们仿真工作、学习中的真实场景，帮助读者体验实际工作环境，并借此掌握日常所需的知识和技能以及处理各种问题的方法，达到学以致用的目的，从而大大增强了本书的实用性。

🎵 光盘特点

○ 20 小时全程同步视频教学录像

教学录像涵盖本书所有知识点，详细讲解每个实例及实战案例的操作过程和关键点。读者可以更轻松地掌握书中所有的知识和技巧，而且扩展的讲解部分可使读者获得更多的知识。

○ 超多、超值资源大放送

随书奉送网络搜索与下载技巧手册、常用五笔编码查询手册、电脑维护与故障处理技巧查询手册、电脑使用技巧电子书、Windows 蓝屏代码含义速查表、Windows 7 操作系统安装录像、Windows 8.1 操作系统安装录像、Windows 10 操作系统安装录像、电脑系统一键备份与还原教学录像、15 小时系统安装 / 重装 / 备份与还原教学录像、7 小时 Windows 7 教学录像、9 小时 Photoshop CC 教学录像以及本书配套教学用 PPT 文件等超值资源，以方便读者扩展学习。

🎬 配套光盘运行方法

❶ 将光盘放入光驱中，几秒钟后系统会弹出【自动播放】对话框，如下图所示。

❷ 在 Windows 7 操作系统中单击【打开文件夹以查看文件】链接以打开光盘文件夹，用鼠标右键单击光盘文件夹中的 MyBook.exe 文件，并在弹出的快捷菜单中选择【以管理员身份运行】菜单项，打开【用户账户控制】对话框，如下图所示。单击【是】按钮，光盘即可自动播放。在 Windows 8 操作系统中会在桌面右上角显示快捷操作界面，单击界面后，在其列表中选择【运行 MyBook.exe】选项即可。

❸ 光盘运行后会首先播放片头动画，之后进入光盘的主界面。其中包括【课堂再现】、【龙马高新教育 APP 下载】、【支持网站】3 个学习通道和【赠送资源】、【帮助文件】、【退出光盘】3 个功能按钮。

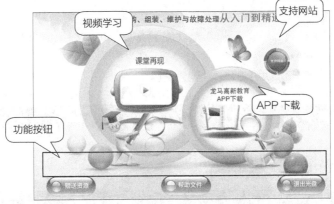

❹ 单击【课堂再现】按钮，进入多媒体同步教学录像界面。在左侧的章号按钮上单击鼠标左键，在弹出的快捷菜单上单击要播放的节名，即可开始播放相应的教学录像。

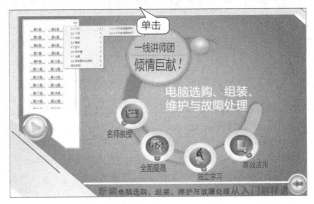

❺ 单击【龙马高新教育 APP 下载】按钮，在打开的文件夹中包含有龙马高新教育的 APP 安装程序，可以使用 360 手机助手、应用宝将程序安装到手机中，也可以将安装程序传输到手机中进行安装。

❻ 单击【支持网站】按钮，用户可以访问龙马高新教育的支持网站，在网站中进行交流学习。

❼ 单击【赠送资源】按钮，可以查看对应的文件和学习资源。

赠送资源

❽ 单击【帮助文件】按钮，可以打开"光盘使用说明 .pdf"文档，该说明文档详细介绍了光盘在电脑上的运行环境和运行方法。

❾ 单击【退出光盘】按钮，即可退出本光盘系统。

网站支持

更多学习资料，请访问 www.51pcbook.cn。

创作团队

本书由龙马高新教育策划，赵源源任主编，参与本书编写、资料整理、多媒体开发及程序调试的人员有孔万里、周奎奎、张任、张田田、尚梦娟、李彩红、尹宗都、王果、陈小杰、左琨、邓艳丽、崔姝怡、侯蕾、左花苹、刘锦源、普宁、王常吉、师鸣若、钟宏伟、陈川、刘子威、徐永俊、朱涛和张允等。

在编写过程中，我们竭尽所能地将最好的讲解呈现给读者，但也难免有疏漏和不妥之处，敬请广大读者不吝指正。若您在学习过程中产生疑问，或有任何建议，可发送电子邮件至 zhangyi@ptpress.com.cn。

编者

目录

第3篇 电脑维护篇

赠送资源(光盘中)

- 赠送资源 1　15 小时系统安装、重装、备份与还原教学录像
- 赠送资源 2　电脑维护与故障处理技巧查询手册
- 赠送资源 3　电脑系统一键备份与还原教学录像
- 赠送资源 4　Windows 蓝屏代码含义速查表
- 赠送资源 5　7 小时 Windows 7 教学录像
- 赠送资源 6　Windows 7 操作系统安装教学录像
- 赠送资源 7　Windows 8.1 操作系统安装教学录像
- 赠送资源 8　Windows 10 操作系统安装教学录像
- 赠送资源 9　网络搜索与下载技巧手册
- 赠送资源 10　常用五笔编码查询手册
- 赠送资源 11　电脑使用技巧电子书
- 赠送资源 12　9 小时 Photoshop CC 教学录像
- 赠送资源 13　教学用 PPT 课件

第1篇
入门篇

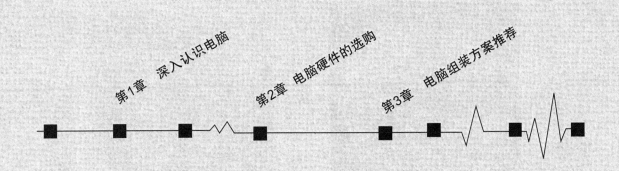

第1章 深入认识电脑

第2章 电脑硬件的选购

第3章 电脑组装方案推荐

第 **1** 章

深入认识电脑

学习目标————

如今，电脑虽然已经不是一个陌生的名词，但是大多数人并不能深入了解它。本章将介绍电脑的分类；电脑硬件、软件的组成以及一些外部设备。

学习效果————

1.1 电脑的分类

🕐 本节教学录像时间：4 分钟

　　随着电脑技术的日新月异，其种类也更加多样，市面上比较常见的有台式机、笔记本电脑、平板电脑、智能手机等，另外，智能家居、智能穿戴设备也一跃成为当下热点。本节将介绍不同种类的电脑及其特点。

1.1.1 台式机

　　台式机也称为桌面计算机，是最为常见的电脑，其特点是体积大，较为笨重，一般需要放置在电脑桌或专门的工作台上，主要用于比较固定的场合，如公司与家庭。

　　目前，台式机主要分为分体式和一体机。分体式是产生最早的传统机型，其显示屏和主机分离，占位空间大，通风条件好，与一体机相比，用户群更广。下图就是一款台式机展示图。

　　一体机是将主机、显示器等集成到一起，与传统台式机相比，它结合了台式机和笔记本电脑的优点，其连线少、体积小、设计时尚的特点吸引了无数用户的注意力，成为一种新的产品形态。

当然，除了分体式和一体机外，迷你PC产品逐渐进入市场，成为时下热门。虽然迷你PC产品体积小，有的甚至与U盘一般大小，却搭载着处理器、内存、硬盘等，并配有操作系统，可以插入电视机、显示器或者投影仪等，使之成为一个电脑，用户还可以使用蓝牙鼠标、键盘连接操作。下图就是一款英特尔推出的一体式迷你电脑棒。

英特尔迷你电脑棒

1.1.2 笔记本电脑

笔记本电脑（NoteBook Computer，简写为NoteBook），又称为笔记本型、手提或膝上电脑（Laptop Computer，简写为Laptop），是一种方便携带的小型个人电脑。笔记本电脑与台式机有着类似的结构组成，包括显示器、键盘/鼠标、CPU、内存和硬盘等。笔记本电脑主要优点是体积小、重量轻、携带方便，所以便携性是笔记本电脑相对于台式机最大的优势。

笔记本电脑

(1) 便携性比较

与笨重的台式机相比，笔记本电脑小巧便携，且消耗的电能和产生的噪声都比较少。

(2) 性能比较

相对于同等价格的台式机，笔记本电脑的运行速度通常会稍慢一点，对图像和声音的处理能力也比台式机稍逊一筹。

(3) 价格比较

对于同等性能的笔记本电脑和台式机来说，笔记本电脑由于对各种组件的搭配要求更高，其价格也相应较高。但是，随着现代工艺和技术的进步，笔记本电脑和台式机之间的价格差距正在缩小。

1.1.3 平板电脑

　　平板电脑是PC家族新增加的一名成员。其外观和笔记本电脑相似，是一种小型、携带方便的个人电脑。集移动商务、移动通信和移动娱乐为一体，是平板电脑最重要的特点，平板电脑小而轻，可以随时转移使用场所，比台式机更具移动灵活性。

　　平板电脑最为典型的是苹果iPad，它的产生，在全世界掀起了平板电脑的热潮。如今，平板电脑种类、样式、功能更多，可谓百花齐放，如有支持打电话的、带全键盘滑盖的、支持电磁笔双触控的，另外，根据应用领域划分，有商务型、学生型、工业型等。

平板电脑

1.1.4 智能手机

　　智能手机已基本替代了传统的、功能单一的手持电话，它可以像个人电脑一样，拥有独立的操作系统、运行和存储空间。除了具有手机的通话功能外，还具备掌上电脑的功能。

　　智能手机与平板电脑相比，以通信为核心，尺寸小，便携性强，可以放入口袋中，随身携带，从广义上说，是使用人群较多的个人电脑。

智能手机

1.1.5 可穿戴电脑与智能家居

　　从表面上看，可穿戴电脑与智能家居和电脑有些风牛马不相及的感觉，但它们却属于电脑的范畴，可以像电脑一样智能。下面简单介绍可穿戴电脑与智能家居。

● 1.可穿戴电脑

　　可穿戴电脑，通常称为可穿戴计算设备，指可穿戴于身上外出进行活动的微型电子设备，它由轻巧的装置构成，因此更具有便携性，它是具有可佩戴的形态、具备独立的计算能力及拥有专用的应用程序和功能的设备，它可以完美地将电脑和穿戴设备结合起来，如眼镜、手表、项链，给用户提供全新的人机交互方式和用户体验等。

2013年被称为"穿戴式计算年"，随着技术进步和产品的更新换代，更多的可穿戴计算设备应运而生。如Google Glass智能眼镜、Jawbone UP手环，苹果公司也于2015年3月9日发布了智能手表系列。

随着PC互联网向移动互联网过渡，相信可穿戴计算设备也会以更多的产品形态和更好的用户体验逐渐实现大众化。

● 2.智能家居

智能家居相对于可穿戴电脑，则提供了一个无缝的环境，以住宅为平台，利用综合布线技术、网络通信技术、安全防范技术、自动控制技术、音视频技术等与家居生活有关的技术设施集成，构建高效的住宅设施与家庭日程事务的管理系统，提升家居安全性、便利性、舒适性、艺术性，并打造环保节能的居住环境。

传统家电、家居设备、房屋建筑等都已成为智能家居的发展方向，尤其是物联网的快速发展和互联网+的提出，使更多的家电和家居设备成为连接物联网的终端和载体。如今，我们可以明显发现，我国的智能电视市场已基本完成市场布局，逐渐替代和淘汰传统电视。

智能家居的实现给用户营造了更好的场景，如电灯可以根据光线、用户位置或用户需求，自动打开或关闭、自动调整灯光颜色；电视可以感知用户的观看状态，以决定是否自动关闭等；手机可以控制插座、定时开关、充电保护等。

1.2 电脑的硬件组成

⊙ 本节教学录像时间：10分钟

硬件是指组成电脑系统中看得见的各种物理部件，是实实在在的，用手摸得着的器件，主要包括CPU、主板、内存、硬盘、电源、显卡、声卡、网卡、光驱、机箱、键盘、鼠标等，本节主要介绍这些硬件的基本知识。

1.2.1 CPU

CPU也叫中央处理器，是一台电脑的运算和控制核心，作用和人的大脑相似，因为它负责处理、运算电脑内部的所有数据；而主板芯片组则更像是心脏，它控制着数据的交换。CPU的种类决定了所使用的操作系统和相应的软件，CPU的型号往往决定了一台电脑的档次。

CPU的主要参数包括频率、内核、插槽、缓存等部分。下面分别进行介绍。

(1) 频率

CPU频率主要是指主频、外频、倍频、总线类型和总线频率，一般人们较为关注的是主频和外频。主频是CPU运算和处理数据速度的主要参数。一般情况下，主频越高，运行速度越快。而CPU的外频决定着整块主板的运行速度。

(2) 内核

对于内核，我们常常提起它的核心数量，就是通常所讲的双核、四核、六核等，一般情况下，核心数量越多，它的运算能力就越强，但价格也越高。

(3) 插槽

CPU插槽主要分为Socket、Slot这两种，是指安装CPU的插座，在电脑组装时，必须与主板的插槽类型相对应。

(4) 缓存

主要指CPU的一级、二级、三级缓存，可以有效解决CPU和内存速度之间的差异，是衡量CPU好坏的重要指标之一。

目前市场上较为主流的是双核心和四核心CPU，也不乏六核心和八核心的更高性能的CPU，而这些产品主要由Intel（英特尔）和AMD（超微）两大CPU品牌构成。

现在主流的Intel品牌的CPU包括酷睿i3系列（如4130、4150、4160……）、酷睿i5系列（如4460、4590、4690K……）、酷睿i7系列（如4770、4790、4790K……）、奔腾系列（G3250T、G3258、GG3420……）等，主流的AMD品牌的CPU包括AMD 速龙II X4系列（641、645、740）、AMD 羿龙II四核(840、905、965)、APU系列（如A6-3670K、A8-5600K、A10-7800）等。

对于平板电脑和智能手机而言，其主要CPU生产厂家包括高通、Intel、德州仪器、三星、苹果等，它与台式机、笔记本电脑的CPU有所不同的是，它主要的参数是核心数（如四核、八核）和频率（2.1GHz、2.7GHz）。

1.2.2 内存

内存储器（简称内存，也称主存储器）用于存放电脑运行所需的程序和数据。内存的容量与性能是决定电脑整体性能的一个决定性因素。内存的大小及其时钟频率（内存在单位时间内处理指令的次数，单位是MHz）直接影响电脑运行速度的快慢，即使CPU主频很高，硬盘容量很大，但如果内存很小，电脑的运行速度也快不了。

目前，主流的内存品牌主要有金士顿、威刚、海盗船、宇瞻、金邦科技、芝奇、现代、金泰克和三星等。主流电脑多采用的是4GB、8GB的DDR3内存，一些发烧友多采用8GB、16GB的DDR4内存。下图为一款容量为4GB的威刚DDR3 1600内存。

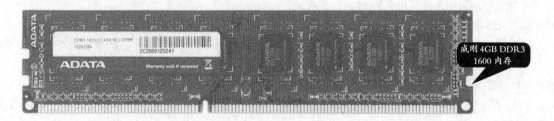

威刚 4GB DDR3 1600 内存

在手机和平板电脑中，内存指的是RAM，手机运行内存可以随时读写，而且速度很快，RAM越大，系统和程序运行越顺畅。因此，在购买手机时，都会发现有2GB、3GB RAM等的参数。

1.2.3 硬盘

硬盘是电脑最重要的外部存储器之一，由一个或多个铝制或者玻璃制的碟片组成。这些碟片外覆盖有铁磁性材料。绝大多数硬盘都是固定硬盘，被永久性地密封固定在硬盘驱动器中。由于硬盘的盘片和硬盘的驱动器是密封在一起的，所以通常所说的硬盘或硬盘驱动器其实是一回事。

硬盘有固态硬盘（SSD）、机械硬盘（HDD）、混合硬盘（HHD，一块基于传统机械硬盘诞生出来的新硬盘）；SSD采用闪存颗粒来存储，HDD采用磁性碟片来存储，HHD是把磁性硬盘和闪存集成到一起的一种硬盘。

机械硬盘是最为普遍的硬盘，而随着用户对电脑的需求不断提高，固态硬盘逐渐被选择。固态硬盘是一种高性能的存储器，而且使用寿命很长。固态硬盘的优点如下。

(1) 启动快，没有电机加速旋转的过程。

(2) 不用磁头，快速随机读取，读延迟极小。

(3) 相对固定的读取速度，由于寻址时间与数据存储位置无关，因此磁盘碎片不会影响读取时间。

(4) 写入速度快（基于DRAM），硬盘的I/O操作性能佳，能够明显提高需要频繁读写的系统的性能。

(5) 无噪声。

(6) 低容量的基于闪存的固态硬盘在工作状态下能耗与发热量较小，但高端或大容量产品能耗较高。

(7) 出现机械错误的可能性很低，不怕碰撞、冲击和震动。

硬盘的存储容量以GB为计算单位。机械硬盘的容量较大，常见的硬盘容量有500GB、1TB、2TB等，而固态硬盘主要容量有64GB、120GB、200GB等，价格也较高。目前，主要的硬盘品牌厂商为希捷、西部数据、东芝、三星、日立以及迈拓等，下图分别为希捷2TB的硬盘和三星固态硬盘。

在手机和平板电脑中，虽然没有硬盘的称谓，但其类似于机身内存，另外我们在手机中安装的内存卡也和硬盘作用一样。手机和平板电脑都有机身内存，如8GB、16GB、32GB等，如果手机支持存储扩展，用户可以安装存储卡，用于储存设备上的多媒体文件。下图为三星一款容量32GB的存储卡。

1.2.4 主板

如果把CPU比作电脑的"心脏"，那么主板便是电脑的"躯干"。几乎所有的电脑部件都是直接或间接连接到主板上的，主板性能对整机的速度和稳定性都有极大影响。主板又称系统板或母板（Mather Board），是电脑系统中极为重要的部件。

主板一般为矩形电路板，上面安装了组成电脑的主要电路系统，并集成了各式各样的电子零件和接口。下图所示即为一个主板的外观。

作为电脑的基础，主板的作用非常重要，尤其是在稳定性和兼容性方面，更是不容忽视的。如果主板选择不当，则其他插在主板上的部件的性能可能就不会被充分发挥。

当前市面上的主板产品根据支持CPU的不同，其适用的处理器插座并不相同，主要分为Intel系列和AMD系列两种。

目前主流的主板品牌有华硕、技嘉、微星、七彩虹、华擎、映泰、梅捷、昂达等。用户选购主板之前，应根据自己的实际情况谨慎考虑购买方案。

总之，主板在整个系统中扮演着举足轻重的角色。可以说，主板的类型和档次决定着整个系统的类型和档次，主板的性能影响着整个系统的性能。

1.2.5 电源

主机电源是一种安装在主机箱内的封闭式独立部件，它的作用是将交流电通过一个开关电源变压器转换为+5V、-5V、+12V、-12V、+3.3V等稳定的直流电，以供应主机箱内主板驱动、硬盘驱动及各种适配器扩展卡等系统部件使用。

在用户装机时，电源常常会被用户忽视，尤其是新手选配电脑时，甚至对电源品质毫不在意。事实上，这会给系统安全留下隐患，同时也为不法商贩留下可趁之机。随着DIY配件的价格越来越透明，攒机商为了赚钱，更多地是在机箱、电源以及显示器等周边配件上留出利润，如果用户一味追求低价格，就极有可能被商家调换成"黑电源"。

电源的功率需求需要看CPU、主板、内存、硬盘等硬件的功率，最常见的功率需求为250~350W。电源的额定功率越大越好，但价格也越贵，需要根据自己其他硬件的功率合理选购。如果考虑今后硬件的升级，可以选择功率稍大一些。

对于电源的品牌，则建议选择一些质量有保障的电源品牌，如航嘉、金河田、游戏悍将、鑫谷、长城机电、大水牛等。

1.2.6 显卡

显卡也称图形加速卡，它是电脑内主要的板卡之一，其基本作用是控制电脑的图形输出。由于工作性质不同，不同的显卡提供了性能各异的功能。

一般来说，二维（2D）图形图像的输出是必备的。在此基础上将部分或全部的三维（3D）图像处理功能纳入显示芯片中，由这种芯片做成的显卡就是通常所说的"3D显卡"。有些显卡以附加卡的形式安装在电脑主板的扩展槽中，有些则集成在主板上。下图所示为七彩虹iGame750Ti 烈焰战神U-Twin-2GD5显卡。

七彩虹 iGame750Ti 烈焰战神 U-Twin-2GD5 显卡

显卡主要由显卡芯片、显存容量、显卡BIOS和显卡PCB组成。显卡芯片也称GPU，是显卡的核心部分，用于处理和加速显示数据，是电脑图像处理的重要单元。目前，GPU主要由NVIDIA与AMD两家厂商生产。

显存是显示内存的简称，其作用是暂时存储显示数据，显存的大小影响着GPU的性能发挥。目前，市面上大多显卡采用GDDR3（显卡性能标准）显存，最新的显卡则采用了GDDR5显存，显存容量已提升为1GB、2GB、3GB等。

显卡BIOS储存了显卡的硬件控制程序，以及产品的型号信息，与主板的BIOS功能相似，而显卡PCB主要指显卡的电路板。

目前主流的显卡品牌有影驰、七彩虹、msi微星、蓝宝石、索泰等。

1.2.7 声卡

声卡（也叫音频卡）是多媒体电脑的必要部件，是电脑进行声音处理的适配器。声卡有3个基本功能，一是音乐合成发音功能，二是混音器（Mixer）功能和数字声音效果处理器（DSP）功能，三是模拟声音信号的输入和输出功能。有些声卡以附加卡的形式安装在电脑主板的扩展槽中，有些则集成在主板上，所使用的总线有ISA总线和PCI总线两种。下图所示即为一块PCI声卡。

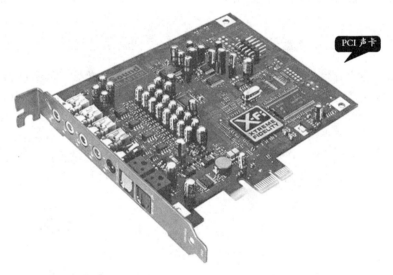

声卡可以把来自话筒、收/录音机、激光唱机等设备的语音、音乐等声音变成数字信号交给电脑处理，并以文件形式存盘，还可以把数字信号还原成为真实的声音输出。声卡尾部的接口从机箱后侧伸出，上面有连接麦克风、音箱、游戏杆和MIDI设备的接口。目前大部分主板上都集成了声卡，一般不需要再另外配备独立的声卡，除非是对音质有太高的要求。

市场上的声卡品牌并不多，主要有创新、华硕、乐之邦、节奏坦克、德国坦克等。

1.2.8 网卡

网卡，也称网络适配器，是电脑连接网络的重要设备，它主要分为集成网卡和独立网卡。集成网卡多集成于主板上，不需要单独购买，如果没有特殊要求，集成网卡可以满足用户上网需求。而独立网卡是单独一个硬件设备，相对集成网卡做工更好，在网络数据流量较大的情况下更稳定。下图为Intel PILA8460C3独立网卡。

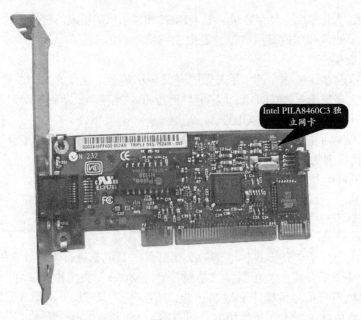

Intel PILA8460C3 独立网卡

网卡主要分为普通电脑网卡、服务器网卡、笔记本电脑网卡和无线网卡四种。一般台式机多采用普通电脑网卡和无线网卡两种。主要的网卡品牌有Intel、TP-Link、B-Link、D-Link、磊科等。

1.2.9 光驱

光驱是对光盘上存储的信息进行读写操作的设备。光驱由光盘驱动部件和光盘转速控制电路、读写光头和读写电路、聚焦控制、寻道控制、接口电路等部分组成，其机理比较复杂。在大多数情况下，操作系统及应用软件的安装都需要依靠光驱来完成。由于DVD光盘中可以存放更大容量的数据，所以DVD光驱已成为市场中的主流。

不过，随着U盘的普及，作为最主要媒体文件存储介质，光驱的使用人群也逐渐减少，而最新的台式机和笔记本电脑也都去掉了光驱的装配。光驱的外观如下图所示。

光驱

小提示

光驱最主要的性能指标是读盘速度，一般用×倍速表示。这是因为第一代光驱的读盘速率为150KB/s，称为单倍速光驱，而以后的光驱读盘速率一般为单倍的若干倍。例如，50×光驱的最高读盘速率为50×150KB/s=7500KB/s。

目前，光驱主要有DVD光驱（DVD-ROM）、DVD刻录机、康宝（COMBO）光驱、外置DVD光驱和外置刻录机等。而市面上较为主流的光驱品牌有华硕、三星、先锋、LG、飞利浦等。

1.2.10 机箱

　　机箱为CPU、主板、内存、硬盘等硬件提供了充足的空间，使之可以有条理地布置在机箱内，是它们的保护伞，同时起到隔声、防辐射和防电磁干扰的作用。

　　一般来说，机箱包括外壳、支架及箱体前端的开关，多由金属和塑料制作而成。在使用机箱时，用户一般考虑的是机箱的质量、样式和特性，如机箱的制作工艺是否优秀，样式是否好看，而特性指防辐射能力、免工具拆装等。下图为机箱外观图。

机箱

　　目前，市场上机箱质量口碑较好的品牌有金河田、鑫谷、游戏悍将、大水牛、航嘉、超频三等。

1.3　外部设备

◈ 本节教学录像时间：10 分钟

☕　　外部设备主要是指除电脑主机外的外部硬件设备，如常用的外部设备有显示器、鼠标、键盘等，而在办公中常用的设备有打印机、扫描仪等。

1.3.1 常用的外部设备

　　本节主要介绍常用的外部设备，包括显示器、鼠标、键盘、麦克风、摄像头、音箱等。

● 1. 显示器

　　显示器是电脑重要的输出设备，也是电脑的"脸面"。电脑操作的各种状态、结果以及编辑的文本、程序、图形等都是在显示器上显示出来的。

　　液晶显示器以其低辐射、功耗小、可视面积大、体积小及显示清晰等优点，成为电脑显示器的主流产品，淘汰了体积笨重、辐射大、功耗高的CRT显示器。目前，显示器主要按照屏幕尺寸、面板类型、视频接口等进行划分。如屏幕尺寸，较为普及的为19英寸、21英寸、22英寸，较大的可以选择23英寸、24英寸等。而面板类型很大程度上决定了显示器的亮度、对比度、可视度等，直接影响显示器的性能，面板类型主要包括TN面板、IPS面板、PVA面板、MVA面板、PLS

面板以及不闪式3D面板等，其中IPS面板和不闪式3D面板较好，价格也相对贵一些。视频接口主要指显示器的图像输出端口，如较为常用的VGA视频接口，另外还有HDMI、MHL、DVI、USB等，如今显示器的视频接口越来越多，其功能也越来越强大。

目前著名的显示器制造商主要有三星、LG、华硕、明基、AOC、飞利浦、长城、HKC、优派等。下图为三星S22A330BW显示器和AOC e2343F显示器。

2. 键盘

键盘是电脑系统中基本的输入设备，用户给电脑下达的各种命令、程序和数据都可以通过键盘输入到电脑中去。常见的键盘主要可分为机械式和电容式两类，现在的键盘大多是电容式键盘。键盘如果按其外形来划分又有普通标准键盘和人体工学键盘两类。按其接口来分主要有PS/2接口（小口）、USB接口以及无线键盘等种类的键盘。标准键盘的外观如下图所示。

在平时使用时应注意保持键盘清洁，经常擦拭键盘表面，减少灰尘进入。对于不防水的键盘，最危险的就是水或油等液体，一旦渗入键盘内部，就容易造成键盘按键失灵。解决方法是拆开键盘后盖，取下导电层塑料膜，用干抹布把液体擦拭干净。

目前，市场上键盘的主要品牌有双飞燕、罗技、雷柏、精灵、雷蛇等。

3. 鼠标

鼠标是电脑基本的输入设备，用于确定光标在屏幕上的位置，在应用软件的支持下，移动、单击、双击鼠标可以快速、方便地完成某种特定的功能。

鼠标主要包括鼠标右键、鼠标左键、鼠标滚轮、鼠标线和鼠标插头。鼠标按照插头的类型可分为USB接口的鼠标、PS/2接口的鼠标和无线鼠标。

4. 耳麦/麦克风

耳麦是耳机和麦克风的结合体，是重要的电脑外部设备之一，与耳机最大的区别是加入了麦克风，可以用于录入声音、语音聊天等。也可以分别购买耳机和麦克风，追求更好的声音效果，麦克风建议购买家用多媒体类型的即可。下图所示为耳麦和麦克风。

5. 摄像头

摄像头(Camera)又称为电脑相机、电脑眼等，是一种视频输入设备，被广泛地运用于视频会议、远程医疗、实时监控等领域，我们可以通过摄像头在网上进行有影像、有声音的交谈和沟通。下图所示为摄像头。

6. 音箱

音箱是整个音响系统的终端，作用是将电脑中的音频文件通过音箱的扬声器播放出来。因此它的好坏影响着用户的聆听效果。在听音乐、看电影时，它是不可缺少的外部设备之一。

音箱按声道进行划分，主要分为2.0声道音箱、2.1声道音箱、2.1+1声道音箱、2.2声道音箱、4.1声道音箱、5.1声道音箱、7.1声道音箱等。2.0声道音箱指两个音箱，2.1声道音箱分离了一个低音音频。使用2.0声道音箱听音乐比较好；使用2.1声道音箱看电影、玩游戏、听DJ比较好，其低音效果好，音效具有震撼的感觉。

不是声道值越高越好，应根据自己的需求进行配置。

目前，市场上主流的音箱品牌有漫步者、现代、惠威、飞利浦、麦博、三诺等。

漫步者 C2 桌面式音箱

现代荣御 HY-760 音箱

● 7.路由器

路由器是用于连接多个逻辑上分开的网络的设备，可以用来建立局域网，可实现家庭中多台电脑同时上网，也可将有线网络转换为无线网络。如今手机、平板电脑的广泛使用，使路由器成为不可缺少的网络设备，而智能路由器也随之出现，具有独立的操作系统，可以实现智能化管理路由器，安装各种应用，自行控制带宽、自行控制在线人数、自行控制浏览网页、自行控制在线时间、同时拥有强大的USB共享功能等。下图分别为腾达的三条线无线路由器和小米智能路由器。

腾达三条线无线路由器

小米智能路由器

目前，市场上主流的路由器品牌有TP-LINK、Tenda、D-LINK、水星、FAST、磊科等。

1.3.2 办公常用外部设备

在企业办公中，电脑常用的外部相关设备包括：可移动存储设备、打印机、复印机、扫描仪等。有了这些外部设备，人们可以充分发挥电脑的优异性能，如虎添翼。

● 1. 可移动存储设备

可移动存储设备是指可以在不同终端间移动的存储设备，方便了资料的存储和转移。目前较为普遍的可移动存储设备主要有移动硬盘和U盘。

（1）移动硬盘

移动硬盘是以硬盘为存储介质，实现了电脑之间的大容量数据交换，其数据的读写模式与标准IDE硬盘是相同的。移动硬盘多采用USB、IEEE1394等传输速度较快的接口，可以以较高的速度与电脑进行数据传输。

移动硬盘主要有容量大、体积小、传输速度快、可靠性高等特点。目前市场上的移动硬盘容量主要有500GB、1TB、2TB、3TB等，硬盘尺寸主要分为1.8英寸、2.5英寸、3.5英寸，用户可以根据自己的需求进行选择。

目前，市场上移动硬盘的主要品牌有希捷、东芝、威刚、西部数据、惠普、三星等。

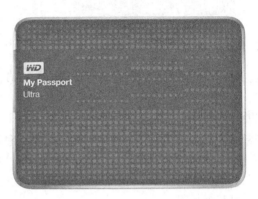

(2) U盘

U盘又称为"优盘"，是一种无需物理驱动器的微型高容量移动存储产品，通过USB接口与电脑连接，实现"即插即用"。因此，也叫"USB闪存驱动器"。

U盘主要用于存放照片、文档、音乐、视频等中小型文件，它的最大优点是体积小，价格便宜。体积如大拇指般大小，携带极为方便，可以放入口袋中、钱包里。U盘容量常见的有8GB、16GB、32GB等，根据接口类型主要分为USB 2.0和USB 3.0两种，另外，还有一种支持插到手机中的双接口U盘。

目前，市场上U盘的主要品牌有金士顿、闪迪、SSK飚王、威刚、联想、金邦科技等。下图为金士顿U盘。

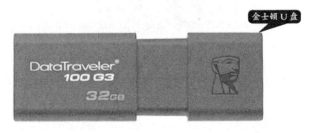

金士顿U盘

● 2. 打印机

打印机是电脑办公不可缺少的一个组成部分，是重要的输出设备之一。通常情况下，只要是使用电脑办公的公司都会配备打印机。通过打印机，用户可以将在电脑中编辑好的文档、图片等数据资料打印输出到纸上，从而方便用户将资料进行长期存档或向其他部门报送等。

近年来，打印机技术取得了较大的进展，各种新型实用的打印机应运而生，一改以往针式打印机一统天下的局面。目前，针式打印机、喷墨打印机、激光打印机和多功能一体机百花齐放，各自发挥其优点，满足用户不同的需求。

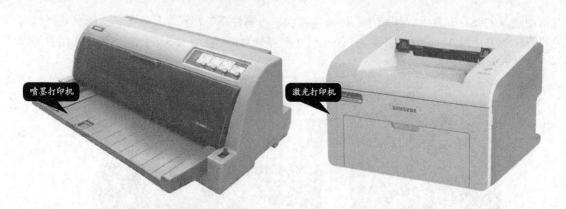

市场上，打印机的主要品牌有爱普生、佳能、兄弟、惠普、三星、方正等。

3. 复印机

我们通常所说的复印机是指静电复印机，它是一种利用静电技术进行文书复制的设备。复印机是从书写、绘制或印刷的原稿得到等倍、放大或缩小的复印品的设备。复印机复印的速度快，操作简便，与传统的铅字印刷、蜡纸油印、胶印等的主要区别是无需经过其他制版等中间手段，而能直接从原稿获得复印品。

目前，市场上复印机的主要品牌有夏普、三星、东芝、富士施乐、佳能等。

4. 扫描仪

扫描仪的作用是将稿件上的图像或文字输入到电脑中。如果是图像，则可以直接使用图像处理软件进行加工；如果是文字，则可以通过OCR软件，把图像文本转化为电脑能识别的文本文件，这样可节省把字符输入电脑的时间，大大提高输入速度。

目前，许多类型的办公和家用扫描仪均配有OCR软件，如紫光的扫描仪配备了紫光OCR，中晶的扫描仪配备了尚书OCR，Mustek的扫描仪配备了丹青OCR等。扫描仪与OCR软件共同承担着从文稿的输入到文字识别的全过程。

使用扫描仪和OCR软件，就可以对报纸、杂志等媒体上刊载的有关文稿进行扫描，随后进行OCR识别（或存储成图像文件，留待以后进行OCR识别），将图像文件转换成文本文件或Word文件进行存储。

目前，市场上扫描仪的主要品牌有爱普生、佳能、中晶、惠普、精益、方正等。

5. 投影仪

投影仪又称投影机，是一种可以将图像或视频投射到幕布上的设备，可以通过不同的接口同计算机、VCD、DVD、BD、游戏机、DV等相连接，以播放相应的视频信号。根据应用环境可分为家庭影院型投影仪、便携商务型投影仪、教育会议型投影仪、主流工程型投影仪、专业剧院型投影仪、测量投影仪。

目前，市场上投影仪的主要品牌有明基、NEC、松下、奥图码、飞利浦等。

1.4 电脑的软件组成

本节教学录像时间：6分钟

软件是电脑系统的重要组成部分。电脑的软件系统可以分为系统软件、驱动软件和应用软件3大类。使用不同的电脑软件，电脑可以完成许多不同的工作，从而使电脑具有非凡的灵活性和通用性。

1.4.1 操作系统

操作系统是一款管理电脑硬件与软件资源的程序，同时也是电脑系统的内核与基石。操作系统是一款庞大的管理控制程序，大致包括5个方面的管理功能：进程与处理机管理、作业管理、存储管理、设备管理、文件管理。操作系统是管理电脑全部硬件资源、软件资源、数据资源，控制程序运行并为用户提供操作界面的系统软件集合。目前，操作系统的主要类型包括微软的Windows、苹果的Mac OS及UNIX、Linux等，这些操作系统所适用的用户人群也不尽相同，电脑用户可以根据自己的实际需要选择不同的操作系统，下面分别对几种操作系统进行简单介绍。

● 1.Windows系列

Windows系统是应用比较广泛的系统，主要包括Windows XP、Windows 7、Windows 8等。

（1）经典的Windows系统——Windows XP

Windows XP操作系统可以说是比较经典的一款操作系统。它拥有豪华亮丽的用户图形界面，自带有选择任务的用户界面，使得工具条可以访问任务的具体细节。Windows XP对电脑硬件要求不是特别高，其安装方法也基本是图形界面形式，而且Windows XP把很多以前由第三方提供的常用软件都整合到操作系统之中，这让用户使用起来更为方便，更为简单，这些都是Windows XP深受用户喜爱的原因，也是大多数用户选择Windows XP作为自己的操作系统的理由。下图所示就是Windows XP最为经典的界面。

（2）流行的Windows系统——Windows 7

Windows 7是由微软公司开发的新一代操作系统，具有革命性的意义。该系统旨在让人们的日常电脑操作更加简单和快捷，为人们提供高效易行的工作环境。

Windows 7操作系统为满足不同用户人群的需要，开发了6个版本，分别是Windows 7 Starter（简易版）、Windows 7 Home Basic（家庭基础版）、Windows 7 Home Premium（家庭高级版）、Windows 7 Professional（专业版）、Windows 7 Enterprise（企业版）、Windows 7 Ultimate（旗舰版）。

Windows 7系统和以前的系统相比，具有很多的优点：更快的速度和性能，更个性化的桌面，更强大的多媒体功能，Windows Touch带来的极致触摸操控体验，Homegroups和Libraries简化局域网共享，全面革新的用户安全机制，超强的硬件兼容性，革命性的工具栏设计等。

（3）革命性Windows系统——Windows 8和Windows 8.1

Windows 8是由微软公司开发的、具有革命性变化的操作系统。Windows 8系统支持来自Intel、AMD和ARM的芯片架构，这意味着Windows系统开始向更多平台迈进，包括平板电脑和PC。

Windows 8增加了很多实用功能，主要包括全新的Metro界面、内置Windows应用商店、应用程序的后台常驻、资源管理器采用

"Ribbon"界面、智能复制、IE 10浏览器、内置pdf阅读器、支持ARM处理器和分屏多任务处理界面等。

微软公司在2012年10月推出新版本Windows 8之后，着手开发了其新版本，命名为Windows 8.1。与Windows 8相比，新版本增强了用户体验，改进了多任务、多监视器支持以及鼠标和键盘导航功能，恢复了【开始】按钮，且支持锁屏功能，内置IE 11.0和Metro应用等，具有承上启下的意义。

(4) 新一代Windows系统——Windows 10

Windows 10是由微软公司开发的新一代操作系统。其主要特色有虚拟化桌面、窗口化程序、多屏多窗口功能增强、多任务多管理界面、通知中心等，吸引了不少用户的眼球。

2. Mac OS

Mac OS系统是一款专用于苹果电脑的操作系统，是基于UNIX内核的图形化操作系统，系统简单直观，安全易用，有很高的兼容性，不可安装于其他品牌的电脑上。

1984 年，苹果公司发布了System 1 操作系统，它是世界第一款成功具备图形图像用户界面的操作系统。在随后的十几年中，苹果操作系统经历了从System 1 到7.5.3 的巨大变化，从最初的黑白界面变成8 色、16 色、真彩色，其系统稳定性、应用程序数量、界面效果等都得到了巨大提升。1997 年，苹果操作系统更名为Mac OS，此后经历了Mac OS 8、Mac OS 9、Mac OS 9.2.2等版本的更新换代。

2001 年，苹果发布了Mac OS X，"X"是一个罗马数字且正式的发音为"十"（ten），延续了先前的麦金塔操作系统（比如Mac OS 8 和Mac OS 9）的编号。Mac OS X 包含两个主要的部分：Darwin，是以BSD 源代码和Mach 微核心为基础，类似UNIX 的开放源代码环境，由苹果电脑采用并做进一步的开发；Aqua，一个由苹果公司开发的有版权的GUI。2014 年秋季，苹果公司发布了新的操作系统OS X 10.10 Yosemite（优胜美地），其采用了与iOS 7 一致的界面风格，扁平化的设计图标，新字体，而且添加了大量的新功能，给用户带来了更直观、更完善的使用体验。

3. Linux

Linux系统是一套免费使用和自由传播的类UNIX操作系统，是一个基于POSIX和UNIX的多用户、多任务、支持多线程和多CPU的操作系统。它能运行主要的UNIX工具软件、应用程序和网络协议，支持32位和64位硬件。

Linux继承了UNIX以网络为核心的设计思想，是一个性能稳定的多用户网络操作系统，主要用于基于Intel x86系列CPU的电脑上。这个系统是由世界各地的成千上万名程序员设计和实现的。

Linux之所以受到广大电脑爱好者的喜爱，主要原因有两个：一是它属于自由软件，用户不用支付任何费用就可以获得它和它的源代码，并且可以根据自己的需要对它进行必要的修改，无偿使用，无约束地继续传播。另一个原因是，它具有UNIX的全部功能，如稳定、可靠、安全，有强大的网络功能，任何使用UNIX操作系统或想要学习UNIX操作系统的人都可以从Linux中获益。

另外，Linux以它的高效性和灵活性著称。Linux模块化的设计结构使得它既能在价格昂贵的工作站上运行，也能够在廉价的PC上实现全部的UNIX特性，具有多任务、多用户的能力。

1.4.2 驱动程序

驱动程序的英文名为"Device Driver"，全称为"设备驱动程序"，是一种可以使电脑和设备通信的特殊程序，相当于硬件的接口。操作系统只有通过驱动程序才能控制硬件设备的工作，假如某个硬件的驱动程序没有正确安装，则该硬件不能正常工作。因此，驱动程序被誉为"硬件的灵魂""硬件的主宰"和"硬件和系统之间的桥梁"等。

在操作系统中，如果不安装驱动程序，则电脑会出现屏幕不清楚、没有声音和分辨率不能设置等现象，所以正确安装操作系统是非常必要的。

● 1. 驱动程序的作用

随着电子技术的飞速发展，电脑硬件的性能越来越强大。驱动程序是直接工作在各种硬件设备上的软件，"驱动"这个名称也十分形象地指明了它的功能。正是通过驱动程序，各种硬件设备才能正常运行，达到既定的工作效果。

硬件如果缺少了驱动程序的"驱动"，那么本来性能非常强大的硬件就无法根据软件发出的指令进行工作，硬件就是空有一身本领也无从发挥，毫无用武之地。从理论上讲，所有的硬件设备都需要安装相应的驱动程序才能正常工作。但像CPU、内存、主板、软驱、键盘、显示器等设备却并不需要安装驱动程序也可以正常工作，这是为什么呢？这主要是由于这些硬件对于一台个人电脑来说是必需的，所以早期的设计人员将这些硬件列为BIOS能直接支持的硬件。换句话说，上述硬件安装后就可以被BIOS和操作系统直接支持，不再需要安装驱动程序。从这个角度来说，BIOS也是一种驱动程序。但是对于其他的硬件，例如网卡、声卡、显卡等，却必须要安装驱动程序，不然这些硬件就无法正常工作。

● 2. 驱动程序的安装顺序

操作系统安装完成后，接下来的工作就是安装驱动程序，而各种驱动程序的安装是有一定顺序的。如果不能正确地安装驱动程序，会导致某些硬件不能正确工作。正确的安装顺序如下图所示。

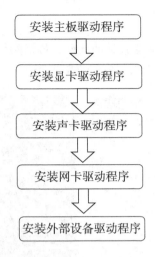

安装主板驱动程序

↓

安装显卡驱动程序

↓

安装声卡驱动程序

↓

安装网卡驱动程序

↓

安装外部设备驱动程序

1.4.3 应用程序

所谓应用程序，是指除了系统软件以外的所有软件，它是用户利用电脑及其提供的系统软件为解决各种实际问题而编制的电脑程序。由于电脑已渗透到了各个领域，因此，应用软件是多种多样的。目前，常见的应用软件有各种用于科学计算的程序包、各种字处理软件、信息管理软件件、电脑辅助设计教学软件、实时控制软件和各种图形软件等。

应用软件是指为了完成某项工作而开发的一组程序，它能够为用户解决各种实际问题。下面列举几种应用软件。

● 1. 办公类软件

办公类软件主要指用于文字处理、电子表格制作、幻灯片制作等的软件，如Microsoft公司的Office Word是应用最广泛的办公软件之一，下面左图所示的是Word 2013的主程序界面。

● 2. 图像处理软件

图像处理软件主要用于编辑或处理图形图像文件，应用于平面设计、三维设计、影视制作等领域，如Photoshop、Corel DRAW、会声会影、美图秀秀等，下面右图所示为Photoshop CC界面。

Word 2013 的主程序界面

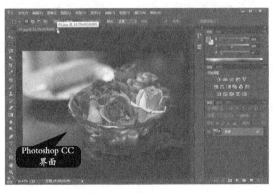

Photoshop CC 界面

3. 媒体播放器

媒体播放器是指电脑中用于播放多媒体的软件，包括网页、音乐、视频和图片4类播放器软件，如Windows Media Player、迅雷看看、Flash播放器等。

高手支招

本节教学录像时间：4分钟

选择品牌机还是兼容机

（1）品牌机

品牌机是指由具有一定规模和技术实力的正规生产厂家生产，并具有明确品牌标识的电脑，如Lenovo（联想）、Haier（海尔）、Dell（戴尔）等。品牌机是由公司组装起来的，且经过兼容性测试正式对外出售的整套的电脑，它有质量保证以及完整的售后服务。

一般选购品牌机，不需要考虑配件搭配问题，也不需要考虑兼容性。因此，省去了组装机硬件安装和测试的过程，买品牌机可以节省很多时间。

（2）兼容机

兼容机简单讲就是DIY的机器，也就是非厂家原装，完全根据顾客的要求进行配置的机器，其中的元件可以是同一厂家出品的，但更多的是整合各家之长的电脑。兼容机在进货、组装、质检、销售和保修等方面随意性很大。

与品牌机相比，兼容机的优势在于以下几点配件。

① 组装机，可根据用户要求随意搭配配件。

② DIY配件市场淘汰速度比较快，品牌机很难跟上其更新的速度，比如有些在散件市场已经淘汰了的配件还出现在品牌机上。

③ 价格优势，电脑散件市场的流通环节少，利润也低，价格和品牌机有一定差距，品牌机流通环节多，利润相比之下要高，所以没有价格优势。值得注意的是由于大部分电脑新手主要看重硬盘大小和CPU高低，而忽略了主板和显卡的重要性，品牌机往往会降低主板和显卡的成本。

第**2**章

电脑硬件的选购

在电脑组装与维护中，硬件的选购是非常重要的一步，这就需要对硬件有足够的了解。本章主要介绍硬件的类型、型号、性能指标、主流品牌及选购技巧等，帮助读者充分掌握电脑硬件各项性能及选购技巧。

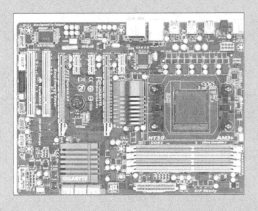

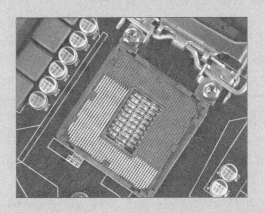

2.1 CPU

🔘 本节教学录像时间：9分钟

CPU（Central Processing Unit）也就是中央处理器。它负责进行整个电脑系统指令的执行、算术与逻辑运算、数据存储、传送及输入和输出控制，也是整个系统最高的执行单位，因此，正确地选择CPU是组装电脑的首要问题。

CPU主要由内核、基板、填充物以及散热器等部分组成。它的工作原理是：CPU从存储器或高速缓冲存储器中取出指令，放入指令寄存器，并对指令译码。它把指令分解成一系列的微操作，然后发出各种控制命令，执行微操作系列，从而完成一条指令的执行。

2.1.1 CPU的性能指标

CPU是整个电脑系统的核心，它往往是各种档次电脑的代名词。CPU的性能大致上反映出电脑的性能，因此它的性能指标十分重要。CPU主要的性能指标有以下几点。

（1）主频

主频即CPU的时钟频率，单位是MHz（或GHz），用来表示CPU的运算、处理数据的速度。一般说来，主频越高，CPU的速度越快。由于内部结构不同，并非所有时钟频率相同的CPU的性能都一样。

（2）外频

外频是CPU的基准频率，单位是MHz。CPU的外频决定着整块主板的运行速度。一般情况下，在台式机中所说的超频，都是超CPU的外频。

（3）扩展总线速度

扩展总线速度（Expansion-Bus Speed）指安装在电脑系统上的局部总线如VESA或PCI总线接口卡的工作速度。我们打开电脑机箱后会看见一些插槽般的东西，这些就是扩展槽；而扩展总线就是CPU联系这些外部设备的桥梁。

（4）缓存

缓存大小也是CPU的重要指标之一，而且缓存的结构和大小对CPU速度的影响非常大，CPU缓存的运行频率极高，一般是和处理器同频运作，工作效率远远大于系统内存和硬盘。实际工作时，CPU往往需要重复读取同样的数据块，而缓存容量的增大，可以大幅度提升CPU内部读取数据的命中率，不用再到内存或者硬盘上寻找，以此提高系统性能。但是从CPU芯片面积和成本的因素来考虑，缓存都很小。常见分为一级、二级和三级缓存，L1 Cache为CPU第一层缓存，L2 Cache为CPU第二层高级缓存，L3 Cache为CPU第三层缓存，其中缓存越靠前速度越快，所以一级缓存越大速度越快，其次是二级，而三级缓存速度最慢。

（5）前端总线频率

前端总线（FSB）频率（即总线频率）直接影响CPU与内存之间数据交换的速度。有一条公式可以计算，即数据带宽＝（总线频率×数据位宽）÷8，数据传输最大带宽取决于所有同时传输的数据的宽度和传输频率。

（6）制造工艺

制造工艺的微米数是指IC内电路与电路之间的距离。制造工艺的趋势是向密集度越高的方向发展。密度越高的IC电路设计，意味着在同样大小面积的IC中，可以拥有密度更高、功能更复杂的电路设计。目前主流的CPU制作工艺有22nm、28nm、32nm、45nm、65nm等，而Intel最新CPU为14nm，这也将成为下一代CPU的发展趋势，其功耗和发热量更低。

(7) 插槽类型

CPU通过某个接口与主板连接才能正常工作，目前CPU的接口都是针脚式接口，对应到主板上有相应的插槽类型。因此选择CPU，就必须选择带有与之对应插槽类型的主板。主板CPU插槽类型不同，插孔数、体积、形状都有变化，所以不能互相接插。一般情况下，Intel的插槽类型是LGA、BGA，不过BGA的CPU与主板焊接，不能更换，主要用于笔记本中，在电脑组装中不常用。而AMD的插槽类型是Socket。

下表列出了主流插槽类型及对应的CPU。

插槽类型	适用的CPU
LGA 775	Intel奔腾双核、酷睿2和赛扬双核系列等，如E5700、E5300、E3500等
LGA 1150	Intel 酷睿i3、i5和i7四代系列、奔腾G3XXX系列、赛扬G1XXX系列、至强E3系列等，如i3 4150、i5 4590、i7 4790K、G3220、G18020、E3-1230V3等
LGA 1151	英特尔2代14nm CPU
LGA 1155	Intel 奔腾双核G系列，酷睿i3、i5和i7二代\三代系列、至强E3系列等，如G2030、i3 3240、i5 3450、i7 3770、E3-1230V2
LGA 2011	Intel 酷睿i7 3930K、3960X、4820K、4930K、4960X、至强系列E5-2620V2等
LGA 2011-v3	Intel 酷睿i7 5820K、5930K、5960X等
Socket AM3	AMD 羿龙II X4、羿龙II X6、速龙II X2、速龙II X4、闪龙 X2、AMD FX-4110等
Socket AM3+	AMD FX（推土机）系列等，如FX-8350、FX-6300、FX8300等
Socket FM1	AMD APU的A4、A6和A8系列、速龙II X4等
Socket FM2	AMD APU的A4、A6、A8和A10系列、速龙II X4等
Socket FM2+	AMD A6-7400K、A8-7650K、A8-7600、A10-7800、A10-7850K、AMD 速龙 X4 860K（盒）等

2.1.2 Intel的主流CPU

CPU作为电脑硬件的核心设备，其重要性好比心脏对于人一样。CPU的种类决定了所使用的操作系统和相应的软件，而CPU的型号往往决定了一台电脑的档次。目前市场上的CPU产品主要是由美国的Intel（英特尔）公司和AMD（超微）公司所生产的。本节主要对Intel公司的CPU进行介绍。

目前，Intel生产的CPU主要包括桌面用CPU、笔记本电脑用CPU和服务器用CPU，而用于台式电脑组装主要为桌面CPU，其中包括一代、二代、三代、四代、五代Core i系列、酷睿2系列、奔腾系列、赛扬系列等。

(1) 奔腾（Pentium）系列处理器

奔腾系列处理器主要为双核处理器，采用与酷睿2相同的架构。奔腾双核系列桌面处理器主要包括G系列、E系列和J系列，主流的CPU如下表所示。

系列	型号	插槽	主频	核心	线程	工艺	TDP	L3
G系列	G620	LGA 1155	2.6GHz	双	双	32nm	65W	3MB
G系列	G640	LGA 1155	2.8GHz	双	双	32nm	65W	3MB
G系列	G2030	LGA 1155	3GHz	双	双	22nm	55W	3MB
G系列	G2020	LGA 1155	3.1GHz	双	双	22nm	55W	3MB
G系列	G3220	LGA 1150	3GHz	双	双	22nm	54W	3MB
G系列	G3240	LGA 1150	3.1GHz	双	双	22nm	53W	3MB
G系列	G3250	LGA 1150	3.2GHz	双	双	22nm	35W	3MB

系列	型号	插槽	主频	核心	线程	工艺	TDP	L3
G系列	G3250T	LGA 1155	2.8GHz	双	双	32nm	65W	3MB
G系列	G3258	LGA 1150	3.2GHz	双	双	22nm	53W	3MB
E系列	G5700	LGA 775	3GHz	双	双	45nm	65W	2MB
J系列	J2900	LGA 1170	2.41GHz	四	四	22nm	10W	2MB

注：上表中TDP表示CPU的热设计功耗，L3表示三级缓存。

(2) 赛扬（Celeron）系列处理器

赛扬系列处理器和奔腾系列一样，主要为双核处理器，主要包括G系列、E系列和J系列，属于入门级处理器，主流的CPU如下表所示。

系列	型号	插槽	主频	核心	线程	工艺	TDP	L3
G系列	G1610	LGA 1155	2.6GHz	双	双	22nm	55W	3MB
G系列	G1630	LGA 1155	2.8GHz	双	双	22nm	55W	3MB
G系列	G1820	LGA 1150	2.7GHz	双	双	22nm	53W	3MB
G系列	G1830	LGA 1150	2.8GHz	双	双	22nm	53W	3MB
G系列	G1840	LGA 1150	2.8GHz	双	双	45nm	53W	3MB
E系列	E3500	LGA 775	2.7GHz	双	双	22nm	65W	3MB
J系列	J1800	LGA 1170	2.41GHz	双	双	22nm	10W	3MB

(3) 酷睿双核处理器

酷睿双核处理器主要包括i3、i5系列，主流的CPU如下表所示。

系列	型号	插槽	主频	核心	线程	工艺	TDP	L3
i3系列	3210	LGA 1155	3.2GHz	双	四	22nm	55W	3MB
i3系列	3220	LGA 1155	3.3GHz	双	四	22nm	55W	3MB
i3系列	3240	LGA 1155	3.4GHz	双	四	22nm	55W	3MB
i3系列	3220T	LGA 1155	2.8GHz	双	四	22nm	35W	3MB
i3系列	4130	LGA 1150	3.4GHz	双	四	22nm	54W	3MB
i3系列	4150	LGA 1150	3.5GHz	双	四	22nm	54W	3MB
i3系列	4160	LGA 1150	3.6GHz	双	四	22nm	54W	3MB
i3系列	4350	LGA 1150	3.6GHz	双	四	22nm	54W	4MB
i3系列	4360	LGA 1150	3.7GHz	双	四	22nm	54W	4MB
i5系列	4570TE	LGA 1150	2.7GHz	双	双	22nm	53W	4MB

(4) 酷睿四核处理器

酷睿四核处理器主要包括i5、i7系列，主流的CPU如下表所示。

系列	型号	插槽	主频	睿频	核心	线程	工艺	TDP	L3
i5系列	2310	LGA 1155	2.9GHz	3.2GHz	四	四	22nm	95W	6MB
i5系列	3450	LGA 1155	3.1GHz	3.5GHz	四	四	22nm	77W	6MB
i5系列	4400	LGA 1150	3.1GHz	3.3GHz	四	四	22nm	84W	6MB
i5系列	4430	LGA 1150	3GHz	3.5GHz	四	四	22nm	84W	6MB
i5系列	4460	LGA 1150	3.2GHz	3.4GHz	四	四	22nm	84W	6MB
i5系列	4570	LGA 1150	3.2GHz	3.6GHz	四	四	22nm	84W	6MB
i5系列	4590	LGA 1150	3.2GHz	3.7GHz	四	四	22nm	84W	6MB
i5系列	4690	LGA 1150	3.5GHz	3.9GHz	四	四	22nm	84W	6MB
i5系列	4670k	LGA 1150	3.5GHz	3.9GHz	四	四	22nm	84W	6MB
i5系列	4690K	LGA 1150	3.5GHz	3.9GHz	四	四	22nm	88W	6MB
i7系列	3770	LGA 1155	3.4GHz	3.9GHz	四	八	22nm	77W	8MB
i7系列	4790	LGA 1150	3.6GHz	4GHz	四	八	22nm	84W	8MB
i7系列	4770K	LGA 1150	3.5GHz	3.9GHz	四	八	22nm	84W	8MB
i7系列	4790K	LGA 1150	4GHz	4.4GHz	四	八	22nm	88W	8MB
i7系列	4760HQ	LGA 1364	2.1GHz	3.3GHz	四	八	22nm	47W	6MB
i7系列	4712MQ	LGA 946	2.3GHz	3.3GHz	四	八	22nm	37W	6MB

(5) 酷睿六核处理器

酷睿六核处理器主要为i7系列，主流的CPU产品如下表所示。

系列	型号	插槽	主频	睿频	核心	线程	工艺	TDP	L3
i7系列	3930K	LGA 2011	3.2GHz	3.8GHz	六	十二	32nm	37W	12MB
i7系列	3960X	LGA 2011	3.3GHz	3.9GHz	六	十二	32nm	130W	15MB
i7系列	3970X	LGA 2011	3.5GHz	4GHz	六	十二	32nm	150W	15MB
i7系列	4930K	LGA 2011	3.4GHz	3.9GHz	六	十二	22nm	130W	15MB
i7系列	5820K	LGA 2011-v3	3.3GHz	3.6GHz	六	十二	22nm	140W	15MB
i7系列	5930K	LGA 2011-v3	3.5GHz	3.7GHz	六	十二	22nm	140W	15MB

(6) 酷睿八核处理器

酷睿八核处理器主要为酷睿i7系列，主要产品为5960X，采用LGA 2011-v3插槽，22nm制作工艺，140W的功耗，默认主频为3GHz，支持最大睿频3.5GHz，八核心十六线程，20MB的三级缓存，属于旗舰型处理器。

2.1.3 AMD的主流CPU

AMD公司以其独特的数据处理方式和图形方面的优势，在CPU市场上占据着重要位置，其主要桌面CPU产品包括闪龙、速龙、羿龙、FX（推土机）和APU系列，不过闪龙已逐渐淘汰，其性价比也不高，下面详细介绍其他几个系列的主流产品。

(1) 速龙（Athlon）II系列处理器

AMD速龙（Athlon）II系列处理器主要以速龙II X4系列的四核心处理器为主，并有系列的三核心和X2系列双核心的入门级处理器，主流速龙II X4系列CPU产品如下表所示。

系列	型号	插槽	主频	核心	工艺	TDP	L2
X2系列	250	Socket AM3	3GHz	双	45nm	65W	2MB
X2系列	255	Socket AM3	3.1GHz	双	45nm	65W	2MB
X3系列	445	Socket AM3	3.1GHz	三	45nm	95W	3×512KB
X3系列	460	Socket AM3	3.4GHz	三	45nm	95W	3×512KB
X4系列	640	Socket AM3	3GHz	四	45nm	96W	4MB
X4系列	651	Socket FM1	3GHz	四	32nm	100W	4MB
X4系列	740	Socket FM2	3.2GHz	四	32nm	65W	4MB
X4系列	750K	Socket FM2	3.4GHz	四	32nm	100W	4MB
X4系列	760K	Socket FM2	3.8GHz	四	32nm	100W	4MB

注：上表中L2指二级缓存。

(2) 羿龙（Phenom）II系列处理器

目前，AMD羿龙（Phenom）II系列处理器主要以羿龙II X4系列的四核心处理器为主，双核心处理器已基本淘汰或停产，主流羿龙II系列CPU产品如下表所示。

系列	型号	插槽	主频	核心	工艺	TDP	L2	L3
X4系列	840	Socket AM3	3.2GHz	四	45nm	95W	2MB	无
X4系列	965	Socket AM3	3.4GHz	四	45nm	65W	4×512KB	6MB
X4系列	945	Socket AM3	3GHz	四	45nm	95W	4×512KB	6MB
X4系列	905e	Socket AM3	2.5GHz	四	45nm	65W	4×512KB	6MB
X6系列	1090T	Socket AM3	3.2GHz	六	45nm	96W	6×512KB	6MB

(3) FX（推土机）系列处理器

FX（推土机）是AMD推出取代羿龙II系列，面向高端发烧级用户的处理器，是主要以四、六和八核心为主的处理器，主流FX系列CPU产品如下表所示。

型号	插槽	主频	核心	工艺	TDP	L2	L3
4130	Socket AM3+	3.8GHz	四	32nm	125W	4MB	4MB
4170	Socket AM3+	4.2GHz	四	32nm	125W	4MB	8MB
4300	Socket AM3+	3.8GHz	四	32nm	95W	4MB	4MB
6200	Socket AM3+	3.8GHz	六	32nm	125W	6MB	8MB
6300	Socket AM3+	3.5GHz	六	32nm	95W	6MB	8MB
6350	Socket AM3+	3.9GHz	六	32nm	125W	6MB	8MB
8150	Socket AM3+	3.8GHz	八	32nm	125W	8MB	8MB
8300	Socket AM3+	3.3GHz	八	32nm	95W	8MB	8MB
8350	Socket AM3+	4GHz	八	32nm	125W	8MB	8MB
9000	Socket AM3+	4.8GHz	八	32nm	220W	4×2MB	8MB
9590	Socket AM3+	4.7GHz	八	32nm	220W	8MB	8MB

（4）APU系列处理器

APU系列处理器是AMD推出的新一代加速处理器，它将中央处理器和独显核心集成在一个芯片上，具有高性能处理器和独立显卡的处理功能，可以大幅度提升电脑的运行效率。APU系列处理器主要包括A4、A6、A8和A10四个系列，以四核处理器为主，主流APU系列四核CPU产品如下表所示。

系列	型号	插槽	主频	工艺	TDP	L2
A6	3650	Socket FM1	2.6GHz	32nm	100W	4MB
A6	3670K	Socket FM1	2.7GHz	32nm	100W	4MB
A8	5600K	Socket FM2	3.6GHz	32nm	100W	4MB
A8	6600K	Socket FM2	3.9GHz	32nm	100W	4MB
A8	7600	Socket FM2+	3.1GHz	32nm	65W	4MB
A8	7650K	Socket FM2+	3.3GHz	32nm	95W	4MB
A10	6700	Socket FM2	3.7GHz	32nm	65W	4MB
A10	6800K	Socket FM2	4.1GHz	32nm	100W	4MB
A10	7700	Socket FM2+	3.4GHz	28nm	95W	4MB
A10	7800	Socket FM2+	3.5GHz	28nm	65W	4MB
A10	7850K	Socket FM2+	3.7GHz	28nm	95W	4MB

2.1.4 CPU的选购技巧

CPU是整个电脑系统的核心，电脑中所有的信息都是由CPU来处理的，所以CPU的性能直接关系到电脑的整体性能。因此用户在选购CPU时首先应该考虑以下几个方面。

（1）通过"用途"选购

电脑的用途体现在CPU的档次上。如果是用来学习或一般性的娱乐，可以选择一些性价比比较高的CPU，例如，Intel的酷睿双核系列、AMD的四核系列等；如果电脑是用来做专业设计或玩游戏，则需要买高性能的CPU，当然价格也相应地高一些，例如酷睿四核或AMD四核系列产品。

（2）通过"品牌"选购

市场上CPU的厂家主要是Intel和AMD，他们推出的CPU型号很多。当然这一系列型号的名称也很容易让用户迷糊，因此，在购买前要认真查阅相关资料。

（3）通过"散热性"选购

CPU工作的时候会产生大量的热量，从而达到非常高的温度，选择一个好的风扇可以使CPU使用的时间更长，一般正品的CPU都会附赠原装散热风扇。

（4）通过"产品标识"识别CPU

CPU的编号是一串字母和数字的组合，这些编号能把CPU的基本情况告诉我们。正确地解读出这些字母和数字的含义，能够帮助我们正确购买所需的产品，避免上当受骗。

(5)通过"质保"选购

对于盒装正品的CPU，厂家一般提供3年的质保，但对于散装CPU，厂家最多提供一年的质保。当然，盒装CPU的价格相比散装CPU也要贵一点。

2.2 主板

🔊 **本节教学录像时间：20分钟**

如果把CPU比作电脑的"大脑"，主板便是电脑的"躯干"。几乎所有的电脑部件都是直接或间接连接到主板上的，主板性能对整机的速度和稳定性都有极大影响。主板又称系统板或母板（Mather Board），是电脑系统中极为重要的部件。

2.2.1 主板的结构分类

市场上流行的电脑主板种类较多，不同厂家生产的主板其结构也有所不同。目前电脑主板的结构可以分类为AT、Baby-AT、ATX、Micro ATX、LPX、NLX、Flex ATX、EATX、WATX以及BTX等。

其中，AT和Baby-AT是多年前的老主板结构，现在已经淘汰；而LPX、NLX、Flex ATX则是ATX的变种，多见于国外的品牌机，国内尚不多见；EATX和WATX则多用于服务器/工作站主板；Micro ATX又称Mini ATX，是ATX结构的简化版，就是常说的"小板"，扩展插槽较少，PCI插槽数量在3个或3个以下，多用于品牌机并配备小型机箱；而BTX则是英特尔制定的最新一代主板结构；ATX是目前市场上最常见的主板结构，扩展插槽较多，PCI插槽数量在4~6个，大多数主板都采用此结构。下图为ATX型主板。

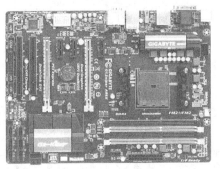

ATX型主板

2.2.2 主板的插槽模块

(1) CPU插座

CPU插座是CPU与主板连接的桥梁，不同类型的CPU需要与之相适应的插座配合使用。按CPU插座的类型可将主板分为LGA主板和Socket型主板。下图分别为LGA 1150插座和Socket FM2/FM2+插座。

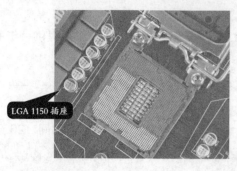

（2）内存插槽

内存插槽一般位于CPU插座下方，如下左图所示。

（3）AGB插槽

AGP插槽颜色多为深棕色，位于北桥芯片和PCI插槽之间。AGP插槽有1X、2X、4X和8X之分。AGP4X的插槽中间没有间隔，AGP2X则有。在PCI Express出现之前，AGP显卡较为流行，目前最高规格的AGP 8X模式下，数据传输速率达到了2.1Gbit/s。

（4）PCI Express插槽

随着3D性能要求的不断提高，AGP已越来越不能满足视频处理带宽的要求，目前主流主板上的显卡接口多转向PCI Express。PCI Express插槽有1X、2X、4X、8X和16X之分。

（5）PCI插槽

PCI插槽多为乳白色，是主板的必备插槽，可以插上软Modem、声卡、股票接受卡、网卡、多功能卡等设备。

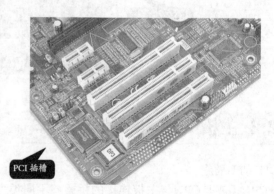

（6）CNR插槽

CNR插槽多为淡棕色，长度只有PCI插槽的一半，可以插CNR的软Modem或网卡。这种插槽的前身是AMR插槽。CNR和AMR不同之处在于：CNR增加了对网络的支持，并且占用的是ISA插槽的位置。共同点是它们都是把软Modem或是软声卡的一部分功能交由CPU来完成。这种插槽的功能可在主板的BIOS中开启或禁止。

(7) SATA接口

SATA（Serial Advanced Technology Attachment，串行高级技术附件）是一种基于行业标准的串行硬件驱动器接口，用于连接SATA硬盘及SATA光驱等存储设备。

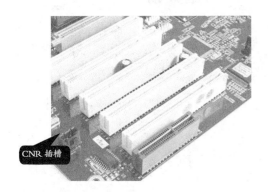

(8) 前面板控制排针

前面板控制排针是将主板与机箱面板上的各开关按钮和状态指示灯连接在一起的针脚，如电源按钮、重启按钮、电源指示灯和硬盘指示灯等。

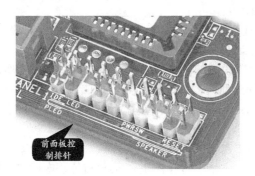

(9) 前置USB接口

前置USB接口是将主板与机箱面板上USB接口连接在一起的接口，一般有两个USB接口，部分主板有USB 3.0接口。

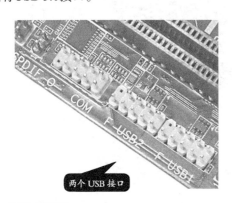

⑩ 前置音频接口

前置音频接口是主板连接机箱面板上耳机和麦克风的接口。

(11) 背部面板接口

背部面板接口是连接电脑主机与外部设备的重要接口，如连接鼠标、键盘、网线、显示器等。背部面板接口如下右图所示。

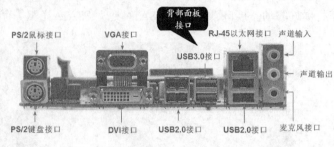

2.2.3 主板的性能指标

芯片组是构成主板电路的核心，是整个主板的神经，决定了主板的性能，影响着整个电脑系统性能的发挥。芯片组性能的优劣，决定了主板性能的好坏与级别的高低。这是因为目前CPU的型号与种类繁多、功能特点不一，如果芯片组不能与CPU良好地协同工作，将严重地影响计算机的整体性能甚至不能正常工作。

芯片组是由"南桥"和"北桥"组成的，是主板上最重要、成本最高的两颗芯片，它把复杂的电路和元件最大限度地集成在几颗芯片内的芯片组。

北桥芯片是主板上离CPU最近的芯片，位于CPU插座与PCI-E插座的中间，它起着主导作用，也称"主桥"，负责内存控制器、PCI-E控制器、集成显卡、前/后端总线等，由于其工作强度大，发热量也大，因此北桥芯片都覆盖着散热片用来加强散热，有些主板的北桥芯片还会配合风扇进行散热。

南桥芯片一般位于主板上离CPU插槽较远的下方，PCI插槽的附近，负责外围周边功能，包括磁盘控制器、网络端口、扩展卡槽、音频模块、I/O接口等。南桥芯片相对于北桥芯片来说，其数据处理量并不算大，因此南桥芯片一般都没有覆盖散热片。

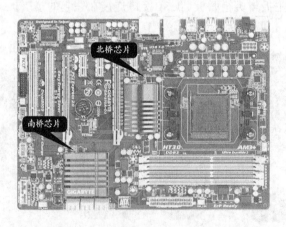

目前，在台式机市场上，主要芯片组来自于Intel和AMD公司。Intel公司的主要芯片组产品包括9系列芯片组、8系列芯片组、7系列芯片组和6系列芯片组等，而AMD公司的芯片组产品包括9系列芯片组、8系列芯片组、7系列芯片组和APU系列芯片组等。芯片组的主流型号如下表所示。

公司名称	芯片系列	型号
Intel	9系列芯片组	Z97/H97等
	8系列芯片组	Z87/H87/Q87/B85/H81等
	7系列芯片组	Z77/Z75/H77/Q77/X79/B75等
	6系列芯片组	Z68/Q67/Q65/P67/B65/H67/H61等
AMD	9系列芯片组	990FX/990X/970等
	8系列芯片组	890FX/890GX/880G/870等
	7系列芯片组	790FX/790X/785G/780G/770/760G等
	APU系列芯片组	A88X/A85X/A78/A75/A55

2.2.4 主板的主流产品

相对于CPU而言，主板的生产商呈现着百家争鸣的状态，如华硕、技嘉、微星、七彩虹、精英、映泰、梅捷、翔升、索泰、升技、昂达、盈通、华擎、Intel、铭瑄、富士康等，在此不一一列举，下面介绍目前主流的主板产品。

🅰 1. 支持Intel处理器的主板

(1) 支持Intel双核处理器主板

Intel双核处理器主要包括奔腾、赛扬和酷睿几个系列产品，有LGA 775、LGA 1150和LGA 1155几种接口类型。主要采用LGA 775接口芯片组的有945、965、G31、G35G41、G45、P35、P43、P45、X38、X48等，如G31芯片组的华硕P5KPL-AM SE、P45芯片组的技嘉GA-P45T-ES3G；不过由于LGA 775接口类型CPU产品目前所剩不多，支持的主板也并不多，它的可升级性也并不强。主要采用LGA 1150接口芯片组的有Z87、B85、H81等，如华硕Z87-A、技嘉GA-B85M-HD3、微星H81-P33。主要采用LGA 1155接口芯片组的有H61、H77、Z77、B75等，如技嘉GA-H61M-S1(rev.2.1)、映泰Hi-Fi H77S、技嘉GA-B75M-D3H、华硕P8B75-M等。

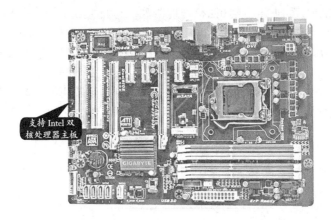

支持Intel双核处理器主板

(2) 支持Intel四核处理器主板

Intel四核处理器为酷睿i3和i5系列产品，有LGA 1150和LGA 1155几种接口类型。主要采用LGA 1150接口芯片组的有B85、H87、Q87、Z87、H97、Z97等，如微星B85M-E45、梅捷SY-H87+节能版、华硕Z87-A、技嘉GA-H97-HD3、技嘉G1.Sniper Z6(rev.1.0)等。主要采用LGA 1155接口的芯片组主要有Z77、H77、B75等，如华硕Z77-A、索泰ZT-H77金钻版-M1D、技嘉GA-B75M-D3V(rev.2.0)等。

(3) 支持Intel六核处理器主板

Intel六核处理器为酷睿i7系列产品，主要采用LGA 2011和LGA 2011-v3接口类型。LGA 2011接口主要采用X79芯片组，如微星X79A-GD45 Plus、华硕Rampage IV Black Edition等。LGA 2011-

v3接口主要采用Intel X99芯片组，如技嘉GA-X99-UD4(rev.1.1)、华擎X99 极限玩家 3、华硕X99-A等。

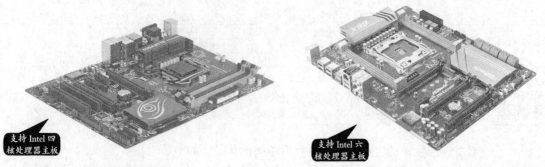

支持 Intel 四核处理器主板

支持 Intel 六核处理器主板

(4) 支持Intel八核处理器主板

Intel八核处理器为酷睿i7系列产品，主要代表产品为5960X，采用LGA 2011-v3接口类型，可搭配技嘉GA-X99-Gaming G1 WIFI(rev.1.0)、华硕RAMPAGE V EXTREME、技嘉GA-X99-UD4(rev.1.1)等，不过其价格也是让人瞠目结舌。

● 2. 支持AMD处理器的主板

(1) 支持AMD双核处理器主板

AMD双核处理器产品主要包括速龙II X2双核、羿龙II X2双核和APU系列的A4、A6双核处理器；它们主要支持采用AMD公司的A55、A75、A85X、760G、770、780G、785G、790GX、880G和890GX等芯片组的主板，如技嘉GA-A55M-DS2、昂达A785G+魔笛版、技嘉 GA-880G等。

(2) 支持AMD三核和四核处理器主板

AMD三核和四核处理器产品主要包括速龙II X3三核、羿龙II X3三核、APU系列A6三核、速龙II X4、羿龙II X4和APU系列A8、A10四核处理器等；它们主要支持采用AMD公司的A55、A75、A78、A85X、A88X、760G、770、780G、785G、790GX、870、880G、890GX、970、990FX等芯片组的主板，如华硕F2A85-V、技嘉G1.Sniper A88X(rev.3.0)、华硕A88XM-A、华擎玩家至尊 990FX 杀手版等。

另外，NVIDIA公司的nForce 630A、nForce 520LE、MCP78等芯片组主板也支持AMD三核和四核产品，如技嘉GA-M68M-S2P、华硕M4N68T LE V2等。

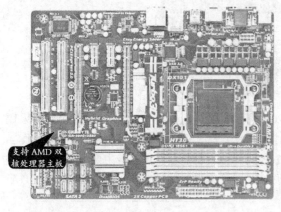

支持 AMD 双核处理器主板

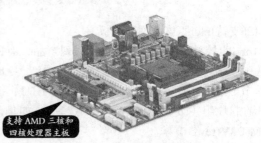

支持 AMD 三核和四核处理器主板

(3) 支持AMD六核处理器主板

AMD六核处理器产品主要包括羿龙II X6和FX的六核系列；它们主要支持采用AMD公司的

760G、770、780G、785G、790GX、870、880G、890GX、970、990FX等芯片组的主板，如技嘉GA-970A-DS3P(rev.1.0)、华硕M4A89GTD PRO等。

(4) 支持AMD八核处理器主板

AMD八核处理器产品主要为FX的八核系列，Socket AM3+接口类型；它们主要支持采用AMD公司的970、990、990FX等芯片组的主板，如华硕M5A97 R2.0、技嘉GA-990FXA-UD5(rev.1.x)、微星990XA-GD55等。

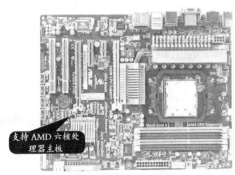

支持AMD六核处理器主板　　　　　　　　支持AMD八核处理器主板

2.2.5 主板的选购技巧

电脑的主板是电脑系统运行环境的基础，主板的作用非常重要，尤其是在稳定性和兼容性方面，更是不容忽视的。如果主板选择不当，则其他插在主板上的部件的性能可能就不会被充分发挥。用户选购主板之前，应根据自己的实际情况谨慎考虑购买方案。不要盲目认为最贵的就是最好的，因为这些昂贵的产品不一定适合自己。

● 1. 选购主板的技术指标

(1) CPU

根据CPU的类型选购主板，因为不同的主板支持不同类型的CPU，不同CPU要求的插座不同。

(2) 内存

主要考虑主板的内存类型，是选择DDR3还是DDR4。另外，为了电脑有更好的扩展性，建议主板内存插槽不少于两个。

(3) 芯片组

芯片组是主板的核心组成部分，其性能的好坏，直接关系到主板的性能。在选购时应选用先进的芯片组集成的主板。同样芯片组的比价格，同样价格的比做工用料，同样做工的比BIOS。

(4) 结构

ATX结构的主板具有节能、环保和自动休眠等功能，性能也比较先进。

(5) 接口

由于电脑外部设备的迅速发展，如可移动硬盘、数码相机、扫描仪和打印机等，连接这些设备的接口也成了选购电脑主板时必须要注意的，如USB接口，USB 3.0已成为趋势，而USB 3.1也随之诞生，给用户带来更好的传输体验。

(6) 总线扩展插槽数

在选择主板时，通常选择总线插槽数多的主板。

(7) 集成产品

主板的集成度并不是越高越好，有些集成的主板是为了降低成本，将显卡也集成在主板上，这时显卡就占用了主内存，从而造成系统性能的下降，因此，在经济条件允许的情况下，购买主板时要选择独立显卡的主板。

(8) 可升级性

随着电脑的不断发展，总会出现旧的主板不支持新技术规范的现象，因此在购买主板时，应尽量选用可升级性的主板，以便通过BIOS升级。

(9) 生产厂家

选购主板时最好选择名牌产品。

2. 选购主板的标准

(1) 观察印制电路板

主板使用的印制电路板分为4层板和6层板。在购买时，应选6层板的电路板，因为其性能要比4层板好，布线合理，而且抗电磁干扰的能力也强，能够保证主板上的电子元件不受干扰地正常工作，提高了主板的稳定性。还要注意PCB板边角是否平整，有无异常切割等现象。

(2) 观察主板的布局

合理的布局会降低电子元件之间的相互干扰，极大地提高电脑的工作效率。

① 查看CPU的插槽周围是否宽敞。宽敞的空间是为了方便CPU风扇的拆装，同时也会给CPU的散热提供帮助。

② 注意主板芯片之间的关系。北桥芯片组周围是否围绕着CPU、内存和AGP插槽等，南桥芯片周围是否围绕着PCI、声卡芯片、网卡芯片等。

③ CPU插座的位置是否合理。CPU插座的位置不能过于靠近主板的边缘，否则会影响大型散热器的安装。也不能与周围电解电容靠得太近，防止安装散热器时，造成电解电容损坏。

④ ATX电源插座是否合理。它应该是在主板上边靠右的一侧或者在CPU插座与内存插槽之间，而不应该出现在CPU插座与左侧I/O接口之间。

(3) 观察主板的焊接质量

焊接质量的好坏，直接影响到主板工作的质量，质量好的主板各个元件焊接紧密，并且电容与电阻的夹角应该在 30°～45°，而质量差的主板，元件的焊接比较松散，并且容易脱落，电容与电阻的排列也十分混乱。

(4) 观察主板上的元件

观察各种电子元件的焊点是否均匀，有无毛刺、虚焊等现象，而且主板上贴片电容数量要多，且要有压敏电阻。

2.3 内存

本节教学录像时间：8 分钟

内存储器（简称内存，也称主存储器）用于存放电脑运行所需的程序和数据。内存的容量与性能是决定电脑整体性能的一个决定性因素。内存的大小及其时钟频率（内存在单位时间内处理指令的次数，单位是MHz）的高低直接影响到电脑运行速度的快慢，即使CPU主频很高，硬盘容量很大，但如果内存很小，电脑的运行速度也快不了。

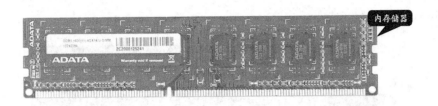

内存储器

2.3.1 内存的性能指标

要查看内存的质量，首先需要了解内存条的性能指标。

(1) 时钟频率

内存的时钟频率通常表示内存速度，单位为MHz。目前，DDR3内存频率主要为2400MHz、2133MHz、1600MHz、1333MHz，DDR4内存频率主要为2800MHz、2400MHz、2133MHz。

(2) 内存的容量

主流电脑多采用的是2GB或4GB的DDR3内存，其价格相差并不多。

(3) CAS延迟时间

CAS延迟时间是指要多少个时钟周期才能找到相应的位置，其速度越快，性能也就越高，它是内存的重要参数之一。用CAS latency（延迟）来衡量这个指标，简称CL。目前DDR内存主要有2、2.5和3这3种CL值的产品，同样频率的内存CL值越小越好。

(4) SPD

SPD是一个8针EEPROM（电可擦写可编程只读存储器）芯片。一般位于内存条正面的右侧，里面记录了诸如内存的速度、容量、电压、行与列地址、带宽等参数信息。这些信息都是内存厂预先输入的，当开机的时候，电脑的BIOS会自动读取SPD中记录的信息。

(5) 内存的带宽

内存的带宽也叫数据传输率，是指每秒钟访问内存的最大位节数。内存带宽总量（MB）=最大时钟频率（MHz）×总线带宽（bit）×每时钟数据段数据/8。

2.3.2 内存的主流产品

目前市场上最为常用的内存为DDR3和DDR4两种，由于DDR4内存价格较贵，因此DDR3内存仍是市场中的主流，常见的厂家有金士顿、威刚、海盗船、宇瞻、金邦、芝奇、现代、金泰克和三星等。下面列举几种常用的内存。

(1) 金士顿4GB DDR3 1600

金士顿4GB DDR3 1600属于入门级内存，其采用传统的墨绿色宽版6层专业PCB电路板，正/反两面总共焊接了16颗容量为256MB的DDR3颗粒，组成了4GB规格，并使用大量耦合电容，保持工作电压的稳定。由于其性价比较高，是主流装机用户的廉价首选。

金士顿 4GB
DDR3 1600

(2) 威刚4GB DDR3 1600（万紫千红）

威刚4GB DDR3 1600（万紫千红）和金士顿4GB DDR3 1600一样，属于入门级产品，价格相差不大，其采用宽版内存模组设计，全高6层紫色PCB板设计，拥有更好的电气性能，内存颗粒采用256MB×8bit组织方式，双面共计16颗内存颗粒芯片设计，整体性能稳定、兼容性强，也是一款经典型1600型内存产品。

威刚 4GB DDR3 1600

（3）金士顿骇客神条FURY 8GB DDR3 1600

金士顿骇客神条FURY 8GB DDR3 1600专为游戏玩家设计打造，采用8GB规格，有4种可选颜色，及具现代感。其预设了PnP功能，可以实现自动超频，也可手动超频，具有独立的铝材质散热马甲，确保了内存的散热稳定性。追求中高端及个性的用户可以考虑。

金士顿骇客神条 FURY
8GB DDR3 1600

（4）海盗船16GB DDR3 2400套装

海盗船16GB DDR3 2400套装由2×8GB内存组成，属于发烧级内存产品。其拥有四通道设计且支持16GB容量，最高频率可达2400MHz，兼容最新的Intel和AMD平台，具备强悍的散热配置、炫目的灯光效果以及全新的功能和设计，是游戏玩家较为理想的选择。

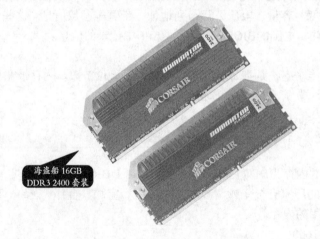

海盗船 16GB
DDR3 2400 套装

（5）芝奇（G.SKILL）Ripjaws 4 DDR4 2666 16GB套装

芝奇（G.SKILL）Ripjaws 4 DDR4 2666 16GB套装由4×4GB内存组成，属于发烧级高端内存产品，默认频率达2666MHz。采用铝材质锯齿状设计，有助于空气流动，以实现快速散热，工作电压为1.2V，有酷炫黑、霸气红和时尚蓝3种颜色，另外，支持全新XMP 2.0版，用户可以享受一键超频带来的极速快感。

芝奇（G.SKILL）Ripjaws 4
DDR4 2666 16GB 套装

2.3.3　内存的选购技巧

1. 选购内存的注意事项

(1) 确认购买目的

目前，常规配置为4GB，当需要更高的配置时，可选择8GB或16GB内存等。

(2) 认准内存类型

常见的内存类型主要是DDR3和DDR4两种，在购买这两种类型的内存时要根据主板的CPU所支持的技术进行选择，否则可能会因不兼容而影响使用。

(3) 识别经过打磨的内存条

正品的芯片表面一般都有质感、光泽、荧光度。若觉得芯片的表面色泽不纯甚至比较粗糙、发毛，那么这颗芯片的表面一定是受到了磨损。

(4) 金手指工艺

金手指工艺是指在一层铜片上通过特殊工艺再覆盖一层金，因为金不容易氧化，而且具有超强的导通性能，所以，在内存触片中都应用了这个工艺，从而加快内存的传输速度。

金手指的金属有两种工艺标准，化学沉金和电镀金。电镀金工艺比化学沉金工艺先进，而且能保证电脑系统更加稳定地运行。

(5) 查看电路板

电路板的做工要求板面要光洁、色泽均匀，元器件焊接整齐，焊点均匀有光泽，金手指要光亮，板上应该印刷有厂商的标识。常见的劣质内存芯片标识模糊不清、混乱，电路板毛糙，金手指色泽晦暗，电容排列不整齐，焊点不干净。

2. 辨别内存的真假

(1) 别贪图便宜

价格是伪劣品唯一的竞争优势，在购买内存条时，不要贪图便宜。

(2) 查看产品防伪标记

查看内存电路板上有没有内存模块厂商的明确标识，查看内存包装盒、说明书、保修卡的印刷质量。最重要的是要留意是否有该品牌厂商宣传的防伪标记。为防止假货，通常包装盒上会标有全球统一的识别码，还提供免费的800电话，以便查询真伪。

(3) 查看内存条的做工

查看内存条的做工是否精细，首先需要观察内存颗粒上的字母和数字是否清晰且有质感，其次查看内存颗粒芯片的编号是否一致，有没有打磨过的痕迹，还必须观察内存颗粒四周的管脚是否有补焊的痕迹，电路板是否干净整洁，金手指有无明显擦痕和污渍。

(4) 上网查询

很多的电脑经销商会为顾客提供一个方便的上网平台，以方便用户通过网络查看自己所购买的内存是否为真品。

(5) 软件测试

现在有很多针对内存测试的软件，在配置电脑时对内存条进行现场测试，也会清楚地发现自己的内存是否为真品。

2.4 硬盘

本节教学录像时间：14 分钟

硬盘是电脑重要的外部存储器之一，由一个或多个铝制或者玻璃制的碟片组成。这些碟片外覆盖有铁磁性材料。绝大多数硬盘都是固定硬盘，被永久性地密封固定在硬盘驱动器中。硬盘最重要的指标是硬盘容量，其容量大小决定了可存储信息的多少。

2.4.1 硬盘的性能指标

硬盘的性能指标有以下几项。

1. 主轴转速

硬盘的主轴转速是决定硬盘内部数据传输率的因素之一，它在很大程度上决定了硬盘的速度，同时也是区别硬盘档次的重要标志。

2. 平均寻道时间

平均寻道时间指硬盘磁头移动到数据所在磁道所用的时间，单位为毫秒（ms）。硬盘的平均寻道时间越小，性能就越高。

3. 高速缓存

高速缓存指在硬盘内部的高速存储器。目前硬盘的高速缓存一般为512KB～2MB，SCSI硬盘的更大。购买时应尽量选取缓存为2MB的硬盘。

4. 最大内部数据传输率

内部数据传输率也叫持续数据传输率（sustained transfer rate），单位为MB/s。它是指磁头至硬盘缓存间的最大数据传输率，一般取决于硬盘的盘片转速和盘片线密度（指同一磁道上的数据容量）。

5. 接口

硬盘接口主要分为SATA 2和SATA 3，SATA 2（SATA II）是芯片厂商Intel与硬盘厂商Seagate（希捷）在SATA的基础上发展起来的，传输速率为3Gbit/s，而SATA 3.0接口技术标准是Intel于2007年上半年提出的，传输速率达到6Gbit/s，在SATA 2.0的基础上增加了1倍。

6. 外部数据传输率

外部数据传输率也称为突发数据传输率，它是指从硬盘缓冲区读取数据的速率。在广告或硬盘特性表中常以数据接口速率代替，单位为MB/s。目前主流的硬盘已经全部采用UDMA/100技术，外部数据传输率可达100MB/s。

7. 连续无故障时间

连续无故障时间（MTBF）是指硬盘从开始运行到出现故障的最长时间，单位是小时（h）。一般硬盘的MTBF至少在30000小时以上。这项指标在一般的产品广告或常见的技术特性表中并不提供，需要时可到具体生产该款硬盘的公司的网站中查询。

8. 硬盘表面温度

该指标表示硬盘工作时产生的温度使硬盘密封壳温度上升的情况。

2.4.2 主流的硬盘品牌和型号

目前，市场上主要的硬盘生产厂商有希捷、西部数据和HGST等。希捷内置式3.5英寸和2.5英寸硬盘可享受5年质保，其余品牌盒装硬盘一般是提供3年售后服务（1年包换，2年保修），散装硬盘则为1年。

1. 希捷（Seagate）

希捷硬盘是市场上占有率较大的硬盘，以其"物美价廉"的特性在消费者中有很好的口碑。市场上常见的希捷硬盘包括：希捷Barracuda 1TB 7200转64MB 单碟、希捷Barracuda 500GB 7200转16MB SATA3、希捷Barracuda 2TB 7200转64MB SATA3、希捷Desktop 2TB 7200转8GB混合硬盘。

希捷硬盘

2. 西部数据（Western Digital）

西部数据硬盘凭借着大缓存的优势，在硬盘市场中有着不错的性能表现。市场上常见的西部数据硬盘：WD 500GB 7200转16MB SATA3蓝盘、西部数据1TB 7200转64MB SATA3 蓝盘、西部数据Caviar Black 1TB 7200转64MB SATA3等。

3. HGST

HGST前身是日立环球存储科技公司，创立于2003年，被收购后，日立将名称进行更改，原"日立环球存储科技"正式被命名为HGST，归属为西部数据旗下独立营运部门，HGST是IBM和日立就存储科技业务进行战略性整合而创建的。市场上常见的HGST硬盘：HGST 7K1000.D 1TB 7200转32MB SATA3 单碟、HGST 3TB 7200转64MB SATA3等。

西部数据硬盘

日立硬盘

2.4.3 固态硬盘及主流产品

固态硬盘，简称固盘，常见的SSD就是指固态硬盘（Solid State Disk）。固态硬盘是用固态电子存储芯片阵列而制成的硬盘，由控制单元和存储单元（FLASH芯片、DRAM芯片）组成。

1. 固态硬盘的优点

固态硬盘作为硬盘界的新秀，主要在于解决了机械式硬盘的设计局限，进而拥有众多优势，具体如下。

① 读写速度快。固态硬盘没有机械硬盘的机械构造，以闪存芯片为存储单位，不需要磁头，寻道时间几乎为0，可以快速读取和写入数据，加快操作系统的运行速度，因此最适合作系统盘，可以快速开机和启动软件。

② 防震抗摔性强。与机械式硬盘相比，固态硬盘使用闪存颗粒制作而成，内部不存在任何机械部件，在高速移动甚至伴随翻转倾斜的情况下也不会影响到正常使用，而且在发生碰撞和震荡时能够将数据丢失的可能性降到最小。

③ 低功耗。固态硬盘的有较低的功耗，一般写入数据时也不超过3W。

④ 发热低，散热快。由于没有机械构件，因此可以在工作状态下保证较低的热量，而且散热较快。

⑤ 无噪声。固态硬盘没有机械马达和风扇，工作时噪声值为0分贝。

⑥ 体积小，重量轻。与常规1.8英寸硬盘相比，固态硬盘的重量轻20～30克。

2. 固态硬盘的缺点

虽然固态硬盘可以有效地解决机械硬盘存在的不少问题，但是仍有不少因素，制约了它的普及，其主要存在以下缺点。

① 成本高，容量低。价格昂贵是固态硬盘最大的不足，而且容量小，无法满足大型数据的存储需求，目前固态硬盘最大容量仅为4TB。

② 可擦写寿命有限。固态硬盘闪存具有擦写次数限制的问题，这也是许多人诟病其寿命短的所在。闪存完全擦写一次叫作1次P/E，因此闪存的寿命就以P/E作单位，如120GB的固态硬盘，写入120GB的文件算一次P/E。对于一般用户而言，一个120GB的固态硬盘，一天即使写入50GB，2天完成一次P/E，也可以使用20年。

3. 主流的固态硬盘产品

下面介绍几款主流的固态硬盘产品。

（1）三星SSD 850EVO

三星SSD 850EVO固态硬盘是三星针对入门级装机用户和高性价比市场推出的全新产品，包括120GB、250GB、500GB和1TB四种容量规格，其沿用了三星经典的MGX主控芯片，存储颗粒升级为全新3D V-NAND立体排布闪存，有效提升了硬盘的整体运作效率，在数据读写速度、硬盘寿命等方面有着明显的进步，是目前入门级装机用户最佳的装机硬盘之一。

（2）浦科特（PLEXTOR）M6S系列

浦科特M6S是一款口碑较好且备受关注的硬盘产品，包括128GB、256GB、512GB3种容量规格。该系列产品体积轻薄，坚固耐用，采用Marvell 88SS9188主控芯片，拥有双核心特性，拥有容量可观的独立缓存，能够有效提升数据处理的效率，更好地应对随机数据读写，整合东芝高速Toggle-model快闪记忆体，让硬盘具备了更低的功耗以及更快的数据传输速度。

（3）金士顿V300系列

金士顿V300系列固态硬盘产品，包括60GB、120GB、240GB和480GB四种容量规格。该系列产品采用金属感很强的铝合金外壳，andForce的SF2281主控芯片，镁光20nm MLC闪存颗粒，支持SATA3.0 6Gbit/s接口，最大持续读写速度达到450MB/s。

（4）饥饿鲨（OCZ）Arc 100苍穹系列

OCZ Arc 100是针对入门级用户推出的硬盘产品，包括120GB、240GB和480GB三种容量规格，该系列采用2.5英寸规格打造，金属材质7mm厚度的外观特点让硬盘能够更容易应用于笔记本平台，SATA3.0接口让硬盘的数据传输速度得到保障。品牌独享的"大脚3"主控芯片不仅具备良好的数据处理能力，更让硬盘拥有了独特的混合工作模式，效率更高。

2.4.4 机械硬盘的选购技巧

硬盘主要是用来存储操作系统、应用软件及各种文件等，具有速度快、容量大等特点。用户在选购硬盘时，应该根据所了解的技术指标进行选购，同时还应该注意辨别硬盘的真伪。不一定买最贵的，适合自己的才是最佳选择。在选购机械硬盘时应注意以下几点。

1. 硬盘转速

选购硬盘先从转速入手。转速即硬盘电机的主轴转速，它是决定硬盘内部传输率的因素之一，它的快慢在很大程度上决定了硬盘的速度，同时也是区别硬盘档次的重要标志。较为常见的如5400r/min、5900r/min、7200r/min和10000r/min的硬盘，如果你只是普通家用电脑用户，从性能和价格上来讲，7200r/min可以作为首选，其与其他规格价格相差并不多，但却能以小额的支出，带来更好的性能体验。

2. 硬盘的单碟容量

硬盘的单碟容量是指单片碟所能存储数据的大小，目前市面上主流硬盘的单碟容量主要是500GB、1TB和2TB。一般情况下，一块大容量的硬盘是由几张碟片组成的。单碟上的容量越大代表扇区间的密度越密，硬盘读取数据的速度也越快。

3. 接口类型

现在硬盘主要使用SATA接口，如SCSI、Fibre Channel（光纤）、IEEE 1394、USB等接口对

于一般用户并不适用。因此用户只需考虑SATA接口的两种标准，一种是SATA 2.5标准，传输速率达到3Gbit/s，最为普遍，价格低；另一种是SATA 3标准，传输速率达到6Gbit/s，价格较高。

4. 缓存

大缓存的硬盘在存取零碎数据时具有非常大的优势，将一些零碎的数据暂存在缓存中，既可以减小系统的负荷，又能提高硬盘数据的传输速度。

5. 硬盘的品牌

尽量选择成熟品牌的产品，同时注意，不同品牌在许多方面存在很大的差异，用户应该根据需要购买适合的品牌。

6. 质保

由于硬盘读写操作比较频繁，所以返修问题很突出。一般情况下，硬盘提供的保修服务是三年质保，硬盘厂商都有自己的一套数据保护技术及震动保护技术，这两点是硬盘的稳定性及安全性方面的重要保障。

7. 识别真伪

首先，查看硬盘的外包装，正品的硬盘在包装上都十分精美、细致。除此之外，在硬盘的外包装上会标有防伪标识，通过该标识可以辨别真伪。而伪劣产品的防伪标识做工粗糙。在辨别真伪时，刮开防伪标签即可辨别。其次，选择信誉较好的销售商，这样才能有更好的售后服务。

最后，上网查询硬盘编号，可以登录到所购买的硬盘品牌的官方网站，输入硬盘上的序列号即可知道该硬盘的真伪。

2.4.5 固态硬盘的选购技巧

由于固态硬盘和机械硬盘的构件组成和工作原理都不相同，因此选购事项也有所不同，其主要概括为以下几点。

1. 容量

对于固态硬盘，存储容量越大，内部闪存颗粒和磁盘阵列也会增多，因此不同的容量其价格也是相差较多的，并不像机械硬盘有较高的性价比，因此需要根据自己的需求来选购。常见的容量有60GB、120GB、240GB等。

2. 用途

由于固态硬盘低容量高价格的特点，主要用作系统盘或缓存盘，很少有人用作存储盘使用，如果没有太多预算的话，建议采用"SSD硬盘+HDD硬盘"的方式，SSD作为系统主硬盘，传统硬盘作为存储盘即可。

3. 传输速度

SSD传输速度主要由硬盘的外部接口决定，是采用SATA 2还是SATA 3，SATA 2的持续传输率普遍在250MB/s左右，SATA 3的普遍在500MB/s以上，价格方面，SATA 3也更高些。

4. 主板

虽然SATA 3可以带来更好的传输速度，但也应同时考虑主板是否支持SATA 3接口，否则即便是SATA 3也无法达到理想的效果。另外，在选择数据传输线时，也应选择SATA 3标准的数据线。

5. 品牌

固态硬盘的核心是闪存芯片和主控制器，我们在选择SSD硬盘时，首先要考虑主流的大品牌，如三星、闪迪、影驰、金士顿、希捷、Intel、金速、金泰克等，切勿贪图便宜，选择一些山寨的产品。

(6) 固件

固件是固态硬盘最底层的软件，负责集成电路的基本运行、控制和协调工作，因此即便相同的闪存芯片和主控制器，不同的固件也会导致不同的差异。在选择时，尽量选择有实力的厂商，可以对固件及时更新和技术支持。

除了上面的几项内容外，用户在选择时同样要注意产品的售后服务和真假的辨识。

2.5 显卡

🌐 **本节教学录像时间：17 分钟**

☕ 显卡也称图形加速卡，它是电脑内主要的板卡之一，其基本作用是控制电脑的图形输出。由于工作性质不同，不同的显卡提供了性能各异的功能。

显卡

2.5.1 显卡的分类

目前，电脑中用的显卡一般有3种，分别为集成显卡、独立显卡和核心显卡。

1. 集成显卡

集成显卡是将显存、显示芯片及其相关电路都做在主板上，集成显卡的显示芯片有单独的，但大部分都集成在主板的芯片中。一些主板集成的显卡也在主板上单独安装了显存，但其容量较小。集成显卡的显示效果与处理性能相对较弱，不能对显卡进行硬件升级，但可以通过CMOS调节频率或刷入新的BIOS文件实现软件升级来挖掘显示芯片的潜能。

2. 独立显卡

独立显卡是指将显示芯片、显存及其相关电路单独做在一块电路板上，自成一体而作为一块独立的板卡存在，它需占用主板的扩展插槽（ISA、PCI、AGP或PCI-E）。

3. 核芯显卡

核芯显卡是新一代图形处理核心，和以往的显卡设计不同，在处理器制程上采用了先进工艺以及新的架构设计，将图形核心与处理核心整合在同一块基板上，构成一颗完整的处理器，支持睿频加速技术，可以独立加速或降频，并共享三级高速缓存，这不仅大大缩短了图形处理的响应时间、大幅度提升渲染性能，还能在更低功耗下实现同样出色的图形处理性能和流畅的应用体验。AMD的带核芯显卡的处理器为APU系列，如A8、A10等，Intel带核芯显卡的处理器有Broadwell、Haswell、sandy bridge（SNB）、Trinity和ivy bridge（IVB）架构，如i3 4160、i5 4590、i7 4790K。

2.5.2 显卡的性能指标

显卡的性能指标主要有以下几个。

(1) 显示芯片

显示芯片，即GPU，是图形处理芯片，负责显卡的主要计算工作，主要厂商为NVIDIA公司的N卡、AMD（ATI）公司的A卡。一般娱乐型显卡都采用单芯片设计的显示芯片，而高档专业型显卡的显示芯片则采用多个芯片设计。显示芯片运算速度的快慢决定了一块显卡性能的优劣。3D显示芯片与2D显示芯片的不同在于3D添加了三维图形和特效处理功能，可以实现硬盘加速功能。

(2) 显卡容量

显卡容量也叫显示内存容量，是指显卡上的显示内存的大小。一般我们常说的1GB、2GB就是显卡容量，主要功能是将显示芯片处理的资料暂时储存在显示内存中，然后再将显示资料映像到显示屏幕上，因此显卡的容量越高，达到的分辨率就越高，屏幕上显示的像素点就越多。

(3) 显存位宽

显卡位宽指的是显存位宽，即显存在一个时钟周期内所能传送数据的位数，一般用"bit"表示，位数越大则表示瞬间所能传输的数据量越大，这是显存的重要参数之一。显存位宽越高，性能越好价格也就越高，因此256bit的显存更多应用于高端显卡，而主流显卡基本采用128bit显存。

(4) 显存频率

显存频率是指显示核心的工作频率，以MHz为单位，其工作频率在一定程度上可以反映出显示核心的性能，显存频率随着显存的类型、性能的不同而不同，不同显存能提供的显存频率差异也很大，中高端显卡显存频率主要有1600MHz、1800MHz、3800MHz、4000MHz、4200MHz、5000MHz、5500MHz等，甚至更高。

(5) 显存速度

显存速度指显存时钟脉冲的重复周期的快慢，是衡量显存速度的重要指标，以ns（纳秒）为单位。常见的显存速度有7ns、6ns、5.5ns、5ns、4ns、3.6ns、2.8ns以及2.2ns等。数字值越小说明显存速度越快，显存的理论工作频率计算公式是：额定工作频率（MHz）＝1000/显存速度×2（DDR显存），如4ns的DDR显存，额定工作频率=1000/4×2=500MHz。

(6) 封装方式

显存封装是指显存颗粒所采用的封装技术类型，封装就是将显存芯片包裹起来，以避免芯片与外界接触，防止外界对芯片的损害。显存封装形式主要有QFP（小型方块平面封装）、TSOP（微型小尺寸封装）和MBGA（微型球闸型阵列封装）等，目前主流显卡主要采用TSOP、MBGA封装方式，其中TSOP使用最多。

(7) 显存类型

目前，常见的显存类型主要包括GDDR2、GDDR3、SDDR3和GDDR5 4种，主流是GDDR3和GDDR5。GDDR2显存，主要被低端显卡产品采用，采用BGA封装，速度从3.7ns到2ns不等，最高默认频率从500MHz到1000MHz；GDDR3主要继承了GDDR2的特性，但进一步优化了数据速率和功耗；而SDDR3显存颗粒和DDR3内存颗粒一样都是8bit预取技术，单颗16bit的位宽，主要采用64MBx16bit和32MBx16bit规格，比GDDR3显存颗粒拥有更大的单颗容量；GDDR5为一种高性能显卡用内存，理论速度是GDDR3的4倍以上，而且它的超高频率可以使128bit的显卡性能超过DDR3的256bit显卡。

(8) 接口类型

当前显卡的总线接口类型主要是PCI-E。PCI-E接口的优点是带宽可以为所有外围设备共同使用。AGP类型也称图形加速接口，它可以直接为图形分支系统的存储器提供高速带宽，大幅度提高了电脑对3D图形的处理速度和信息传递速度。目前PCI-E接口主要分为PCI Express 2.0 16X、PCI Express 2.1 16X和PCI Express 3.0 16X 3种，其主要区别是数据传输率，3.0 16X最高可达16GB/s，其次区别是总线管理和容错性等。

(9) 分辨率

分辨率代表了显卡在显示器上所能描绘的点的数量，一般以横向点乘纵向点来表示，如分辨率为1920像素×1084像素时，屏幕上就有2081280个像素点，通常显卡的分辨率包括：1024像素×768像素、1152像素×864像素、1280像素×1024像素、1600像素×1200像素、1920像素×1084像素、2048像素×1536像素、2560像素×1600像素等。

2.5.3 显卡的主流产品

目前，显卡的品牌有很多，如影驰、七彩虹、索泰、MSI微星、镭风、ASL翔升、技嘉、蓝宝石、华硕、铭瑄、映众、迪兰、XFX讯景、铭鑫、映泰等，但是主要采用的是NVIDIA和AMD显卡芯片，下面首先介绍下两大公司主流的显卡芯片型号。

公司/档次	低端入门级	中端实用级	高端发烧级
NVIDIA公司	GT740、GT730、GT720、GT640、GT630、GT610、G210	GTX960、GTX750Ti、GTX750、GTX660、GTX650Ti Boost、GTX650Ti、GTX650	GTX980、GTX970、GTX960GTX Titan Black、GTX TitanZ、GTX Titan X、GTX Titan、GTX780Ti、GTX780、GTX770、GTX760
AMD公司	R7 240、R7 250、R9 270	R9 280X、R7 260X、HD7850、HD7750、HD7770	R9 295X2、R9 290X、R9 290、R9 280X、R9 285、R9 280、R9 270X、HD7990、HD7970、HD7950、HD7870

下面介绍几款主流显卡供读者参考。

1. 影驰GT630虎将D5

影驰GT630虎将D5属于入门级显卡，具有一定的游戏性能，且性价比较高。其搭载了GDDR5高速显存颗粒，组成了1024MB/128bit的显存规格，核心显存频率为810MHz/3100MHz，采用了40nm制程的NVIDIA GF108显示核心，支持DX11特效，整合PhysX物理引擎，支持物理加速功能，内置7.1声道音频单元，独有PureVideo HD高清解码技术，能够轻松实现高清视频的硬件解码。

2. 七彩虹iGame 750 烈焰战神U-Twin-1GD5

七彩虹iGame750烈焰战神U-Twin-1GD5显卡利用了最新的28nm工艺Maxwell架构的GM107显示核心，配备了多达512个流处理器，支持NVIDIA最新的GPU Boost技术，核心频率动态智能调节尽最大可能地发挥了芯片性能，而又不超出设计功耗，1GB/128bit GDDR5显存，默认频率5000MHz，为核心提供80GB/s的显存带宽，轻松应对高分辨率高画质的3D游戏。具备一体式散热模组+涡轮式扇叶散热器，并通过自适应散热风扇风速控制使散热做到动静皆宜。接口部分，iGame750 烈焰战神U-Twin-1GD5 提供了DVI+DVI+miniHDMI的全接口设计，并首次原生支持三屏输出，轻松搭建3屏3D Vsion游戏平台，为高端玩家提供身临其境的游戏体验。

影驰 GT630
虎将 D5

七彩虹 iGame 750 烈焰
战神 U-Twin-1GD5

(3) 影驰GTX960黑将

影驰GTX960黑将采用了最新的28nm麦克斯韦GM206核心，拥有1024个流处理器，搭载极速的显存，容量达到2GB，显存位宽为128bit，显存频率则达到了7GHz。影驰GTX960黑将的基础频率为1203MHz，提升频率为1266MHz，设计方面，其背面安装了一块铝合金背板，整块背板都进行了防导电处理，不仅能够有效保护背部元件，而且能够有效减少PCB变形弯曲的情况发生。背板后有与显卡PCB对应的打孔，在保护显卡之余，还能大幅提升显卡散热功能。接口部分，采用DP/HDMI/DVI-D/DVI-I的全接口设计，支持三屏NVIDIA Surround和四屏输出。

(4) 迪兰R9 280 酷能 3G DC

迪兰R9 280 酷能 3G DC属于发烧级显卡，具有非常出色的游戏表现性，使用的是GCN架构配合28nm制造工艺的核心设计，搭载3072MB超高显存容量以及384bit位宽设计，完美支持DirectX 11.2游戏特效、CrossFire双卡交火、ATIPowerplay自动节能等技术，可以满足各类游戏玩家的需求。散热方面，采用双风扇散热系统，噪声更低、散热性能更强。接口方面，采用了DVI + HDMI + 2xMini DisplayPort的输出接口组合，可以输出4096 像素× 2160像素的最高分辨率。

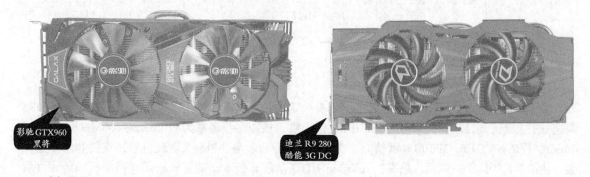

影驰 GTX960
黑将

迪兰 R9 280
酷能 3G DC

(5) 微星（MSI）GTX 970 GAMING 4G

微星（MSI）GTX 970 GAMING 4G是微星专为游戏玩家打造的超公版显卡，基于Maxwell架构设计以及28nm制造工艺，配备了GM204显示核心，内置1664个流处理器，并配备256bit/4GB的高规格显存，以轻松提供流畅的、高特效的游戏画面，并且全面支持DX12特效显示。供电方面采用6+2相供电设计，为显卡超频能力提供了强有力的保障。散热方面，采用全新的第五代Twin Frozr双风扇散热系统，为显卡提供了强大的散热效果。接口方面，采用了DVI-I + DVI-D + HDMI + DP的视频输出接口组合，可以满足玩家组建单卡多屏输出的需求。整体来看，对于追求极致的用户，是一个不错的选择。

微星（MSI）GTX
970 GAMING 4G

2.5.4 显卡的选购技巧

显卡是电脑中既重要又特殊的部件，因为它决定了显示图像的清晰度和真实度，并且显卡是电脑配件中性能和价格差别最大的部件，便宜的显卡只有几十元，昂贵的则价格高达几千元。其实，对于显卡的选购还是有许多小技巧的，读者掌握了这些技巧能够更方便地挑选到合适的产品。下面介绍选购显卡的技巧。

(1) 根据需要选择

实际上，挑选显卡系列非常简单，因为无论是AMD还是NVIDIA，对不同的用户群体，都有着不同的产品线与之对应。用户应根据实际需要确定显卡的性能及价格，如用户仅仅喜爱看高清电影，只需要一款入门级产品。如果仅满足一般办公的需求，采用中低端显卡就足够了。而对于喜爱游戏的用户来说，中端甚至更为高端的产品才能够满足需求。

(2) 查看显卡的字迹说明

质量好的显卡，其显存上的字迹即使已经磨损，但仍然可以看到刻痕。所以，在购买显卡时可以用橡皮擦擦拭显存上的字迹，看看字体擦过之后是否还存在刻痕。

(3) 观察显卡的外观

显卡采用PCB的制造工艺及各种线路的分布。一款好的显卡用料足，焊点饱满，做工精细，其PCB板、线路、各种元件的分布比较规范。

(4) 软件测试

通过测试软件，可以大大降低购买到伪劣显卡的风险。首先安装公版的显卡驱动程序，然后观察显卡实际的数值是否和显卡标称的数值一致，如不一致就表示此显卡为伪劣产品。另外，可以通过一些专门的检测软件检测显卡的稳定性，劣质显卡显示的画面会有很大的停顿感，甚至造成死机。

(5) 查看主芯片防假冒

在主芯片方面，有的杂牌显卡利用其他公司的产品及同公司低档次芯片来冒充高档次芯片。这种方法比较隐蔽，较难分别，只有察看主芯片有无打磨痕迹才能区分。

2.6 显示器

🔊 本节教学录像时间：5分钟

显示器是用户与电脑进行交流的必不可少的设备，到目前为止，显示器在概念上还没有统一的说法，但对其认识却大都相同，顾名思义，它是将一定的电子文件通过特定的传输设备显示到屏幕上再反射到人眼的一种显示工具。

2.6.1 显示器的分类

根据不同的划分标准，显示器可分为多种类型。本节从两方面划分显示器的类型。

（1）按尺寸大小分类

按尺寸大小将显示器分类是最简单主观的，常见的显示器尺寸可分为19英寸、20英寸、21英寸、22英寸、23英寸、23.5英寸、24英寸、27英寸等，以及更大的显示屏，现在市场上主要以22英寸和24英寸为主。

（2）按显示技术分类

按显示技术分类可将显示器分为液晶显示器（LCD）、离子电浆显示器（PDP）、有机电发光显示器（DEL）3类。目前液晶显示器（LCD）在显示器中是主流。

2.6.2 显示器的性能指标

不同的显示器在结构和技术上不同，所以它们的性能指标参数也有所区别。这里以液晶显示器为例介绍其性能指标。

（1）点距

点距一般是指显示屏上两个相邻同颜色荧光点之间的距离。画质的细腻度就是由点距来决定的，点距间隔越小，像素就越高。22英寸LCD显示器的像素间距基本都为0.282mm。

（2）最佳分辨率

分辨率是显示器的重要的参数之一，当液晶显示器的尺寸相同时，分辨率越高，其显示的画面就越清晰。如果分辨率设置的不合理，则显示器的画面会模糊变形。一般17英寸LCD显示器的最佳分辨率为1024像素×768像素，19英寸显示器的最佳分辨率通常为1440像素×900像素，更大尺寸拥有更大的最佳分辨率。

（3）亮度

亮度是指画面的明亮程度。显示器画面设置过亮常常会令人感觉不适，一方面容易引起视觉疲劳，一方面也使纯黑与纯白的对比降低，影响色阶和灰阶的表现。因此提高显示器亮度的同时，也要提高其对比度，否则就会出现整个显示屏发白的现象。亮度均匀与否，和背光源与反光镜的数量与配置方式息息相关，品质较佳的显示器，画面亮度均匀，柔和不刺目，无明显的暗区。

（4）对比度

液晶显示器的对比度实际上就是亮度的比值，即显示器的亮区与暗区的亮度之比。显示器的对比度越高，显示的画面层次感就越好。目前主流液晶显示器的对比度大多集中在400:1至600:1的水平上。

（5）色彩饱和度

液晶显示器的色彩饱和度是用来表示其色彩的还原程度的。液晶每个像素由红、绿、蓝（RGB）子像素组成，背光通过液晶分子后依靠RGB像素组合成任意颜色光。如果RGB三原色越鲜艳，那么显示器可以表示的颜色范围就越广。如果显示器三原色不鲜艳，那这台显示器所能显示的颜色范围就比较窄，因为其无法显示比三原色更鲜艳的颜色，目前最高标准为72%NTSC。

（6）可视角度

可视角度指用户可以从不同的方向清晰地观察屏幕上所有内容的角度。由于提供LCD显示器显示的光源经折射和反射后输出时已有一定的方向性，超出这一范围观看就会产生色彩失真现象，CRT显示器不会有这个问题。目前市场上出售的LCD显示器的可视角度都是左右对称的，但上下就不一定对称了。

2.6.3 显示器主流产品

显示器品牌有很多种，以液晶显示器品牌为例，有三星、LG、华硕、明基、AOC、飞利浦、长城、优派、HKC等。

(1) 明基（BenQ）VW2245Z

明基VW2445Z是一款21.5英寸液晶显示器，外观方面采用了主流的钢琴烤漆黑色，4.5毫米超窄边框设计，显示器厚度仅有17mm，十分轻薄。面板方面采用VA面板，无亮点而且漏光少，上下左右各178°超广视角，不留任何视觉死角。该显示器最大特点是不闪屏和滤蓝光技术，可以在任何屏幕亮度下不闪烁，而且可以过滤有害蓝光，保护眼睛，对于长久电脑作业的用户，是一个不错的选择。

(2) 三星（SAMSUNG）S24D360HL

三星 S24D360HL是一款23.6英寸LED背光液晶显示器，外观方面采用塑料材质，搭配白色设计，配以青色的贴边，十分时尚。面板方面，采用三星独家的PLS广视角面板，确保屏幕透光率更高，更加透亮清晰，屏幕比例为16:9，支持178°可视度角和LED背光功能，可以提供1920像素×1080像素最佳分辨率，1000:1静态对比度和1000000:1动态对比度，5ms灰阶响应时间，并提供了HDMI和D-Sub双接口，是一款较为实用的显示器。

(3) 戴尔（DELL）P2314H

戴尔 P2314H是一款23英寸液晶显示器，外观方面采用黑色磨砂边框，延续了戴尔极简的商务风格，面板采用LED背光和IPS技术，支持1920像素×1080像素全高清分辨率的16:9显示屏，拥有2000000:1的高动态对比度与86%的色域，8ms响应时间，178°的超广视角，确保了全高清的视觉效果。另外，该显示器采用专业级的"俯仰调节+左右调节+枢轴旋转调节"功能，在长文本及网页阅读、竖版照片浏览、多图表对比等应用上拥有宽屏无以比拟的优势，同时也是多连屏实现的基础，属于性价比较高的"专业性"屏幕。

(4) SANC G7 Air

SANC G7 Air采用27英寸的苹果屏，是一款专为竞技爱好者设计的显示器。外观方面采用超轻薄的设计，屏幕最薄处仅为8.8mm，香槟金铝合金支架，更具现代金属质感。面板方面采用AH-IPS面板，最佳分辨率为2560像素×1440像素，黑白响应时间为5ms，拥有10.7亿的色数，178°超广视角，满足游戏玩家丰富色彩要求，临场感十足。

戴尔

SANC G7 Air

2.6.4 显示器的选购技巧

选购显示器要分清其用途，以实用为主。

① 就日常浏览网页而言，一般的显示器就可以满足用户需求。普通液晶与宽屏液晶各有优势，总体来说，在图片编辑应用上，使用宽屏液晶更好，而在办公文本显示应用上，普通液晶的优势更大。

② 就游戏应用而言，宽屏液晶是不错的选择，它拥有16:9的黄金显示比例，在支持宽屏显示的游戏中优势是非常明显的，它比传统4:3屏幕的液晶更符合人体视觉舒适性要求。

2.7 电源

本节教学录像时间：5分钟

在选择电脑时，我们往往只注重CPU、主板、硬盘、显卡、显示器等产品，常常忽视了电源的重要作用。一颗强劲的CPU会带着我们在复杂的数码世界里飞速狂奔，一块很酷的显卡会带我们在绚丽的3D世界里领略那五光十色的震撼，一块很棒的声卡能带领我们进入那美妙的音乐殿堂。在享受这一切的同时，你是否想到还有一位幕后英雄——电源在为我们默默地工作呢？

电源的好与坏直接关系到系统的稳定与硬件的使用寿命。尤其是在硬件升级换代频繁的今天，虽然工艺上的改进可以降低CPU的功率，但同时高速硬盘、高档显卡、高档声卡层出不穷，使相当一部分电源不堪重负。那么，怎样才能为自己选购一台合适的电源呢？

(1) 品牌

建议选购通过3C认证的知名品牌的电源。

嘉航 MVP 500 电源

鑫谷 GP600G 电源

(2)输入技术指标

输入技术指标有输入电源相数、额定输入电压以及电压的变化范围、频率、输入电流等。一般这些参数及认证标准在电源的铭牌上都有明显的标注。

(3)安全认证

电源认证也是一个非常重要的环节，因为它代表着电源达到了何种质量标准。权威的认证标准是3C认证，它是中国国家强制性产品认证的简称，将CCEE（长城认证）、CCIB（中国进口电子产品安全认证）和EMC（电磁兼容认证）三证合一。一般的电源都会符合这个标准，若没有，最好不要选购。

(4)功率的选择

虽然现在大功率的电源越来越多，但是并非电源的功率越大越好，最常见的是350W的。最好是在满足整台电脑的用电需求之后还有一定的功率余量，尽量不要选小功率电源。

(5)电源重量

一般来说，好的电源外壳一般使用优质钢材。电源内部的零件，比如变压器、散热片等，同样是重的比较好。好电源使用的散热片应为铝制甚至铜制的散热片，而且体积越大散热效果越好。一般散热片都做成梳状，齿越深，分得越开，厚度越大，散热效果越好。我们很难在不拆开电源的情况下看清散热片，所以直观的办法就是从重量上去判断了。好的电源，一般会增加一些元件，以提高安全系数，所以重量自然会有所增加。劣质电源则会省掉一些电容和线圈，重量就比较轻。

(6)线材和散热孔

电源所使用的线材粗细，与它的耐用度有很大的关系。较细的线材经长时间使用，常常会因过热而烧毁。另外，电源外壳上面或多或少都有散热孔，电源在工作的过程中，温度会不断升高，除了通过电源内附的风扇散热外，散热孔也是加大空气对流的重要因素。原则上电源的散热孔面积越大越好，但是要注意散热孔的位置，位置放对才能使电源内部的热气及早排出。

2.8 其他硬件的选购

🌐 本节教学录像时间：35 分钟

除CPU、主板、硬盘、显卡、显示器和电源外，要组装一台电脑还有很多的硬件需要购买，例如光驱、机箱、鼠标和键盘等，要熟悉各硬件的分类情况及选购技巧，才能在购买的时候选对适合自己的。

2.8.1 光驱的选购

光驱是电脑用来读写光碟数据信息的机器，也是在台式机和笔记本便携式电脑里比较常见的一个部件。光驱可分为CD-ROM光驱、DVD光驱（DVD-ROM）、康宝光驱（COMBO）和刻录光驱4类。

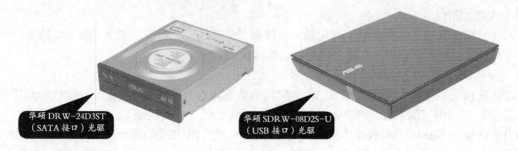

华硕 DRW-24D3ST
（SATA 接口）光驱

华硕 SDRW-08D2S-U
（USB 接口）光驱

1. 了解4类光驱的区别

CD-ROM光驱：又称为致密盘只读存储器，是一种只读光盘的存储介质。可以读取CD-ROM、CD-R和CD-RW光驱数据，但目前已逐渐被淘汰。

DVD光驱（DVD-ROM）：该光驱不仅可以读取DVD光盘，还可以读取DVD-ROM、DVD-VIDEO、DVD-R、CD-ROM等常见的格式，对于CD-R/RW、CD-I、VIDEO-CD、CD-G等也有一定的兼容性。

COMBO光驱：康宝光驱是人们对COMBO光驱的俗称。COMBO光驱不仅有读取DVD、CD-ROM的功能，还有CD刻录的功能，是一种多功能光存储产品。

刻录光驱：包括CD-R、CD-RW和DVD刻录机等，其中DVD刻录机又分DVD+R、DVD-R、DVD+RW、DVD-RW（W代表可反复擦写）和DVD-RAM。刻录机的外观和普通光驱差不多，只是其前置面板上通常都清楚地标识着写入、复写和读取3种速度。

2. 了解光驱的性能指标

(1) 数据传输速率

数据传输速率是光驱最基本的性能指标，是指光驱在每秒能读取的最大数据信息量，通常以KB/s来计算。

(2) CPU占用时间

CPU占用时间是指光驱在维持一定的转速和数据传输速率时所占用CPU的时间。该指标是衡量光驱性能的一个重要指标，CPU的占用率可以反映光驱的BIOS编写能力。CPU占用率越少光驱就越好。

(3) 平均访问时间

平均访问时间又称平均寻道时间，是指从检测光头定位到开始读盘这个过程所需要的时间，单位是ms，目前一般光驱的平均访问时间是80~90ms。

(4) 纠错能力

纠错能力即光驱对质量不好的光盘的纠错能力，纠错能力越强，读取光盘的能力就越好。

2.8.2 机箱的选购

机箱是电脑的外衣，是电脑展示的外在硬件，是电脑其他配件的保护伞。所以在选购机箱时要注意以下几点。

(1) 机箱的做工

组装电脑避免不了装卸硬盘、拆卸显卡，甚至搬运机箱的动作，如果机箱外层与内部之间的边缘有切口、不圆滑，那么就很容易划伤自己。机箱面板的材质是很重要的。前面板大多采用工程塑料制成，成分包括树脂基体、白色填料（常见的乳白色前面板）、颜料或其他颜色填充材料（有其他色彩的前面板）、增塑剂、抗老化剂等。用料好的前面板强度高，韧性大，使用数年也不会老化变黄；而劣质的前面板强度很低，容易损坏，使用一段时间就会变黄。

(2) 机箱的散热性

机箱的散热性能是我们必须要仔细考核的一个重点，如果散热性能不好的话，会影响整台电脑的稳定性。现在的机箱最常见的是利用风扇散热，因其制冷直接、价格低廉，所以被广泛应用。选购机箱要看其尺寸大小，特别是内部空间的大小。另外，选择密封性比较好的机箱，不仅可以保证机箱的散热性，还可以屏蔽电磁辐射，减少电脑辐射对人的伤害。

(3) 机箱的安全设计

机箱材料是否导电，是关系到机箱内部的电脑配件是否安全的重要因素。如果机箱材料是不导电的，那么产生的静电就不能由机箱底壳导到地下，严重的话会导致机箱内部的主板等烧坏。冷镀锌电解板的机箱导电性较好，涂了防锈漆甚至普通漆的机箱，导电性是不过关的。

(4) 避免只注重外观而忽略兼容性

机箱各式各样，很多用户喜欢选择外观好看的，往往忽略机箱的大小和兼容性，如选择标准的ATX主板，mini机箱不支持；选择中塔机箱，很可能要牺牲硬盘位，支持部分高端显卡。因此，应综合考虑自己的需求，才能选到符合要求的机箱。

金河田 21+ 预见
N-6 雅典白机箱外部

金河田 21+ 预见 N-6
雅典白机箱内部构造

2.8.3 键盘和鼠标的选购

键盘和鼠标是电脑中重要的输入设备，是必不可少的，它们的好坏影响着电脑的输入效率。

1. 鼠标

(1) 鼠标的简介

鼠标按其工作原理及其内部结构的不同可以分为机械式、光机式和光电式。目前，最常用的鼠标类型是光电式鼠标。它是通过内部的一个发光二级管发出光线，光线折射到鼠标接触的表面，然后反射到一个微成像器上。

鼠标按照连接方式主要分为有线鼠标、无线鼠标。有线鼠标的优点是稳定性强、反应灵敏，但便携性差，使用距离受限；无线鼠标的优点是便于携带、没有线的束缚，但稳定性差，易受干扰，需要安装干电池。

有线接口鼠标   无线接口鼠标

(2) 选购技巧

一个好的鼠标应当外形美观，按键干脆，手感舒适，滑动流畅，定位精确。

手感好就是用起来舒适，这不但能提高工作效率，而且对人的健康也有利，不可轻视。

① 手感方面。好的鼠标手握时感觉舒适且与手掌贴合，按键轻松有弹性，滑动流畅，屏幕指标定位精确。

② 普通用户往往对鼠标灵敏度要求不太高，主要看重鼠标的耐用性；游戏玩家用户注重鼠标的灵敏性与稳定性，建议选用有线鼠标；专业用户注重鼠标的灵敏度和准确度；普通的办公应用和上网冲浪的用户，一只50元左右的光电鼠标已经能很好地满足需要了。

③ 品牌。市场上鼠标的种类很多，不同品牌的鼠标质量、价格不尽相同，在够买时尽量选择口碑好的品牌，质量和服务才有保证。

④ 使用场合。一般情况下，有线鼠标适用于家庭和公共场合。而无线鼠标并不适用于公共场合，因为其体积小，丢失不易寻找，但在家中使用可以保证桌面整洁，不会有太多连接线，经常出差的用户携带无线鼠标较为方便。

2. 键盘

键盘主要用于数据和命令的输入，如可以输入文字、字母、数字等，也可以通过某个按键或组合键执行操作命令，如按【F5】键，可以刷新屏幕页面，按【Enter】键，执行确定命令等，因此它的手感好坏影响操作是否顺手。

常见的键盘主要可分为机械式和电容式两类，现在的键盘大多是电容式键盘。键盘如果按其外形来划分又有普通标准键盘和人体工学键盘两类。按其接口来分主要有PS/2接口（小口）、USB接口以及无线键盘等。在选购键盘时，可根据以下几点进行选购。

电容式键盘　　　机械式键盘

(1) 键盘触感

好的键盘在操作时感觉比较舒适，按键灵活有弹性，不会出现键盘被卡住的情况，更不会有按键沉重、按不下去的感觉。好的触感可以让我们在使用中得心应手。

(2) 键盘做工

键盘的品牌繁多，但在品质上赢得口碑的却并不多。一般品质较好的键盘，它的按键布局、键帽大小和曲度合理，按键字符清晰；而一些做工粗糙，按键弹性差，字迹模糊且褪色，没有品牌标识的键盘则会影响用户正常使用。

(3) 键盘的功能

购买键盘时，应根据自己的需求进行购买。如果用来玩游戏，对键盘的操作性能要求较高，可以购买游戏类键盘；如果用来上网、听音乐、看视频等，可以购买一个多媒体键盘；如果用来办公，购买一般的键盘即可。

2.8.4 耳麦的选购

耳麦不但具有耳机的功能，而且兼具了话筒的功能，不管是玩游戏，还是语音聊天，抑或是看电影，都是不可或缺的硬件设备。

在选购耳麦时，可以根据以下几点进行购买。

(1) 耳麦的分类

耳麦主要分为头戴式、后挂式、入耳式等，一般情况下，主要选用头戴式和后挂式两种。头戴式耳麦耳罩较大，可有效减少外界杂音，但夏天带较热。后挂式耳麦时尚，但隔音效果差。

(2) 耳机的性能指标

一般情况下，耳机一般最低要达到20Hz～20KHz的频率范围，大于100MW的功率，小于或略等于0.5%的谐波失真。一些质量差的耳麦生产商，会胡乱标注耳机的性能指标，夸大其词，如果不能达到以上要求或高于上述标准，建议不要购买。

(3) 话筒的拾音效果

如果话筒的拾音效果差，对方就听不到或听不清声音。在购买时，若需要进行测试，可以使用电脑进行录音，将话筒放到合适位置，说话以进行录制。录完毕后，进行回放，如果声音偏小或听不清，则说明话筒拾音效果差。

(4) 耳麦的做工

质量好的耳麦，其做工精细，耳麦的韧性较好，不会有生硬感，插头不会出现毛刺；而劣质耳麦，手感粗糙，耳机接线线径粗细不一。

(5) 品牌及外观

在购买时，建议购买一些知名耳麦生产商生产的耳麦，它们做工精良，性能指标准确，戴起来舒适。

漫步者K800耳麦

飞利浦 SHM7110 耳麦

2.8.5 音箱的选购

● 1.音箱的性能指标

音箱功率。它决定了音箱所能发出的最大声音强度。目前音箱功率的标注方式有两种：额定功率和峰值功率。额定功率是指能够长时间正常工作的功率值，峰值功率则是指在瞬间能达到的最大值。虽说功率越大越好，但也要适可而止，一般应根据房间的大小来选购，如20m²的房间，60W功率的音箱就足够了。

音箱失真度。它直接影响到音质音色的还原程度，一般用百分数表示，越小越好。

音箱频率范围。它是指音箱最低有效回放频率与最高有效回放频率之间的范围，单位是赫兹（Hz），一般来说，目前的音箱高频部分较高，低频则略逊一筹，如果对低音的要求比较高，建议配上低音炮。

音箱频率响应。它是指音箱产生的声压和相位与频率的相关联系变化，单位是分贝（dB）。分贝值越小说明失真越小，性能越高。

音箱信噪比。同声卡一样，信噪比也是选购音箱时应关注的一个非常重要的指标，信噪比过低则噪声严重，会严重影响音质。一般来说，音箱的信噪比不能低于80分贝，低音炮的信噪比不能低于70分贝。

2.辨别音箱好坏的简单方法

①眼观

选购音箱时一定要注意与自己的电脑显示屏搭配合适，颜色看上去协调。目前的电脑音箱很多已经摆脱了传统的长方体造型，而采用了一些外形独特、更加美观时尚的造型。选购时完全凭用户自己的个人所好。

②手摸

用手摸音箱的做工。塑料音箱应该检查压模的接缝是否严密，打磨得是否光滑；如果是木质音箱的话，对于采用中密度板的部位，应该检查表面的贴皮是否平整，接缝处是否有凸起。这些虽然不会影响音箱的品质，但是却代表了厂商的态度和工艺水平。在挑选音箱时，掂分量也是鉴别方法之一。如果一台个头颇大的木质音箱很轻的话，那么它的性能也可能打折扣。扬声器单元口径（低音部分）一般在2～6英寸，在此范围内，口径越大灵敏度越高，低频响应效果越好。

③听音

听音时不要将音量开到最大，基本上开到2/3处能够不失真就可以了。同时需要注意的是，采用不同的声卡效果也有差异，因此在听音时还应该了解一下商家提供的是什么声卡，以便正确地定位。

漫步者R201T08
音箱

麦博M-200音箱

2.8.6 摄像头的选购

电脑娱乐性的进一步加强和网络生活的进一步丰富，带动了国内互联网带宽和电脑视频软硬件的发展，摄像头已经成为人们必备的电脑配件了。摄像头产品繁多，规格复杂，究竟应该怎样选择，才能买到一款效果令人满意的摄像头呢？

蓝色妖姬T3200
黑曜石

天敏畅快聊
S603HD

(1) 适合自己最重要

现在市场上常见的大部分都是免驱动的摄像头，即只要将摄像头与电脑连接，不需要下载安装驱动程序就可以直接使用。这类摄像头的参数，可以在IM软件中设置。但是，有些摄像头独有的特色功能还需要下载安装软件才能实现。针对摄像头的使用范围，摄像头的支架发生了很大的变化，例如摆放在桌面上的高杆支架、可以夹在笔记本电脑和液晶显示器上的卡夹支架等。外形简单小巧、注重携带方便成为摄像头设计的重要元素，用户在购买时可以根据自己的实际需要进行选择。

(2) 镜头

镜头是摄像头重要的组成部分之一，摄像头的感光元件一般分为CCD和CMOS两种。摄影摄像方面，对图像要求较高，因此多采用CCD设计。而摄像头对图像要求没这么高，应用于较低影像的CMOS已经可以满足需要。而且CMOS的很大一个优点就是制造成本较CCD低，功耗也小很多。

除此之外，还可以注意一下镜头的大小，镜头大的摄像头成像质量会好些。

(3) 灵敏度

在使用摄像头视频会话时，常常会发现大幅度移动摄像头时，画面会出现模糊不清的情况，必须等稳定下来后画面才会逐渐清晰，这就是摄像头灵敏度低的表现。

(4) 像素

像素值是影响摄像头质量和照片清晰度的重要指标，也是判断摄像头性能优劣的重要指标。现在市场上摄像头的像素值一般为35万左右。但是，像素越高并不代表摄像头就越好，因为像素值越高的产品，其要求更宽的带宽进行数据交换，因此我们还要根据自己的网络情况选择。一般30万像素的摄像头就足够日常使用了，没有必要选择像素更高的产品。一方面是因为高像素意味着高成本，另一方面是因为高像素必然意味着数据传输量大。

2.8.7 U盘和移动硬盘的选购

U盘和移动硬盘都是便携型的储存产品。与移动硬盘相比较，U盘体积小，价格便宜。移动硬盘传输速度高，性能可靠。下面介绍两者的选购技巧。

1. U盘的选购

(1) 查看U盘的容量

U盘容量是选购者应考虑的首要条件之一，不少商家在U盘的外观上标注U盘的容量很大，但是实际容量却小得多。例如，8GB的U盘，实际容量只有7.8GB或者更少。U盘容量可以通过电脑系统查看，电脑连接U盘之后，右键单击U盘，选择属性即可查看真实容量，要买接近标注容量的。

(2) 查看U盘接口类型

U盘接口主要是USB接口类型，分为3.0接口和2.0接口，USB 3.0比USB 2.0读写速度要快10倍左右，但是其价格也相对较高，一般USB 3.0接口的U盘，其前端芯片为蓝色。另外还有双接口（Micro USB和USB）类型，主要区别是支持插入包含OTG功能的手机进行读写。

(3) 查看U盘传输速度

U盘的传输速度是衡量一个U盘质量的标准之一，好的U盘传输数据的速度快。一般U盘都会标明它的写入和读取速度。

(4) 查看品牌与做工

劣质U盘外壳手感粗糙，耐用度较差。好的U盘外壳材料精致。最重要的是外壳能保护里面的芯片，不要图便宜而选择做工较差的产品，通常品牌U盘在这方面做得比较好。

(5) 要看售后服务

在选购U盘时，一定要询问清楚售后服务，例如保修、包换等问题。这也是衡量U盘质量的一个重要指标。

2. 移动硬盘的选购

移动硬盘的选购可参考U盘选购的几项技巧，另外也要注意以下两点。

(1) 移动硬盘不一定是越薄越好

主流的移动硬盘售价越来越便宜，外形也越来越薄。但一味追求低成本和漂亮外观，使得很多产品都不具备防震功能，有些甚至连最基本的防震填充物都没有，其存储数据的可靠性也就可想而知了。

一般来说，机身外壳越薄的移动硬盘其抗震能力越差。为了防止意外摔落对移动硬盘的损坏，有一些厂商推出了超强抗震移动硬盘。其中不少厂商宣称自己的产品是2米防摔落，其实高度不是应该关注的重点，应该关注这个产品是否通过了专业实验室不同角度数百次以上的摔落测试。通常移动硬盘意外摔落的高度为1米左右（即办公桌的高度，也是普通人的腰高）。

(2) 附加价值

不少品牌移动硬盘会免费赠送杀毒软件、个人信息管理软件、一键备份软件、加密软件等，可根据自己的需求进行取舍。

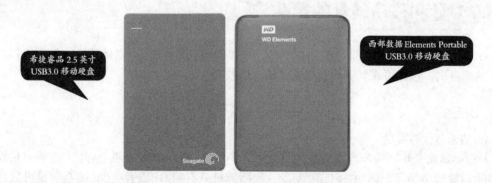

希捷睿品 2.5 英寸 USB3.0 移动硬盘

西部数据 Elements Portable USB3.0 移动硬盘

2.8.8 路由器的选购

路由器对于绝大多数家庭，已是必不可少的网络设备，尤其是拥有无线终端设备的家庭，需要无线路由器来接入网络，下面介绍如何选购路由器。

(1) 关于型号

在购买路由器时，会发现标注有300M、450M和600M等，这里的M是Mbit/s（比特率）的简称，是描述数据传输速度的单位。理论上，300Mbit/s的网速，每秒传输的速率是37.5MB/s，600Mbit/s的网速，每秒传输的速率是75MB/s，用公式表示就是每秒传输速率=网速/8。不过对于一般用户来讲，300Mbit/s的路由器已经足够，根据网络实际情况选择即可。

(2) 关于功能和用途

路由器按照功能主要分为有线路由器和无线路由器，如果只是单纯连接电脑，选择有线的就可以，如果经常使用无线设备，如手机、平板电脑及智能家居设备等，则需要选择无线路由器。按照用途分，主要分为家用路由器和企业级路由器两种，家用路由器一般发射频率较小，接入设备也有限，主要满足家庭需求；而企业级路由器，由于用户较多，其发射频率较大，支持更高的无线带宽和更多用户的使用，而且固件具备更多功能，如端口扫描、数据防毒、数据监控等，当然其价格也较贵。如果是企业用户，建议选择企业级路由器，否则网络会受影响，如网速慢、不稳定、易掉线、设备死机等。

另外，路由器也分为普通路由器和智能路由器，其最主要的区别是，智能路由器拥有独立的操作系统，可以实现智能化管理，用户可以自行安装各种应用、自行控制带宽、自行控制在线人数、自行控制浏览网页、自行控制在线时间，而且拥有强大的USB共享功能。选择普通路由器还是智能路由器，完全根据用户需求，如果用不到智能路由器的功能，就没必要花高价。

(3) 单频还是双频

关于路由器的单频和双频，它指的是一种无线网络通信协议，双频包含802.11n和801.11ac，而单频只有802.11n，单频中802.11n发射的无线频率采用的是2.4GHz频段，而802.11.ac采用的是5GHz频段。在使用双频路由器时会发现，有两个无线信号，一个是2.4GHz，一个是5GHz，在传输速度方面，5GHz频段的传输速度更强，但是其传输距离和穿墙性能不如2.4GHz。对于一般用户来讲，如果没有支持801.11ac无线设备，选择双频路由器也无法搜索到该频段网络，适合才是最好的，当然不可否认，5GHz是近段无线网络发展的一种方向。

(4) 安全性

由于路由器是网络中比较关键的设备，针对网络存在的各种安全隐患，路由器必须要有可靠性并能保障线路安全。选购时安全性能是应参考的重要指标之一。

(5) 控制软件

路由器的控制软件是路由器发挥功能的一个关键环节，从软件的安装、参数自动设置，到软件版本的升级都是必不可少的。软件安装、参数设置及调试越方便，用户就越容易掌握，就能更好地应用。如今不少路由器已提供APP支持，用户可以使用手机调试和管理路由器，这对于初级用户来说是很方便的。

 高手支招

本节教学录像时间：10 分钟

认识CPU的盒装和散装

在购买CPU时，会发现部分型号中带有"盒"字样，表示该CPU是盒装，下面介绍CPU盒装和散装的区别。

① 是否带有散热器。CPU盒装和散装的最大区别是，盒装CPU带有原厂的CPU散热器，而散装CPU就没有配带散热器，需要单独购买。

② 保修时长。盒装和散装CPU在质保时长上是有区别的，通常，盒装CPU的保修期为三年，而散装CPU保修期为一年。

③ 质量。虽然盒装CPU和散装CPU存在是否带散热器和保修时长问题，但是如果都是正品的话，不存在质量差异。

④ 性能。在性能上，同型号CPU，盒装和散装不存在性能差异，是完全相同的。

出现盒装和散装的原因，主要是CPU供货方式不同，供应给零售市场主要是盒装产品，而给品牌机厂商主要是散装产品。另外，由于代理商销售策略的不同，销售盒装或散装CPU。

对于用户，选择盒装和散装，主要根据需求。一般用户，选择一个盒装CPU，配备其原装CPU就可以满足使用要求；如果考虑价格的话，也可以选择散装CPU，自行购买一般的散热器也可以满足使用；而对于部分发烧友，尤其是超频玩家，CPU发热量过大，原装散热器不能达到很好的散热效果，就需要另行购买好一些的散热器，如水冷、风冷等CPU散热器，所以选择散装就比较划算。

第**3**章

电脑组装方案推荐

学习目标——

不同的用户对电脑有不同的需求,如经济实惠型、影音娱乐型、商务办公型、图形图像设计型、游戏发烧高端型等,因而它们的硬件搭配也不尽相同,本章主要为读者提供不同用途及不同价位的攒机方案。

学习效果——

3.1 经济实惠型家庭配置

经济实惠型的电脑，对配置要求并不是很高，属于入门级，满足日常使用要求即可。因此，四核独显显然并不实用，在挑选配置时，应注意以下几项。

（1）主板

主板选择集成（集成显卡、声卡、网卡）的即可，不需要追求高价格的非集成主板。

（2）光驱

显卡、声卡都是集成的，所以就不需要再进行挑选，而光驱作用并不是很大，如安装系统，U盘即可完成，不需要花上百元去进行购买。

（3）显示器

由于家庭使用，所以在屏幕尺寸上应该挑选大一些的，如21.5英寸、22英寸、23英寸等。

（4）电源

由于配置原因，其总功率不需要太大，因此，建议购买较小额定功率的电源，价格也低；若考虑日后硬件升级使用，也可以稍微大一些，但不必追求三四百瓦额定功率的电源。

3.1.1 2000元内攒机方案

2000元以内的经济实惠型家庭配置方案见下表，价格仅供读者参考，应以当地、当时的市场价为准。

名称	型号	数量	价格
CPU	AMD 速龙II X2 255	1	￥350
主板	华擎960GM-VGS3 FX	1	￥295
内存	威刚 DDR3 2GB	1	￥98
硬盘	西数 500GB 蓝盘	1	￥305
电源	金河田 宽幅大师360	1	￥145
显卡/声卡/网卡	集成	—	—
机箱	金河田 百盛 文曲星	1	￥105
CPU散热器	酷冷 A98	1	￥35
显示器	长城 V2213WS	1	￥595
键鼠套装	恩腾198纪念版	1	￥40
合计			￥1968

3.1GHz的主频、2GB内存、500GB硬盘、22英寸的液晶显示器足以满足家庭中一般娱乐需求，同时该配置具有很高的性价比，其1900多元的价格也较容易让不少家庭接受。

3.1.2 2000元级攒机方案

2000元级的经济实惠型家庭配置方案见下表，价格仅供读者参考，应以当地、当时的市场价为准。

名称	型号	数量	价格
CPU	英特尔 赛扬 G1820	1	￥235
主板	映泰 H81MHP	1	￥365
内存	威刚 DDR3 4GB	1	￥198
硬盘	西数 500GB 蓝盘	1	￥305
电源	金河田 S3008	1	￥155
显卡/声卡/网卡	集成	—	—
机箱	金河田 启源	1	￥115
CPU散热器	超频三 青鸟3	1	￥35
显示器	明基 VW2245Z	1	￥699
键鼠套装	水木行 黑金武士	1	￥45
合计			￥2152

Intel 赛扬G1820拥有2.7GHz的主频，属于入门级产品，非常适合家庭使用，而且运行稳定，噪声小，搭载映泰H81MHP主板，能完全满足一般的家庭娱乐需求。而明基VW2245Z显示器外观时尚、机身超薄、视角超广，尤其是有滤蓝光功能，可以保护视力，是一款比较不错的显示器。

3.2 稳定商务办公型配置

本节教学录像时间：4分钟

商务办公对配置虽然没有过高的要求，但是对机器的稳定性有着较高的要求，否则极容易影响办公，因此在电脑硬件选购上，应选择一些有较好口碑、性能稳定的配件进行搭配。这里建议用户在配置电脑时注意以下几点。

(1) CPU

CPU在品牌上可以选择Intel，其价格偏高，但是较稳定，其核心数量选购双核即可。

(2) 散热器

选择一个较好的散热器可以保证CPU运行更加稳定，不易因为散热不好导致电脑运行时重启或出现其他故障，影响办公。

(3) 硬盘

建议选择较大容量的硬盘，方便存储文件，如1TB、1.5TB都可以。

(4) 显示器

建议选购一些色彩比较好的显示器，既利于长时间在电脑前工作，减少对眼睛的损害，也有利于进行图像设计等。

3.2.1 2000元级攒机方案

2000元级的稳定商务办公型配置方案见下表，价格仅供读者参考，应以当地、当时的市场价为准。

名称	型号	数量	价格
CPU	奔腾G3258(盒)	1	￥410
主板	华硕B85M-V PLUS	1	￥390
内存	金士顿 DDR3 4GB	1	￥198
硬盘	东芝1TB 7200转 32MB	1	￥345
电源	航嘉 冷静王 2.31	1	￥155
显卡/声卡/网卡	集成	—	—
机箱	金河田 SMART	1	￥135
CPU散热器	酷冷至尊 猎鹰	1	￥45
显示器	长城 L1970S	1	￥555
键鼠套装	双飞燕 WKM-1000	1	￥75
合计			￥2308

　　CPU采用奔腾G3258处理器，原生双核心设计、22nm工艺制程、内置HD Graphics核芯显卡，支持高清播放，该处理器默认3.2GHz的核心主频，而且支持超频，可轻松超频到4.6GHz以上，超频后性能堪比i3系列的Haswell处理器，可轻松满足日常办公和家用上网需求。主板采用华硕B85M-V，一线大厂出品，做工优秀，设计合理，LGA 1150主板插槽，支持最大16GB内存，可以充分满足用户需求。对于办公人员，2000元级的价格具有较高的性价比。

3.2.2　3000元级攒机方案

　　3000元级的稳定商务办公型配置方案见下表，价格仅供读者参考，应以当地、当时的市场价为准。

名称	型号	数量	价格
CPU	英特尔 酷睿 i3 4160	1	￥735
主板	技嘉 B85M-D3V-A	1	￥405
内存	金士顿 DDR3 4GB	1	￥198
硬盘	希捷2TB 7200转 64MB SATA3	1	￥480
固态硬盘	金速K9 128GB	1	￥280
电源	航嘉 冷静王 2.31	1	￥155
显卡/声卡/网卡	集成	—	—
机箱	大水牛 风雅	1	￥115
CPU散热器	酷冷至尊 夜鹰	1	￥35
显示器	冠捷 E950SN	1	￥570
键鼠套装	雷柏 X125	1	￥75
合计			￥3048

　　CPU方面，采用Intel酷睿i3 4160处理器，默认主频高达3.6GHz，内置物理双核心，可实现四线程同时处理任务，三级高速缓存容量达3MB，Intel HD Graphics 4400的集显，完全可以满足用户的一般办公需求。主板方面，基于B85芯片，4条DDR3内存插槽，全固态电容，集成千兆网卡，USB3.0、SATA3等高速扩展接口一应俱全。总体来看，不管是日常的办公，还是一般的设计工作，完全可以满足。

3.3 影音娱乐型中端配置

⊙ **本节教学录像时间：4 分钟**

　　影音娱乐型，主要满足用户看电影、上网、玩游戏等日常娱乐，一般的经济实惠型电脑则难以胜任，在挑选时可以注意以下几项。

（1）CPU

CPU方面，如果追求性价比，可以选择AMD的A系列处理器，如果追求稳定性，可以选择Intel的酷睿系列。

（2）内存

选择主流的4GB内存，即可满足日常使用。

（3）硬盘

可以根据需求选择，如果喜欢看电影，可以选择1TB的，方便存放，也可以选择更大些的，如1.5TB、2TB，其价格相差不是太多。

（4）显卡和声卡

可以根据需求选购，如果玩游戏的话，建议配备一个显卡，否则在3D大型游戏方面，CPU的集显会成为"鸡肋"。

（5）音箱

建议购买，在家中使用较为方便，可以得到更好的声效，不需要太专业级的，一般的2.1声道的即可满足要求。

3.3.1　3000元级攒机方案

　　3000元级的影音娱乐型配置方案见下表，价格仅供读者参考，应以当地、当时的市场价为准。

名称	型号	数量	价格
CPU	AMD A10-7850K	1	￥940
主板	技嘉GA-F2A88XM-D3H(rev.3.0)	1	￥430
内存	金士顿 DDR3 4GB	1	￥198
硬盘/固态硬盘	希捷1TB 7200转 64MB 单碟	1	￥345
电源	航嘉 冷静王标准版	1	￥175
显卡/声卡/网卡	集成	—	—
机箱	金河田21+预见 N-2S MINI铝箱	1	￥265
CPU散热器	酷冷A98	1	￥35
显示器	明基VW2245	1	￥760
键鼠套装	罗技 MK100二代	1	￥70
音箱	麦博M-200		￥260
合计			￥3478

CPU方面采用AMD的A10系列处理器，在APU系列中，属于旗舰型，默认主频3.7GHz可以轻松超频至4.2GHz，Socket FM2+插槽，内存控制器支持双通道 DDR3 1066/1333/1600/1866/2133MHz，使得系统在数据读取方面更加迅速，如果用户觉得偏贵，可以换成经济型的A8处理器。主板方面，技嘉GA-F2A88XM与CPU完美搭配，性价比较高。显卡、声卡、网卡采用集成的，CPU散热器使用酷冷A98，确保了CPU的散热。整体来看，适合家庭娱乐使用，中端机型，高性能四核处理器，性价比不俗。

3.3.2　4000元级攒机方案

4000元级的影音娱乐型中端电脑配置方案见下表，价格仅供读者参考，应以当地、当时的市场价为准。

名称	型号	数量	价格
CPU	英特尔 酷睿 i3 4160	1	￥735
主板	技嘉 B85M-D3V-A	1	￥525
内存	金士顿 DDR3 4GB	1	￥198
硬盘	西部数据1TB 7200转 32MB SATA2	1	￥345
电源	航嘉 冷静王钻石WIN8版	1	￥245
显卡	映众 GT730K游戏至尊版	1	￥455
声卡	坦克 傲龙5.1PCI	1	￥260
网卡	集成	—	—
机箱	先马 碳立方	1	￥255
CPU散热器	酷冷 A98	1	￥35
显示器	明基 GL2460	1	￥890
键鼠套装	罗技 MK270	1	￥135
音箱	漫步者e3200	1	￥350
合计			￥4428

酷睿i3 4160和技嘉B85M的配合，便电脑完全拥有绝佳的性能，搭配映众 GT730K游戏至尊版显卡，基本可以畅玩各类3D游戏，独立的声卡系统，配备2.1声道的音箱，为看电影、玩游戏提供了震撼的声音效果。整体配置来看，适合有一定配置要求的玩家。

3.4　图形图像设计型配置

本节教学录像时间：4 分钟

图形图像设计型电脑，主要用于画图设计，如机械设计、室内设计、工业设计、动漫设计等，需要进行精细绘图和3D渲染等，对CPU和显卡的要求比较高，在进行硬件配置时，建议注意以下几项。

(1) CPU

CPU作为电脑核心部件，直接影响电脑的性能，设计类软件对CPU要求较高，图形渲染过程一般的CPU很难胜任，如果是专业级的设计者，建议选择四核以上的处理器，可以保证较为理想的性能和效率。

(2) 显卡

在显卡方面，A卡在处理图形图像方面更加细腻，不过其实A卡和N卡同档次的显卡，差别并不是太大，用户也不需要纠结于此。对于普通设计爱好者，一般1~2GB显卡即可满足要求，而对于专业级设计爱好者，建议购买专业级显卡，价格相对偏高，甚至在5000元以上。

(3) 硬盘

建议采用机械和固态硬盘混合，固态硬盘运行软件，确保效率，而机械硬盘用于日常案例、素材等资料的存储，建议选用1TB以上。

(4) 显示器

显示器方面建议选用22英寸以上，以有更好的视觉效果。

3.4.1 4000元级攒机方案

4000元级的图形图像设计型电脑配置方案见下表，价格仅供读者参考，应以当地、当时的市场价为准。

名称	型号	数量	价格
CPU	AMD Athlon X4 860K	1	¥445
主板	技嘉GA-F2A88XM-D3H	1	¥465
内存	金士顿8GB DDR3 1600	1	¥360
硬盘	希捷1TB 7200转 64MB 单碟	1	¥345
固态硬盘	影驰战将系列240GB	1	¥570
电源	振华 战蝶300	1	¥265
显卡	迪兰 R7 250 酷能 2GB	1	¥580
声卡/网卡	集成	—	—
机箱	酷冷至尊 特警366 U3版	1	¥190
CPU散热器	超频三 红海mini	1	¥55
显示器	明基 VW2245	1	¥699
键鼠套装	罗技 MK120	1	¥80
合计			¥4054

该配置采用AMD新速龙860K，采用了28nm工艺制程，默认主频3.7GHz，动态加速可达4.0GHz，还可以自由超频，4MB的二级缓存，热设计功耗为95W，内存支持双通道DDR3-2133内存标准，封装接口Socket FM2+，可全面兼容A88X、A85、A75等主板。主板采用技嘉GA-F2A88XM-D3H，基于A88X芯片组设计，采用全固态电容供电电路，接口丰富，带有USB 3.0接口，4卡槽内存条，2个显卡插槽，确保了用户可升级性。内存和硬盘方面，配备8GB的内存条，机械和固态两块硬盘，运行各种软件和资料存储完全无压力，另外，2GB的显卡足够满足平面、3D等多维设计，图形渲染等。整体配置对于一般设计人员的要求完全满足。

3.4.2 7000元级攒机方案

7000元级图形图像设计型电脑配置方案见下表，价格仅供读者参考，应以当地、当时的市场价为准。

名称	型号	数量	价格
CPU	Intel 至强E3 1231 V3	1	￥1470
主板	技嘉 B85-HD3	1	￥710
内存	海盗船 复仇者 DDR3 8GB	2	￥800
硬盘	希捷2TB 7200转 64MB SATA3	1	￥480
固态硬盘	Intel SSD 120GB	1	￥630
电源	海韵 S12II-520	1	￥450
显卡	丽台 Quadro K620	1	￥1380
声卡/网卡	集成	—	—
机箱	乔思伯 QT01	1	￥440
CPU散热器	九州风神 冰凌MINI 旗舰双刃版	1	￥75
显示器	冠捷 I2369V	1	￥905
键鼠套装	双飞燕 KB-N9100	1	￥105
合计			￥7445

　　CPU方面采用Intel 至强E3 1231 V3处理器，使用Haswell-R架构，LGA 1150接口设计，原生四核心设计支持超线程技术，默认主频3.4GHz、开启睿频可达3.8GHz，8M LLC缓存，适用于高端游戏玩家和影视后期编辑等专业领域。主板采用技嘉B85-HD3，采用4相供电技术，搭配全固态电容即全封闭式电脑，确保处理器长时间稳定运行，这一点对于设计人员来说极为重要，而且它提供了2个SATA II接口，4个SATA 3.0接口，8个SATA 2.0接口，4条DDR 3插槽，最大支持32GB 1600MHz双通道内存，确保了很好的扩展升级空间。该配置搭配2条8GB内存条，120GB固态硬盘和2TB硬盘，保证了电脑有超强的运行能力，最值得注意的是选用丽台Quadro K620专业级显卡，对于大型的三维建模和图形渲染，绝对强劲，对于苛求极致的专业级设计人员可谓恰到好处。

3.5 游戏发烧友高端配置

⚫ 本节教学录像时间：4分钟

　　游戏发烧友是对游戏的喜爱到了狂热程度的一群人，因此这类人在购买电脑时一定会注意显卡、声卡、内存、CPU等设备的性能，以达到尽可能好的游戏效果。本节就来介绍如何为游戏发烧友打造终极电脑装备。

　　游戏发烧友在选购电脑时，考虑的重点一般是获得尽可能好的游戏效果。而大型3D类游戏软件对电脑性能的要求十分苛刻，在配置游戏电脑时，整体的要求较高，特别是对显示性能和CPU处理能力的要求。针对这一特点，游戏发烧友在购买、配置电脑时应注意以下要点。

　　（1）显卡

　　游戏电脑的性能在很大程度上取决于显卡的性能，选择一款功能强大、性能出众的显卡可以在玩大型3D游戏时抢占先机。

　　（2）CPU

　　随着大型游戏步入3D时代，配置游戏电脑对CPU的要求也越来越高，推荐采用Intel 酷睿或至强系列产品或AMD四核产品。

(3) 音效

目前，不少游戏采用了最新的音频技术，因此，要想得到最佳的音效，最好配置比较高档的声卡和音箱。

(4) 显示器

游戏中场景的变化越快，对显示器的反应速度要求就越高，建议配置一款大屏幕的显示器。

(5) 鼠标键盘

令很多游戏发烧友不能容忍的是使用一款不顺手的鼠标键盘，因此，建议使用专业的游戏竞技鼠标键盘。

3.5.1　5000元级攒机方案

5000元级的游戏发烧友型电脑配置方案见下表，价格仅供读者参考，应以当地、当时的市场价为准。

名称	型号	数量	价格
CPU	英特尔 酷睿i5 4460	1	￥1195
主板	华硕 B85M-D PLUS	1	￥540
内存	金士顿 骇客神条 8GB	1	￥405
固态硬盘	金士顿 V300 240GB	1	￥630
电源	Tt 斗龙DPS-450P	1	￥260
显卡	索泰 GTX 750Ti 2GD5 雷霆版	1	￥990
声卡/网卡	集成	—	—
机箱	迎广 703	1	￥375
CPU散热器	超频三 黄海冷静+	1	￥95
显示器	明基 VZ2350HM	1	￥1080
键鼠套装	雷蛇 二角尘蛛+地狱狂蛇	1	￥215
合计			￥5785

该配置CPU为i5 4460，采用22nm工艺制程，插槽类型为LGA 1150，原生内置四颗物理核心，处理器默认主频高达3.2GHz，三级高速缓存容量高达6MB，内部集成，Intel HD Graphic4600核芯显卡，作为游戏主机，可以搭配B85主板和GTX750或GTX 960，完全可以展现超强的性能。本配置采用华硕 B85主板和索泰 GTX 750Ti 2GD5 雷霆版显卡，整体搭配，足以畅玩各种大型游戏。当然对于这种高端配置，如果配置机械硬盘，显然成为整机性能的瓶颈，因此配备SSD硬盘，使整机性能进一步提升。

3.5.2　万元顶级攒机方案

万元顶级游戏发烧友型电脑配置方案见下表，价格仅供读者参考，应以当地、当时的市场价为准。

名称	型号	数量	价格
CPU	英特尔 酷睿i7 4790	1	￥1975
主板	技嘉 Z97-HD3 CN	1	￥840
内存	金士顿 骇客神条 8GB	2	￥810
硬盘/固态硬盘	金士顿 V300 240GB	1	￥630
电源	海韵 G-550	1	￥630
显卡	影驰 GTX970黑将	1	￥2485
声卡	集成		
网卡	集成		
机箱	Tt Core V31	1	￥405
CPU散热器	超频三东海X4	1	￥120
显示器	冠捷 I2769V	1	￥1405
键鼠套装	雷蛇 三齿熊蛛	1	￥370
合计			￥9670

该配置采用Intel酷睿i7 4790处理器，使用Haswell架构，28nm工艺打造，四核八线程处理核心，主频为3.6GHz，在智能睿频加速技术的帮助下，可达4.0GHz，8MB LLC缓存，使得CPU在处理数据时提高了命中率，并且使软件加载时间大大缩短，是高端游戏玩家首选核心硬件之一。技嘉Z97-HD3 CN是技嘉9系列主板，采用LGA 1150接口，支持Haswell-R架构处理器，具备高静电防护的USB接口和网线接口，双BIOS实体设计，性能表现出色，与i7 4790处理器可以很好搭配，显卡采用NVIDIA 28nm Maxwell GM204核心，拥有1664个流处理器，基础频率为1190MHz，提升频率1342MHz，显存容量高达4GB，位宽为256bit，显存频率达到7GHz。该配置从CPU、主板、显卡到其他硬件，称得上旗舰级的产品，即使对于追求极致的发烧级游戏玩家，也对得起"发烧"二字。

高手支招

本节教学录像时间：3分钟

在线模拟攒机

随着电脑技术的进步，电脑硬件市场也越来越透明，用户可以在网络中查询到各类硬件的价格，同时也可以通过IT专业网站模拟攒机，如中关村在线、太平洋网等，不仅可以了解配置的情况，也可以初步估算整机的价格。

下面以中关村在线网站为例简单介绍如何在线模拟攒机。

步骤01 打开浏览器，输入中关村模拟攒机网址http://zj.zol.com.cn/，按【Enter】键进入该网站。在该页面中，如单击【CPU】按钮，右侧即可筛选不同品牌、型号的CPU。

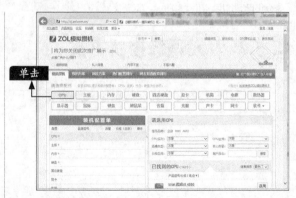

步骤 02 在右侧下拉列表框中对CPU的筛选条件进行选择，如下图所示，单击【搜索】按钮。在符合条件的CPU后面单击【选用】按钮。

步骤 04 使用同样方法，对主板、内存、硬盘等硬件，逐一进行添加，最终即可看到详细的硬件配置单和整机价格，如下图所示。

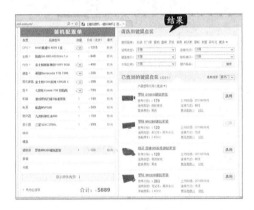

步骤 03 此时，选用的硬件被添加到配置单中，如下图所示。

电脑硬件及跑分测试

电脑整机采用的硬件概况及跑分情况，是所有用户较为关心的问题，但专业的硬件测试工具使用较为复杂，如CPU-Z、3D MARK、GPU-Z等，初级用户可以使用集成的测试工具，如鲁大师、腾讯电脑管家的硬件检测等，使用方便，可以达到测试的效果，下面以"鲁大师"工具为例。

步骤 01 安装并打开鲁大师软件，在其主界面单击【硬件体检】按钮。

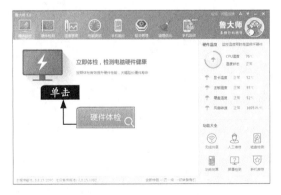

步骤 02 软件即可自动对硬件进行检测，如下图所示，即可看到整机的硬件信息。

步骤 03 单击【硬件健康】选项卡，可以看到电脑主要硬件的使用情况，如下图所示。

步骤04 单击【性能测试】图标，进入该界面，单击【开始测评】按钮，可以对电脑的性能进行测试，给出电脑综合性评分。

第2篇
组装实战篇

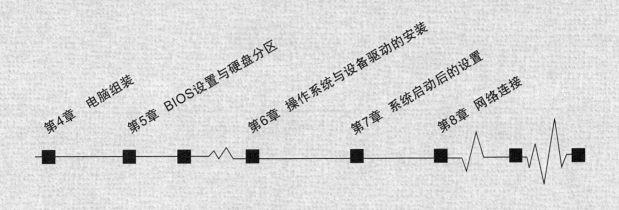

第**4**章

电脑组装

学习目标————

了解了电脑各部件的原理、性能，并进行相应的选购后，用户就可以开始组装了。本章主要介绍电脑装机流程，以方便广大电脑用户快捷掌握装机的基本技能。

学习效果————

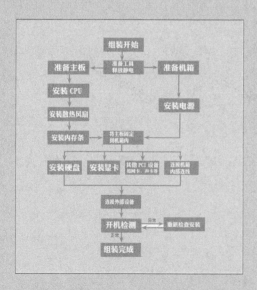

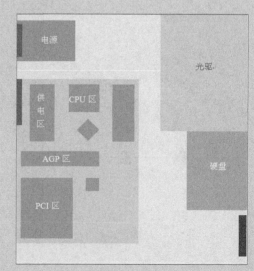

4.1 电脑装机前的准备

🔵 **本节教学录像时间：3分钟**

在组装电脑前需要做好准备工作，如准备装机工具、熟悉安装流程及注意事项等，准备工作做充分后，再开始组装电脑就轻松多了。具体准备工作如下。

4.1.1 必备工具的准备

工欲善其事，必先利其器。在装机前一定要将需要用的工具准备好，这样可以提高装机效率。

⚫ 1. 工作台

平稳、干净的工作台是必不可少的。需要准备一张桌面平整的桌子，在桌面上铺上一张防静电的桌布，即可作为简单的工作台。

⚫ 2. 十字螺丝刀

在电脑组装过程中，需要用螺丝将硬件设备固定在机箱内，十字螺丝刀自然是不可少的，建议最好准备带有磁性的十字螺丝刀，这样方便在螺丝掉入机箱内时，将其取出来。

如果螺丝刀没有磁性，可以在螺丝刀中下部绑缚一个磁铁，这样同样可以达到磁性螺丝刀的效果。

⚫ 3. 尖嘴钳

尖嘴钳主要用来拆卸机箱后面材质较硬的各种挡板，如电源挡板、显卡挡板、声卡挡板等，也可以用来夹住一些较小的螺丝、跳线帽等零件。

⚫ 4. 导热硅脂

导热硅脂就是俗称的散热膏，是一种高导热绝缘有机硅材料，也是安装CPU时不可缺少的材料。它主要用于填充CPU与散热器之间的空隙，起到较好的散热作用。

若风扇上带有散热膏，就不需要进行准备。

⚫ 5. 绑扎带

绑扎带主要用来整理机箱内部各种数据线，使机箱更整洁、干净。

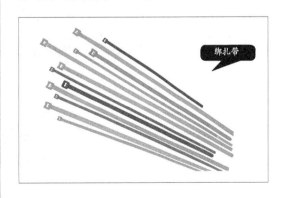

4.1.2 组装过程中的注意事项

电脑组装是一个细活，安装过程中容易出错，因此需要格外细致，并注意以下问题。

(1) 检查硬件、工具是否齐全

将准备的硬件、工具检查一遍，看其是否齐全，可按安装流程对硬件进行有顺序的排放，并仔细阅读主板及相关部件的说明书，看是否有特殊说明。另外，硬件一定要放在平整、安全的地方，防止出现硬件划伤，或从高处掉落等现象。

(2) 防止静电损坏电子元器件

在装机过程中，要防止人体所带静电对电子元器件造成损坏。在装机前需要消除人体所带的静电，可用流动的自来水洗手，双手可以触摸自来水管、暖气管等接地的金属物，当然也可以佩戴防静电手套、防静电腕带等。

(3) 防止液体浸入电路

将水杯、饮料等装有液体的器皿拿开，远离工作台，以免液体进入主板，造成短路，尤其在夏天工作时，要防止汗水的滴落。另外，工作环境一定要保持干燥、通风，不可在潮湿的地方进行组装。

(4) 轻拿轻放各配件

不可强行安装，要轻拿轻放各配件，以免造成配件的变形或折断。

4.1.3 电脑组装的流程

电脑组装时，要一步一步地进行操作，电脑组装的主要流程如下图所示。

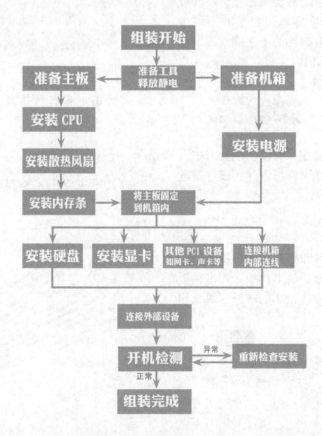

① 准备好组装电脑所需的配件和工具，并释放身上的静电。

② 主板及其组件的安装。依次在主板上安装CPU、散热风扇和内存条，并将主板固定在机箱内。

③ 安装电源。将电源安装到机箱内。

④ 固定主板。将主板安装到机箱内。

⑤ 安装硬盘。将硬盘安装到机箱内，并连接它们的电源线和数据线。

⑥ 安装显卡。将显卡插入主板插槽，并固定在机箱上。

⑦ 主板接线。将机箱控制面板前的电源开关控制线、硬盘指示灯控制线、USB连接线、音频线接入到主板上。

⑧ 外部设备的连接。分别将键盘、鼠标、显示器、音箱接到电脑主机上。

⑨ 电脑组装后的检测。检查各硬件是否安装正确，然后插上电源，看显示器上是否出现自检信息，以验证装机的完成。

4.2　机箱内部硬件的组装

🔘 本节教学录像时间：12 分钟

检查各组装部件齐全后，就可以进行机箱内部硬件的组装了。

4.2.1 安装CPU和内存条

在将主板安装到机箱内部之前，首先需要将CPU安装到主板上，然后安装散热器和内存条。

1. 安装CPU和散热装置

在安装CPU时一定要掌握正确的安装步骤，使散热器与CPU结合紧密，便于CPU散热。

步骤01 打开包装盒，即可看到CPU和散热装置，散热装置包含有CPU风扇和散热器。

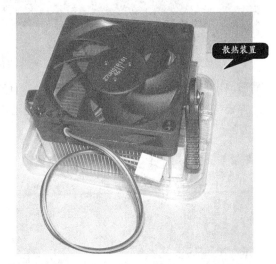

步骤02 将主板放在平稳处，在主板上用手按下CPU插槽的压杆，然后往外拉，扳开压杆。

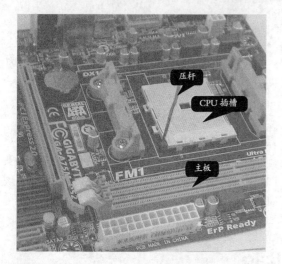

步骤 03 拿起CPU，可以看到CPU有一个金三角标志和两个缺口标志，在安装时要与插槽上的三角标志和缺口标志相互对应。

步骤 04 将CPU放入插槽中，需要注意CPU的针脚要与插槽吻合。不能用力按压，以免造成CPU插槽上针脚的弯曲甚至断裂。

步骤 05 确认CPU安装好后，盖上屏蔽盖，压下压杆，当发出响声时，表示压杆已经回到原位，CPU就被固定在插槽上了。

步骤 06 将CPU散热装置的支架与CPU插槽上的4个孔相对应，垂直向下安装，安装完成使用扣具将散热装置固定。

步骤 07 将风扇的电源接头插到主板上供电的专用风扇电源插槽上。

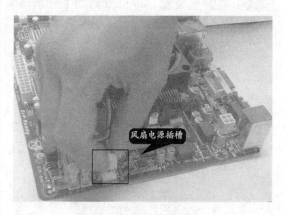

步骤 08 电源插头安装完成之后就完成了CPU和散热装置的安装。

2. 安装内存条

内存插槽位于CPU插槽的旁边，内存是CPU与其他硬件之间通信的桥梁。

步骤 01 找到主板上的内存插槽，将插槽两端的白色卡扣扳起。

内存插槽

步骤 02 将内存条上的缺口与主板内存插槽上的缺口对应。

内存条上的缺口与插槽上的缺口对应

步骤 03 缺口对齐之后，垂直向下将内存条插入内存插槽中，并垂直用力在两端向下按压内存条。

按压内存条两端

步骤 04 当听到"咔"的声响时，表示内存插槽两端的卡扣已经将内存条固定好，至此，就完成了内存条的安装。

白色卡扣会自动卡紧内存条

小提示

主板上有多个内存插槽，可以插入多条内存条。如需插入多条内存条，只需要按照上面的方法将其他内存条插入内存插槽中即可。

4.2.2 安装电源

在将主板安装至机箱内部之前，可以先将电源安装至机箱内。

步骤 01 将机箱平放在桌面上，机箱左上角就是安装电源的地方，然后将电源小心地放置到电源仓中，并调整电源的位置，使电源上的螺丝孔位与机箱上的固定螺孔相对应。

步骤 02 对齐螺孔后，使用螺丝将电源固定至机箱上，然后拧紧螺丝。

4.2.3 安装主板

安装完成CPU、散热装置和内存条之后就可以将主板安装到机箱内部了。

步骤 01 在安装主板之前，首先需要将机箱背部的接口挡板卸下，显示出接口。

步骤 02 将主板放入机箱。

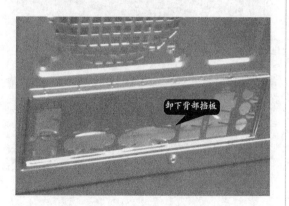

步骤 03 放入主板后，要使主板的接口与机箱背部留出的接口位置对应。

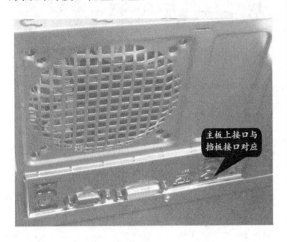

主板上接口与挡板接口对应

步骤 04 确认主板与定位孔对齐之后，使用螺丝刀和螺丝将主板固定在机箱中。

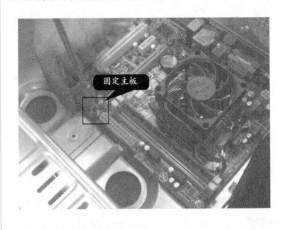

固定主板

4.2.4 安装显卡

安装显卡主要是指安装独立显卡。集成显卡不需要单独安装。

步骤 01 在主板上找到显卡插槽，将显卡金属条上的缺口与插槽上的插槽口相对应，轻压显卡，使显卡与插槽紧密结合。

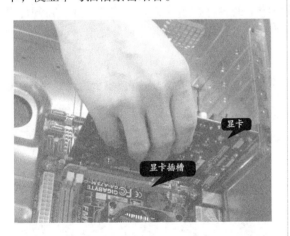

显卡

显卡插槽

步骤 02 安装显卡完毕，直接使用螺丝刀和螺丝将显卡固定在机箱上。

固定显卡

4.2.5 安装硬盘

将主板和显卡安装到机箱内部后，就可以安装硬盘了。

步骤 01 将硬盘由里向外放入机箱的硬盘托架上，并适当地调整硬盘位置。

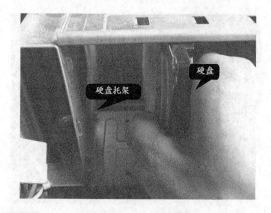

步骤 02 对齐硬盘和硬盘托架上螺孔的位置，用螺丝将硬盘两个侧面（每个侧面有2个螺孔）固定。

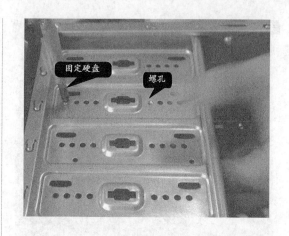

小提示

现在光驱已经不是电脑的必备设备了，在配置电脑时，可以选择安装光驱也可以选择不安装光驱。安装光驱时，需要先取下光驱的前挡板，然后将光驱从外向里沿着滑槽放入光驱托架，再在其侧面将光驱固定在机箱上，最后使用光驱数据线连接光驱和主板上的IDE接口，并将光驱电源线连接至光驱即可。

4.2.6 连接机箱内部连线

机箱内部有很多各种颜色的连接线，连接着机箱上的各种控制开关和各种指示灯，在硬件设备安装完成之后，就可以连接这些连线。除此之外，硬盘、主板、显卡（部分显卡）、CPU等都需要和电源相连，连接完成，所有设备才能成为一个整体。

1. 主板与机箱内的连接线相连

机箱中大多数的部件都需要和主板相连接。

步骤 01 F_AUDIO连接线插口是连接HD Audio机箱前置面板连接接口的，选择该连接线。

步骤 02 将F_AUDIO插口与主板上的F_AUDIO插槽相连接。

步骤 03 USB连接线有两个，主板上也有两个USB接口，连接线上带有"USB"字样，选择该连接线。

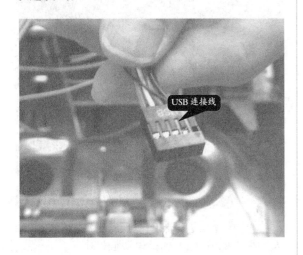

步骤 04 将USB连接线与主板上的标记有"USB1"的接口相连。

步骤 05 电源开关控制线上标记有"POWER SW"，复位开关控制线上标记有"RESET SW"，硬盘指示灯控制线上标记有"H.D.D LED"。

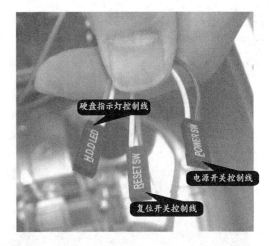

步骤 06 将标记有"H.D.D LED"的硬盘指示灯控制线与主板上标记有" - HD+"的接口相连。

步骤 07 将标记有"RESET SW"的复位开关控制线与主板上标记有"+RST - "的接口相连。

步骤 08 将标记有"POWER SW"的电源开关控制线与主板上标记有"‐PW+"的接口相连。

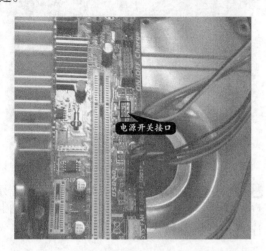

电源开关接口

⚫ 2. 主板、CPU与电源相连

主板和CPU等部件需要与电源相连接。

步骤 01 主板电源的接口为24针接口，选择该连接线。

24针主板电源线

步骤 02 在主板上找到主板电源线插槽，将电源线接口连接至插槽中。

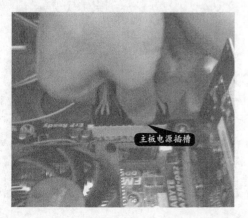

主板电源插槽

步骤 03 选择4口CPU辅助电源线（共2根）。

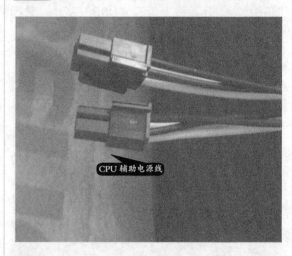

CPU辅助电源线

步骤 04 选择任意一根CPU辅助电源线，将其插入主板上的4口CPU辅助电源插槽中。

CPU辅助电源插槽

步骤 05 选择机箱上的电源指示灯线。

电源指示灯线

步骤 06 将其接口与电源线上对应的接口相连接。

连接电源接口

小提示

如果主板和机箱都支持USB 3.0，那么需要在接线时，将机箱前端的USB 3.0数据线接入主板中，如下图所示。

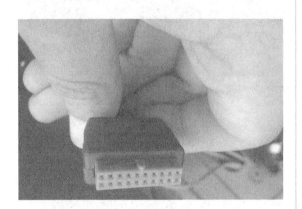

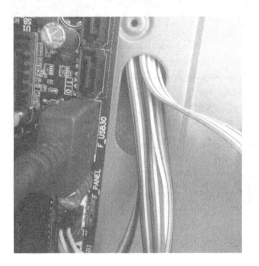

3. 硬盘线的连接

硬盘上线路的连接主要包括硬盘电源线的连接以及硬盘数据线和主板接口的连接。

步骤 01 找到硬盘的电源线。

硬盘电源线

步骤 02 找到硬盘上的电源接口，并将硬盘电源线连接至硬盘电源接口。

硬盘电源接口

步骤 03 选择硬盘SATA数据线。

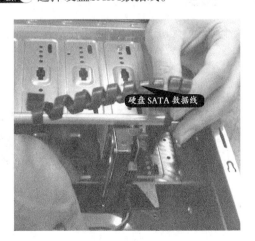

硬盘 SATA 数据线

步骤 04 将其一端插入硬盘的SATA接口，另一端连接至主板上的对应的SATA 0接口。

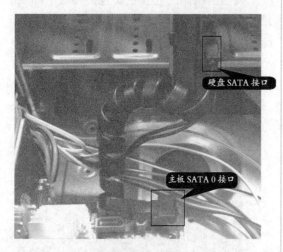

硬盘 SATA 接口

主板 SATA 0 接口

步骤 05 连接好各种设备的电源线和数据线后，可以将机箱内部的各种线缆理顺，使其相互之间不缠绕，增大机箱内部空间，便于CPU散热。

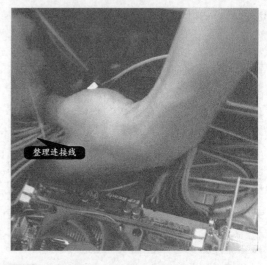

整理连接线

步骤 06 将机箱后侧面板安装好并拧好螺丝，就完成了机箱内部硬件的组装。

盖上机箱后盖

4.3 外部设备的连接

🔊 本节教学录像时间：3 分钟

连接外部设备主要是指连接显示器、鼠标、键盘、网线、音箱等基本的外部设备。

外部设备接口主要集中在主机后部面板上，下图所示为主板外部接口图。

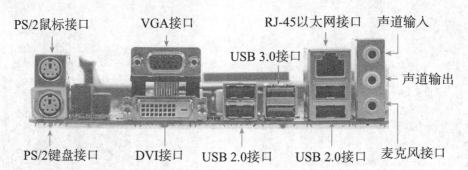

PS/2鼠标接口　　VGA接口　　RJ-45以太网接口　声道输入

USB 3.0接口

声道输出

PS/2键盘接口　　DVI接口　　USB 2.0接口　　USB 2.0接口　麦克风接口

- PS/2接口。主要用于连接PS/2接口型的鼠标和键盘。目前部分主板仅保留了一个PS/2接口，支持接入一个鼠标或键盘，则另外一个需要使用USB接口。
- VGA和DVI接口。都是连接显示器用，不过一般使用VGA接口。另外，如果电脑安装了独立显卡，则不使用这两个接口，一般直接接入独立显卡上的VGA接口。
- USB接口。可连接一切USB接口设备，如U盘、鼠标、键盘、打印机、扫描仪、音箱等。目前，不少主板有USB 2.0和USB 3.0接口，其外观区别是，USB 2.0多采用黑色接口，而USB 3.0多采用蓝色接口。
- RJ-45以太网接口。就是连接网线的端口。
- 音频接口。大部分主板包含了3个插口，包括粉色麦克风接口、绿色声道输出接口和蓝色声道输入接口，另外，部分主板音频扩展接口还包含了橙色、黑色和灰色3个插口，适应更多的音频设备，其接口用途如下表所示。

接口	2声道	4声道	6声道	8声道
粉色	麦克风输入	麦克风输入	麦克风输入	麦克风输入
绿色	声道输出	前置扬声器输出	前置扬声器输出	前置扬声器输出
蓝色	声道输入	声道输入	声道输入	声道输入
橙色	–	–	中置和重低音	中置和重低音
黑色	–	后置扬声器输出	后置扬声器输出	后置扬声器输出
灰色	–	–	–	侧置扬声器输出

了解了各接口的作用后，下面具体介绍连接显示器、鼠标、键盘、网线、音箱等外置设备的步骤。

4.3.1 连接显示器

机箱内部连接后，可以连接显示器。连接显示器的具体操作步骤如下。

步骤01 找到显示器信号线，将一头插到显示器上，并且拧紧两边的螺丝。

插入显示器信号线

步骤02 将显示器信号线插入显卡输入接口，拧紧两边的螺丝，防止接触不好而导致画面不稳。

显示器信号线插入主机

步骤03 取出电源线，将电源线的一端插入显示器的电源接口。

电源线

步骤04 将电源线的另一端连接到外设电源上，完成显示器的连接。

4.3.2 连接鼠标和键盘

连接好显示器和电源线后，可以开始连接鼠标和键盘。如果鼠标和键盘为PS/2接口，可采用以下步骤连接。

步骤 01 将键盘紫色的接口插入机箱后的PS/2紫色插槽口。

插入键盘线

插入鼠标线

步骤 02 使用同样方法将绿色的鼠标接口插入机箱后的绿色PS/2插槽口。

> **小提示**
>
> USB接口的鼠标和键盘连接方法更为简单，可直接接入主机后端的USB端口。

4.3.3 连接网线、音箱

连接网线、音箱的具体操作步骤如下。

步骤 01 将网线的一端插入网槽中，另一端插入与之相连的交换机插槽上。

网槽

步骤 02 将音箱对应的音频输出插头对准主机后I/O接口的音频输出插孔处，然后轻轻插入。

连接音箱

4.3.4 连接主机

连接主机的具体操作步骤如下。

步骤01 取出电源线，将机箱电源线的锲形端与机箱电源接口相连接。

主机电源线

步骤02 将电源线的另一端插入外部电源上。

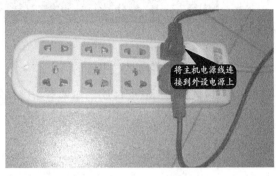

将主机电源线连接到外设电源上

4.4 电脑组装后的检测

⊙ 本节教学录像时间：1分钟

组装完成之后可以启动电脑，检查是否可以正常运行。

步骤01 按下电源开机键可以看到电源灯（绿灯）一直亮着，硬盘灯（红灯）不停地闪烁。

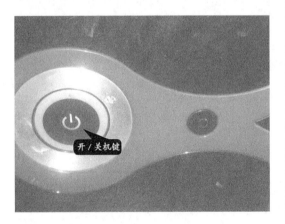

开/关机键

步骤02 开机后，如果电脑可以进行主板、内存、硬盘等检测，则说明电脑安装正常。

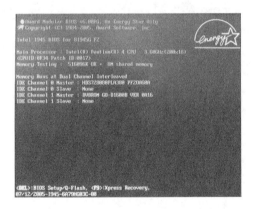

小提示

如果开机后，屏幕没有显示自检字样，且出现黑屏现象，请检查电源是否连接好，然后看内存条是否插好，再开机。如果不能检测到硬盘，则需要检查硬盘是否插紧。

高手支招

本节教学录像时间：1 分钟

电脑各部件在机箱中的位置图

购买到电脑的所有配件后，如果不知道如何布局，可参考各个配件在机箱中的相对位置，如下图所示。

第 5 章

BIOS设置与硬盘分区

学习目标

新购买的硬盘是没有分区的，在安装操作系统时应对硬盘进行分区，只有合理地划分硬盘空间，才有利于电脑性能的发挥，有利于对磁盘文件的管理。

学习效果

5.1 认识BIOS

本节教学录像时间：11分钟

用户在使用电脑的过程中，都会接触到BIOS，它在电脑系统中起着非常重要的作用。本节将主要介绍什么是BIOS以及BIOS的作用。

5.1.1 BIOS基本概念

所谓BIOS，实际上就是电脑的基本输入/输出系统（Basic Input Output System），其内容集成在电脑主板上的一个ROM芯片上，主要保存着有关电脑系统最重要的基本输入/输出程序、系统信息设置、开机上电自检程序和系统启动自举程序等。

BIOS芯片是主板上一块长方形或正方形芯片，如下图所示。

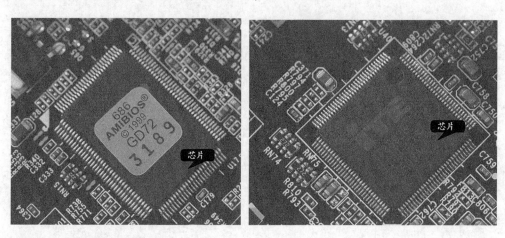

在BIOS中主要存放了如下内容。

① 自诊断程序。通过读取CMOS RAM中的内容识别硬件配置，进行自检和初始化。

② CMOS设置程序。引导过程中用特殊热键启动，进行设置后存入CMOS RAM中。

③ 系统自举装载程序。在自检成功后将磁盘相对0道0扇区上的引导程序装入内存，让其运行以装入DOS系统。

小提示

在MS-DOS操作系统之中，即使操作系统在运行中，BIOS也仍提供电脑运行所需要的各种信息。但是在Windows操作系统中，启动Windows操作系统后，BIOS一般不会再被利用，因为Windows操作系统代替BIOS完成了BIOS运算和驱动器运算的操作。

5.1.2 BIOS的作用

从功能上看，BIOS的作用主要分为如下几个部分。

1. 加电自检及初始化

用于电脑刚接通电源时对硬件部分的检测，功能是检查电脑是否良好。通常完整的自检包括对CPU、基本内存、扩展内存、ROM、主板、CMOS存储器、串并口、显示卡、软硬盘子系统及键盘等进行测试，一旦在自检中发现问题，系统将给出提示信息或鸣笛警告。对于严重故障（致命性故障）则停机，不给出任何提示或信号；对于非严重故障则给出提示或声音报警信号，等待用户处理。

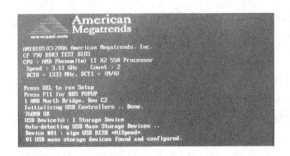

2. 引导程序

在对电脑进行加电自检和初始化完毕后，下面就需要利用BIOS引导DOS或其他操作系统。这时，BIOS先从软盘或硬盘的开始扇区读取引导记录，若没有找到，则会在显示器上显示没有引导设备。若找到引导记录，则会把电脑的控制权转给引导记录，由引导记录把操作系统装入电脑，在电脑启动成功后，BIOS的这部分任务就完成了。

3. 程序服务处理

程序服务处理指令主要是为应用程序和操作系统服务，为了完成这些服务，BIOS必须直接与电脑的I/O设备打交道，通过端口发出命令，向各种外部设备传送数据以及从这些外部设备接收数据，使程序能够脱离具体的硬件操作。

4. 硬件中断处理

在开机时，BIOS会通过自检程序对电脑硬件进行检测，同时会告诉CPU各硬件设备的中断号。例如视频服务，中断号为10H；屏幕打印，中断号为05H；磁盘及串行口服务，中断号为14H等。当用户发出使用某个设备的指令后，CPU就根据中断号使用相应的硬件完成工作，再根据中断号跳回原来的工作。

5.2 BIOS的设置

🌐 本节教学录像时间：11分钟

BIOS设置与电脑系统的性能和效率有很大的关系。如果设置得当，可以提高电脑工作的效率；反之，电脑就无法发挥应有的功能。

5.2.1 进入BIOS

BIOS设置的项目众多，设置也比较复杂，并且非常重要，下面讲解BIOS的诸多设置及最优设置方式。进入BIOS设置界面非常简单，但是不同的BIOS有不同的进入方法，通常会在开机画面上有提示，具体有如下3种方法。

(1) 开机启动时按热键

几种常见的BIOS设置程序的进入方式如下。

①Award BIOS：按【Del】键或【Ctrl+Alt+Esc】组合键。

②AMI BIOS：按【Del】键或【Esc】键。

③Phoenix BIOS：按【F2】功能键或【Ctrl+Alt+S】组合键。

(2) 用系统提供的软件

(3) 用可读写CMOS的应用软件

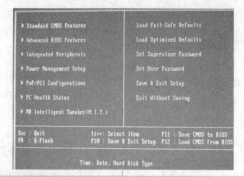

5.2.2 BIOS的设置方法

由于主板以及BIOS设置程序更新速度极快，即使再详细的设置说明，也无法包括全部的BIOS设置项。但是，如果能掌握设置BIOS的基本方法和原则，就可以融会贯通，因为再新、再难的设置项也不能背离其基本方法和原则。

一般来讲，BIOS的设置遵循如下方法和原则。

① 由于是在DOS环境下设置CMOS，且尚未加载鼠标驱动程序，因此在设置时，只能用方向键"【←】【↑】【→】【↓】"来选择欲设定的项目，【Enter】键用来进入选项，【Page Up】键及【Page Down】键用来修改参数内容，【Esc】键用来退出选项。

② 在BIOS设置时，把光标移动到相应的设置项上之后，按下列热键，即可对相应设置项进行不同操作。

● 【Shift+F2】组合键：用以改变屏幕背景颜色。

● 【F1】键：如果用户想知道关于每一个设置项的更详细的信息，可按【F1】功能键，此时即可出现一个新窗口显示说明信息。

● 【F2】键：可显示目前设定项目的相关说明。

● 【F5】键：可加载该画面原先所有项目的设定。

● 【F6】键：载入BIOS内定值。

● 【F7】键：载入SETUP设置值。

● 【F10】键：保存设置并退出BIOS。

这些热键信息在操作时，一般会在屏幕下方有所提示。

③ 子菜单说明：请注意设置菜单中各项内容，如果菜单命令左边有一个三角形的指示符号，表示若选择该项菜单，将会有一个子菜单弹出。

④ 辅助说明：在SETUP主画面中，随着选项的移动，右面会显示相应选项的辅助说明。

⑤ 当系统出现兼容性问题或其他严重错误时，可使用【Load BIOS Defaults】（装载BIOS设置）功能项，它可以使系统在最保守状态工作，便于检查出系统错误。

⑥ 当BIOS设置很混乱或被破坏时，可使用【Load Optimized Defaults】（恢复出厂设置）功能项，此为BIOS出厂的设定值，它可以使系统以最佳模式工作。

⑦ 当设置BIOS完毕，利用选项【Save & Exit Setup】（保存设置退出）或【Exit Without Saving】（不保存设置退出），即可退出CMOS设置，电脑将重新启动。

5.2.3 常用的BIOS设置

BIOS的设置程序目前有各种流行的版本，由于每种设置都是针对某一类或某几类硬件系统，因此会有一些不同，但对于常用的设置选项来说大都相同。

这里以在Phoenix BIOS类型环境下设置为例进行详细介绍。

1. 设置日期和时间

在BIOS设置日期和时间的具体操作步骤如下。

步骤01 在开机时按键盘上的【Delete】键，进入BIOS设置界面，这时光标定位在系统时间上。

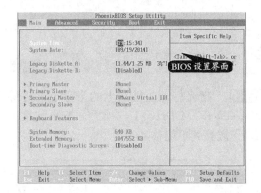

步骤02 按键盘上的【↓】键，将光标定位在系统日期月份上。

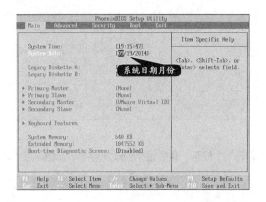

步骤03 按键盘上的【Page Up/+】键或【Page Up/-】键，即可设置系统的月份，范围为1~12。

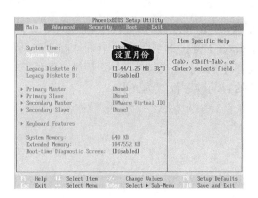

步骤04 设置完毕后，按键盘上的【Enter】键，光标将定位在系统日期的日期上。

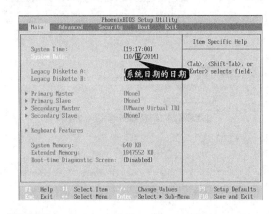

步骤05 按键盘上的【Page Up/+】键或【Page Up/-】键，即可设置系统的日期，范围为1~30或1~31。

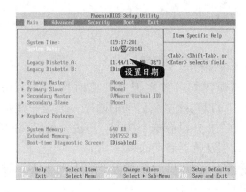

步骤06 设置完毕后，按键盘上的【Enter】键，光标将定位在系统日期的年份上。同样，按键盘上的【Page Up/+】键或【Page Up/-】键，设置系统日期的年份。

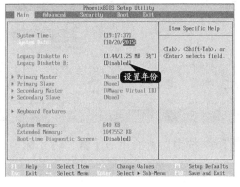

步骤07 设置完毕后，按键盘上的【Enter】键或

【F10】键，将弹出一个确认修改对话框，选择【Yes】键，再按【Enter】键，即可保存系统日期的更改。

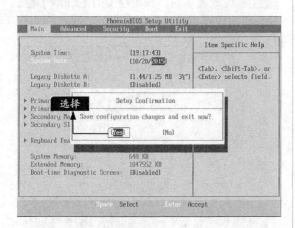

小提示

在设置完日期后，通过方向键的上下键切换到时间选项上，以同样的方法可以设置系统的时、分、秒。

2. 设置启动顺序

现在大多数主板在开机时按【Delete】键，可以选择电脑启动的顺序，但是一些稍微老的主板并没有这个功能，不过，可以在BIOS中设置从机器启动的顺序。

步骤01 在开机时按键盘上的【F2】键，进入BIOS设置界面。

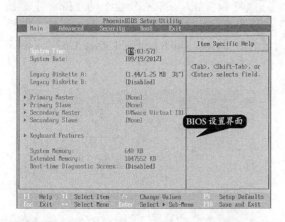

步骤02 按键盘上的【→】键，将光标定位在【Boot】选项卡上。

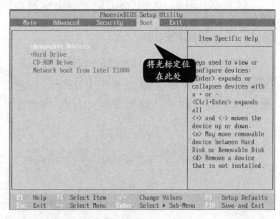

步骤03 把光标通过键盘上的【↑↓】键移动到【CD-ROM Drive】一项上，按小键盘上的【+】键直到不能移动为止。

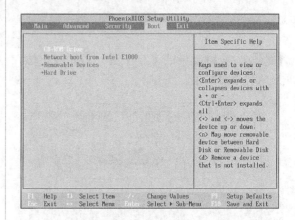

小提示

部分BIOS的启动顺序方法是，进入【BIOS SETUP】选项中，在包含Boot文字的项或组，找到依次排列的"FIRST""SECEND""THIRD"3项，分别代表"第一项启动""第二项启动"和"第三项启动"，对启动顺序进行设置。

步骤04 完成设置后，按键盘上的【F10】键或【Enter】键，即可弹出一个确认修改对话框，选择【Yes】，再按【Enter】键，即可将此电脑的启动顺序设置为光驱。

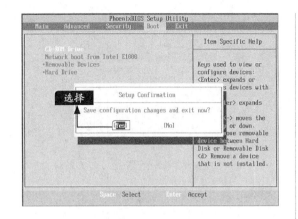

3. 设置BIOS管理员密码

如果用户的电脑长期被别人使用，或家中有孩子使用，最好对BIOS设置密码，以免他人误入BIOS，从而造成无法开机或其他不可修复的问题。设置BIOS管理员密码的具体操作步骤如下。

步骤 01 在开机时按键盘上的【F2】键，进入BIOS设置界面。

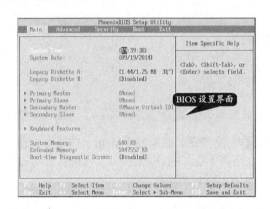

步骤 02 按键盘上的【→】键，将光标定位在【Security】（安全）选项卡上，则光标自动定位在【Set Supervisor Password】（设置管理员密码）选项上。

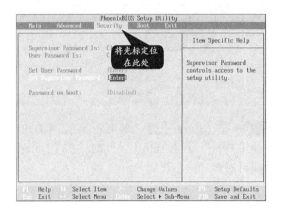

步骤 03 按键盘上的【Enter】键，即可弹出【Set Supervisor Password】提示框，在【Enter New Password】（输入新密码）文本框中输入要设置的新密码。

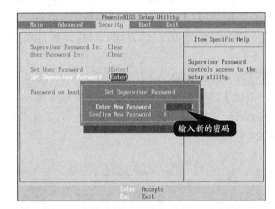

步骤 04 按键盘上的【Enter】键，将光标定位在【Confirm New Password】（确认新密码）文本框中再次输入密码。

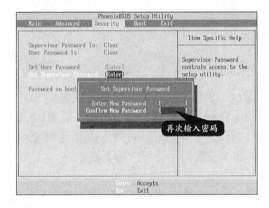

步骤 05 输入完毕后，按键盘上的【Enter】键，即可弹出【Setup Notice】提示框。选择【Continue】选项，并按【Enter】键确认，即可保存设置的密码。

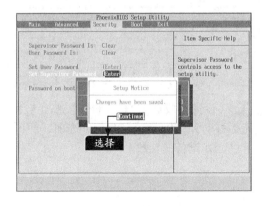

4. 设置IDE

IDE设备是指硬盘等设备的一种接口技术。在BIOS中可设置第1主IDE设备（硬盘）和第1从IDE设备（硬盘或CD-ROM）、第2主IDE设备（硬盘或CD-ROM）和第2从IDE设备（硬盘或CD-ROM）等。设置IDE的具体操作步骤如下。

步骤01 进入BIOS设置程序并将光标移动到【Main】选项卡上，使用方向键将光标移动到【Primary Master】选项，即可设置第1主IDE设备的参数。

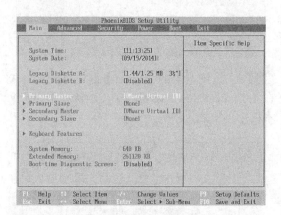

步骤02 按【Enter】键，即可看到第1主IDE设备的【Type】（类型）为【Auto】（使BIOS自动检测硬盘）。这时，可按【Enter】键更改设置，将其设置为手动更改硬盘参数。

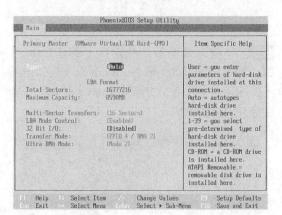

步骤03 设置完成后返回【Main】选项卡上，将光标移动到【Primary Slave】选项，即可设置第1从IDE设备的参数。

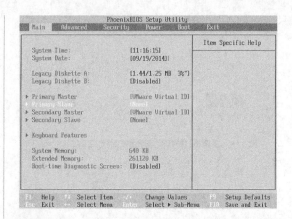

步骤04 按【Enter】键，即可看到第1从IDE设备的【Type】也为【Auto】。再按【Enter】键，即可对【Type】选项进行设置。

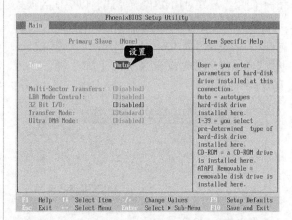

步骤05 设置完成后返回【Main】选项卡，将光标移动到【Secondary Master】选项，即可设置第2主IDE设备的参数。

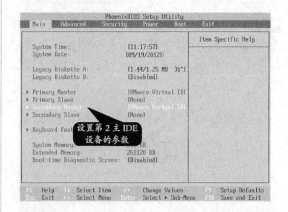

步骤06 按【Enter】键，即可看到第2主IDE设备的【Type】为【Auto】。此时，按【Enter】键即可对该项进行设置。

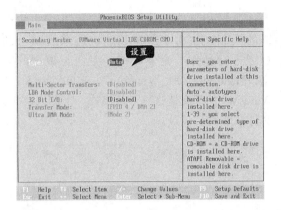

步骤 07 设置完成后返回【Main】选项卡，将光标移动到【Secondary Slave】选项，即可设置第2从IDE设备的参数。

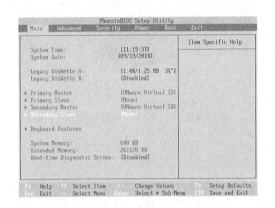

步骤 08 按【Enter】键，即可看到第2从IDE设备的【Type】为【Auto】。此时，按【Enter】键可对该项进行设置。

5.3 认识磁盘分区

🔊 本节教学录像时间：11 分钟

对硬盘进行分区实质上就是对硬盘的一种格式化，当创建分区时，电脑就已经设置好了硬盘的各项物理参数，指定了硬盘主引导记录和备份引导记录的存放位置。下面详细介绍如何对硬盘进行分区、分区的原则以及如何根据需要对硬盘进行分区。

5.3.1 硬盘分区的格式

硬盘分区有几种不同的文件系统格式，就Windows 7来说，主要有3种分区格式，即最早的分区格式FAT16、大容量硬盘的分区格式FAT32、安全的分区格式NTFS。另外，还有在Linux操作系统中常用的格式EXT2。

● 1. 最早的分区格式FAT16

FAT（File Allocation Table）即文件分配表。顾名思义，FAT16即为16位文件分配表，

这种分区方式是MS-DOS和最早期的Windows 95操作系统中所使用的磁盘分区格式。它采用16位的文件分配表，是目前获得操作系统支持最多的一种磁盘分区格式，几乎所有的操作

系统都支持这种分区格式。从最早的DOS、Windows 95、Windows 95 OSR2到Windows 98、Windows Me、Windows NT、Windows 2000、Windows XP，甚至现在的Windows 7都支持FAT16。

FAT16磁盘分区格式相对速度快，CPU资源消耗少，至今仍是各类电脑硬盘常用的分区格式。但是，FAT16分区格式自身也有一定的缺点，如分区格式最大只能管理2GB的容量，利用FAT16格式分区的硬盘利用率比较低等。

2. 大容量硬盘的分区格式FAT32

FAT32格式采用32位的文件分配表，对磁盘的管理能力大大增强，突破了FAT16下每一个分区的容量只有2GB的限制。

随着市场上硬盘生产成本的下降，其容量也越来越大，少则几十GB，多则几百GB，如果运用FAT32的分区格式，就可以将一个大容量硬盘定义成一个分区而不必分为几个分区使用，这样大大方便了对磁盘的管理。因此，FAT32与FAT16相比，可以极大地减少磁盘的浪费，提高磁盘利用率。

目前，Windows 95 OSR2以后的操作系统都支持这种分区格式，但是，这种分区格式也有它的缺点。首先是采用FAT32格式分区的磁盘，由于文件分配表的扩大，运行速度比采用FAT16格式分区的磁盘要慢；其次，FAT32分区支持的单个文件最大不能超过4GB；最后就是由于DOS和Windows 95不支持这种分区格式，所以采用这种分区格式后，将无法再使用DOS和Windows 95系统。

3. 安全的分区格式NTFS

NTFS格式与FAT16、FAT32分区格式不同的是，它在安全性和稳定性方面非常出色，在使用中不易产生文件碎片，并且能对用户的操作进行记录，通过对用户权限进行非常严格的限制，使每个用户只能按照系统赋予的权限进行操作，充分保护了系统与数据的安全，Windows XP、Windows7、Windows 8.1、Windows 10都支持这种分区格式。下图为NTFS文件系统。

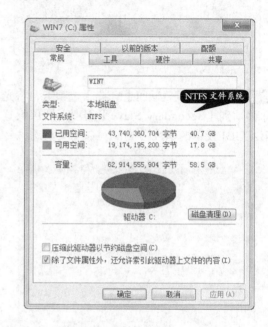

4. Linux分区格式EXT2

EXT2是Linux中使用最多的一种文件系统，它是专门为Linux设计的，拥有更快的速度和更小的CPU占用率。EXT2既可以用于标准的块设备(如硬盘)，也被应用在软盘等移动存储设备上。

现在已经有新一代的Linux文件系统，如SGI公司的XFS、ReiserFS、EXT3文件系统等出现。Linux的磁盘分区格式与其他操作系统完全不同，其C、D、E、F等分区的意义也和在Windows操作系统下不一样，使用Linux操作系统后，死机的机会大大减少。但是，目前支持这一分区格式的操作系统只有Linux。

5.3.2 硬盘存储的单位及换算

电脑中存储单位主要有bit、B、KB、MB、GB、TB、PB等，数据传输的最小单位是位（bit），基本单位为字节（Byte）。在操作系统中主要采用二进制表示，换算单位为2的10次方（1024），简单说每级是前一级的1024倍，如1KB=1024B，1MB=1024KB=1024×1024B或2^20B。

常见的数据存储单位及换算关系如下表所示。

单位	简称	换算关系
KB(Kilobyte)	千字节	1KB=1024B=2^10B
MB(Megabyte)	兆字节，简称"兆"	1MB=1024KB=2^20B
GB(Gigabyte)	吉字节，又称"千兆"	1GB=1024MB=2^30B
TB(Trillionbyte)	万亿字节，或太字节	1TB=1024GB=2^40B
PB（Petabyte）	千万亿字节，或拍字节	1PB=1024TB=2^50B
EB（Exabyte）	百亿亿字节，或艾字节	1EB=1024PB=2^60B
ZB(Zettabyte)	十万亿亿字节，或泽字节	1ZB=1024EB=2^70B
YB(Yottabyte)	一亿亿亿字节，或尧字节	1YB=1024ZB=2^80B
BB(Brontobyte)	一千亿亿亿字节	1BB=1024YB=2^90B
NB(NonaByte)	一百万亿亿亿字节	1NB=1024BB=2^100B
DB(DoggaByte)	十亿亿亿亿字节	1DB=1024NB=2^110B

硬盘厂商在生产过程中主要采用十进制计算，如1MB=1000KB=1000000Byte，所以会发现电脑看到的硬盘容量比实际容量要小。

如500GB的硬盘，其实际容量=500×1000×1000×1000÷（1024×1024×1024）≈456.66GB，以此类推，1000GB的实际容量为1000×1000^3÷（1024^3）≈931.32GB。

另外，硬盘标称容量和实际容量误差应该在10%内，如果大于10%，则表明硬盘有质量问题。

5.3.3 硬盘分区原则

总的来说，用户只能创建两个分区；一个是主分区；另一个是扩展分区，扩展分区可以进一步划分为最多25个分区。由于一个硬盘上只能有一个扩展分区，因此，在对硬盘进行分区时，如果用户没有建立非DOS分区的需要，那么一般就将主分区之外的空间部分都分配给扩展分区，然后在扩展分区上划分逻辑分区。

1. 主分区、扩展分区、逻辑分区

(1) 主分区

主分区也称为主磁盘分区，和扩展分区、逻辑分区一样，是一种分区类型。主分区中不能再划分其他类型的分区，因此每个主分区都相当于一个逻辑磁盘，在这一点上，主分区和逻辑分区很相似，但主分区是直接在硬盘上划分的，逻辑分区则必须建立于扩展分区中。

(2) 扩展分区

一个硬盘可以有一个主分区、一个扩展分区，也可以只有一个主分区而没有扩展分区。逻辑分区可以有若干。主分区是硬盘的启动分区，是独立的，也是硬盘的第一个分区，正常分的话就是C区。分出主分区后，剩下的部分可以分成扩展分区，一般是剩下的部分全部分成扩展分区，也可以不全分。扩展分区是不能直接用的，它是以逻辑分区的方式来使用的，因此，可以将扩展分区分成若干逻辑分区。其关系是包含的关系，也就是说所有的逻辑分区都是扩展分区的一部分。

(3) 逻辑分区

逻辑分区是硬盘上一块连续的区域，不同之处在于，每个主分区只能分成一个驱动器，每个

主分区都有各自独立的引导块，可以用FDISK设定为启动区。一个硬盘上最多可以有4个主分区，而扩展分区上可以划分出多个逻辑驱动器。这些逻辑驱动器没有独立的引导块，不能用FDISK设定为启动区。主分区和扩展分区都是DOS分区。

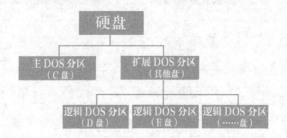

2. 分区原则

(1) C盘不宜太大

C盘是系统盘，硬盘的读写比较多，产生错误和磁盘碎片的几率也较大，扫描磁盘和整理碎片是日常工作，而这两项工作的时间与磁盘的容量密切相关。C盘安装操作系统外，很容易因为安装软件造成空间不足，从而影响工作效率，建议C盘容量在50~80GB比较合适。

(2) 尽量使用NTFS分区

NTFS文件系统是一个基于安全性及可靠性的文件系统，除兼容性之外，其他性能远远优于FAT32。它不但可以支持达2TB大小的分区，而且支持对分区、文件夹和文件的压缩，可以更有效地管理磁盘空间。对局域网用户来说，在NTFS分区上可以为共享资源、文件夹以及文件设置访问许可权限，安全性要比FAT32高得多。

(3) 双系统乃至多系统好处多多

如今木马、病毒、广告软件、流氓软件横行，系统缓慢、无法上网、系统无法启动都是很常见的事情。一旦出现这种情况，重装、杀毒要消耗很多时间，往往耽误工作。有些顽固的开机加载的木马和病毒甚至无法在原系统中删除。而此时如果有一个备份的系统，事情就会简单得多，启动到另外一个系统，可以从容杀毒，删除木马，修复另外一个系统，乃至用镜像把原系统恢复。即使不做处理，也可以用另外一个系统展开工作，不会因为电脑问题耽误事情。

因此，双系统乃至多系统好处多多，分区中除了C盘外，再保留一个或两个备用的系统分区很有必要，该备份系统分区还可同时安装一些软件程序，容量大概20GB即可。

(4) 系统、程序、资料分离

Windows有个很不好的设置，就是把【我的文档】等一些个人数据资料都默认放到系统分区中。这样一来，一旦要格式化系统盘来彻底杀灭病毒和木马，而又没有备份资料的话，数据安全就很成问题。

正确的做法是，将需要在系统文件夹和注册表中复制文件和写入数据的程序都安装到系统分区里面；对可以绿色安装，仅仅靠安装文件夹的文件就可以运行的程序放置到程序分区之中；各种文本、表格、文档等本身不含有可执行文件，需要其他程序才能打开的资料，都放置到资料分区之中。这样一来，即使系统瘫痪，不得不重装的时候，可用的程序和资料一点不缺，很快就可以恢复工作，而不必为了重新找程序恢复数据而头疼。

(5) 保留至少一个巨型分区

随着硬盘容量的增长，文件和程序的体积也是越来越大。例如，以前一部压缩电影不过几百MB，而如今的一部HDTV就要接近20GB。假如按照平均原则对硬盘进行分区的话，那么这些巨型文件的存储就将会遇到麻烦。因此，对于海量硬盘而言，非常有必要分出一个容量在100GB以上的分区用于巨型文件的存储。

(6) 给传输软件在磁盘末尾留一个分区

BT和迅雷这类点对点的传输软件对磁盘的读写比较频繁，长期使用可能会对硬盘造成一定的损伤，严重时甚至造成坏道。对于磁盘坏道，通常用修复的办法解决，但是一旦修复不了，就要用PQMaigc这类软件进行屏蔽。此时，就会发现对放在磁盘末尾的分区调整大小和屏蔽坏道的操作要方便得多，因此，给BT或者迅雷在磁盘末尾保留一个分区使用起来会更加方便。

5.3.4 硬盘分区常用软件

常用的硬盘分区软件有很多种，根据不同的需求，用户可以选择适合自己的分区软件。

● 1. DM

DM硬盘分区软件是用户使用频率最高的分区格式化软件，它集分区、格式化、让老主板支持大硬盘等多种功能于一身。其不仅功能强大，而且操作也很简单，只要设定好每个分区的大小，软件就会自动完成分区和格式化的一系列工作，包括自动设置主分区和扩展分区中的逻辑分区，不会将主分区和逻辑分区混淆，这是一些分区软件通常会有的设计缺陷。

然而，此款分区软件的缺点是界面有些复杂，对于初学者来说，操作有一定的难度，需要用户加强对软件的学习。

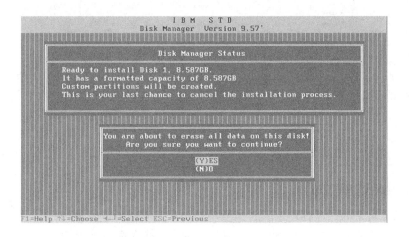

● 2. DiskGenius

DiskGenius是一款磁盘分区及数据恢复软件，支持对GPT磁盘（使用GUID分区表）的分区操作，除具备基本的分区建立、删除、格式化等磁盘管理功能外，还提供了强大的已丢失分区搜索功能、误删除文件恢复功能、误格式化及分区被破坏后的文件恢复功能、分区镜像备份与还原功能、分区复制功能、硬盘复制功能、快速分区功能、整数分区功能、分区表错误检查与修复功能、坏道检测与修复功能，提供基于磁盘扇区的文件读写功能，支持VMWare虚拟硬盘格式，支持IDE、SCSI、SATA等各种类型的硬盘，也支持U盘、USB硬盘、存储卡(闪存卡)，同时也支持FAT12、FAT16、FAT32、NTFS、EXT3文件系统。

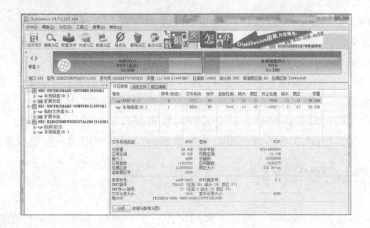

3. PartitionMagic

PartitionMagic是一款功能非常强大的分区软件，在不损坏数据的前提下，可以对硬盘分区的大小进行调整。然而此软件的操作有些复杂，操作过程中需要注意的问题也比较多，一旦用户误操作，会带来严重的后果。

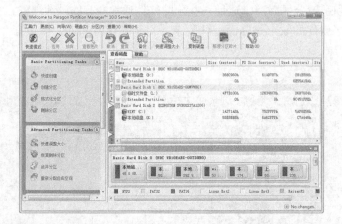

4.系统自带的磁盘管理工具

Windows系统自带的磁盘管理工具，虽然不如第三方磁盘分区管理软件易于上手，但是不需要再次安装软件，而且安全性和伸缩性强，得到不少用户的青睐。

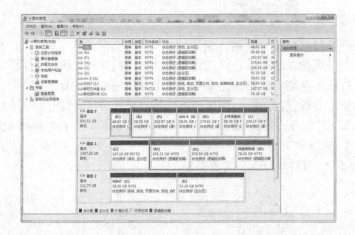

5.4 磁盘的分区

💿 本节教学录像时间：11 分钟

通过本节的学习，用户可以掌握根据需要对硬盘快速分区的方法。

5.4.1 使用Windows 7/8.1/10安装程序对硬盘分区

Windows系统安装程序自带有分区格式化功能，用户可以在安装系统时，对硬盘进行分区。Windows 7、Windows 8.1和Windows 10的分区方法基本相同，下面以Windows 7为例简单介绍其分区的方法。

步骤 01 将Windows 7操作系统的安装光盘放入光驱中，重新启动电脑，进入系统安装程序，根据系统提示进入【您想将Windows安装在何处】界面，如下图所示。

步骤 02 单击【新建】链接，即可在对话框的下方显示用于设置分区大小的参数，这时在【大小】文本框中输入"25000"。

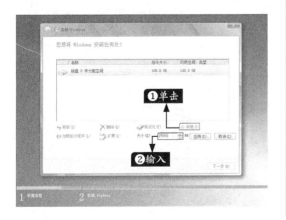

步骤 03 单击【应用】按钮，将打开信息提示框，提示用户若要确保Windows的所有功能都能正常使用，Windows可能要为系统文件创建额外的分区。单击【确定】按钮，即可增加一个未分配的空间。

小提示

另外，如果安装Windows系统时，没有对硬盘进行任何分区，Windows安装程序将自动把硬盘分为一个分区，格式为NTFS。

5.4.2 使用DiskGenius对硬盘分区

硬盘工具管理软件DiskGenius采用全中文界面，除了继承并增强了DOS版的大部分功能外，还增加了许多新功能，如已删除文件恢复、分区复制、分区备份、硬盘复制等功能，此外还增加了对VMWare虚拟硬盘的支持。用DiskGenius软件为硬盘自定义分区的具体操作步骤如下。

步骤01 建立主分区。在DiskGenius软件主窗口中选择未分区的硬盘，再选择【分区】➤【建立新分区】菜单命令。

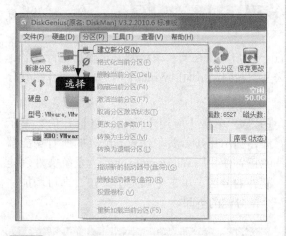

步骤02 随即弹出【建立新分区】对话框，在其中选择文件系统类型（如选择NTFS），在【新分区大小】文本框中输入该分区的大小。单击【确定】按钮。

步骤03 返回到软件的主界面中，即可看到创建的主分区已出现在软件中。

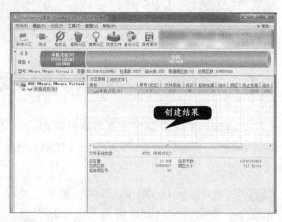

步骤04 创建扩展分区。单击软件主界面中的空白区域，再选择【分区】➤【建立新分区】菜单命令。

步骤05 弹出【建立新分区】对话框，在其中设置扩展分区的大小。

步骤 06 设置完成后，单击【确定】按钮，返回到软件主界面中。

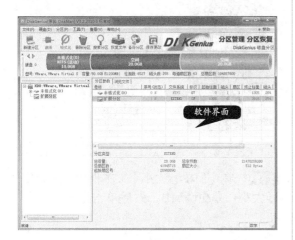

步骤 07 在扩展分区中创建逻辑盘。选中已创建的扩展分区并右击，在弹出的快捷菜单中选择【建立新分区】菜单命令。

步骤 08 随即弹出【建立新分区】对话框，在其中输入第一个逻辑盘的大小。

步骤 09 设置完成后，单击【确定】按钮，返回到软件主界面中，即可看到创建的一个逻辑分区。

步骤 10 参照创建逻辑盘的方法再创建另外一个逻辑分区，则整个硬盘分区就结束了。

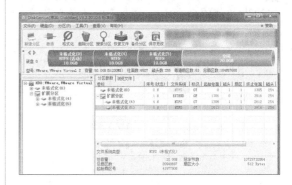

5.4.3 使用Windows系统磁盘管理工具对硬盘分区

除了上面讲解的方法，用户还可以使用Windows系统中的磁盘管理工具对硬盘进行分区，Windows 7、Windows 8.1和Windows 10的方法相同，下面以Windows 7为例介绍如何使用磁盘工具分区。

步骤 01 右键单击【计算机】图标，在弹出的快捷菜单中单击【管理】菜单命令。

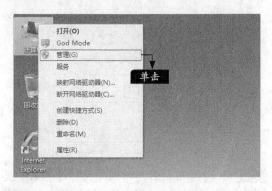

步骤 02 在打开的【计算机管理】窗口中，单击左侧列表中的【磁盘管理】选项，即可看到该电脑中的分区情况。

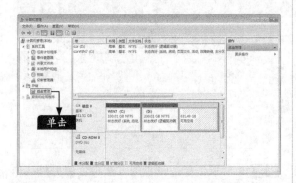

步骤 03 在需要分区的区间上，单击鼠标右键，在弹出的菜单命令中，单击【新建简单卷】命令。

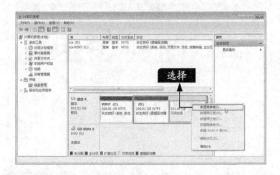

步骤 04 弹出【新建简单卷向导】对话框，单击【下一步】按钮。

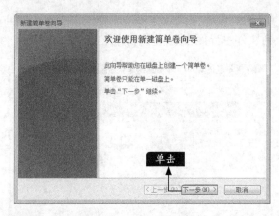

步骤 05 在【简单卷大小】文本框中输入新建分区大小，单位为MB，然后单击【下一步】按钮。

步骤 06 在【新建简单卷向导-分配驱动器号和路径】对话框中，单击【分配以下驱动号】右边的下拉按钮，可以重新选择驱动号，也可以保持默认状态，单击【下一步】按钮。

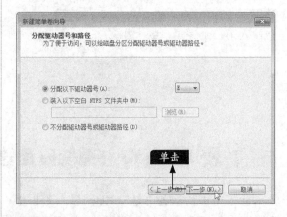

步骤 07 在【新建简单卷向导-格式化分区】对话框中，保持默认状态，单击【下一步】按钮。

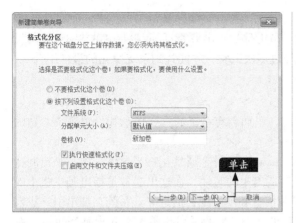

步骤 08 在【新建简单卷向导-正在完成新建简单卷向导】对话框中，单击【完成】按钮。

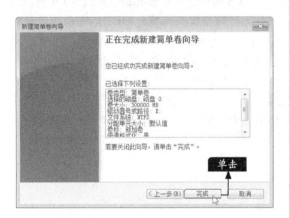

步骤 09 即可完成新建分区，如下图显示新建分区E。

步骤 10 使用上述方法，将可用容量创建其他分区，最后创建好的分区如下图所示。

 高手支招

● 本节教学录像时间：17 分钟

● 什么情况下需要设置BIOS

通常情况下，在使用电脑的过程中不需要对BIOS参数进行设置。但如下几种情况必须进行BIOS设置。

(1) 新购电脑

带有PNP功能的系统能识别一部分电脑外设，但是硬盘参数、当前日期、时钟等基本信息，必须由操作人员进行设置，因此，新购买的电脑必须通过BIOS参数设置来告诉系统整个电脑的基本配置情况。

(2) 新增设备

由于系统不一定能够识别全部新增的设备，所以必须进行BIOS设置。另外，一旦新增设备和原有设备之间发生了IRQ、DMA冲突，也需通过BIOS设置来进行排除。

(3) CMOS数据意外丢失

病毒破坏了CMOS数据程序、意外清除CMOS参数等情况，常常会造成CMOS数据意外丢失。此时，就需要重新进入BIOS设置程序完成新的CMOS参数设置。

⑷ 系统优化

对于内存读写等待时间、硬盘数据传输模式、节能保护、电源管理等参数，BIOS中预定的设置对系统而言并不一定就是最优化的，此时需要经过多次试验，才能找到系统优化的最佳组合。

● BIOS与CMOS的区别

BIOS是主板上的一块EPROM或EEPROM芯片，里面装有系统的重要信息和设置系统参数的设置程序（BIOS Setup程序）。

CMOS（Complementary Metal-Oxide Semiconductor，互补金属氧化物半导体）本意是指制造大规模集成电路芯片用的一种技术或用这种技术制造出来的芯片。在这里通常是指电脑主板上的一块可读写的RAM芯片。它存储了电脑系统的时钟信息和硬件配置信息等。系统在加电引导机器时，要读取CMOS信息，用来初始化机器各个部件的状态。它靠系统电源和后备电池来供电，系统掉电后其信息不会丢失。

由于CMOS与BIOS都与电脑系统设置密切相关，所以才有CMOS设置和BIOS设置的说法。也正因为如此，初学者常将二者混淆。CMOS RAM是系统参数存放的区域，而BIOS中系统设置程序是完成参数设置的手段，准确的说法应是通过BIOS设置程序对CMOS参数进行设置。平常所说的CMOS设置和BIOS设置是其简化说法，因此在一定程度上造成了两个概念的混淆。

事实上，BIOS程序就是存储在CMOS存储器中的。CMOS是一种半导体技术，可以将成对的金属氧化物半导体场效应晶体管（MOSFET）集成在一块硅片上。该技术通常用于生产RAM和交换应用系统，用它生产出来的产品速度很快，功耗极低，而且对供电电源的干扰有较高的容限。

第6章

操作系统与设备驱动的安装

学习目标——

目前，比较流行的操作系统主要有Windows 7、Windows 8.1、Windows 10、Windows Server 2008、Windows Server 2012、Mac OS以及Linux等，本章主要介绍如何安装操作系统以及驱动程序。

学习效果——

6.1 操作系统安装前的准备

⊙ 本节教学录像时间：8 分钟

操作系统是管理电脑全部硬件资源、软件资源、数据资源，控制程序运行并为用户提供操作界面的系统软件集合。通常的操作系统具有文件管理、设备管理和存储器管理等功能。

6.1.1 主流的操作系统

目前，应用较为广泛的操作系统主要有微软公司的Windows系统，包括Windows XP、Windows 7、Windows 8.1、Windows 10、Windows Server 2008、Windows Server 2012等版本；苹果公司的Mac OS系统，包括OS X 10.8 Mountain Lion、OS X 10.9 Mavericks、OS X 10.10 Yosemite等版本，另外还有UNIX和Linux等电脑桌面系统，这些操作系统所适用的人群也不尽相同，电脑用户可以根据实际需要选择不同的操作系统。下面介绍几种常用的操作系统。

● 1. 经典的操作系统——Windows XP

Windows XP中文全称为视窗操作系统体验版，是微软公司发布的一款视窗操作系统。它发行于2001年10月25日，原来的名称是Whistler。Windows XP操作系统可以说是最为经典的操作系统之一。Windows XP曾是使用最为广泛且使用人数最多的操作系统。其拥有豪华亮丽的用户图形界面，自带有【选择任务】的用户界面，使得工具条可以访问任务的具体细节。

不过，微软已于2014年4月8日彻底取消对Windows XP的所有技术支持，因此，使用该系统的用户也逐渐减少，转向Windows 7、Windows 8.1或更高版本的系统。

● 2. 流行的操作系统——Windows 7

Windows 7操作系统除继承了Windows XP的实用外，还具有易用、快速、简单、安全等特点。该系统旨在让人们的日常电脑操作更加简单和快捷，为人们提供高效易行的工作环境。

● 3. 承上启下的操作系统——Windows 8.1操作系统

Windows 8.1是微软公司在2012年10月推出Windows 8之后，着手开发的Windows 8更新，具有承上启下的作用，为Windows 10的到来"铺路"。Windows 8.1支持个人电脑及平面电脑。Windows 8.1大幅改变以往的操作逻辑，提供更佳的屏幕触控支持。系统画面与操作方式变化极大，采用全新的Metro风格用户界面，各种应用程序、快捷方式等能以动态方块的样式呈现在屏幕上，用户可自行将常用的浏览器、社交网络、游戏等添加到这些方块中。

4. 新一代操作系统——Windows 10操作系统

Windows 10是美国微软公司研发的新一代跨平台及设备应用的操作系统，将覆盖PC、平板电脑、手机、XBOX和服务器端等。Windows 10采用全新的开始菜单，并且重新

设计了多任务管理界面，在桌面模式下可运行多个应用和对话框，并且还能在不同桌面间自由切换，而且Windows 10使用新的浏览器Edge。另外，给用户最大的惊喜是用户可以在系统发布的第一年将Windows 7、Windows 8.1和 Windows Phone 8.1设备免费升级到 Windows 10。

5. 苹果最新的MAC操作系统——OS X El Capitan

OS X El Capitan（酋长石）是苹果公司继OS X Yosemite（优胜美地）发布一年后，推出的新的操纵系统，其继承了OS X Yosemite的扁平化设计和开创性的功能，并增加了更多的功能，以带来更好的操作体验。

在OS X El Capitan 系统中，用户可以同时在多个 App 中进行操作，如搜索信息，关注自己喜欢的网站，查收电子邮件，以及做笔记等，分屏和多窗口操作更加游刃有余。全新设计的中文系统字体名为"苹方"，具有现代感的外观和清晰易读的屏幕显示效果。另外，全新的图片编辑工具、备忘录、地图等，将 Mac 的使用体验带到了一个全新的高度。

6.1.2 认识32位和64位操作系统

在选择系统时，会发现Windows 7 32位、Windows 7 64位、Windows 8.1 32位或Windows 8.1 64位等，那么32位和64位有什么区别呢？选择哪种系统更好呢？本节简单介绍操作系统32位和64位，以帮助读者选择合适的安装系统。

位数是用来衡量计算机性能的重要标准之一，位数在很大程度上决定着计算机的内存最大容量、文件的最大长度、数据在计算机内部的传输速度、处理速度和精度等性能指标。

1. 32位和64位区别

在选择安装系统时，x86代表32位操作系统，x64代表64位操作系统，而它们之间具体有什么区别呢？

(1) 设计初衷不同

64位操作系统的设计初衷是：满足机械设计和分析、三维动画、视频编辑和创作，以及科学计算和高性能计算应用程序等领域中需要大量内存和浮点性能的客户需求。换句简明的话说就是：它们是高科技人员使用本行业特殊软件的运行平台。而32位操作系统是为普通用户设计的。

(2) 要求配置不同

64位操作系统只能安装在64位电脑上(CPU必须是64位的)。同时需要安装64位常用软件以发挥64位（x64）的最佳性能。32位操作系统则可以安装在32位(32位CPU)或64位(64位CPU)电脑上。当然，32位操作系统安装在64位电脑上，其硬件恰似"大牛拉小车"：64位效能就会大打折扣。

(3) 运算速度不同

64位CPU GPRs(General-Purpose Registers，通用寄存器)的数据宽度为64位，64位指令集可以运行64位数据指令，也就是说处理器一次可提取64位数据(只要2个指令，一次提取8字节的数据)，比32位(需要4个指令,一次提取4字节的数据)提高了1倍，理论上性能会相应提升1倍。

(4) 寻址能力不同

64位处理器的优势还体现在系统对内存的控制上。由于地址使用的是特殊的整数，因此一个ALU（算术逻辑运算器）和寄存器可以处理更大的整数，也就是更大的地址。比如，Windows Vista x64 Edition支持多达128 GB的内存和多达16 TB的虚拟内存，而32位CPU和操作系统最大只可支持4GB内存。

2. 选择32位还是64位

对于如何选择32位和64位操作系统，用户可以从以下几点考虑。

(1) 兼容性及内存

与64位系统相比，32位系统普及性好，有大量的软件支持，兼容性也较强。另外，64位内存占用较大，如果无特殊要求，配置较低的电脑，建议选择32位系统。

(2) 电脑内存

目前，市面上的处理器基本都是64位处理器，完全可以满足安装64位操作系统，这点用户一般不需要考虑是否满足安装条件。由于32位最大只支持3.25G的内存，如果电脑安装的是4GB、8GB的内存，为了最大化利用资源，建议选择64位系统。如下图可以看到，4GB内存显示3.25GB可用。

(3) 工作需求

如果从事机械设计和分析、三维动画、视频编辑和创作，可以发现新版本的软件仅支持64位，如Matlab，因此就需要选择64位系统。

用户可以根据上述的几点考虑，选择最适合自己的操作系统。不过，随着硬件与软件的快速发展，64位将是未来的主流。

6.1.3 操作系统安装的方法

一般安装操作系统时，经常会涉及从光盘或使用Ghost镜像还原等方式安装操作系统。常用的安装操作系统的方式有如下几种。

● 1. 全新安装

全新安装就是指在硬盘中没有任何操作系统的情况下安装操作系统，在新组装的电脑中安装操作系统就属于全新安装。如果电脑中安装有操作系统，但是安装时将系统盘进行了格式化，然后重新安装操作系统，这也是全新安装的一种。

● 2. 升级安装

升级安装是指用较高版本的操作系统覆盖电脑中较低版本的操作系统。该安装方式的优点是原有程序、数据以及设置都不会发生变化，硬件兼容性方面的问题也比较少。缺点是升级容易、恢复难。

● 3. 覆盖安装

覆盖安装与升级安装比较相似，不同之处在于升级安装是在原有操作系统的基础上使用升级版的操作系统进行升级安装，覆盖安装则是同级进行安装，即在原有操作系统的基础上用同一个版本的操作系统进行安装，这种安装方式适用于所有的Windows操作系统。

● 4. 利用Ghost镜像安装

Ghost不仅仅是一个备份还原系统的工具，利用Ghost还可以把一个磁盘上的全部内容复制到另一个磁盘上，也可以将一个磁盘上的全部内容复制为一个磁盘的镜像文件，可以最大限度地减少每次安装操作系统的时间。

6.2 安装Windows 7系统

● 本节教学录像时间：7分钟

在了解了操作系统之后，就可以选择相应的操作系统来进行安装，下面讲解Windows 7操作系统的安装方法。

1. 设置BIOS

在安装操作系统之前首先需要设置BIOS，将电脑的启动顺序设置为光驱启动。下面以技嘉主板BIOS为例介绍。

步骤01 在开机时按键盘上的【Delete】键，进入BIOS设置界面。选择【System Information】(系统信息)选项，然后单击【System Language】(系统语言)后面的【English】按钮。

步骤02 在弹出的【System Language】列表中，选择【简体中文】选项。

步骤03 此时，BIOS界面变为中文语言界面，如下图所示。

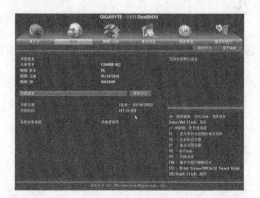

步骤04 选择【BIOS功能】选项，在下面的功能列表中，选择【启动优先权 #1】后面的按钮 SCSIDIS... 。

步骤05 弹出【启动优先权 #1】对话框，在列表中选择要优先启动的介质，如果是DVD光盘则设置DVD光驱为第一启动；如果是U盘，则设置U盘为第一启动。如下图所示，选择为【TSSTcorpCDDVDW SN-208AB LA02】选项，设置DVD光驱为第一启动。

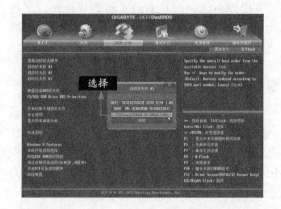

> **小提示**
>
> 在弹出的列表中，用户可能不知道选择哪一个是DVD光驱，哪一个是U盘，其实最简单的辨别办法就是，看哪一项包含"DVD"字样，则是DVD光驱；哪一个包含U盘的名称，则是U盘项。另外一种方法就是看硬件名称，右键单击【计算机】桌面图标，在弹出的窗口中，单击【设备管理器】超链接，打开【设备管理器】窗口，然后展开DVD驱动器和硬盘驱动器，如下图所示。即可看到不同的设备名称，如硬盘驱动器中包含"ATA"可以理解为硬盘，而包含"USB"的一般指U盘或移动硬盘。

步骤 06 设置完毕后，按【F10】键，弹出【储存并离开BIOS设定】对话框，选择【是】按钮完成BIOS设置。

2. 启动安装程序

设置启动项之后，就可以放入安装光盘来启动安装程序。

步骤 01 将Windows 7操作系统的安装光盘放入光驱中，重新启动电脑，出现"Press any key to boot from CD or DVD…"提示后，按任意键开始从光盘启动安装。

步骤 02 Windows 7安装程序加载完毕后，将进入下图所示界面，该界面是一个中间界面，用户无需任何操作。

步骤 03 启动完毕后，进入【安装程序正在启动】界面。

步骤 04 安装程序启动完成后，将打开【您想将Windows安装在何处】界面。至此，就完成了启动Windows 7安装程序的操作。

● 3. 磁盘分区

选择安装位置后，还可以对磁盘进行分区。

步骤 01 在【您想将Windows安装在何处】界面中单击【驱动器选项（高级）】链接，即可展开选项。

步骤 02 单击【新建】链接，即可在对话框的下方显示用于设置分区大小的参数，这时在【大小】文本框中输入"25000"。

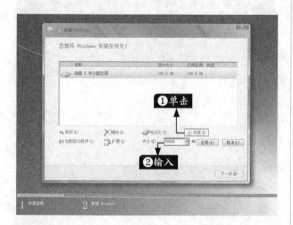

步骤 03 单击【应用】按钮，将打开信息提示框，提示用户若要确保Windows的所有功能都能正常使用，Windows可能要为系统文件创建额外的分区。单击【确定】按钮，即可增加一

个未分配的空间。

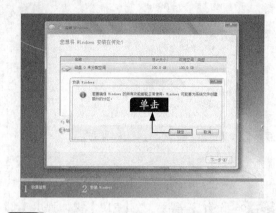

步骤 04 按照相同的方法再次对磁盘进行分区。

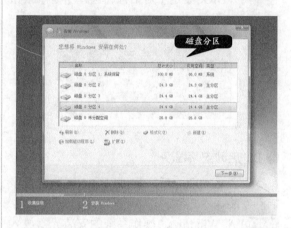

● 4. 格式化分区

创建分区完成后，在安装系统之前，还需要对新建的分区进行格式化。

步骤 01 选中需要安装操作系统文件的磁盘，这里选择【磁盘0分区2】选项，单击【格式化】按钮。

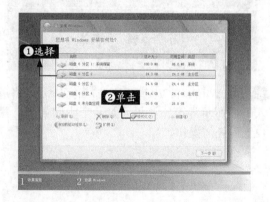

步骤 02 弹出一个信息提示框，单击【确定】按钮，即可开始。

5. 安装阶段

设置完成之后，就可以开始进行系统的安装。

步骤 01 格式化完毕后，单击【下一步】按钮，打开【正在安装Windows】界面，并开始复制和展开Windows文件。

步骤 02 展开Windows文件完毕后，将进入【安装功能】阶段。

步骤 03 【安装功能】阶段完成后，将进入【安装更新】阶段。

步骤 04 安装更新完毕后，将弹出【Windows需要重新启动才能继续】界面，提示用户系统将在10秒内重新启动。

步骤 05 在启动的过程中会弹出【安装程序正在启动服务】窗口。

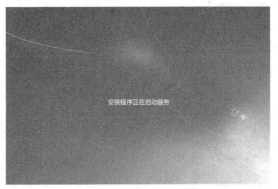

步骤 06 安装程序启动服务完毕后，返回【正在安装Windows】界面，并进入【完成安装】阶段。

6. 安装后准备阶段

至此，系统的安装就接近尾声了，即将进入安装后的准备阶段。

步骤01 在【完成安装】阶段，系统会自动重新启动，并弹出【安装程序正在为首次使用计算机做准备】窗口。

步骤02 准备完成后，弹出【安装程序正在检查视频性能】窗口。

步骤03 检查视频性能完毕后，将打开【安装程序将在重新启动您的计算机后继续】窗口。

步骤04 无需任何操作，电脑即可重新启动。在启动的过程中，将再次打开【安装程序正在为首次使用计算机做准备】窗口。

6.3 安装Windows 8.1系统

🎬 **本节教学录像时间：4分钟**

Windows 8.1的安装方法和Windows 7基本相同，下面介绍Windows 8.1的安装方法。

步骤01 在安装Windows 8.1前，用户需要对BIOS进行设置，将光盘设置为第一启动，然后将Windows 8.1操作系统的安装光盘放入光驱中，重新启动电脑，出现"Press any key to boot from CD or DVD…"提示后，按任意键开始从光盘启动安装。

步骤02 Windows 8.1安装程序加载完毕后，将进入下图所示界面，该界面是一个中间界面，用户无需任何操作。

步骤03 启动完毕后，弹出【Windows 安装程序】窗口，设置安装语言、时间格式等，用户可以保持默认，直接单击【下一步】按钮。

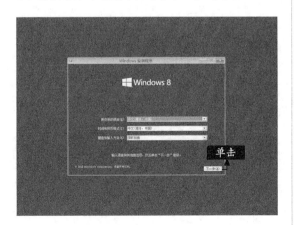

步骤04 单击【现在安装】按钮，开始正式安装。

小提示

单击【修复计算机】选项，可以修复已安装系统中的错误。

步骤05 在【输入产品密钥以激活Windows】界面，输入购买Windows系统时微软公司提供的密钥，为5组5位阿拉伯数字组成，然后单击【下一步】按钮。

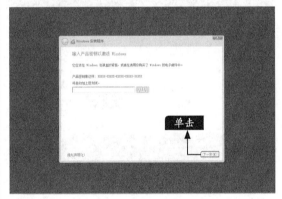

步骤06 进入【许可条款】界面，勾选【我接受许可条款】复选项，单击【下一步】按钮。

步骤 07 进入【你想执行哪种类型的安装？】界面，单击选择【自定义：仅安装Windows（高级）】选项，如果要采用升级的方式安装Windows系统，可以单击【升级】选项。

步骤 08 进入【你想将Windows安装在哪里？】界面，选择要安装的硬盘分区，单击【下一步】按钮。

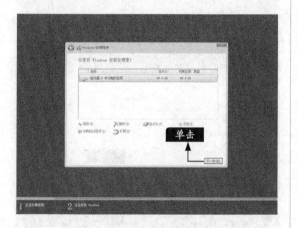

步骤 09 进入【正在安装Windows】界面，安装程序开始自动进行"复制Windows文件""安装文件""安装功能""安装更新"等项目设置。在安装过程中会自动重启电脑。

步骤 10 系统安装完成后，初次使用时，需要对系统进行设置，才能使用该系统，如Windows 8.1的安装需要验证账户、获取应用等，设置完成后即可进入Windows 8.1系统界面。

Windows 8.1 系统界面

6.4 安装Windows 10系统

🔴 本节教学录像时间：3分钟

Windows 10作为新一代操作系统，备受关注，而它的安装方法与Windows 8.1并无太大差异，本节介绍Windows 10的安装方法。

步骤 01 在安装Windows 10前，用户需要对BIOS进行设置，将光盘设置为第一启动，然后将Windows 10操作系统的安装光盘放入光驱中，重新启动电脑，出现"Press any key to boot from CD or DVD…"提示后，按任意键开始从光盘启动安装。

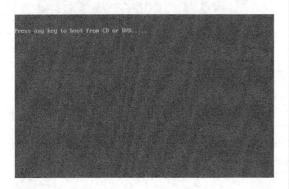

步骤 02 Windows 10安装程序加载完毕后，将进入下图所示界面，该界面是一个中间界面，用户无需任何操作。

步骤 03 启动完毕后，弹出【Windows 安装程序】窗口，设置安装语言、时间格式等，用户可以保持默认，直接单击【下一步】按钮。

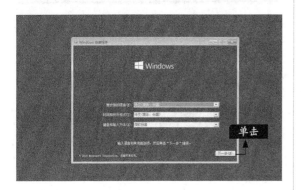

步骤 04 接下来的步骤与Windows 8.1的安装方法一致，用户可以参照6.3节中的步骤 01~步骤 03操作。安装完成后，用户可以进行设置，可以选择【自定义】或【使用快速设置】选项。

步骤 05 设置完毕后，用户需要设置Mictosoft账户，根据提示注册或使用已有账户登录即可。

步骤 06 账户设置后，系统会加载应用程序和系统准备工作。

步骤 07 加载完毕后即可进入Windows 10系统桌面。

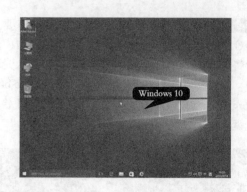

6.5 安装Linux Ubuntu

本节教学录像时间：6 分钟

Ubuntu是一个以桌面应用为主的Linux操作系统，其目的在于为一般用户提供一个新的，同时又相当稳定的主要由自由软件构建而成的操作系统。同时，Ubuntu具有庞大的社区力量，用户可以方便地从社区获得帮助。

6.5.1 启动安装程序

与Windows一样，启动Ubuntu安装程序的方法有多种，用户可根据实际情况来选择安装操作系统的方法。一般情况下，在安装Ubuntu操作系统时，通常使用光盘来启动安装。

启动Ubuntu安装程序的具体操作步骤如下。

步骤 01 参照上述启动Windows 7安装程序的步骤，将电脑的启动顺序设置为光驱。

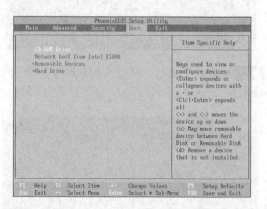

步骤 02 保存设置并退出BIOS，将Ubuntu操作系统的安装光盘放入光驱中，重新启动电脑，当出现"Press any key to boot from CD or DVD"语句的画面时快速按任意键。

步骤 03 随即进入Ubuntu操作系统安装程序的运行窗口，提示用户安装程序正在加载文件。

步骤 04 文件加载完毕后，将弹出一个【Welcome】界面。

内容显示出来，在其中选择【中文（简体）】选项，这时界面以中文显示。至此，就完成了Ubuntu安装程序的启动操作。

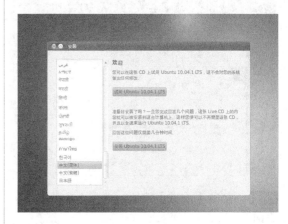

步骤 05 单击左侧窗格中的滚动条，使下面的

6.5.2 选择并格式化分区

在启动Ubuntu安装程序后，还需要对程序的安装分区进行选择，并对安装操作系统的分区进行格式化。选择并格式化分区的具体操作步骤如下。

步骤 01 在【欢迎】界面中单击【安装Ubuntu 10.04.1 LTS】按钮，进入【您在什么地方】界面，根据实际情况选择自己所在的地区和时区。

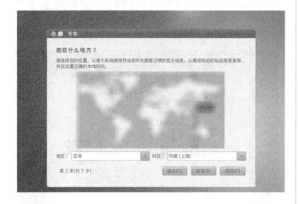

步骤 02 单击【前进】按钮，进入【键盘布局】界面，勾选【建议的选项 USA】单选按钮。

步骤 03 单击【前进】按钮，进入【准备硬盘空间】界面，提示用户要将Ubuntu10.04.1LTS安装在哪个空间。这里选择【清空并使用整个硬盘】。

步骤04 用户也可单击【手工指定分区（高级）】单选按钮。

步骤05 单击【前进】按钮，进入【准备分区】界面。

步骤06 单击【新建分区表】按钮，打开【要在此设备上创建新的空分区表吗】信息提示框。

步骤07 单击【继续】按钮，返回【准备分区】界面，在其中激活了【添加】和【还原】两个按钮。

步骤08 单击【添加】按钮，打开【创建新分区】对话框。

步骤09 在【创建分区容量】文本框中输入创建分区的容量，并将新分区的类型设置为【主分区】。

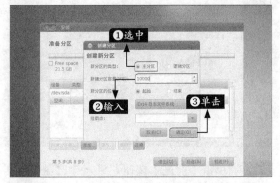

步骤10 单击【确定】按钮，返回【准备分区】界面，在下方的空格中可以看到已经将硬盘分成了两个分区。在其中选中用户安装Ubuntu的分区。

6.5.3 安装设置

在选择并格式化Ubuntu的安装分区后，用户还需要对安装程序的一些参数进行设置，如用户名、密码等。安装设置的具体操作步骤如下。

步骤 01 在【准备分区】对话框中单击【前进】按钮，进入【您是谁】界面。

步骤 02 在【您的名字是】文本框中输入自己的名字，在【选择一个密码来确保您的账户安全】下方的【密码】和【再次输入密码】文本框中输入密码。

步骤 03 单击【前进】按钮，进入【准备开始安装】对话框，并在【您的新操作系统将会使用下列选项安装】窗格中显示了Ubuntu的安装参数。

步骤 04 单击【安装】按钮，进入【正在安装系统】界面，在下方显示了安装的进度。

步骤 05 安装完毕后，将弹出【安装完毕】信息提示框，提示用户安装完毕，需要重新启动电脑以使用新安装的系统。

步骤 06 单击【现在重启】按钮，即可重新启动Ubuntu。

步骤 07 重启完毕后，将打开下图所示界面。

步骤 08 单击【Log in as rose】按钮，即以rose的用户名登录系统。在【Password】文本框中输入设置的密码。

输入账号密码

步骤 09 单击【Log in】按钮，即可进入新安装的Ubuntu系统。

6.6 升级Windows系统

🔘 本节教学录像时间：2分钟

如果电脑中已安装过系统，需要将旧系统升级至新的系统，而旧系统又不再需要的情况下，用户可以在原系统的基础上直接升级。

6.6.1 Windows XP升级至Windows 7/8.1/10系统

Windows XP作为经典的操作系统，为众多用户喜爱，由于微软停止了对Windows XP的官方服务支持，处于无官方保护状态，危险极高。因此，更多的用户选择升级为更高版本的系统，下面介绍Windows XP如何升级到更高版本。

其实，Windows XP作为旧系统，升级为新系统，只需重新安装新系统即可，用户可以参照6.2~6.4节的安装方法，其中有所不同的是，它是系统的升级，需要注意以下两点。

 1.系统安装位置

在系统安装时，不需要对硬盘进行分区，在【您想将Windows安装在何处】对话框中，选择Windows XP系统所在的磁盘，单击【下一步】按钮即可。

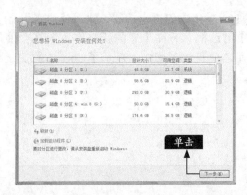

单击

如果Windows XP所在的磁盘容量过小，低于20GB，需要重新对该分区进行容量调整，否则将影响安装和使用。

2. 执行哪种类型的安装

在安装过程中，如遇到【你想执行哪种类型的安装？】界面，建议选择【升级：安装Windows并保留文件、设置和应用程序】选项。

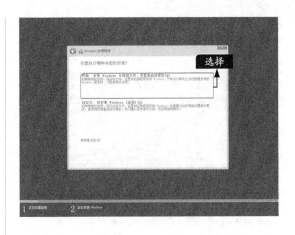

6.6.2 Windows 7/8升级至Windows 8.1系统

对于Windows 7/8用户，如果需要升级到Windows 8.1系统，除了可以通过覆盖安装或参照6.3节的安装方法外，还可以使用Windows 8.1升级助手进行升级。

步骤01 登录微软官方网站www.microsoft.com，下载Windows 8.1升级助手软件，然后将其安装到电脑中。

步骤02 打开Windows 8.1升级助手，软件会对电脑进行检测，检测完毕后，单击【下一步】按钮。

步骤03 进入【选择要保留的内容】界面，选择要保留的内容，这里选择【仅保留个人文件】选项，并单击【下一步】按钮。

步骤04 进入【适合你的Windows 8.1】界面，单击【订购】按钮。

步骤 05 进入【查看你的订单】界面，单击【结账】按钮。

步骤 06 进入【账单邮寄地址】界面，填写详细的用户信息后，单击【下一步】按钮。

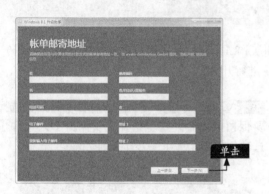

步骤 07 进入【付款信息】界面，填写付款方式和付款信息，单击【下一步】按钮。付款成功后，微软会将序列号发到填写的邮箱地址，用户填写序列号即可自动下载Windows 8.1安装程序，可指导用户完成升级。

6.6.3 Windows XP/7/8/8.1免费升级至Windows 10系统

如果需要将Windows XP/7/8/8.1系统升级到Windows 10系统，除了可以通过覆盖安装或参照6.4节的安装方法外，用户还可以借助微软官方合作的第三方升级工具，如360安全卫士或腾讯电脑管家免费升级。

用户只需下载最新版本的360安全卫士或腾讯电脑管家，找到Windows 10升级应用程序，根据软件指导完成升级即可。如下图所示用户在360安全卫士【全部工具】界面，单击【升级助手】图标，根据操作指导即可完成系统升级。

6.7 安装多个操作系统

⊙ 本节教学录像时间：4分钟

多操作系统就是指在一台电脑中安装两个或两个以上操作系统，在不同的操作系统之中，可以执行单操作系统无法完成的任务，可以满足用户的不同需求。本节介绍如何在一台电脑中安装多个操作系统。

6.7.1 安装多系统的条件

随着硬盘容量、内存容量的增大，硬盘价格的下降，操作系统种类的增多和功能的差异，越来越多的用户选择在一台电脑上安装多个操作系统。就目前主流的配置来说，任何一台电脑都可以安装多个操作系统。

在了解了安装多操作系统的硬件条件之后，下面再来介绍安装多操作系统的原则。

① 由低到高原则。从低版本到高版本逐步安装各个操作系统，是安装多操作系统的基本原则。

② 单独分区原则。尽量使每个操作系统单独存在于一个分区之中，避免发生文件的冲突，同时应避免格式化分区，以防分区中的数据丢失。

③ 多重启动原则。如Windows XP和Windows 7之间进行多重启动配置时，应最后安装Windows 7系统，否则启动Windows 7所需要的重要文件将被覆盖。

④ 指定操作系统安装位置原则。在操作系统中安装其他操作系统时，可以指定新装操作系统的安装位置，如果在DOS中安装多操作系统，某些系统将被默认安装在C盘中，C盘中原有文件将被覆盖，从而无法安装多操作系统。

6.7.2 双系统共存

有时候，用户需要安装最新系统，但是希望保留旧系统，那么就可以安装双系统。本节主要讲解在Windows XP基础上安装Windows 7操作系统，具体操作步骤如下。

步骤 01 按照前面介绍的方法，将电脑的第一启动设置为光驱，然后将系统安装盘放入光驱之中，重新启动电脑，当屏幕中显示提示信息时，按【Enter】键。

步骤 02 进入【Windows is loading files】界面，提示用户Windows正在加载文件。

步骤 03 文件加载完毕后，即可进入【安装Windows】界面，在该界面中设置语言和其他选项。

步骤 04 单击【下一步】按钮，直到【您想将 Windows安装在何处】界面之中，选择已经划分好的【分区2】选项。

步骤 06 由于高版本可以自动识别低级版本，安装完毕后，将自动生成系统启动菜单，每次启动系统时，用户可以在【Windows 启动管理器】中选择需要启动的系统选项。

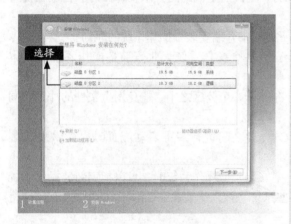

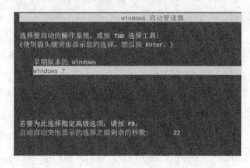

同样，用户也可以使用该方法在Windows 7的基础上安装Windows 8.1或Windows 10等，这里不再赘述。

> **小提示**
>
> 【分区1】已经安装了Windows XP操作系统，因此，Windows 7操作系统只能安装在除分区1以外的任何分区之中。

步骤 05 单击【下一步】按钮，就可以按照安装单操作系统Windows XP一样安装Windows 7操作系统，这里不再赘述。

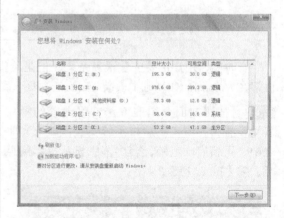

6.7.3 三系统共存

只要电脑配置足够强大，用户可以安装更多的系统，如Windows XP、Windows 7和Windows 8 3个系统共存，或者安装更多系统，其实和上面的双系统方法是一致的，主要注意以下两点。

1.分配盘符

选择一个作系统的盘符，根据不同的系统安装需求，确保足够的空间。如果是Windows 7\8.1\10，建议分配出50GB的磁盘空间。

2.选择安装位置

在多系统安装时，和一般的光盘或U盘安装方法相同，只是在安装第二个或第三个系统时，在【您想将Windows安装在何处】对话框中，分配好盘符，根据前面的安装方法安装即可。

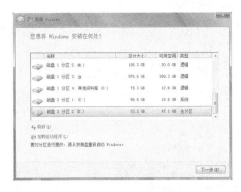

如下图，是一个三系统共存的开机启动图。

6.7.4 设置电脑启动时默认操作系统

如果电脑安装多个操作系统，用户可以根据需要自定义电脑启动时的默认启动系统，在开机启动系统引导菜单中，就不需要再次选择了。如电脑中在Windows 7系统基础上安装了Windows 8系统，此时电脑会默认优先启动Windows 8系统，如经常用到Windows 7系统，希望将其设置为默认的启动系统，可以采用以下方式实现。

步骤01 在Windows 7或Windows 8系统中，右键单击【计算机】图标，选择【属性】菜单命令，打开【系统】对话框，并单击【高级系统设置】选项。

步骤02 弹出【系统属性】对话框，单击【高级】选项卡，在【启动和故障恢复】区域，单击【设置】按钮。

步骤03 弹出【启动和故障恢复】对话框，在【默认操作系统】列表中，选择默认操作系统。

步骤 04 同时，用户也可以设置【显示操作系统列表的时间】和【在需要时显示恢复选项的时

间】，单位为"秒"，设置完毕后，单击【确定】按钮，即可完成设置。

6.7.5 解决多系统下的开机引导问题

电脑安装多系统很容易出现开机引导问题或启动菜单丢失，导致无法开机，因此往往需要对开机引导进行修复，主要常用的工具是Windows安装盘自带的bootsect程序和BCDautofix。

● 1. bootsect

bootsect是Windows安装盘中自带的用于引导扇区修复的工具，位于安装光盘boot目录下。使用bootsect修复开机引导问题的具体步骤如下。

步骤 01 复制系统安装光盘中boot目录下的bootsect文件。

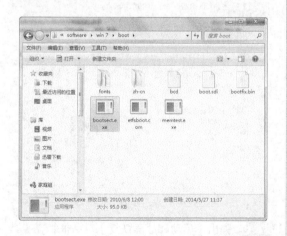

步骤 02 将复制的bootsect文件粘贴到C盘下的Boot文件夹中。如果C盘中没有，可以自行创建Boot文件夹。

步骤 03 按【Windows+R】组合键，弹出【运行】对话框，在文本框中输入"cmd"，单击【确定】按钮或按【Enter】键。

步骤 04 弹出cmd命令对话框，输入"c:\boot\bootsect.exe/nt60sys"命令，按【Enter】键。

小提示

nt60命令是将与Bootmgr兼容的主启动代码应用到SYS、ALL或<DriveLetter>中，而SYS命令是更新用于启动Windows的系统分区上的主启动代码。

步骤 05 此时，会自动修复启动引导，并弹出"Bootcode was successfully updated on all targeted volumes（引导代码在所有目标卷已成功更新）"提示，完成系统引导项修复。

2. BCDautofix

BCDautofix是一款启动菜单自动修复工具，操作简单，而且系统兼容性强，不容易出现bootsect在Windows 8系统下修复出现的死机现象。

步骤 01 下载BCDautofix工具，并启动该工具，下图为打开后的对话框界面。

步骤 02 按键盘上任意键，BCDautofix即可开始修复启动菜单。

步骤 03 修复成功后，单击任意键即可退出当前工具对话框，完成系统引导项修复。

6.8 使用GHO镜像文件安装系统

本节教学录像时间：1分钟

GHO文件全程是"GHOST"文件，是Ghost工具软件的镜像文件存放扩展名，GHO文件中是使用Ghost软件备份的硬盘分区或整个硬盘的所有文件信息。*.gho文件可以直接安装系统，并不需要解压，如下图为两个GHO文件。

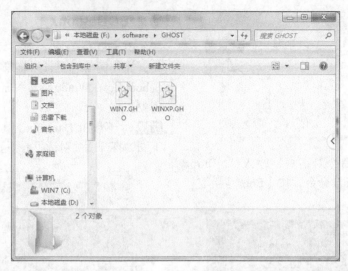

我们使用Ghost工具备份系统都会产生GHO镜像文件，除了使用Ghost恢复系统外，还可以手动安装GHO镜像文件，它在系统安装时是极为方便的，也是最为常见的安装方法。一般安装GHO镜像文件主要有两种方法，一种是在当前系统下使用GHO镜像文件安装工具安装系统；另一种是在PE系统下，使用Ghost安装。本节主要讲述如何使用安装工具安装，PE系统下的安装方法，可以参照23.2.2小节还原的方法。

如果电脑可以正常运行，我们可以使用一些安装工具，如Ghost安装器、OneKey等，它们体积小，无需安装，操作方便。下面以OneKey为例，具体步骤如下。

步骤01 下载并打开OneKey软件，在其界面中单击【打开】按钮。

小提示

在选择GHO存放路径时，需要注意不能放在要将系统安装的盘符中，也不能放在中文命名的文件夹中，因为安装器不支持中文路径，请使用英文、拼音来命名。

步骤03 返回到OneKey界面，选择要安装的盘符，并单击【确定】按钮。

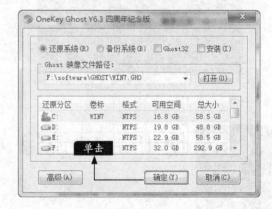

步骤02 在弹出的对话框中，选择GHO文件所在的位置，选择后单击【打开】按钮。

小提示

如果使用Onekey安装多系统，选择不同的分区即可，如在Windows 7系统下，安装Windows 8.1系统，就可以选择系统盘外的其他分区，但需注意所要安装的盘符容量是否满足。

步骤 04 此时，系统会自动重启并安装系统，用户不需要进行任何操作。

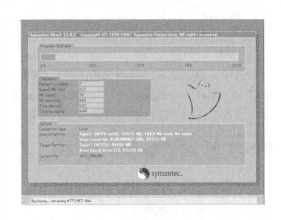

6.9 安装系统驱动与补丁

🌐 **本节教学录像时间：2分钟**

安装驱动程序可以使电脑正常工作，而为系统打补丁，可以防止木马病毒通过Windows的系统漏洞来攻击电脑。

6.9.1 获取驱动程序的方法

驱动程序是一种可以使电脑和设备通信的特殊程序，相当于硬件的接口。每一款硬件设备的版本与型号都不同，所需要的驱动程序也是各不相同的，这是针对不同版本的操作系统出现的。所以一定要根据操作系统的版本和硬件设备的型号来选择不同的驱动程序。获取驱动程序的方式通常有3种。

1. 操作系统自带驱动

有些操作系统中附带了大量的通用操作程序，例如Windows 7操作系统中就附带了大量的通用驱动程序，用户电脑上的许多硬件在操作系统安装完成后就自动被正确识别了，更重要的是系统自带的驱动程序都通过了微软WHQL数字认证，可以保证与操作系统不发生兼容性故障。

2. 硬件出厂自带驱动

一般来说，各种硬件设备的生产厂商都会针对自己硬件设备的特点开发专门的驱动程序，并采用光盘等形式在销售硬件设备的同时，免费提供给用户。这些设备厂商直接开发的驱动程序都有较强的针对性，它们的性能比Windows附带的驱动程序更高一些。

3. 从网络上下载驱动

许多硬件厂商也会将相关驱动程序放到网上，供用户下载。这些驱动程序大多是硬件厂商最新推出的升级版本，用户可以及时下载并更新，以便对系统进行升级。

6.9.2 自动安装驱动程序

自动安装驱动程序是指设备生产厂商将驱动程序做成一种可执行的安装程序，用户只需要将驱动安装盘放到电脑光驱中，双击Setup.exe程序，程序运行之后就可以安装驱动程序。这个过程基本上不需要用户进行相关的操作，是现在主流的安装方式。

6.9.3 手动安装驱动程序

手动安装驱动程序相对来说要复杂一些，当设备不能被系统识别时，系统会出现相应的提示信息来引导用户安装驱动程序。

本节中以安装网卡驱动程序为例介绍手动安装驱动程序的方法。

步骤01 在桌面上的【计算机】图标上单击鼠标右键，在弹出的快捷菜单中选择【属性】菜单命令，弹出【系统】窗口，选择【设备管理器】链接。

步骤02 打开【设备管理器】窗口，选择电脑名称，单击鼠标右键，在弹出的快捷菜单中选择【扫描检测硬件改动】命令。

步骤03 系统开始扫描即插即用的硬件，稍后弹出【正在安装设备驱动程序软件】界面，安装

完成后提示已安装并且可以使用。

步骤04 返回到【设备管理器】窗口中，可以看到网卡驱动程序已经安装成功。

6.9.4 使用驱动精灵安装驱动

如果电脑可以连接网络，也可以使用驱动精灵安装驱动程序。使用驱动精灵安装驱动程序的方法很简单，其具体操作步骤如下。

步骤 01 下载并安装驱动精灵程序，进入程序界面后，单击【驱动程序】选项，程序会自动检查驱动程序并显示需要安装或更新的驱动，勾选要安装的驱动，单击【一键安装】按钮。

步骤 02 系统会自动下载与安装，待安装完毕后，会提示"本机驱动均已安装完成"，驱动安装后关闭软件界面即可。

6.9.5 修补系统漏洞

Windows系统漏洞问题是与时间紧密相关的。一个Windows系统从发布的那一天起，随着用户的深入使用，系统中存在的漏洞会被不断暴露出来，这些早先被发现的漏洞也会不断被系统供应商微软公司发布的补丁软件修补，或在以后发布的新版系统中得以纠正。而在新版系统纠正了旧版本中的漏洞的同时，也会引入一些新的漏洞和错误。例如此前比较流行的ani鼠标漏洞，它是利用了Windows系统对鼠标图标处理的缺陷，由此，木马作者制造畸形图标文件从而溢出，木马就可以在用户毫不知情的情况下执行恶意代码。

因而随着时间的推移，旧的系统漏洞会不断消失，新的系统漏洞会不断出现，系统漏洞问题也会长期存在，这就是为什么要及时为系统打补丁的原因。

修复系统漏洞除了可以使用Windows系统自带的Windows Update的更新功能外，也可以使用第三方工具，如360安全卫士、腾讯电脑管家等。

● 1. 使用Windows Update

Windows Update是一个基于网络的Microsoft Windows操作系统的软件更新服务，它会自动更新，确保电脑更加安全且顺畅运行。用户也可以手动检查更新。

步骤 01 打开【控制面板】对话框，单击选择【Windows Update】选项。

步骤 02 在【Windows Update】对话框中，单击【检查更新】按钮，即会自动检查，如果更新会自动下载并安装。

2. 使用第三方工具

360安全卫士和腾讯电脑管家使用简单，使用它们修补漏洞极其方便，下面以腾讯电脑管家为例，介绍系统漏洞修补步骤。

步骤 01 下载并安装腾讯电脑管家，启动软件，在软件主界面，单击【修复漏洞】选项。

步骤 02 软件会自动扫描并显示电脑中的漏洞，勾选要修复的漏洞，单击【一键修复】按钮。

步骤 03 此时，即可下载选中的漏洞补丁。

步骤 04 在系统补丁下载完毕后，即可自动安装。漏洞补丁安装完成后，将提示成功修复全部漏洞的信息。

高手支招

⊗ 本节教学录像时间：2 分钟

解决系统安装后无网卡驱动的问题

用户在安装完系统后，有时会发现网卡驱动无法安装上，桌面右下角的【网络】图标有个"红叉" ，在尝试使用万能网卡驱动后仍未能解决问题，此时用户可以采用下面的方法寻求解决。

在另外一台可以上网的电脑上，下载一个万能网卡版的驱动精灵或者驱动人生。然后使用U盘复制并安装到不能上网的电脑上，由于其内置普通网卡驱动和无线网卡驱动，因此可以在安装时解决网卡驱动问题。

● 删除系统盘下的"Windows.old"文件夹

在重新安装新系统时，系统盘下会产生一个"Windows.old"文件夹，占了大量系统盘容量，而我们却无法直接删除。那么怎么样才能对它进行删除呢？下面介绍一种简单的删除方法。

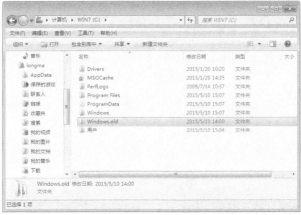

步骤01 打开【计算机】窗口，右键单击系统盘，在弹出的快捷菜单中，选择【属性】菜单命令。

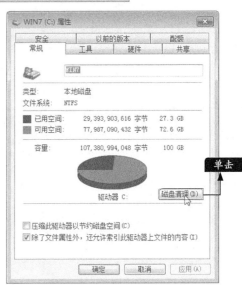

步骤02 弹出该盘的【属性】对话框，单击【常规】选项卡下的【磁盘清理】按钮。

步骤 03 系统扫描后，弹出【磁盘清理】对话框，在【要删除的文件】列表中勾选【已下载的程序文件】选项，并单击【确定】按钮。

步骤 04 弹出【磁盘清理】对话框，单击【删除文件】按钮，即可进行清理。待删除结束后，即可发现Windows.old文件已被删除。

第 **7** 章

系统启动后的设置

学习目标

进入系统之后，用户可以根据需要对系统进行设置，如对桌面图标、桌面背景、系统时间、账户等进行设置。本章主要介绍系统启动后的设置内容。

学习效果

7.1 调整系统日期和时间

🔴 本节教学录像时间：1分钟

用户可以更改 Windows 7中显示的日期和时间。常用的方法有手动调整和自动更新。

7.1.1 手动调整

手动调整时间，是指用户可输入要设置的日期和时间，适用于电脑未联网的状态，其具体步骤如下。

步骤01 单击时间通知区域，在弹出的对话框中单击【更改日期和时间设置】按钮，打开【日期和时间】对话框。

步骤02 在【日期和时间】选项卡下，单击【更改日期和时间】按钮。

步骤03 在弹出的【日期和时间设置】对话框中，对日期和时间进行设置，如这里将日期设置为"2015年5月12日"，单击【确定】按钮。

步骤04 此时，即可看到时间通知区域的日期已经更改完成。

7.1.2 自动调整

自动调整是指计算机在联网时会对时间进行自动更新调整，具体设置步骤如下。

步骤01 打开【日期和时间】对话框，选择【Internet时间】选项卡，并单击【更改设置】按钮。

步骤02 在弹出【Internet时间设置】对话框中，勾选【与Internet时间服务器同步】复选框，单击【服务器】右侧的下拉按钮，在弹出的下拉菜单中选择【time.windows.com】选项，单击【确定】按钮，即可完成设置。

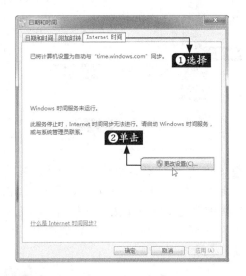

7.2 电脑桌面的设置

🕙 **本节教学录像时间：3分钟**

桌面是打开电脑并登录到 Windows 之后看到的主屏幕区域。适当地修改桌面，可以让屏幕看起来更舒服。

7.2.1 设置桌面背景

桌面背景可以是个人收集的数字图片、Windows 提供的图片、纯色或带有颜色框架的图片，也可以是幻灯片图片。

Windows 7操作系统自带了很多漂亮的背景图片，用户可以从中选择自己喜欢的图片作为桌面背景，除此之外，用户还可以把自己收藏的精美图片设置为桌面背景。设置桌面背景的具体操作步骤如下。

步骤01 在桌面的空白处单击鼠标右键，在弹出的快捷菜单中选择【个性化】菜单命令。

步骤 02 弹出【个性化】窗口,选择【桌面背景】选项。

步骤 03 弹出【桌面背景】窗口,【图片位置】右侧的下拉列表中列出了系统默认的图片存放文件夹,选择不同的选项,系统将会列出相应文件夹包含的图片。这里选择【Windows 桌面背景】选项,此时下面的列表框中会显示场景、风景、建筑、人物、中国和自然6个图片分组中的图片,单击其中一幅图片将其选中。

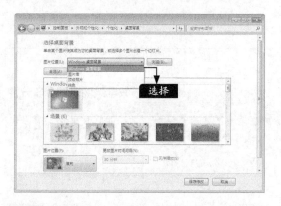

步骤 04 单击窗口左下角的【图片位置】下拉按钮,弹出背景显示方式,包括填充、适应、拉伸、平铺和居中,这里选择【拉伸】显示方式。

步骤 05 如果用户想以幻灯片的形式显示桌面背景,可以单击【全选】按钮,在【更改图片时间间隔】列表中选择桌面背景的间隔时间,单击选中【无序播放】复选框,单击【保存修改】按钮即可完成设置。

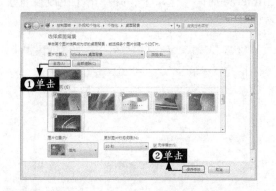

步骤 06 如果用户对系统自带的图片不满意,可以将自己保存的图片设置为桌面背景,在上一步骤中单击【浏览】按钮,弹出【浏览文件夹】对话框,选择图片所在的文件夹,单击【确定】按钮。

步骤 07 选择的文件夹中的图片被加载到【图片位置】下面的列表框中,从列表框中选择一张图片作为桌面背景图片,单击【保存修改】按钮,返回到【桌面背景】窗口,在【我的主题】组合框中保存主题即可。

步骤 08 返回到桌面，即可看到设置桌面背景后的效果。

7.2.2 设置分辨率

屏幕分辨率指的是屏幕上显示的文本和图像的清晰度。分辨率越高，显示越清晰，同时屏幕上的图标尺寸越小，因此屏幕可以容纳更多的项目；分辨率越低，在屏幕上显示的项目越少，但图标尺寸越大。

设置适当的分辨率，有助于提高屏幕上图像的清晰度，具体操作步骤如下。

步骤 01 在桌面上空白处单击鼠标右键，在弹出的快捷菜单中选择【屏幕分辨率】菜单命令。

步骤 02 弹出【屏幕分辨率】窗口，单击【分辨率】右侧的下拉按钮，在弹出的列表中选择需要设置的分辨率，然后单击【确定】按钮完成设置。

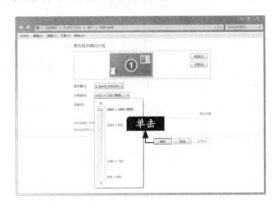

小提示

显卡驱动安装正常的情况下，建议用户选择推荐的分辨率。如果将监视器设置为它不支持的屏幕分辨率，那么该屏幕在几秒钟内将变为黑色，监视器则还原至原始分辨率。

7.2.3 设置刷新频率

刷新频率是屏幕每秒画面被刷新的次数，当屏幕出现闪烁的时候，将会导致眼睛疲劳和头痛，此时用户可以更改屏幕刷新频率，消除闪烁的现象。

步骤 01 利用上一节的方法打开【屏幕分辨率】窗口，单击【高级设置】按钮。

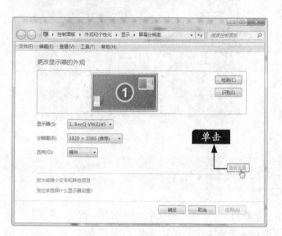

步骤 02 在弹出的对话框中选择【监视器】选项卡，然后在【屏幕刷新频率】下拉列表中选择合适的刷新频率，单击【确定】按钮。其中刷新频率的选择以无屏幕闪烁为原则，返回到【屏幕分辨率】窗口，单击【确定】按钮即可。

7.2.4 设置颜色质量

将监视器设置为32位色时，Windows 颜色和主题工作在最佳状态。也可以将监视器设置为24位色，但将看不到所有的可视效果。如果将监视器设置为16位色，则图像将比较平滑，但不能正确显示。下面以设置颜色质量为32位真彩色为例进行讲解，具体操作步骤如下。

步骤 01 利用上一节的方法打开【屏幕分辨率】窗口，单击【高级设置】按钮。

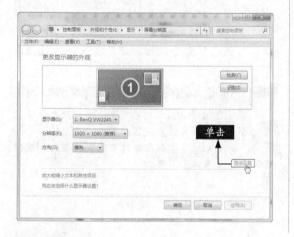

步骤 02 在弹出的对话框中选择【监视器】选项卡，然后在【颜色】下拉列表中选择【真彩色（32位）】选项，单击【确定】按钮，返回到【屏幕分辨率】窗口，单击【确定】按钮即可。

7.3 桌面图标的设置

⏺ **本节教学录像时间：2分钟**

在Windows操作系统中，所有的文件、文件夹以及应用程序都有形象化的图标表示。在桌面上的图标被称为桌面图标，双击桌面图标可以快速打开相应的文件、文件夹或应用程序。本节将介绍桌面图标的基本操作。

7.3.1 添加桌面图标

为了方便使用，用户可以将文件、文件夹和应用程序的图标添加到桌面上。

1. 添加文件或文件夹图标

添加文件或文件夹图标的具体操作步骤如下。

步骤 01 右击需要添加的文件或文件夹，在弹出的快捷菜单中选择【发送到】➤【桌面快捷方式】菜单命令。

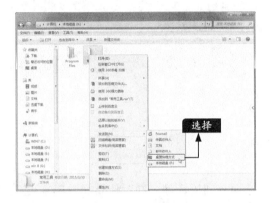

步骤 02 此文件或文件夹图标就添加到桌面。

2. 添加系统图标

刚装好Windows操作系统时，桌面上只有【回收站】一个图标，用户可以添加【计算机】、【网上邻居】和【控制面板】等图标，具体操作步骤如下。

步骤 01 在桌面上空白处单击鼠标右键，在弹出的快捷菜单中选择【个性化】菜单命令。

步骤 02 弹出【个性化】窗口。

步骤 03 单击左侧窗格中的【更改桌面图标】链接，弹出【桌面图标设置】对话框。

步骤 04 单击【确定】按钮后即可在桌面上添加选中的图标。

3. 添加应用程序桌面图标

用户也可以将程序的快捷方式放置在桌面上，下面以添加【记事本】为例进行讲解，具体操作步骤如下。

步骤 01 单击【开始】按钮，在弹出的快捷菜单中选择【所有程序】➤【附件】➤【记事本】菜单命令。

步骤02 在程序列表中的【记事本】选项上单击鼠标右键，在弹出的快捷菜单中选择【发送到】▶【桌面快捷方式】菜单命令，返回桌面，可以看到桌面上已经添加了一个【记事本】的图标。

7.3.2 删除桌面图标

对于不常用的桌面图标，用户可以将其删除，这样有利用管理，同时使桌面看起来更简洁美观。

● 1. 使用删除命令

这里以删除【记事本】为例进行讲解，具体操作步骤如下。

步骤01 在桌面上选择【记事本】的图标，单击鼠标右键并在弹出的快捷菜单中选择【删除】菜单命令。

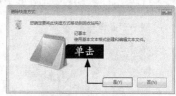

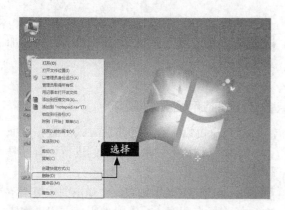

步骤02 弹出【删除快捷方式】对话框，单击【是】按钮即可。

● 2. 利用快捷键删除

选择需要删除的桌面图标，按【Delete】键，即可弹出【删除快捷方式】对话框，然后单击【是】按钮，即可将图标删除。

如果想彻底删除桌面图标，按【Delete】键的同时按【Shift】键，此时会弹出【删除快捷方式】对话框，提示"您确定要永久删除此快捷方式吗？"，单击【是】按钮即可。

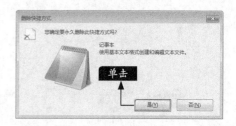

7.3.3 设置桌面图标的大小和排列方式

如果桌面上的图标比较多，会显得很乱，这时可以通过设置桌面图标的大小和排列方式等来整理桌面。具体操作步骤如下。

步骤 01 在桌面的空白处单击鼠标右键，在弹出的快捷菜单中选择【查看】菜单命令，在弹出的子菜单中显示3种图标大小，包括大图标、中等图标和小图标。

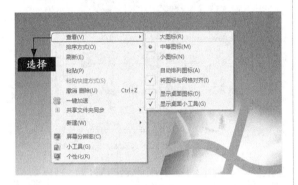

步骤 02 选择【小图标】菜单命令，返回到桌面，此时桌面图标已经以小图标的方式显示。

步骤 03 在桌面的空白处单击鼠标右键，然后在弹出的快捷菜单中选择【排列方式】菜单命令，在弹出的子菜单中有4种排列方式，分别为名称、大小、项目类型和修改日期，选择【名称】菜单命令。

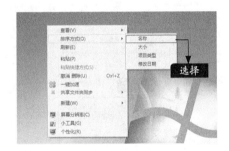

7.3.4 更改桌面图标

用户还可以根据需要更改桌面图标的名称和标识等，具体操作步骤如下。

步骤 01 选择需要修改名称的图标，单击鼠标右键并在弹出的快捷菜单中选择【重命名】菜单命令。

步骤 02 进入图标的编辑状态，此时可以删除以前的图标名称，然后输入新的图标名称。

步骤 03 按【Enter】键确认名称的重命名。

步骤 04 打开【桌面图标设置】对话框，在【桌面图标】选项卡中选择要更改标识的桌面图标，如【计算机】选项，然后单击【更改图标】按钮。

步骤 05 弹出【更改图标】对话框，从【从以

下列表中选择一个图标】列表框中选择一个自己喜欢的图标，然后单击【确定】按钮。返回【桌面图标设置】对话框，可以看出【计算机】的图标已经更改。

步骤 06 单击【确定】按钮返回桌面，可以看出【计算机】的图标已经发生了变化。

7.4 账户设置

🔴 **本节教学录像时间：4 分钟**

　Windows 7操作系统支持多用户账户，可以为不同的账户设置不同的权限，它们之间互不干扰，独立完成各自的工作。

7.4.1 添加和删除账户

在Windows 7中添加和删除账户的具体操作步骤如下。

步骤 01 单击【开始】按钮，在弹出的【开始】菜单中选择【控制面板】菜单命令。

步骤 02 弹出【控制面板】窗口，在【用户账户和家庭安全】功能区中单击【添加或删除用户账户】选项。

步骤 03 弹出【选择希望更改的账户】窗口，单击【创建一个新账户】选项。

步骤 04 弹出【创建新账户】窗口，输入账户名称"小龙"，将账户类型设置为【标准用户】，单击【创建账户】按钮。

步骤 05 返回【管理账户】窗口中，可以看到新建的账户。如果想删除这个账户，可以单击账户名称。

步骤 06 弹出【更改 小龙 的账户】窗口，单击【删除账户】选项。

步骤 07 弹出【是否保留 小龙 的文件】窗口。系统为每个账户设置了不同的文件，包括桌面、文档、音乐、收藏夹、视频文件夹等。如果用户想保留账户的这些文件，可以单击【保留文件】按钮，否则单击【删除文件】按钮。

步骤 08 弹出【确认删除】窗口，单击【删除账户】按钮即可。返回【管理账户】窗口，选择的账户已被删除。

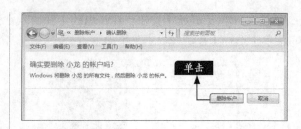

7.4.2 设置账户属性

添加用户账户后，用户还可以设置其名称、密码和图片等属性，具体操作步骤如下。

步骤 01 用前面介绍的方法打开【选择希望更改的账户】窗口，选择需要更改属性的账户。本实例选择【小龙】选项，进入【更改 小龙 的账户】窗口。

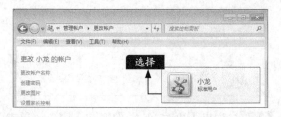

步骤 02 单击【更改账户名称】选项，进入【为小龙 的账户键入一个新账户名】窗口，输入新名称"小马"，单击【更改名称】按钮。

步骤 03 弹出【更改 小马 的账户】窗口，用户可以更改账户的密码、图片等属性。

步骤 04 单击【创建密码】选项，弹出【创建密码】窗口。在密码文本框中两次输入相同的密码，单击【创建密码】按钮。

步骤 05 返回【更改账户】对话框，单击【更改图片】选项。

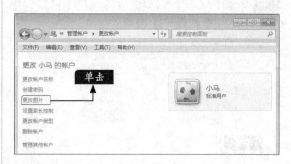

步骤 06 弹出【选择图片】窗口，系统提供了很多图片供用户选择，选择喜欢的图片，单击【更改图片】按钮即可更改图片。

步骤 07 如果想将自己的图片设为账户图片，可以单击【浏览更多图片】选项，弹出【打开】对话框。选择图片，单击【打开】按钮。

步骤 08 返回【更改账户】窗户，账户的图片已经成功修改。

 高手支招

🔴 本节教学录像时间：2分钟

⚫ **设置屏幕保护程序**

　　当在指定的一段时间内没有使用鼠标或键盘时，屏幕保护程序就会出现在电脑的屏幕上，此程序为移动的图片或图案。屏幕保护程序最初用于保护较旧的单色显示器免遭损坏，但现在它们主要是个性化电脑或通过提供密码保护来增强电脑安全性的一种方式。设置屏幕保护的具体操作步骤如下。

步骤 01 在桌面的空白处单击鼠标右键，在弹出的快捷菜单中选择【个性化】菜单命令，弹出【更改计算机上的视觉效果和声音】窗口，单击【屏幕保护程序】按钮。

步骤 02 弹出【屏幕保护程序设置】对话框，在【屏幕保护程序】下拉列表中选择系统自带的屏幕保护程序。本实例选择【三维文字】选项，然后单击【确定】按钮，屏幕保护程序设置成功。

● 快速设置桌面背景

对于用户自己保存的图片，可以快速设置为桌面背景，具体操作步骤如下。

步骤 01 用户可以直接找到图片的位置，选择图片并单击鼠标右键，在弹出的快捷菜单中选择【设置为桌面背景】菜单命令。

步骤 02 即可将该图片设置为桌面背景。

设置桌面背景效果

第8章

网络连接

学习目标

网络影响着人们的生活和工作的方式，通过上网，我们可以和万里之外的人交流信息。而上网的方式也是多种多样的，如拨号上网、ADSL宽带上网、小区宽带上网、无线上网等，它们带来的效果也是有差异的，用户可以根据自己的实际情况来选择不同的上网方式。本章主要介绍网络连接的方法。

学习效果

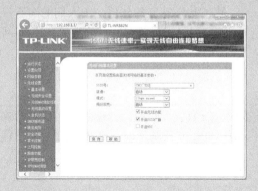

8.1 了解电脑上网

本节教学录像时间：9分钟

计算机网络是近20年最热门的话题之一。特别是随着Internet在全球范围的迅速发展，计算机网络应用已遍及政治、经济、军事节科技、生活等人类活动的一切领域，正越来越深刻地影响和改变着人们的学习和生活。本章将介绍计算机网络的基础知识。

8.1.1 常见的网络连接名词

在接触网络连接时，我们总会碰到许多英文缩写，或不太容易理解的名词，如ADSL、4G、Wi-Fi等。

1. ADSL

ADSL（Asymmetric Digital Subscriber Line，非对称数字用户环路）是一种使用较为广泛的数据传输方式，它采用频分复用技术实现了边打电话边上网的功能并不影响上网速率和通话质量的效果。

2. 3G

3G（3rd-generation，第三代移动通信技术）实现了将无线通信系统与Internet的连接，可同时传送声音和数据信息的服务，传输速率一般可达到几百kbit/s以上，广泛应用于移动设备，如手机、平板电脑、超级本等。由于4G网络的覆盖与推动，3G用户逐渐转为4G用户。

3. 4G

4G（第四代移动通信技术），顾名思义，与3G都属于无线通信的范畴，但它采用的技术和传输速度更胜一筹。第四代通信系统可以达到100Mbit/s，是3G传输速度的50倍，给人们的沟通带来更好的效果。如今4G正在大规模建设，目前用户规模已接近4亿。另外4G+也被推出，比4G网速约快一倍，目前已覆盖多个城市。

4. Modem

Modem俗称"猫"，为调制解调器，在网络连接中，扮演信号翻译员的角色，实现了将数字信号转成电话的模拟信号，可在线路上传输因此在采用ADSL方式联网时，必须通过这个设备来实现信号转换。

5. 带宽

带宽又称为频宽，是指在固定时间内可传输的数据量，一般以bit/s表示，即每秒可传输的位数。例如，我们常说的带宽是"1M"，实际上是1MB/s，而这里的MB是指1024×1024位，转换为字节就是（1024×1024）/8=131072字节（Byte）=128KB/s，而128KB/s是指在Internet连接中，最高速率为128KB/s，如果是2MB带宽，实际下载速率就是2×128=256KB/s。

6. WLAN和Wi-Fi

常常有人把这两个名词混淆，以为是一个意思，其实二者是有区别的。WLAN（Wireless Local Area Networks，无线局域网络）是利用射频技术进行数据传输的，弥补有线局域网的不足，达到网络延伸的目的。Wi-Fi (Wireless Fidelity，无线保真)技术是一个基于IEEE 802.11系列标准的无线网路通信技术的品牌，目的是改善基于IEEE 802.11标准的无线网路产品之间的互通性，简单来说就是通过无线电波实现无线连网的目的。

二者联系是Wi-Fi包含于WLAN中，只是发射的信号和覆盖的范围不同，一般Wi-Fi的覆盖半径可达90米左右，WLAN的最大覆盖半径可达5000米。

7. IEEE 802.11

关于802.11，我们最为常见的有802.11b/g、802.11n等，出现在路由器、笔记本电脑中，它们都属于无线网络标准协议的范畴。目前，比较流行的WLAN协议是802.11n，是在802.11g和802.11a之上发展起来的一项技术，最大的特点是速率提升，理论速率可达300Mbit/s，可工作在2.4GHz和5GHz两个频段。802.11ac是目前最新的WLAN协议，它是在802.11n标准之上建立起来的，包括将使用802.11n的5GHz频段。802.11ac每个通道的工作频宽将由802.11n的40MHz，提升到80MHz甚至是160MHz，再加上大约10%的实际频率调制效率提升，最终理论传输速率将由802.11n最高的600Mbit/s跃升至1Gbit/s，是802.11n传输速率的3倍。

IEEE 802.11协议	工作频段	最大传输速度
IEEE 802.11a	5GHz频段	54Mbit/s
IEEE 802.11b	2.4GHz频段	11Mbit/s
IEEE 802.11g	2.4GHz频段	54Mbit/s和108Mbit/s
IEEE 802.11n	2.4GHz或5GHz频段	600Mbit/s
IEEE 802.11ac	2.4GHz或5GHz频段	1Gbit/s

未来，新的IEEE 802.11ax标准将出现在用户的视野中，目前已经实现2Gbit/s的实际数据传输速率，未来最大传输速率可达10.53Gbit/s。

8.信道

信道，又称为通道或频道，是信号在通信系统中传输介质的总称，是由信号从发射端（如无线路由器、电力猫等）传输到接收端（如电脑、手机、智能家居设备等）所必须经过的传输媒质。无线信道主要有以辐射无线电波为传输方式的无线电信道和在水下传播声波的水声信道等。

目前，我们最为常见的主要是2.4GHz和5GHz无线频段。在2.4GHz频段，有2.412~2.472GHz，共13个信道，这个我们在路由器中都可以看到，如下左图所示。而5GHz频段，主要包含5150~5825MHz无线电频段，拥有201个信道，但是在我国仅有5个信道，包括149、153、157、161和165信道，如下右图所示。目前支持5GHz频段的设备并不多，但随着双频路由器的普及，它将是未来发展的趋势。

9.WiGig

WiGig（Wireless Gigabit，无线吉比特）对于绝大多数用户都比较陌生，但却是未来无线网络发展的一种趋势。WiGig可以满足设备吉比特以上传输速率的通信，工作频段为60Hz，它相比于Wi-Fi的2.4GHz和5GHz拥有更好的频宽，可以建立7Gbit/s速率的无线传输网络，比Wi-Fi无线网络802.11n快10倍以上。WiGig将广泛应用到路由器、电脑、手机等，满足人们的工作和家庭需求。

8.1.2 常见的家庭网络连接方式

面对各种各样的上网业务，不管是最广泛使用的ADSL宽带上网，还是小区宽带上网，抑或热门的4G移动通信，选择什么样的连接方式成为不少用户的难题。下面介绍常见的网络连接方式，帮助用户了解。

接入方式	宽带服务商	主要特点	连接图
ADSL（虚拟拨号上网）	中国电信、中国联通	1.安装方便，在现有的电话线上加装"猫"即可； 2.独享带宽，线路专用是真正意义的宽带接入，不受用户增加而影响； 3.高速传输，提供上、下行不对称的传输带宽； 4.打电话和上网同时进行，互不干扰	
小区宽带	中国电信、中国联通、长城宽带等	1.光纤接入、共享带宽，用的人少时，速度非常快；用的人多时，速度会变慢； 2.安装网线到户，不需要"猫"，只需拨号	
PLC（电力线上网）	中电飞华	1.直接利用配电网络，无需布线； 2.不用拨号，即插即用； 3.通信速度比ADSL更快	
4G（第四代移动通信技术)	中国移动（TDD-LTE） 中国电信（TD-LTE和FDD-LTE） 中国联通（TD-LTE和FDD-LTE）	1.便捷性，无线上网，不需要网线，支持移动设备和电脑的上网； 2.具有更高的传输速率，数据传输速率达到几百KB； 3.灵活性强，应用范围广，可应用到众多终端，随时实现通信和数据传输； 4.价格太贵，与拨号上网相比，4G无线通信资费较高	

8.2 电脑连接上网

🌐 本节教学录像时间：5分钟

上网的方式多种多样，主要的上网方式包括ADSL宽带上网、小区宽带上网、PLC上网等，不同的上网方式所带来的网络体验也不尽相同，本节主要讲述有线网络的设置。

8.2.1 ADSL宽带上网

ADSL是一种数据传输方式，它采用频分复用技术把普通的电话线分成了电话、上行和下行3个相对独立的信道，从而避免了相互之间的干扰。即使边打电话边上网，也不会发生上网速率和通话质量下降的情况。通常ADSL在不影响正常电话通信的情况下可以提供最高3.5Mbit/s的上行速度和最高24Mbit/s的下行速度，ADSL的速率比N-ISDN、Cable Modem的速率要快得多。

⚫ 1. 开通业务

常见的宽带服务商为电信和联通，申请开通宽带上网一般可以通过两条途径实现。一种是携带有效证件（个人用户携带电话机主身份证，单位用户携带公章），直接到受理ADSL业务的当地电信局申请；另一种是登录当地电信局推出的办理ADSL业务的网站进行在线申请。申请ADSL服务后，当地服务提供商的员工会主动上门安装ADSL Modem并做好上网设置。进而安装网络拨号程序，并设置上网客户端。ADSL的拨号软件有很多，但使用最多的还是Windows系统自带的拨号程序。

> **小提示**
>
> 用户申请后会获得一组上网账号和密码。有的宽带服务商会提供ADSL Modem，有的则不提供，用户需要自行购买。

⚫ 2. 设备的安装与设置

开通ADSL后，用户还需要连接ADSL Modem，需要准备一根电话线和一根网线。

ADSL安装包括局端线路调整和用户端设备安装。在局端方面，由服务商将用户原有的电话线串接入ADSL局端设备。用户端的ADSL安装也非常简易方便，只要将电话线与ADSL Modem之间用一条两芯电话线连上，然后将电源线和网线插入ADSL Modem对应接口中即可完成硬件安装，具体接入方法见下图。

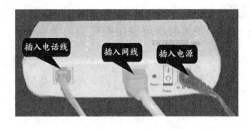

① 将ADSL Modem的电源线插入上图右侧的接口中，另一端插到电源插座上。

② 取一根电话线将一端插入上图左侧的插口中，另一端与室内端口相连。

③ 将网线的一端插入ADSL Modem中间的接口中，另一端与主机的网卡接口相连。

> **小提示**
>
> 电源插座通电情况下按下ADSL Modem的电源开关，如果开关旁边的指示灯亮，表示ADSL Modem可以正常工作。

⚫ 3. 电脑端配置

电脑中的设置步骤如下。

步骤 01 选择【开始】▶【控制面板】菜单命令。在弹出的【控制面板】窗口中选择【网络和Internet】选项。

步骤 02 弹出【网络和Internet】窗口，选择【网络和共享中心】选项。

步骤 03 弹出【网络和共享中心】窗口，选择【设置新的连接和网络】选项。

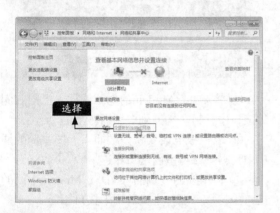

步骤 04 弹出【设置连接或网络】窗口，选择【设置拨号连接】选项，单击【下一步】按钮。

步骤 05 弹出【输入您的Internet服务提供商（ISP）提供的信息】窗口，在【拨打电话号码】右侧文本框中输入用户家用电话号码、在【用户名】和【密码】文本框中输入申请ADSL时服务商提供的用户名和密码，单击【创建】按钮。

小提示

【输入您的Internet服务提供商（ISP）提供的信息】窗口中的选项含义如下。

【显示字符】：单击选中该复选框，在【密码】文本框一栏中可以直接显示密码，而不再以上图所示的着重号代替。

【记住此密码】：单击选中该复选框，系统可以记住用户的账户密码，登录时不需要重复输入。

【允许其他人使用此连接】：单击选中该复选框，其他人在访问该计算机时，也可以使用该账号进行网络连接。

步骤 06 单击【连接】按钮，打开【连接到Internet】对话框，提示用户正在连接到宽带连接，并显示正在验证用户名和密码等信息。

步骤 07 等待验证用户名和密码完毕后，如果正确将会弹出【连接 宽带连接】对话框。在【用户名】和【密码】文本框中输入服务商提供的用户名和密码。

步骤 08 单击【连接】按钮，打开【正在连接到宽带连接】对话框，提示用户正在验证用户名

和密码。

步骤 09 在成功连接完毕后，在【网络和共享中心】窗口中选择【更改适配器设置】选项，打开【网络连接】窗口，在其中可以看到【宽带连接】呈现已连接的状态。

8.2.2 小区宽带上网

小区宽带一般指的是光纤到小区，也就是LAN宽带，使用大型交换机，分配网线给各户，不需要使用ADSL Modem设备，配有网卡的电脑即可连接上网。整个小区共享一根光纤。在用户不多的时候，速度非常快。这是大中城市目前较普遍的一种宽带接入方式，有多家公司提供此类宽带 接入方式，如联通、电信和长城宽带等。

1. 开通业务

小区宽带上网的申请比较简单，用户只需携带自己的有效证件和本机的物理地址到负责小区宽带的服务商申请即可。

2. 设备的安装与设置

小区宽带申请开通业务后，服务商会安排工作人员上门安装。另外，不同的服务商会提供不同的上网信息，有的会提供上网的账号和密码；有的会提供IP地址、子网掩码以及DNS服务器；也有的会提供MAC地址。

3. 电脑端配置

不同的小区宽带上网方式，其设置也不尽相同。下面讲述不同小区宽带上网方式。

(1) 使用账户和密码

如果服务商提供上网和密码，用户只需将服务商接入的网线连接到电脑上，然后按照

8.2.1小节电脑端配置方法，在【连接 宽带连接】对话框中输入用户名和密码，即可连接上网。

(2) 使用IP地址上网

如果服务商提供IP地址、子网掩码以及DNS服务器，用户需要在本地连接中设置Internet（TCP/IP）协议，具体步骤如下。

步骤 01 用网线将电脑的以太网接口和小区的网络接口连接起来，然后在【网络】图标上单击鼠标右键，在弹出的快捷菜单中选择【属性】

命令,打开【网络和共享中心】窗口,单击【本地连接】超链接。

然后单击【确定】按钮即可连接。

步骤 02 弹出【本地连 接状态】对话框,单击【属性】按钮。

步骤 03 单击选中【Internet协议版本4（TCP/IPv4）】复选框,单击【属性】按钮。

步骤 04 在弹出的对话框中,单击选中【使用下面的IP地址】单选项,然后在下面的文本框中填写服务商提供的IP地址和DNS服务器地址,

◢ 4 使用MAC地址

如果小区或单位提供MAC地址,用户可以使用以下步骤进行设置。

步骤 01 打开【本地连接 属性】对话框,单击【配置】按钮。

步骤 02 弹出属性对话框,单击【高级】选项卡,在属性列表中选择【网络地址】选项,在右侧【值】文本框中,输入12位MAC地址,单击【确定】按钮即可连接网络。

8.2.3 PLC上网

PLC(Power Line Communication，电力线通信）是指利用电力线传输数据和语音信号的一种通信方式。电力线通信是利用电力线作为通信载体，加上一些PLC局端和终端调制解调器，将原有电力网变成电力线通信网络，将原来所有的电源插座变为信息插座的一种通信技术。

1. 开通业务

申请PLC宽带的前提是用户所在的小区已经开通PLC电力线宽带。如果所在小区开通了PLC电力线宽带，用户可以通过"网上自助服务"或者拨打客服中心热线电话申请，在申请过程中用户需要提供个人身份证信息。

2. 设备的安装与设置

电力线接入有两种方式：一是直接通过USB接口适配器和电力线以及PC连接；二是通过电力线→电力线以太网适配器→Cable/DSL路由器→Cable/DSL Modem/PC的方式。后者对于设备和资源的共享有比较大的优势。

步骤 01 将配送的网线一端插入路由器LINE端网线口，另一端插入电力Modem网线口，然后把电力Modem连接至电源插座上。

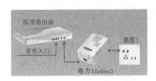

步骤 02 将另外一个电力Modem插在其他电源插座上，然后将配送的网线一端插入电力Modem网线口中，另一端插入电脑的以太网接口，这样一台电脑就连接完毕。

小提示

如果用户要以电力线接入方式入网，必须具备以下几个条件：一是具有USB/以太网（RJ45）接口的电力线网络适配器；二是具有以上接口的电脑；三是用于进行网络接入的电力线路不能有过载保护功能（会过滤掉网络信号）；四是最好有路由设备以方便共享。剩下的接入和配置与小区LAN、DSL接入类似，不同的是连接的网线插座变成了普通的电器插座而已。

3. 电脑端的配置

电脑接入电力Modem后，系统会自动检测到电力调制调解器，屏幕上会出现找到USB设备的对话框，单击【下一步】按钮后会出现【找到新的硬件向导】对话框，选择【搜索适于我的设备驱动程序（推荐）】选项，单击【下一步】按钮，然后根据系统向导对电脑进行设置即可。

小提示

如果使用的是动态IP地址，则安装设置已完成；如果是使用静态（固定）IP地址，则最好进行相应设置。在【Internet协议（TCP/IP）属性】对话框中，填写IP地址（最后一位数不要和本电力局域网其他电脑相同，如有冲突可重新填写）、网关、子网掩码和DNS即可。

8.3 认识局域网

⊙ 本节教学录像时间：9分钟

按照网络覆盖的地理范围的大小将计算机网络分为局域网（LAN）、区域网（MAN）、广域网(WAN)、互联网(Internet)4种，每一种网络的覆盖范围和分布距离标准都不一样，如下表所示。

网络种类	分布距离	覆盖范围	特点
局域网	10m	房间	物理范围小，具有高数据传输速率(10~1000Mbit/s)
	100m	建筑物	
	1000m	校园	
区域网（又称为城域网）	10km	城市	规模较大，可覆盖一个城市；支持数据和语音传输；工作范围为160km以内，传输速率为44.736Mbit/s
广域网	100km	国家或地区	物理跨度较大，如一个国家或地区
互联网	1000km	洲或洲际	将局域网通过广域网连接起来，形成互联网

从上表可以看出，局域网就是范围在几米到几千米内，主要应用于连接家庭、公司、校园以及工厂等电脑，以利于电脑间共享资源和数据通信，如共享打印机、传输数据等操作。

8.3.1 局域网的结构演示

一般的小型局域网，接入电脑并不多，搭建起来并不复杂。下面介绍局域网的结构构成。

局域网主要由交换机或路由器作为转发媒介，提供大量的端口，供多台电脑和外部设备接入，实现电脑间的连接和共享，如下图所示。

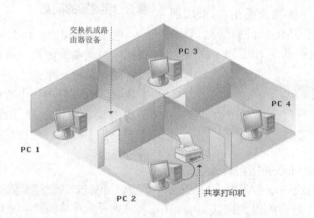

上图只是一个系统的展示，其实构建局域网就是将1个点转换为多个点，下面具体介绍不同的接入方式。

1. 通过ADSL建立局域网

在前面，我们已经了解了ADSL上网，下图即是一个单台电脑连接的结构图。

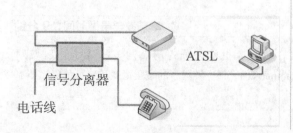

如果多台电脑连接成局域网，其结构图如下所示。

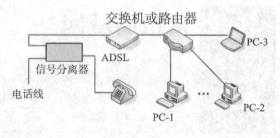

2.通过小区宽带建立局域网

如果是小区宽带上网，在建立局域网时，只需将接入的网线插入交换机，然后再分配给各台电脑即可。

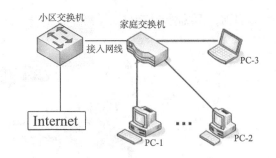

8.3.2 组建局域网的准备

组建不同的局域网需要不同的硬件设备，下面根据有线局域网和无线局域网的组建特点，介绍两种组建方式所需要做的准备。

1.组建无线局域网的准备

无线局域网是一种利用无线电波传播而构成的局域网，覆盖范围广，应用也较广泛。在组建中最重要的设备就是无线路由器和无线网卡。

（1）无线路由器

路由器是用于连接多个逻辑上分开的网络的设备，简单来说就是用来连接多个电脑实现共同上网，且将其连接为一个局域网的设备。

而无线路由器是指带有无线覆盖功能的路由器，主要应用于无线上网，也可将宽带网络信号转发给周围的无线设备使用，如笔记本电脑、手机、平板电脑等。如下图所示，无线路由器的背面由若干端口构成，包括1个WAN口、4个LAN口、1个电源接口和一个【RESET】（复位）键。

WAN口：外部网线的接入口，将从ADSL Modem连出的网线直接插入该端口，或者小区宽带用户直接将网线插入该端口。

LAN口：用来连接局域网的端口，使用网线将端口与电脑网络端口互联，实现电脑上网。

电源接口：路由器连接电源的插口。

【RESET】键：又称为重置键，如需将路由器重置为出厂设置，可长按该键。

（2）无线网卡

无线网卡的作用、功能和普通电脑网卡一样，就是不通过有线连接，采用无线信号连接到局域网上的信号收发装备。在无线局域网搭建时，采用无线网卡就是为了保证台式电脑可以接收无线路由器发送的无线信号，如果电脑自带有无线网卡（如笔记本电脑），则不需要再添置无线网卡。

目前，无线网卡较为常用的有PCI和USB接口两种，如下图所示。

PCI接口网卡
USB接口网卡

PCI接口无线网卡主要适用于台式电脑，将该网卡插入主板上的网卡槽内即可。PCI接口的网卡信号接收和传输范围广、传输速度快、使用寿命长、稳定性好。

USB接口无线网卡适用于台式电脑和笔记本电脑，即插即用，使用方便，价格便宜。

在选择上，如果考虑到便捷性可以选择USB接口的无线网卡，如果考虑到使用效果、稳定性和使用寿命等，建议选择PCI接口无线网卡。

(3) 网线

网线是连接局域网的重要传输媒介，在局域网中常见的网线有双绞线、同轴电缆、光缆3种，而使用最为广泛的就是双绞线。

双绞线是由一对或多对绝缘铜导线组成的，为了减少信号传输中串扰及电磁干扰影响的程度，通常将这些线按一定的密度互相缠绕在一起，双绞线可传输模拟信号和数字信号，价格便宜，并且安装简单，所以得到广泛的使用。

一般使用方法就是和RJ45水晶头相连，然后接入电脑、路由器、交换机等设备中的RJ45接口。

网线
双绞线内部线

小提示

RJ45接口也就是通常说的网卡接口，常见的RJ45接口有两类：用于以太网网卡、路由器以太网接口等的DTE类型，还有用于交换机等的DCE类型。DTE可以称为"数据终端设备"，DCE可以称为"数据通信设备"。从某种意义来说，DTE设备称为"主动通信设备"，DCE设备称为"被动通信设备"。

通常，判定双绞线是否通路，主要使用万用表和网线测试仪测试，而使用网线测试仪是最方便、最普遍的方法。

网线测试仪

双绞线的测试方法是将网线两端的水晶头分别插入主机和分机的RJ45接口，然后将开关调制到"ON"位置（"ON"为快速测试，"S"为慢速测试，一般使用快速测试即可），此时观察亮灯的顺序，如果主机和分机的指示灯1~8逐一对应闪亮，则表明网线正常。

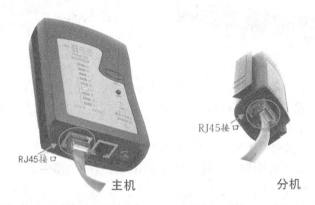

如果测试仪的5号灯不亮，则说明5号线断路；如果指示灯的闪亮顺序不一致，则说明两头的网线连接乱序；如果主机闪亮顺序不变，而分机显示短路的两根线微亮，则说明网线中有两根短路。

小提示

下图所示为双绞线对应的位置和颜色，双绞线一端是按568A标准制作，一端按568B标准制作。

引脚	568A定义的色线位置	568B定义的色线位置
1	绿白（W-G）	橙白（W-O）
2	绿（G）	橙（O）
3	橙白（W-O）	绿白（W-G）
4	蓝（BL）	蓝（BL）
5	蓝白（W-BL）	蓝白（W-BL）
6	橙（O）	绿（G）
7	棕白（W-BR）	棕白（W-BR）
8	棕（BR）	棕（BR）

PIN 1
568A Male

PIN 1
568B Male

● 2. 组建有线局域网的准备

组建有线局域网和无线局域网最大的差别在无线信号收发设备上，其主要使用的设备是交换机或路由器。下面介绍组建有线局域网所需的设备。

（1）交换机

交换机是用于电信号转发的设备，可以简单地理解为把若干台电脑连接在一起组成一个局域网，一般在家庭、办公室常用的交换机属于局域网交换机，而小区、一幢大楼等使用的多为企业级的以太网交换机。

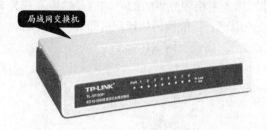

如上图所示,交换机和路由器外观并无太大差异,路由器上有单独一个WAN口,而交换机上全部是LAN口,另外,路由器一般只有4个LAN口,而交换机上有4～32个LAN口,其实这只是外观的对比,二者在本质上有明显的区别。

① 交换机是通过一根网线上网,如果几台电脑上网,是分别拨号,各自使用自己的带宽,互不影响。而路由器自带了虚拟拨号功能,是几台电脑通过一个路由器、一个宽带账号上网,几台电脑之间上网相互影响。

② 交换机工作是在中继层(数据链路层),是利用MAC地址寻找转发数据的目的地址,MAC地址是硬件自带的,是不可更改的,工作原理相对比较简单;而路由器工作是在网络层(第三层),是利用IP地址寻找转发数据的目的地址,可以获取更多的协议信息,以做出更多的转发决策。通俗地讲,交换机的工作方式相当于要找一个人,知道这个人的电话号码(类似于MAC地址),于是通过拨打电话和这个人建立连接;而路由器的工作方式是,知道这个人的具体住址××省××市××区××街道××号××单元××户(类似于IP地址),然后根据这个地址,确定最佳的到达路径,然后到这个地方,找到这个人。

③ 交换机负责配送网络,而路由器负责入网。交换机可以使连接它的多台电脑组建成局域网,但是不能自动识别数据包发送和到达地址的功能,而路由器则为这些数据包发送和到达的地址指明方向和进行分配。简单说就是交换机负责开门,路由器给用户找路上网。

④ 路由器具有防火墙功能,不传送不支持路由协议的数据包和未知目标网络的数据包,仅支持转发特定地址的数据包,防止了网络风暴。

⑤ 路由器也是交换机,如果要使用路由器的交换机功能,把宽带线插到LAN口上,把WAN空置起来就可以。

(2)路由器

组建有线局域网时,可不必要求为无线路由器,一般路由器即可使用,主要差别就是无线路由器带有无线信号收发功能,但价格较贵。

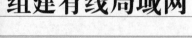

8.4 组建有线局域网

本节教学录像时间:3 分钟

通过将多个电脑和路由器连接起来,组建一个小的局域网,可以实现多台电脑同时共享上网。本节中以组建有线局域网为例,介绍多台电脑同时上网的方法。

步骤 01 使用电源线将路由器连接至电源,将网线插入路由器的WAN孔中。再用一根网线,将其一端插到电脑的WAN孔中,另一端插到路由器上。

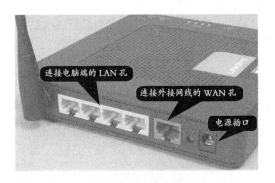

连接电脑端的 LAN 孔

连接外接网线的 WAN 孔

电源插口

步骤 02 连接后，打开浏览器，在地址栏中输入路由器配置地址，如"http:// 192.168.1.1"，单击【Enter】键，在弹出的对话框中输入路由器说明书中指定的用户名和密码，然后单击【确定】按钮。

小提示

不同路由器的配置地址不同，可以在路由器的背面或说明书中找到对应的配置地址、用户名和密码。用户名和密码可以在路由器设置界面的【系统工具】▶【修改登录口令】中设置。如果遗忘，可以在路由器开启的状态下，长按【RESET】键恢复出厂设置，登录用户名和密码恢复为原始密码。

步骤 03 打开路由器设置网页，单击页面左侧的【设置向导】选项，在设置向导界面中单击【下一步】按钮。

步骤 04 打开【设置向导】对话框选择连接类型，这里单击选中【PPPoE】单选项，并单击【下一步】按钮。

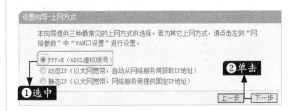

小提示

PPPoE是一种协议，适用于拨号上网;而动态IP每连接一次网络，就会自动分配一个IP地址；静态IP是运营商给的固定的IP地址。

步骤 05 输入账号和口令，然后单击【下一步】按钮。

小提示

此处的用户名和密码是指在开通网络时，运营商（中国联通除外）提供的用户名和密码。如果使用中国联通网络，需要在路由器中输入加密后的用户名才可以使用。如果账户和密码遗忘或需要修改密码，可联系网络运营商找回或修改密码。若选用静态IP，所需的IP地址、子网掩码等都由运营商提供。

步骤 06 路由器的基本配置设置完成。用网线将路由器与电脑连接即可实现上网。

步骤 07 在【网络】图标上单击鼠标右键，在弹出的快捷菜单中选择【属性】命令，打开【网络和共享中心】窗口，单击【本地连接】超链接。

步骤 08 弹出【本地连接 状态】对话框，单击【属性】按钮。

步骤 09 单击选中【Internet协议版本4（TCP/IPv4）】复选框，单击【属性】按钮。

步骤 10 在弹出的对话框中，单击选中【自动获得IP地址】单选项，然后单击【确定】按钮即可实现上网。

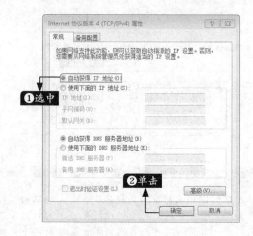

8.5 组建无线局域网

🌐 **本节教学录像时间：2 分钟**

随着笔记本电脑、手机、平板电脑等便携式电子设备的日益普及和发展，有线连接已不能满足工作和家庭需要，无线局域网不需要布置网线就可以将几台设备连接在一起。无线局域网以其高速的传输能力、方便性及灵活性，得到广泛应用。组建无线局域网的具体操作步骤如下。

1. 硬件搭建

在组建无线局域网之前，要将硬件设备搭建好。

步骤 01 通过网线将电脑与路由器相连接，将网线一端接入电脑主机后的网孔内，另一端接入路由器的任意一个LAN口内。

步骤 02 通过网线将ADSL Modem与路由器相连接，将网线一端接入ADSL Modem的LAN口，另一端接入路由器的WAN口内。

步骤 03 将路由器自带的电源插头连接电源即可，此时即完成了硬件搭建工作。

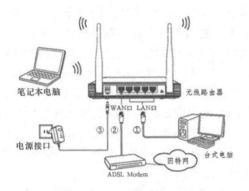

笔记本电脑

无线路由器

WAN口 LAN口

电源接口

台式电脑

③ ② ①

ADSL Modem

因特网

● 2. 路由器设置

路由器设置主要指在电脑或便携设备端，为路由器配置上网账号、设置无线网络名称、密码等信息。下面以台式电脑为例，使用的是TP-LINK品牌的路由器，具体步骤如下。

步骤01 按照8.4节组建有线局域网**步骤01**~**步骤02**设置上网账号，而无线路由器会在该步骤后多出一个【设置向导-无线设置】设置，进入该界面设置路由器无线网络的基本参数，单击选中【WPA-PSK/WPA2-PSK】单选项，在【PSK密码】文本框中设置PSK密码。单击【下一步】按钮。

步骤02 在弹出的界面单击【完成】按钮，即可完成设置。

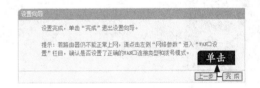

● 3.连接上网

无线网络开启并设置成功后，需要搜索设置的无线网络名称，然后输入密码，进行连接。具体操作步骤如下。

步骤01 单击电脑任务栏中的【网络】图标，在弹出的对话框中会显示无线网络的列表，单击需要连接的网络名称，在展开项中单击【连接】按钮。

步骤02 在弹出的【连接到网络】对话框中，输入在路由器中设置的无线网络密码，单击【确定】按钮即可。

如果已按照如上步骤设置完毕，仍然不能上网，可从以下几方面着手尝试解决。

① 重启路由器，可能由于重新进行了设置，需要重启路由器方可生效。

② 查看路由器指示灯，查看设置、无线网等指示灯是否正常闪烁，然后判断是哪里出

问题。如果电源灯不亮，检查分离器与宽带猫连线、电源是否开启、宽带猫是否损坏。如果LINK灯不停地闪烁，检查连至分离器的线路接触是否可靠、电话线接头是否接触不良，或外线断了。正常情况下，刚开始点击连接时，LINK灯闪烁，说明正在与局端连接，连接后应为常亮。若PC灯不停地闪烁，说明Modem与电脑的联线有问题，检查网线是否连接好，或者为电脑网卡故障。

③ 将接入路由器WAN口的网线一端直接连接电脑，使用【宽带连接】输入账号和密码看是否能连接成功，如果连接成功，建议重新设置路由器账户和密码，这一点最容易出错。

④ 检查路由器连接电脑端的网线是否可用，可使用排除法判断，如果连接路由器和ADSL Modem间的网线可用，那么换成该根网线进行测试。

如果也无法连接网络，可联系网络运营商寻求解决。

8.6 管理无线网

本节教学录像时间：2分钟

目前，无线网已与人们的生活密不可分，同时，无线网的使用和安全等问题已成为用户较为关心的事情，本节主要介绍如何管理无线网。

8.6.1 修改无线网络名称和密码

经常更换无线网名称和密码有助于保护用户的无线网络安全，防止别人蹭取。下面以TP-Link路由器为例，介绍修改的具体步骤。

步骤01 打开浏览器，在地址栏中输入路由器的管理地址，如http://192.168.1.1，按【Enter】键，进入路由器登录界面，并输入管理员密码，单击【确认】按钮。

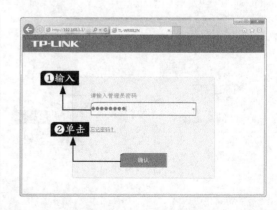

步骤 02 单击【无线设置】➤【基本设置】选项，进入无线网络基本设置界面，在SSID号文本框中输入新的网络名称，单击【保存】按钮。

步骤 03 单击左侧【无线安全设置】超链接进入无线网络安全设置界面，在"WPA-PSK/WPA2-PSK"下面的【PSK密码】文本框中输入新密码，单击【保存】按钮，然后单击按钮上方出现的【重启】超链接。

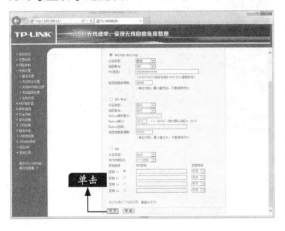

步骤 04 进入【重启路由器】界面，单击【重启路由器】按钮。

步骤 05 在弹出的对话框中，单击【确定】按钮。

步骤 06 此时，路由器会进入重启过程。路由器重启后，搜索并连接新的网络名称即可。

8.6.2 IP的带宽控制

在局域网中，如果希望限制其他IP的网速，除了使用P2P工具外，还可以使用路由器的IP流量控制功能来管控。

步骤 01 打开浏览器，进入路由器后台管理界面，单击左侧的【IP带宽控制】超链接，单击【添加新条目】按钮。

小提示

在IP带宽控制界面，勾选【开启IP带宽控制】复选框，设置宽带线路类型、上行总带宽和下行总带宽，可以设置整个局域网的带宽。

宽带线路类型，如果上网方式为ADSL宽带上网，选择【ADSL线路】即可，否则选择【其他线路】。下行总带宽是通过WAN口可以提供的下载速度。上行总带宽是通过WAN口可以提供的上传速度

步骤 02 单击【添加新条目】按钮，进入【条目规则配置】界面，在IP地址范围中设置IP地址段、上行带宽和下行带宽，如下图设置则表示分配给局域网内IP地址为192.168.1.100的电脑的上行带宽最小128Kbit/s、最大256Kbit/s，下行带宽最小512Kbit/s、最大1024Kbit/s。设置完毕后，单击【保存】按钮。

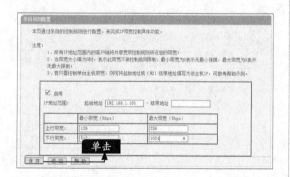

步骤 03 如果要设置连续IP地址段，如下图所示，设置了101~103的IP段，表示局域网内IP地址为192.168.1.101到192.168.1.103的3台计算机的带宽总和为上行带宽最小256Kbit/s、最大512Kbit/s，下行带宽最小1024Kbit/s、最大2018Kbit/s。

步骤 04 返回IP宽带控制界面，即可看到添加的IP地址段。

8.6.3 上网流量的统计

用户除了可以使用路由器的后台管理来控制IP的带宽，还可以在后台对局域网的流量进行统计，具体步骤如下。

步骤 01 打开浏览器，进入路由器后台管理界面，单击左侧的【系统工具】下的【流量统计】超链接。在流量统计界面，单击【开启流量统计】按钮。

步骤 02 此时，即可在该界面中显示局域网中各接入设备的流量及速度统计。

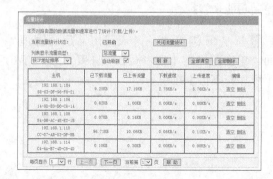

8.6.4 网速测试

网速的快慢一直是用户较为关心的，在日常使用中，可以自行对带宽进行测试，下面主要介绍如何使用"360宽带测速器"进行测试。

步骤01 打开360安全卫士，单击其主界面上的【宽带测速器】图标。

步骤02 打开【360宽带测速器】工具，软件自动进行宽带测速，如下图所示。

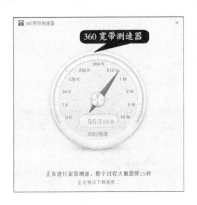

步骤03 测试完毕后，软件会显示网络的接入速度。用户还可以依次测试长途网络速度、网页打开速度等。

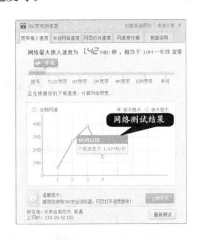

小提示

如果宽带服务商采用域名劫持、下载缓存等技术方法，测试值可能高于实际网速。

8.6.5 路由器的智能管理

智能路由器以其简单、智能的优点，成为路由器市场上的"香饽饽"，如果用户现在使用的不是智能路由器，也可以借助一些软件实现路由器的智能化管理。下面介绍的360路由器卫士可以让用户简单且方便地管理网络。

步骤01 打开浏览器，在地址栏中输入http://iwifi.360.cn，进入路由器卫士主页，单击【电脑版下载】超链接。

如果使用的是最新版本360安全卫士，会集成该工具，在【全部工具】界面可找到，则不需要单独下载并安装。

步骤02 打开路由器卫士，首次登录时，会提示输入路由器账号和密码。输入后，单击【下一步】按钮。

步骤03 此时，即可进到【我的路由】界面。用户可以看到接入该路由器的所有连网设备及当前网速。如果需要对某个IP进行带宽控制，在对应的设备后面单击【管理】按钮。

步骤04 打开该设备管理对话框，在网速控制文本框中，输入限制的网速，单击【确定】按钮。

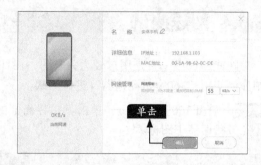

步骤05 返回【我的路由】界面，即可看到列表中该设备上显示【已限速】提示。

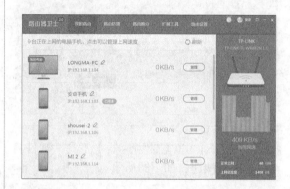

步骤06 同样，用户可以对路由器做防黑检测、设备跑分等。用户可以在【路由设置】界面备份上网账号、快速设置无线网及重启路由器功能。

8.7 实现Wi-Fi信号家庭全覆盖

本节教学录像时间：7分钟

随着移动设备、智能家居的出现并普及，无线Wi-Fi网络已不可或缺，而Wi-Fi信号能否全面覆盖成了不少用户关心的话题，因为都面临着在家里存在着很多网络死角和信号弱等问题，不能获得良好的上网体验。本节讲述如何增强Wi-Fi信号，实现家庭全覆盖。

8.7.1 无线网络不能完全覆盖的原因

无线网络传输是一个信号发射端发送无线网络信号，然后被无线设备接收端接收的过程。对于一般家庭网络布局，主要是由网络运营商接入互联网，家中配备一个路由器实现有线和无线的小型局域网络布局。在这个信号传输过程中，会由于不同的因素，导致信号变弱，下面简单分析下几个最为常见的原因。

1.物体阻隔

家庭环境不比办公环境，格局更为复杂，墙体、家具、电器等都对无线信号产生阻隔，尤其是自建房、跃层、大房间等，有着混凝土墙的阻隔，无线网络会逐渐递减到接收不到。

2.传播距离

无线网络信号的传播距离有限，如果接收端距离无线路由器过长，则会影响其接收效果。

3.信号干扰

家庭中有很多家用电器，它们在使用中都会产生向外的电磁辐射，如冰箱、洗衣机、空调、微波炉等，都会对无线信号产生干扰。

另外，如果周围处于同一信道的无线路由器过多，也会相互干扰，影响Wi-Fi的传播效果。

4.天线角度

天线的摆放角度也是影响Wi-Fi传播的影响因素之一。大多数路由器配备的是标准偶极天线，在垂直方向上无线覆盖更广，但在其上方或下方，覆盖就极为薄弱。因此，当无线路由器的天线以垂直方向摆放时，如果无线接收端处在天线的上方或下方，就会得不到好的接收效果。

5.设备老旧

过于老旧的无线路由器不如目前主流路由器的无线信号发射功率。早期的无线路由器都是单根天线，增益过低，而目前市场上主流路由器最少是两根天线，普遍为三根、四根，或者更多。当然天线数量多少，并不是衡量一个路由器信号强度和覆盖面的唯一标准，但在同等条件下，天线数量多的表现更为优越些。

另外，路由器的发射功率较低，也会影响无线信号的覆盖质量。

8.7.2 解决方案

了解了影响无线网络覆盖的因素后，我们就需要对应地找到解决方案。虽然家庭的格局环境是不可逆的，但是我们可以通过其他的布局调整，提高Wi-Fi信号的强度和覆盖面。

1.合理摆放路由器

合理摆放路由器，可以减少信号阻隔、缩短传输距离等。在摆放路由器时，切勿放在角落处或靠墙的地方，应该放在宽敞的位置，比如客厅或几个房间的交汇处，如右图所示，两室一厅中圆点位置就是路由器摆放的最佳位置，在几个房间的交汇处。

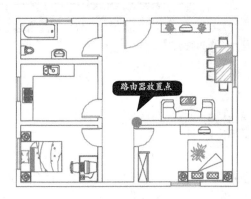

路由器放置点

关于信号角度，建议将路由器摆放在较高位置，使信号向下辐射，减少阻碍物的阻挡，减少信号盲区，如下图就可以在沙发上方置物架上摆放无线路由器。

另外，尽量将路由器摆放在远离其他无线设备和家用电器的位置，减少相互干扰。

2.改变路由器信道

信号的干扰，是影响无线网络接收效果的因素之一，而排除家用电器发射的电磁波影响外，网络信号扎堆同一信道段，也是信号干扰的主要问题，因此，用户应尽量选择干扰较少的信道，以获得更好的信号接收效果。用户可以使用类似Network Stumbler或Wi-Fi分析工具等，查看附近存在的无线信号及其使用的信道。下面介绍如何修改无线网络信道，具体步骤如下。

步骤01 打开浏览器，进入路由器后台管理界面，单击【无线设置】▶【基本设置】超链接，进入【无线网络基本设置】界面。

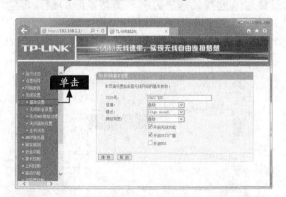

步骤02 单击信道后面的▽按钮，打开信道列表，选择要修改的信道。

步骤03 如这里将信道由【自动】改为【8】，单击【保存】按钮，并重启路由器即可。

如果路由器支持双频，建议开启5GHz频段，如今使用11ac的用户较少，5GHz频段干扰小，信号传输也较为稳定。

3.扩展天线，增强Wi-Fi信号

目前，网络流行的一种易拉罐增强Wi-Fi信号的方法，确实屡试不爽，可以较好地加强无线Wi-Fi信号，它主要是将信号集中起来，套上易拉罐后把最初的360°球面波向180°集中，改道向另一方向传播，改道后，这一方向的信号就会比较强。如下图就是一个易拉罐Wi-Fi信号放大器。

4.使用最新的Wi-Fi硬件设备

Wi-Fi硬件设备作为无线网的源头，其质量的好坏也影响着无线信号的覆盖面，使用最新的Wi-Fi硬件设备可以得到最新的技术支持，能够最直接、最快地提升上网体验，尤其

是现在有各种大功率路由器，即使穿过墙面信号受到削弱，也可以表现出较好的信号强度。

如果用户有多个路由器，可以尝试WDS桥接功能，大大增强路由器的覆盖区域。

8.7.3 使用WDS桥接增强路由覆盖区域

　　WDS是Wireless Distribution System的英文缩写，译为无线分布系统，最初运用在无线基站和基站之间的联系通信系统，随着技术的发展，其开始在家庭和办公方面充当无线网络的中继器，让无线AP或者无线路由器之间通过无线进行桥接（中继），延伸扩展无线信号，从而覆盖更广更大的范围。目前大多数路由器都支持WDS功能，用户可以很好地借助该功能实现家庭网络覆盖布局。本节主要讲述如何使用WDS功能实现多路由的协同，增强路由器信号的覆盖区域。

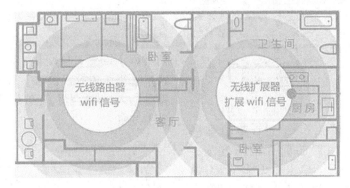

　　在设置之前，需要准备两台无线路由器，其中需要一台支持WDS功能，用户可以将无WDS功能的作为中心无线路由器，如果都有WDS功能，选用性能最好的路由器作中心无线路由器A，也就是与Internet网相连的路由器，另外一台路由器作为桥接路由器B。A路由器按照日常的路由设置即可，可按8.5节设置，本节不再赘述。主要是B路由器，需满足两点，一是与中心无线路由器信道相同，二是关闭DHCP功能即可。具体设置步骤如下。

步骤01 使用电脑连接A路由器，按照8.5节进行无线网设置，但需将其信道设置为固定数，如这里将其设置为"1"，勾选【开启无线功能】和【开启SSID广播】复选框，不勾选【开启WDS】复选框，如下图所示。

步骤02 A路由器设置完毕后，将桥接路由器选择好要覆盖的位置，连接电源，然后通过电脑连接B路由器，如果电脑不支持无线，可以使用手机连接，比起有线连接更为方便。连接后，打开电脑或手机端的浏览器，登录B路由器后台管理页面，单击【网络参数】▶【LAN口设置】超链接，进入【LAN口设置】页面，将IP地址修改为与A路由器不同的地址，如A路由器IP地址为192.168.1.1，这里将B路由器IP地址修改为192.168.1.2，避免IP冲突，然后关闭【DHCP服务器】，设置为【不启用】即可。然后单击【保存】按钮，进行重启。

小提示

开启路由器的DHCP服务器功能,可以让DHCP服务器自动替用户配置局域网中各计算机的TCP/IP协议。B路由器关闭DHCP功能主要是有A路由器分配IP。另外,如果【LAN口设置】页面没有DHCP服务器选项,可在【DHCP服务器】页面关闭。

步骤03 重启路由器后,登录B路由器管理页面,此时B路由器的配置地址变为:192.168.1.2,登录后,单击【无线设置】▶【基本设置】超链接,进入【无线基本设置】页面,将信道设置为与A路由器相同的信道,然后勾选【开启WDS】复选框。

步骤04 单击弹出的【扫描】按钮。

步骤05 在扫描的AP列表中,找到A路由器的SSID名称,然后单击【连接】超链接。如果未找到,单击【刷新】按钮。

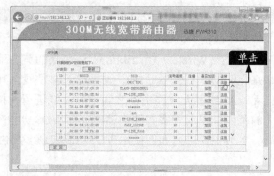

步骤06 返回【无线基本设置】页面,将【密钥类型】设置为与A路由器一致的加密方式,这里选择【WPA2-PSK】,并在【密钥】文本框中输入A路由器的无线网路密码,单击【保存】按钮。

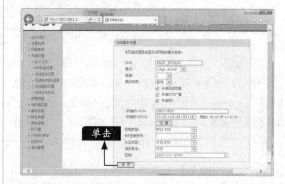

步骤07 进入【WDS安全设置】页面,设置B路由器的无线网密码,单击【保存】按钮,重启路由器即可。

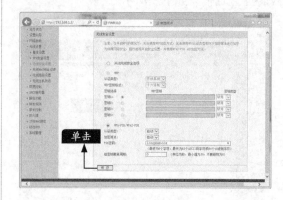

此时，两台路由器的桥接完成，用户可以连接B路由器上网了，同样，用户还可以连接更多从路由器，进行无线网络布局，增强Wi-Fi信号，如果电脑在切换不同路由器时。其实，对于上面的操作可以总结为下表，方便理解。

设置	WAN口设置	LAN口设置	DHCP	无线设置	
				信道	WDS
A（主）路由器	服务商	192.168.1.1（默认）	启用	信道一致即可	不勾选
B（从）路由器	无	192.168.1.X（1＜X≤255）	不启用		勾选

高手支招

● 安全使用免费Wi-Fi

央视"3·15"晚会曾现场演示了黑客如何利用虚假Wi-Fi盗取晚会现场观众手机系统、品牌型号、自拍照片、邮箱账号密码等各类隐私数据，类似的事件不胜枚举，尤其是盗号、窃取银行卡支付宝信息、植入病毒等，在使用免费Wi-Fi时，建议注意以下几点。

① 在公共场所使用免费Wi-Fi时，不要进行网购和银行支付，尽量使用手机流量进行支付。

② 警惕同一地方出现多个相同Wi-Fi，很有可能是诱骗用户信息的钓鱼Wi-Fi。

③ 在购物和进行网上银行支付时，尽量使用安全键盘，不要使用网页之类的。

④ 在上网时，如果弹出不明网页，让输入个人私密信息时，请谨慎，及时关闭WLAN功能。

● 将电脑转变为无线路由器

如果电脑可以上网，即使没有无线路由器，也可以通过简单的设置将电脑的有线网络转为无线网络，但是前提是台式电脑必须装有无线网卡，笔记本电脑自带有无线网卡，如果具备该条件，可以参照以下操作，创建Wi-Fi，实现网络共享。

步骤01 打开360安全卫士主界面，然后单击【更多】超链接。

步骤02 在打开的界面中，单击【360免费WiFi】图标按钮，进行工具添加。

步骤03 添加完毕后，弹出【360免费WiFi】对话框，用户可以根据需要设置Wi-Fi名称和密码。

步骤 04 单击【已连接的手机】可以看到连接的无线设备，如右图所示。

第3篇
电脑维护篇

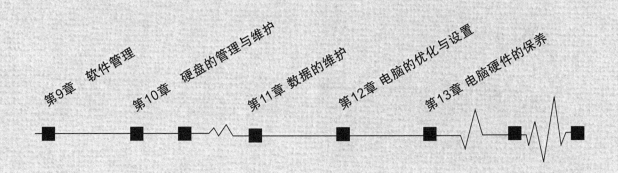

第9章 软件管理　　第10章 硬盘的管理与维护　　第11章 数据的维护　　第12章 电脑的优化与设置　　第13章 电脑硬件的保养

第**9**章

软件管理

一台完整的电脑包括硬件和软件，软件是电脑的管家，用户要借助软件来完成各项工作。在安装完操作系统后，用户首先要考虑的就是安装软件。功能各异的软件可以大大提高电脑的性能。本章主要介绍软件的安装、升级、卸载和组件的添加/删除等基本操作。

学习效果

9.1 软件的安装

🔊 **本节教学录像时间：2 分钟**

一般情况下，应用程序的安装过程是大致相同的，大致分为运行软件的主程序、接受许可协议、选择安装路径和进行安装等步骤。有些收费软件还会要求添加注册码或产品序列号等。

9.1.1 认识常用软件

软件是多种多样的，渗透至各个领域，分类也极为丰富，主要种类有视频音乐、聊天互动、游戏娱乐、系统工具、安全防护、办公、教育学习、图形图像、编程开发、手机数码等，下面主要介绍常用的软件。

1. 办公软件

办公类软件主要指用于文字处理、电子表格制作、幻灯片制作等的软件，如Microsoft公司的Office系列是应用最广泛的办公软件之一。下图所示为Word 2013的主程序界面。

2. 图像处理软件

图像处理软件主要用于编辑或处理图形图像文件，应用于平面设计、三维设计、影视制作等领域，如Photoshop、Corel DRAW、绘声绘影、美图秀秀等，下图所示为Photoshop CC界面。

3. 媒体播放器

媒体播放器是指电脑中用于播放多媒体的软件，包括网页、音乐、视频和图片4类播放器软件，如Windows Media Player、迅雷看看、Flash播放器等。

● 4.聊天互动软件

聊天互动软件主要指不同地域区间的亲友通过即时通信软件实现网上聊天、视频通话、交友互动等，如QQ、MSN、skype、多玩歪歪等。

● 5.安全防护软件

在使用电脑的过程中，有时会遇到电脑死机、黑屏、重新启动以及反应速度很慢，或者中毒的现象，使工作成果丢失。为防止这些现象的发生，防护措施一定要做好。常用的安全防护类软件有360安全卫士、卡巴斯基杀毒软件、江民杀毒软件、Avira Antivir（小红伞）等。

9.1.2 获取软件安装程序

安装软件的前提就是需要有软件安装程序，一般是EXE程序文件，基本上是以setup.exe命名的，还有不常用的MSI格式的大型安装文件和RAR、ZIP格式的绿色软件，而这些文件的获取方法也是多种多样的，主要有以下几种途径。

● 1.安装光盘

通常，购买的电脑、打印机、扫描仪等设备，都会有一张随机光盘，里面包含了相关驱动程序，用户可以将光盘放入电脑光驱中，读取里面的驱动安装程序，并进行安装。

另外，也可以购买安装光盘，市面上普遍销售的是一些杀毒软件、常用工具软件的合集光盘，用户可以根据需要进行购买。

● 2.从官网下载

官方网站是指一些公司或个人，建立的权威、有公信力或唯一指定的网站，以达到推广

理念和宣传产品的目的。

如在Internet浏览器地址栏中输入"home.baofeng.com"网址，并按【Enter】键进入官方网站，即可单击下载按钮下载暴风影音软件。

3.通过电脑管理软件下载

可以通过电脑管理软件或系统自带的软件管理工具下载和安装所需程序，如常用的有360安全卫士、电脑管家等。

9.1.3 安装软件

软件的安装方法大同小异，根据提示进行安装即可。一般的安装流程是同意协议条款、选择安装路径、进入安装过程。下面以安装"Office 2013"为例进行介绍。

步骤01 将光盘放入电脑的光驱中，系统会自动弹出安装提示窗口，在弹出的对话框中阅读软件许可证条款，选中【我接受此协议的条款】复选框后，单击【继续】按钮。

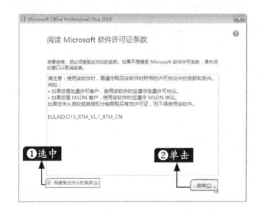

步骤02 如果电脑中安装有其他版本的Office软件，则提示是否升级，这里在弹出的对话框中单击【自定义】按钮。

小提示

单击【升级】按钮可以将低版本软件升级为2013版本，单击【自定义】按钮可以自定义安装的位置和组件。

如果电脑中未安装其他版本软件，则【升级】按钮会变为【立即安装】按钮，单击该按钮，则默认安装在系统盘中。

步骤03 在弹出的对话框中【升级】选项卡下，单击【保留所有早期版本】单选项，单击【立即安装】按钮。

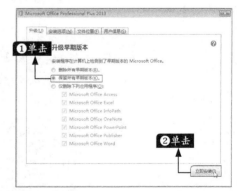

小提示

可以在同一台电脑上安装和使用多个Office版本，如Office 2010和Office 2013。在【升级】选项卡下，单击【删除所有早期版本】单选项，会删除早期版本的Office软件，单击【仅删除下列应用程序】单选项后，用户可以清除掉想要保留的程序旁的复选框。

步骤 04 系统开始进行安装，如图所示，待进度条走到最右端时，即安装完成。

步骤 05 安装完成之后，单击【关闭】按钮，即可完成安装。

9.2 软件的更新/升级

 软件不是一成不变的，而是一直处于升级和更新状态，特别是杀毒软件的病毒库，必须不断升级。软件升级主要分为自动检测升级和使用第三方软件升级两种方法。

1.自动检测升级

这里以"360安全卫士"为例来介绍自动检测升级的方法。

步骤 01 右键单击电脑桌面右下角"360安全卫士"图标，在弹出的界面中选择【升级】▶【程序升级】命令。

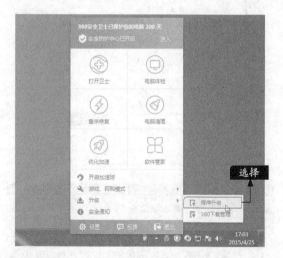

步骤 02 弹出【获取新版本中】对话框。

步骤 03 获取完毕后弹出【发现新版本】对话框，选择要升级的版本选项，单击【确定】按钮。

步骤 04 弹出【正在下载新版本】对话框，显示下载的进度。下载完成后，单击安装即可将软件更新到最新版本。

● 2. 使用第三方软件升级

用户可以通过第三方软件来升级软件，下面以360软件管家为例介绍如何利用第三方软件升级软件。打开360软件管家界面，选择【软件升级】选项卡，界面中显示可以升级的软件，单击【升级】按钮或【一键升级】按钮即可。

9.3 卸载程序

● **本节教学录像时间：2 分钟**

如果电脑中安装的程序过多，会导致电脑运行速度变慢，此时用户需要将不用的软件卸载，从而腾出更多的空间以保证电脑的运行或其他软件的安装。

9.3.1 使用自带的卸载组件

当软件安装完成后，会自动添加在【开始】菜单中，如果需要卸载软件，可以在【开始】菜单中查找是否有自带的卸载组件，下面以卸载"迅雷游戏盒子"软件为例讲解。

步骤 01 单击【开始】按钮，在弹出的菜单中选择【所有程序】▶【迅雷游戏盒子】▶【卸载迅雷游戏盒子】菜单命令。

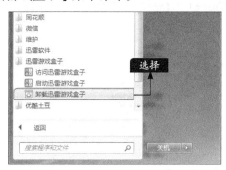

步骤 02 单击【继续卸载】按钮。

步骤 03 单击【卸载】按钮。

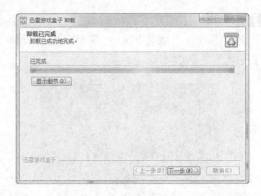

步骤 04 弹出【迅雷游戏盒子 卸载】对话框，单击【是】按钮。

步骤 06 单击【下一步】按钮，弹出【迅雷游戏盒子 卸载】对话框，单击【关闭】按钮完成软件卸载。

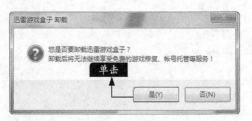

步骤 05 此时，系统开始自动卸载程序，以绿色条的形式显示卸载的进度。

9.3.2 使用【添加或删除程序】卸载

对于一些没有自带卸载组件的软件，可以使用【添加或删除程序】功能卸载程序。

步骤 01 单击【开始】按钮，在弹出的菜单中选择【控制面板】菜单命令，然后在弹出的【控制面板】窗口，单击【卸载程序】链接。

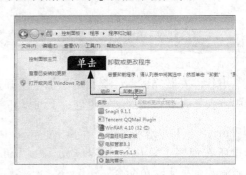

步骤 03 弹出【酷狗音乐卸载程序】对话框，单击【是】按钮。

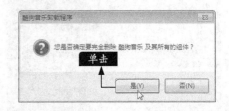

步骤 02 弹出【卸载或更改程序】窗口，选择需要卸载的程序，然后单击【卸载】按钮。这里以卸载"酷狗音乐"为例。

步骤 04 卸载完成后，单击【确定】按钮即可。

9.3.3 使用360软件管家卸载程序

软件在安装的过程中，会在注册表中添加相关的信息，普通的卸载方法并不能将软件彻底删除。如果想将软件所有的信息删除掉，可以使用第三方软件来卸载程序。本节以使用360软件管家卸载程序为例进行讲解。

步骤 01 打开360安全卫士，在其主界面中，单击【软件管家】图标。

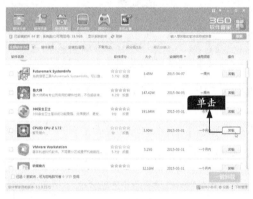

步骤 03 弹出卸载提示对话框，单击【是】按钮进行卸载即可。

步骤 02 弹出【360软件管家】窗口，单击【软件卸载】按钮，在【软件名称】列表框中选择需要卸载的程序，单击其右侧的【卸载】按钮。

9.4 软件组件的添加/删除

🕐 **本节教学录像时间：2分钟**

在安装软件的过程中，用户可以选择需要安装的组件，安装完成后，仍可以添加或删除相关的组件。下面以添加Office 2013的组件为例进行讲解。

9.4.1 软件组件的添加

Office 2013办公软件中包含Word 2013、Excel 2013、PowerPoint 2013、Outlook 2013、Access 2013、Publisher 2013、InfoPath 2013和OneNote等组件。在安装Office 2013时，会提示用户选择相关的组件。下面以添加组件Outlook 2013为例进行讲解。

步骤 01 利用上述方法打开【卸载或更改程序】窗口，选择需要添加组件的程序，单击鼠标右键并在弹出的快捷菜单中选择【更改】菜单命令。

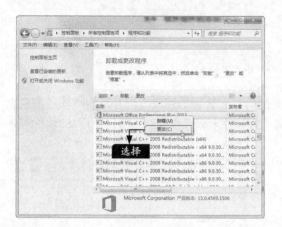

步骤 02 弹出【更改Microsoft Office Professional Plus 2013的安装】对话框，单击选中【添加或删除功能】单选项，然后单击【继续】按钮。

步骤 03 弹出【安装选项】对话框，选择需要添加的组件，单击下拉按钮，在弹出的下拉菜单中选择【从本机运行】菜单命令，然后单击【继续】按钮。

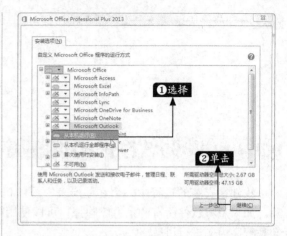

小提示

下拉列表中4个选项的含义如下。

【从本机运行】：用户选中的组件将被安装到当前电脑内。

【从本机运行全部程序】：除了用户选中的组件，服务器扩展管理表单也会被安装到电脑内。

【首次使用时安装】：选中的组件将在第一次使用时，才会被安装到电脑内。

【不可用】：不安装或者删除组件。

步骤 04 此时，系统开始自动配置组件，并以绿色条的形式显示配置的进度。组件添加完成后，在弹出的对话框中单击【关闭】按钮即可。

9.4.2 软件组件的删除

在弹出下图所示的对话框时，单击需要删除组件前的按钮，在弹出的下拉列表中选择【不可用】选项，单击【继续】按钮，即可开始卸载该组件，并显示配置进度。删除完成，单击【关闭】按钮即可。

如果希望再次使用该组件，可将该组件【不可用】状态修改为【从本机运行】即可再次激活该组件。

高手支招

🔘 本节教学录像时间：2分钟

● 安装更多字体

除了Windows 7系统中自带的字体外，用户还可以自行安装字体，以在文字编辑上更胜一筹。字体安装的方法主要有3种。

(1) 右键安装

选择要安装的字体，单击鼠标右键，在弹出的快捷菜单中，选择【安装】选项，即可进行安装，如下图所示。

(2) 复制到系统字体文件夹中

复制要安装的字体，打开【计算机】，在地址栏里输入C:/Windows/Fonts，单击【Enter】按钮，进入Windows字体文件夹，粘贴到文件夹里即可，如下图所示。

(3) 右键作为快捷方式安装

步骤01 打开【计算机】，在地址栏里输入C:\Windows\Fonts，单击【Enter】按钮，进入Windows字体文件夹，然后单击左侧的【字体设置】链接。

步骤02 在打开的【字体设置】窗口中，勾选【允许使用快捷方式安装字体（高级）】选项，然后单击【确定】按钮。

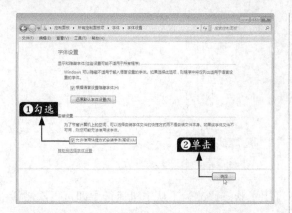

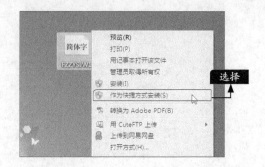

选择

步骤 03 选择要安装的字体，单击鼠标右键，在弹出的快捷菜单中，选择【作为快捷方式安装】菜单命令，即可安装。

小提示

第1种和第2种方法直接安装到Windows字体文件夹里，会占用系统内存，并会影响开机速度，建议如果是少量的字体安装，可使用该方法。而使用快捷方式安装字体，只是将字体的快捷方式保存到Windows字体文件夹里，可以达到节省系统空间的目的，但是不能删除安装字体或改变位置，否则无法使用。

第 **10** 章

硬盘的管理与维护

学习目标

硬盘使用的时间长了，会产生垃圾和碎片，需要进行清理和整理。本章主要介绍如何清理磁盘垃圾、整理磁盘碎片、管理硬盘分区、管理硬盘分区表等。

学习效果

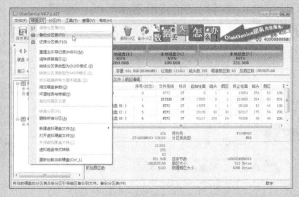

10.1 清理硬盘垃圾

🌐 **本节教学录像时间：2 分钟**

电脑使用久了，就会累积大量的磁盘垃圾和注册表垃圾，这些垃圾包括系统中已失效的和不必要的文件、多余的临时文件、无指向的路径文件、注册表中的无用子项目等。

通过安全地清理，可以立即提高系统运行效率，并且能够有效地保护个人隐私。下面介绍两种常用的清理磁盘垃圾的方法。

10.1.1 手动清理

在没有安装专业的清理垃圾的软件前，用户可以手动清理垃圾文件。具体操作步骤如下。

步骤 01 按【Windows+R】组合键，打开【运行】对话框，在【打开】文本框中输入"cleanmgr"命令，按【Enter】键确认。

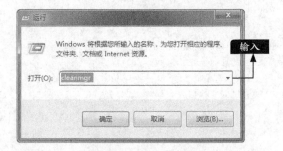

步骤 02 弹出【磁盘清理：驱动器选择】对话框，单击【驱动器】下面的下拉按钮，在弹出的下拉菜单中选择需要清理的磁盘分区，本例选择【本地磁盘（F:）】选项。

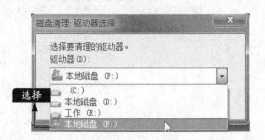

步骤 03 弹出【磁盘清理】对话框，并开始自动计算清理磁盘垃圾。

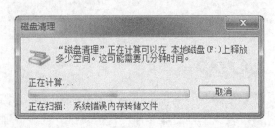

步骤 04 弹出【本地磁盘（F:）的磁盘清理】对话框，在【要删除的文件】列表框中显示扫描出的垃圾文件名称和大小，选择需要清理的垃圾，单击【清理系统文件】按钮。

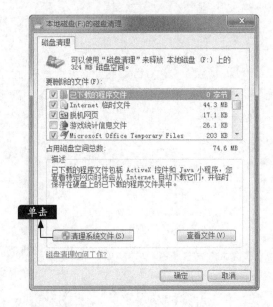

步骤 05 弹出【磁盘清理】对话框，提示用户是否永久删除这些垃圾文件，单击【删除文件】按钮。

步骤 06 系统开始自动清理磁盘中的垃圾文件并显示清理的进度。

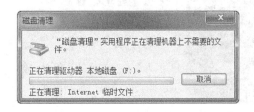

10.1.2 使用360安全卫士清理

下面以360安全卫士为例讲解清理磁盘垃圾的方法，具体操作步骤如下。

步骤 01 打开360安全卫士，在其主界面选择【电脑清理】图标。

步骤 02 软件默认勾选6项清理类型，单击【一键扫描】按钮。

步骤 03 软件即会对所选类型进行扫描，如下图所示。

步骤 04 扫描完成后，单击【一键清理】按钮，即可清理磁盘上的垃圾。

10.2 检查硬盘

🔘 **本节教学录像时间：2分钟**

通过检查一个或多个驱动器是否存在错误可以解决一些电脑出现的异常问题。例如，用户可以通过检电脑的主硬盘来解决一些性能问题，或者当外部硬盘驱动器不能正常工作时，可以检查该外部硬盘驱动器。

Windows 7操作系统提供了检查硬盘错误信息的功能，具体操作步骤如下。

步骤 01 在桌面上右键单击【计算机】图标，在弹出的快捷菜单中选择【管理】菜单命令。

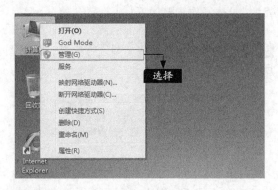

步骤 02 弹出【计算机管理】窗口，在左侧的列表中选择【磁盘管理】选项。

步骤 03 窗口的右侧显示磁盘的基本情况，选择需要检查的磁盘并右键单击，在弹出的快捷菜单中选择【属性】菜单命令。

步骤 04 弹出【本地磁盘（C:）属性】对话框，选择【工具】选项卡，在【查错】选区中单击【开始检查】按钮。

步骤 05 弹出【检查磁盘 本地磁盘（C:）】对话框，选中【自动修复文件系统错误】复选框，单击【开始】按钮。

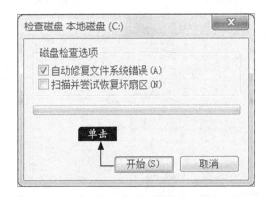

步骤 06 系统开始自动检查硬盘并修复发现的错误。

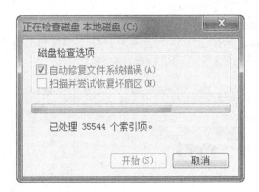

步骤 07 检查并修复完成后，单击【关闭】按钮即可。

10.3 整理磁盘碎片

🔊 **本节教学录像时间：2分钟**

在用户保存、更改或删除文件时，卷上会产生碎片。用户所保存的对文件的更改通常存储在卷上与原始文件所在位置不同的位置。这不会改变文件在Windows中的显示位置，而只会改变组成文件的信息片段在实际卷中的存储位置。随着时间推移，文件和卷本身都会碎片化，而电脑也会跟着变慢，因为电脑打开单个文件时需要查找不同的位置。

磁盘碎片整理实质是指合并卷（如硬盘或存储设备）上的碎片数据，以便卷能够更高效地工作。磁盘碎片整理程序能够重新排列卷上的数据并重新合并碎片数据，有助于电脑更高效地运行。在Windows操作系统中，磁盘碎片整理程序可以按计划自动运行，用户也可以手动运行该程序或更改该程序使用的计划。

步骤 01 打开【计算机】窗口，选择需要整理碎片的分区并单击鼠标右键，在弹出的快捷菜单中选择【属性】菜单命令。

步骤 02 弹出【本地磁盘（D：）属性】对话框，选择【工具】选项卡，在【碎片整理】选区中单击【立即进行碎片整理】按钮。

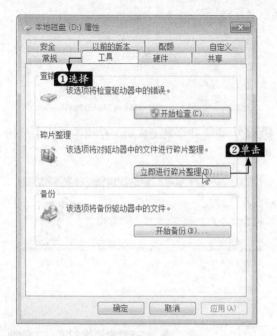

步骤 03 弹出【磁盘碎片整理程序】窗口，单击【磁盘碎片整理】按钮。

步骤 04 系统开始自动分析磁盘，在【进度】栏中显示碎片分析的进度。

步骤 05 分析完成后，系统开始自动对磁盘碎片进行整理操作。

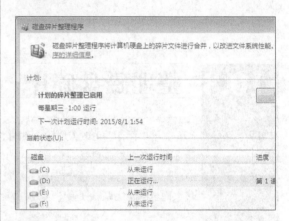

步骤 06 除了手动整理磁盘碎片外，用户还可以设置自动整理碎片的计划，单击【配置计划】按钮。

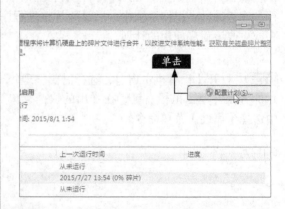

步骤 07 弹出【磁盘碎片整理程序：修改计划】对话框，用户可以设置自动检查碎片的频率、

日期、时间和磁盘分区，设置完成后，单击【确定】按钮。

击【关闭】按钮，即可完成磁盘的碎片整理及设置。

步骤 08 返回到【磁盘碎片整理程序】窗口，单

10.4 管理硬盘分区

🌐 **本节教学录像时间：2分钟**

常见的管理硬盘分区的方式包括格式化分区、调整分区容量、分割分区、合并分区、删除分区和更改驱动器号等。

10.4.1 格式化分区

格式化就是在磁盘中建立磁道和扇区，磁道和扇区建立好之后，电脑才可以使用磁盘来储存数据。不过，对存有数据的硬盘进行格式化，硬盘中的数据将会被删除，还用户一个干净的硬盘。

硬盘格式化可分为低级格式化和高级格式化，低级格式化是重新创建磁盘的逻辑结构，高级格式化是在磁盘上建立或重建文件系统。

🔘 1. 低级格式化

硬盘的生产厂家都提供有适用于自家硬盘的低级格式化软件，但一些通用软件（如Hard Disk Low Level Format Tool、Lformat等）也可对硬盘进行低级格式化。如果必须对硬盘进行低级格式化，可到硬盘厂商官方网站下载低级格式化程序或在网上下载通用低级格式化软件。

（1）用Hard Disk Low Level Format Tool低级格式化硬盘

由于Windows XP系统不是基于DOS设计的，要想启动到纯DOS模式下，一般只能借助软盘、U盘、光盘等。这里以Hard Disk Low Level Format Tool汉化版为例，介绍在Windows XP操作系统中低级格式化硬盘的具体操作步骤。

步骤01 在Hard Disk Low Level Format Tool汉化版主窗口中选择要格式化的磁盘。

步骤02 单击【继续】按钮，即可弹出【磁盘低级格式化中文版】界面。在弹出的界面中选择【低级格式化】选项卡。

步骤03 单击【格式化此设备】按钮，即可弹出一个提示对话框，询问用户是否确认放弃这块磁盘上的所有数据。

步骤04 单击【Yes】按钮，即可开始低级格式化磁盘，并显示低级格式化的进度。

（2）用Lformat低级格式化磁盘

Lformat是DOS系统下的磁盘低级格式化软件，功能单一，操作容易，支持市面上大部磁盘，一般不易出现不兼容的情况。

使用Lformat软件低级格式化磁盘的具体操作步骤如下。

步骤01 将Lformat程序复制到制作好的DOS启动盘中，用该启动盘启动进入DOS系统。在DOS系统下运行Lformat程序，即可出现下图所示界面。

步骤02 按【Y】键可启动程序，如果按其他键则退出此程序。此时，可进入Lformat程序主界面中。其中列出了3个选项，分别是【Select Device】（选择驱动器磁盘）、【Low Level Current Device】（低格当前驱动器磁盘）和【EXIT】（退出）。

步骤03 使用方向键选择【Select Device】并按【Enter】键，即可出现两行红色的文字提示，其中【Which Device do you want to select? 】提示的含义是询问用户要选择哪一个磁盘（0，1，2，3）。

步骤 04 输入数字 "1"，屏幕上显示当前硬盘的参数情况。如果发现没有参数则说明选择的数字错误，可按【Esc】键重新选择。如果正确则显示硬盘的信息，包括磁盘的容量、缓存、转数等。

步骤 05 选择硬盘后即可开始格式化硬盘。选择【Low Level Current Device】选项，即可出现【Do you want to use LBA mode（if not sure press）（Y/N）?】提示，询问是否使用LBA模式格式化已选定的硬盘，如果确定则按【Y】键，否则按【N】键。

> **小提示**
>
> 如果硬盘大于540MB，则需要使用LBA模式格式化，否则整个磁盘将只能使用540MB的空间。

步骤 06 按【Y】键后会出现一个警告信息，提示所有数据将全部丢失。如果确定格式化则按【Y】键，否则按【N】键。按【Y】键后开始格式化硬盘，在低级格式化过程中可按【Esc】键随时中止。格式化完成后可按【Esc】键返回主菜单。

2. 高级格式化

在高级格式化之后，只会改动并重新设置硬盘的分区表，不会涉及存储在硬盘分区中的数据，在高级格式化操作中删除的数据仍然保存在磁盘上，只是表面上看不到了。在对磁盘分区进行高级格式化之后，如果还未重新写入新的数据，就有可能通过特殊方法找回原来存储在该磁盘中的数据。

总的来说，高级格式化的作用主要有如下两点。

① 把扇区组成簇。硬盘在经过高级格式化后，把若干相邻扇区合在一起组成一个个的簇，而簇是操作系统进行文件数据读写操作的最小单位。每个簇所占用的扇区数由DOS/Windows版本和磁盘类型决定。一个文件可占用一个或多个簇，但至少占用一个簇。而簇的多少由分区大小决定，分区容量越大，所建立的簇就越多。

② 组成数据结构。以FAT16格式的分区结构为例，硬盘某一分区经过高级格式化后所创建的数据区结构如下图所示。

MBR	DBR	FAT1	FAT2	根目录FDT	数据区.....

以FAT32格式的分区结构为例，则高级格式化后所创建的分区结构如下图所示。

MBR	DBR	DBR副本	保留扇区	FAT1	FAT2	根目录FDT	数据区.....

有多种对分区执行高级格式化操作的软件，包括Windows系统中自带的格式化功能、Partition Magic软件和Diskgenius软件等。下面介绍使用这些软件高级格式化硬盘分区的方法。

(1) 使用Windows系统自带格式化功能高级格式化硬盘

Windows 7系统中自带的格式化命令可以对磁盘上主分区以外的磁盘分区进行高级格式化。用这种方法高级格式化磁盘分区，不仅操作简单，而且非常方便。具体操作步骤如下。

步骤01 右击【计算机】窗口中的磁盘D，在弹出的快捷菜单上选择【格式化】菜单命令。

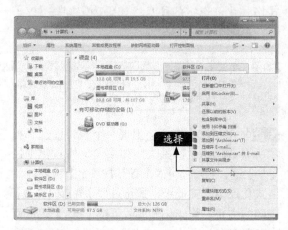

步骤02 弹出【格式化 软件区】对话框。在其中设置磁盘的【文件系统】、【分配单元大小】等选项。

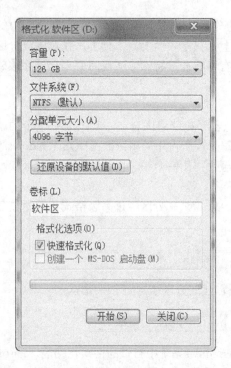

步骤03 单击【开始】按钮，即可弹出提示对话框。若格式化该磁盘则单击【确定】按钮；若退出则单击【取消】按钮退出格式化。单击【确定】按钮，即可开始高级格式化磁盘分区D。

(2) 用Diskgenius格式化磁盘

DiskGenius是一款功能全面的磁盘分区工具，可以实现创建分区、删除分区、格式化分区、无损调整分区、隐藏分区、分配盘符或删除盘符等，而且支持分区备份和数据恢复等。

用Diskgenius格式化分区的具体操作步骤如下。

步骤01 在Diskgenius软件主窗口中选择要格式化的分区，这里选择磁盘D，可看到它后面对应的文件系统是NTFS格式，可以对其进行格式化操作。

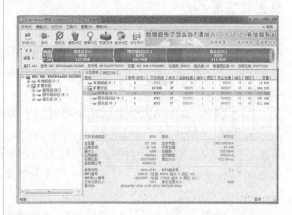

步骤02 选择【分区】▶【格式化当前分区】菜单命令。

步骤03 弹出【格式化分区】对话框，要求用户设置【簇大小】、【卷标】等选项（"簇大小"一般采用默认值）。

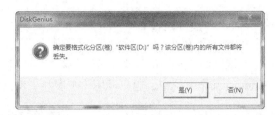

步骤 04 单击【格式化】按钮，弹出一个信息提示框，询问是否要对分区D进行格式化操作。

步骤 05 单击【是】按钮，即可开始对分区D进行高级格式化操作。

> **小提示**
>
> 低级格式化操作只能针对整个磁盘而不能支持单独的某一个分区，执行低级格式化操作后，磁盘上的所有数据将会全部丢失；而高级格式化操作可针对某一分区执行。

10.4.2 调整分区容量

分区容量不能随便调整，否则会引起分区上的数据丢失。下面讲述如何在Windows 7操作系统中利用自带的工具调整分区的容量。具体操作步骤如下。

步骤 01 打开【计算机管理】窗口，在需要调整容量的分区右击，在弹出的快捷菜单中选择【压缩卷】菜单命令。

步骤 02 弹出【查询压缩空间】对话框，系统开始查询卷以获取可用的压缩空间。

步骤 03 弹出【压缩C：】对话框，在【输入压缩空间量（MB）】文本框中输入调整出分区的大小"1000"，在【压缩后的总计大小

（MB）】文本框中显示调整后容量，单击【压缩】按钮。

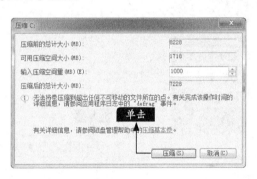

步骤 04 系统将自动从C盘中划分出1000MB空间，C盘的容量得到了调整。

10.4.3 合并分区

如果用户想合并两个分区，则其中一个分区必须为未分配的空间，否则不能合并。在Windows操作系统中，用户可用【扩展卷】功能实现分区的合并。具体操作步骤如下。

步骤 01 打开【计算机管理】窗口，选择需要合并的其中一个分区，右击并在弹出的快捷菜单中选择【扩展卷】菜单命令。

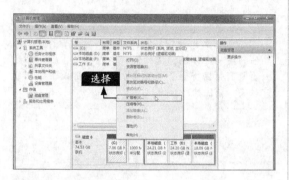

步骤 02 弹出【扩展卷向导】对话框，单击【下一步】按钮。

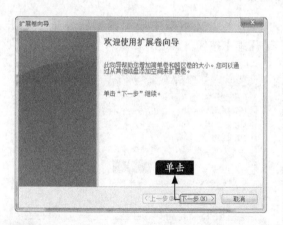

步骤 03 弹出【选择磁盘】对话框，在【可用】列表框中选择要合并的空间，单击【添加】按钮。

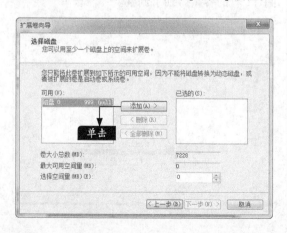

步骤 04 新的空间被添加到【已选的】列表框中，单击【下一步】按钮。

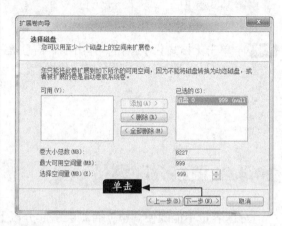

步骤 05 弹出【完成扩展卷向导】对话框，单击【完成】按钮。

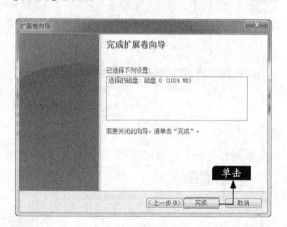

步骤 06 返回到【计算机管理】窗口，则两个分区被合并到一个分区中。

10.4.4 删除分区

删除磁盘分区主要是创建可用于创建新分区的空白空间。如果硬盘当前设置为单个分区，则不能将其删除，也不能删除系统分区、引导分区或任何包含虚拟内存分页文件的分区，因为Windows需要此信息才能正确启动。删除分区的具体操作步骤如下。

步骤01 打开【计算机管理】窗口，选择需要删除的分区，右击并在弹出的快捷菜单中选择【删除】菜单命令。

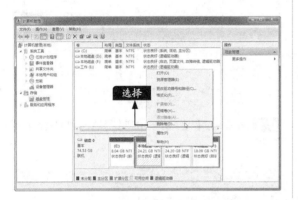

步骤02 弹出【删除 简单卷】对话框，单击【是】按钮，即可删除分区。

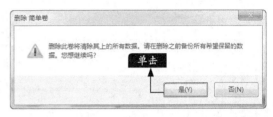

10.4.5 更改驱动器号

利用Windows中的【磁盘管理】程序也可处理盘符错乱情况，操作方法非常简单，用户不必再下载其他工具软件即可处理这一问题。使用【磁盘管理】程序更改逻辑盘符的具体操作步骤如下。

步骤01 单击【开始】按钮，在弹出的菜单中选择【控制面板】菜单项，打开【控制面板】窗口。

步骤02 单击右上角的【类别】下拉按钮，从弹出的下拉列表中选择【大图标】选项，此时，控制面板中的图标以大图标显示。

步骤 03 双击【管理工具】选项，即可打开【管理工具】窗口。

步骤 04 双击【计算机管理】选项，即可打开【计算机管理】窗口。

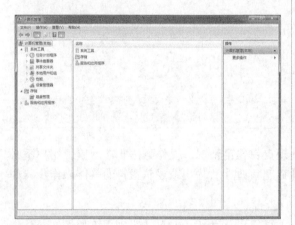

步骤 05 单击窗口左侧的【磁盘管理】选项，即可在右侧窗格中显示出本机磁盘的信息列表。

步骤 06 在右侧磁盘列表中选择盘符混乱的磁盘（如选择磁盘F）并右击，在快捷菜单中选择【更改驱动器号和路径】选项。

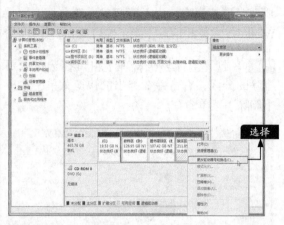

步骤 07 弹出【更改F：的驱动器号和路径】对话框。

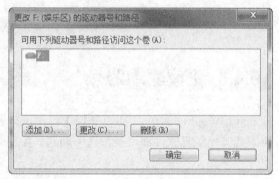

步骤 08 单击【更改】按钮，弹出【更改驱动器号和路径】对话框，单击右侧的下拉按钮 F ，在下拉列表中为该驱动器指定一个新的驱动器号。

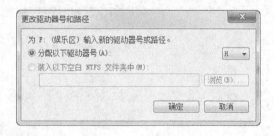

步骤 09 单击【确定】按钮，即可弹出【确认】对话框。

步骤10 单击【是】按钮，即可确认更改。返回到【计算机管理】主窗口中，即可在右侧磁盘列表中看到原磁盘分区F已变成了磁盘分区H，说明已完成了盘符的更改。

小提示

用户还可采用其他方法解决盘符变动的问题。如果用户对Windows的注册表等知识有足够的了解，可以考虑自行手动修改相关数据；如果软件不是很大，可以选择重新安装应用软件，这样可能会比其他方法都省事、省时。

10.5 管理分区表

💿 **本节教学录像时间：1分钟**

合理地管理分区表，有利于电脑的正常运行。下面将详细讲述分区表的作用以及备份分区表、还原分区表和重建分区表的方法。

10.5.1 分区表的作用

分区表主要用来记录硬盘文件的地址。硬盘按照扇区储存文件，当系统提出要求需要访问某一个文件的时候，首先访问分区表，如果分区表里面有这个文件的名称，就可以直接访问它的地址，如果分区表里面没有这个文件，那就无法访问。系统删除文件的时候，并不是删除文件本身，而是在分区表里面删除，所以，删除以后的文件还是可以恢复的，因为分区表的特性，系统可以很方便地知道硬盘的使用情况，而不必为了一个文件而搜索整个硬盘，大大提高了系统的运行能力。

分区表一般位于硬盘某柱面的0磁头1扇区，而第1个分区表（即主分区表）总是位于0柱面、0磁头、1扇区，其他剩余的分区表位置可以由主分区表依次推导出来。分区表有64字节，占据其所在扇区的447～510字节，要判定是不是分区表，就看其后紧邻的两个字节（即511～512）是不是"55AA"，若是，则为分区表。下图为打开DiskGenius V3.2软件后看到的系统分区表的情况。

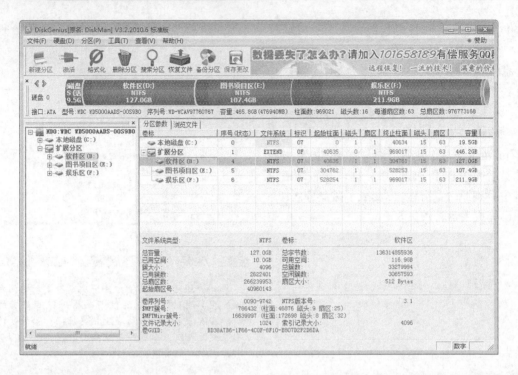

10.5.2 备份分区表

如果分区表损坏会造成系统启动失败、数据丢失等严重后果。这里以使用DiskGenius V3.2软件为例，来讲述如何备份分区表，具体操作步骤如下。

步骤01 打开软件DiskGenius，选择需要保存备份分区表的分区，然后选择【硬盘】➤【备份分区表】菜单项，用户也可以按【F9】键备份分区表。

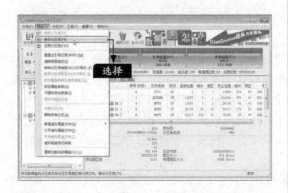

步骤02 弹出【设置分区表备份文件名及路径】对话框，在【文件名】文本框中输入备份分区表的名称。

步骤03 单击【保存】按钮，即可开始备份分区表，当备份完成后，弹出【DiskGenius】提示框，提示用户当前硬盘的分区表已经备份到指定的文件中。

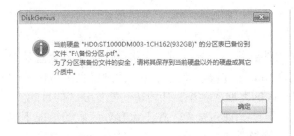

10.5.3 还原分区表

当计算机遭到病毒破坏、加密引导区或误分区等操作导致硬盘分区丢失时，就需要还原分区表。这里以使用DiskGenius软件为例，来讲述如何还原分区表。具体操作步骤如下。

步骤01 打开DiskGenius软件，在其主界面中选择【硬盘】➤【还原分区表】菜单项或按【F10】键。

步骤02 随即打开【选择分区表备份文件】对话框，在其中选择硬盘分区表的备份文件。

步骤03 单击【打开】按钮，即可打开【DiskGenius】信息提示框，提示用户是否从这个分区表备份文件还原分区表，单击【是】按钮。

步骤04 再次提示"是否同时还原各分区引导扇区"，单击【是】按钮，即可还原分区表，且还原后将立即保存到磁盘并生效。

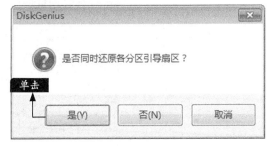

10.5.4 重建分区表

重建分区表是在原DOS版的基础上重写并增强的功能，它能通过已丢失或已删除分区的引导扇区等数据恢复这些分区，并重新建立分区表。无论是误删除的分区，还是被病毒删除的分区，都可以尝试通过本功能恢复。

分区的位置信息保存在硬盘分区表中。分区软件删除一个分区时，会将分区的位置信息从分区表中删除，不会删除分区内的任何数据。DiskGenius通过搜索硬盘扇区，找到已丢失分区的引导扇区，通过引导扇区及其他扇区中的信息确定分区的类型、大小，从而达到恢复分区的目的。

DiskGenius的【重建分区表】功能操作直观、灵活、搜索全面，在不保存分区表的情况下也可以将搜索到的分区内的文件复制出来，甚至可以恢复其内的已删除文件，搜索过程中立即显示搜索到的分区，可即时浏览分区内的文件，以判断搜索到的分区是否正确。

步骤 01 打开DiskGenius软件，选择【工具】▶【搜索已丢失分区（重建分区表）】菜单命令。

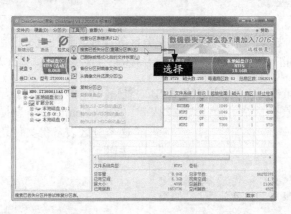

步骤 02 弹出【搜索丢失分区】对话框，在【搜索范围】选区中选择【整个硬盘】单选按钮，在【搜索方式】列表中选择【高级方式】单选按钮，【高级方式选项】选区采用默认的选项，单击【开始搜索】按钮。

【搜索丢失分区】对话框中各个参数的含义如下。

(1) 搜索范围

① 整个硬盘：忽略现有分区，从头到尾搜索整个硬盘。

② 当前选择的区域：保留现有分区，并且只在当前选择的空闲区域中搜索分区。

③ 所有未分区区域：保留现有分区，并且依次搜索所有空闲区域中的已丢失分区。

(2) 搜索方式

① 自动：采用自动方式时，对于搜索到的每一个有文件的分区，程序自动保留，然后继续搜索后面的区域，直到搜索到硬盘结尾。

② 高级方式：每搜索到一个分区，都提示并询问用户是否保留。在做出是否保留的选择之前，用户可以首先浏览分区内的文件以判断搜索到的分区是否正确。

(3) 高级方式选项

① 按柱面：只搜索硬盘每个柱面的第一个扇区，判断其是否含有分区引导信息，速度快但可能会漏掉某些分区。

② 按磁道：搜索硬盘每个磁道的第一个扇区，判断其是否含有分区引导信息，速度较慢。

③ 按扇区：搜索硬盘的每一个扇区，判断其是否含有分区引导信息，速度最慢，最全面，但误报分区的情况也会较多。

④ 检测时包含引导扇区的备份扇区：在NTFS、FAT32分区中都存在一个引导扇区的备份扇区，它是对引导扇区的复制，通过它也可以确定分区的类型及位置信息。

⑤ 检测时包含其他相关扇区：如果引导扇区及其备份都被破坏，可以尝试通过其他相关扇区判断分区信息。

步骤 03 弹出【搜索到分区】对话框，单击【保留】按钮。

步骤 04 如果用户在**步骤 02**中选择【自动】单选按钮，程序搜索到每个有文件的分区后都会自动保留，不会再要求用户选择。搜索完成后，程序弹出下面的提示，单击【确定】按钮完成操作。

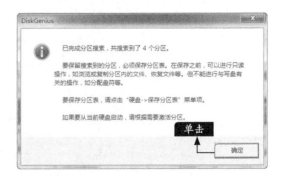

 高手支招

● 如何使用format命令对焦点所在卷进行格式化

具体的操作步骤如下。

步骤01 在命令提示符窗口中调用DISKPART命令解释器并输入命令"list volume",即可列出电脑上的可用卷及其详细信息,包括卷号、盘符、文件系统、每个卷的类型、状态等情况。

步骤02 将焦点放置在要操作的卷上。输入命令"select volume 3"即可将卷E选定为要进行操作的卷。再输入命令"list volume",即可看到此时卷E已用星号标识,说明卷E就是现在所选择的卷。

步骤03 输入命令"format fs=ntfs unit=512",将选定的卷格式化为NTFS格式的文件系统,并设置其格式化时每一磁盘簇的分配单元大小为512字节。DISKPART会以百分比的形式显示格式化的进度。

步骤04 等待一段时间,格式化完毕后,DISKPART会提示已成功格式化选定的卷。

步骤05 在使用format命令格式化选定的卷时,如果该卷正在使用,则会导致DISKPART无法完成格式化,并提示下图所示的信息。

第11章

数据的维护

学习目标

硬盘中存放有大量有用的数据，而硬盘又有发生机械故障的风险，同时，病毒的日益增多对保存在硬盘中的数据的威胁越来越大，所以用户需要考虑数据的安全问题。要保护数据的安全，首先要做的事就是将这些数据进行备份，并及时维护硬盘中的数据。

学习效果

11.1 数据的显示与隐藏

⊙ **本节教学录像时间：2分钟**

用户通过隐藏数据，可以防止重要的文件被误操作。下面将介绍常见的隐藏与显示数据的方法。

11.1.1 简单的隐藏与显示

隐藏文件可以增强文件的安全性，同时可以防止误操作导致的文件丢失现象。隐藏文件的具体操作步骤如下。

步骤 01 选择需要隐藏的文件，如"龙马设计.txt"，右击并在弹出的快捷菜单中选择【属性】菜单命令。

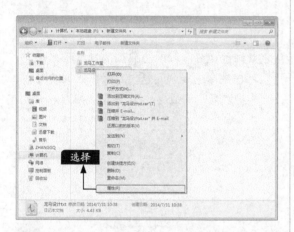

步骤 02 弹出【龙马设计.txt 属性】对话框，选择【常规】选项卡，然后选中【隐藏】复选框，单击【确定】按钮，选择的文件被成功隐藏。

文件被隐藏后，用户要想调出隐藏文件，需要显示文件。具体操作步骤如下。

步骤 01 按【Alt】功能键，调出工具栏。

步骤 02 选择【工具】▶【文件夹选项】菜单命令。

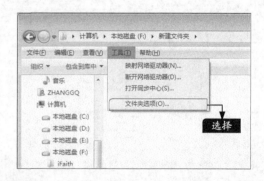

步骤 03 弹出【文件夹选项】对话框，在【高级设置】列表框中选择【显示隐藏的文件、文件夹和驱动器】单选按钮，单击【确定】按钮。

步骤 04 返回到文件窗口中，选择隐藏的文件，单击鼠标右键并在弹出的快捷菜单中选择【属性】菜单命令。弹出【龙马设计.txt属性】对话框，撤销选中【隐藏】复选框，单击【确定】按钮，即可成功显示隐藏的文件。

小提示

完成显示文件的操作后，用户可以在【文件夹选项】对话框中选择【不显示隐藏的文件、文件夹或驱动器】单选按钮，从而避免对隐藏文件的误操作。

11.1.2 通过修改注册表隐藏和显示

上述简单的隐藏方式只能在一定程度上增加数据的安全性，别人可以通过显示隐藏文件找到。为了解决上述问题，用户可以通过修改注册表来隐藏数据。具体操作步骤如下。

步骤 01 选择【开始】➤【所有程序】➤【附件】➤【运行】菜单命令。

步骤 02 打开【运行】对话框，在【打开】文本框中输入"regedit"命令。

步骤 03 弹出【注册表编辑器】窗口，选择HKEY_LOCAL_MaCHINE➤Software➤Microsoft➤Windows➤CurrentVersion➤Explorer➤Advanced➤Folder➤Hidden➤SHOWALL选项。

步骤 04 在右侧的窗口中选择【CheckedValue】选项，右击并在弹出的快捷菜单中选择【修改】菜单命令。

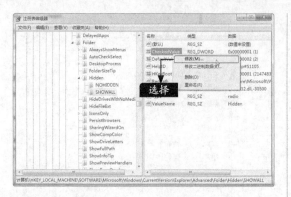

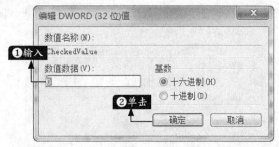

步骤 05 弹出【编辑DWORD（32位）值】对话框，在【数值数据】文本框中输入0，单击【确定】按钮。

小提示

如果将【CheckedValue】的值设置为"1"，则表示显示隐藏文件。

11.1.3 使用Easy File Locker隐藏与显示数据

除了利用操作系统自带功能隐藏和显示数据外，用户还可以使用第三方软件隐藏与显示数据。下面以使用Easy File Locker为例，讲述隐藏与显示数据的一般方法。

隐藏文件夹的具体操作步骤如下。

步骤 01 打开Easy File Locker主程序，在主界面中，用户可以看到【系统】、【编辑】、【显示】和【帮助】菜单选项。

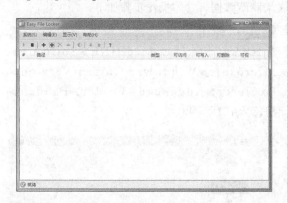

步骤 02 选择【编辑】➤【添加文件夹】菜单命令。如果用户想隐藏单个的文件，可以选择【添加文件】菜单命令。

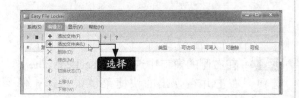

步骤 03 弹出【设置】对话框，用户可以将文件或文件夹设置为是否可访问、写入、删除和可视等。

步骤 04 取消选中【可访问】复选框，其余两个复选框自动取消选中，单击【路径】右侧的按钮 ... 。

步骤 05 弹出【浏览文件夹】对话框，选择需要隐藏的文件夹，单击【确定】按钮。

步骤 06 返回到【设置】对话框，单击【确定】按钮即可完成文件夹的隐藏操作。

显示隐藏文件夹的方法很简单，只要撤销隐藏即可。具体操作步骤如下。

步骤 01 打开Easy File Locker，在主界面中选择需要显示的文件，单击【修改】按钮。

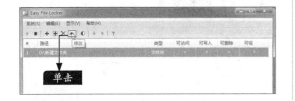

步骤 02 弹出【设置】对话框，选中【可视】复选框，单击【确定】按钮。如果用户想对文件夹访问和修改，选中【可访问】复选框即可。

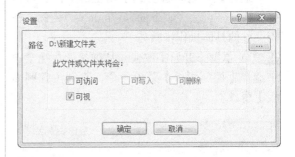

步骤 03 返回到文件夹所在的位置，即可看到隐藏的文件夹。

11.2 数据的备份与恢复

🔵 **本节教学录像时间：3分钟**

隐藏数据虽然可以在一定程度上保护数据，但很容易被破解，特别是病毒的攻击，让用户防不胜防。为了更进一步保护数据的安全，下面讲述如何备份和恢复数据。

11.2.1 文件的备份与恢复

为了避免文件和文件夹被病毒感染或者因为人为误操作导致的数据丢失，从而导致一些重要的数据无法恢复，用户可以对一些重要的文件进行备份操作，这样即使原文件丢失了，仍然可以通过备份文件来弥补损失。

● 1. 文件的备份

Windows操作系统提供备份文件的功能，用户通过设置自动备份或手动备份文件，可以确保文件不会丢失。下面以Windows 7为例，备份文件的具体操作步骤如下。

步骤 01 单击【开始】按钮，从弹出的快捷菜单中选择【控制面板】菜单命令，打开【控制面板】窗口。

步骤 02 在【类别】查看方式下，单击【备份您的计算机】超链接。

步骤 03 在打开的窗口中，单击【设置备份】超链接。

步骤 04 在打开的【设置备份】对话框中，选择保存备份文件的位置，建议选择可用空间较大的磁盘分区，然后单击【下一步】按钮。

步骤 05 在【设置备份-您希望备份哪些内容？】对话框中，选择要备份的内容，如这里选择【让我选择】单选项，并单击【下一步】按钮。

步骤 06 在打开的【设置备份-您希望备份哪些内容？】对话框中，勾选要备份的内容，单击【下一步】按钮。

步骤 07 在【设置备份-查看备份设置】对话框中，单击【保存设置并运行备份】按钮开始备份。

步骤 08 此时，会自动关闭当前【设置备份】对话框，进入备份状态，如下图所示。

● 2.文件的还原

对于做过备份的文件，一旦文件丢失，用户可以通过还原操作恢复重要的文件。具体操作步骤如下。

步骤 01 从控制面板中打开【备份和还原】窗口，单击窗口下方的【还原我的文件】按钮。

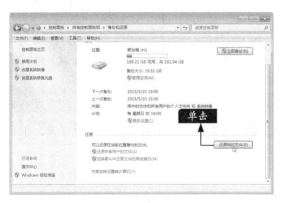

步骤 02 在打开的【还原文件】对话框中，单击【浏览文件夹】按钮。

步骤 03 在打开的对话框中，选择要恢复的文件夹，单击【添加文件夹】按钮。

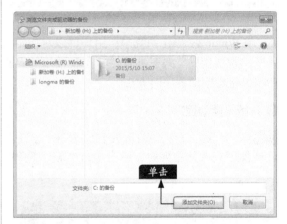

步骤 04 返回【还原文件】对话框，单击【下一步】按钮。

步骤 05 在打开的对话框中，确认文件恢复的位置，单击【还原】按钮。

步骤 06 系统会进入还原过程中，如下图提示还原完成，单击【完成】按钮即可。

11.2.2 驱动程序的备份与恢复

在Windows 操作系统中，用户可以对指定的驱动程序进行备份。一般情况下，用户备份驱动程序常常要借助于第三方软件，比较常用的有驱动精灵、鲁大师、驱动人生等。下面介绍使用驱动精灵备份驱动程序的方法。

●1.备份驱动程序

步骤 01 下载并安装驱动精灵软件程序，然后打开程序进入其主界面，单击【百宝箱】选项卡。

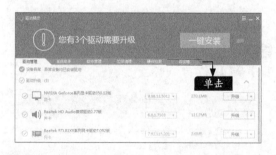

步骤 02 进入【百宝箱】界面，单击【驱动备份】图标选项。

步骤 03 勾选需要备份的驱动，单击【一键备份】按钮。

小提示

如果要备份单个驱动，也可以单击驱动程序右侧的【备份】按钮进行备份。

步骤 04 片刻后，驱动程序即会备份完成，如下图所示。

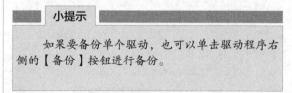

● 2.还原驱动程序

步骤01 打开驱动精灵，进入【百宝箱】界面，单击【驱动还原】图标选项。

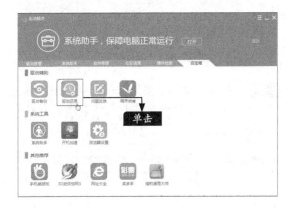

步骤02 进入【还原驱动】界面，单击需要还原的驱动后面的【还原】按钮，如还原网卡驱动，将鼠标拖曳至网卡驱动信息上，单击【还原】按钮。

步骤03 此时软件即会对网卡驱动进行还原，如下图所示。

步骤04 还原成功后，即会提示还原完成信息，如下图所示。

11.2.3 注册表的备份与恢复

在Windows 操作系统中，使用系统自带的注册表编辑器可以导出一个扩展名为.reg的文本文件，在该文件中包含了导出部分的注册表的全部内容，包括子键、键值项和键值等信息。备份注册表的过程就是导出注册表的过程。

下面以Windows 7为例，使用注册表编辑器备份注册表的具体操作步骤如下。

步骤01 按【Windows+R】组合键，打开【运行】对话框，在【打开】文本框中输入"regedit"命令。

步骤02 单击【确定】按钮，打开【注册表编辑器】窗口。

步骤03 在【注册表编辑器】窗口的左边窗格中选择要备份的注册项。

步骤04 在【注册表编辑器】窗口中选择【文件】▶【导出】菜单命令。

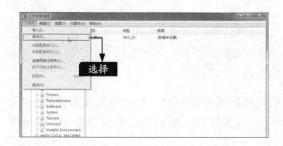

步骤05 打开【导出注册表文件】对话框，在其中设置导出文件的存放位置，在【文件名】文本框中输入"注册表备份"，在【导出范围】设置区域中选择【所选分支】单选按扭。

小提示

若选择【所选分支】单选按扭，只导出所选注册表项的分支项；若选择【全部】单选按钮，则导出所有注册表项。

步骤06 单击【保存】按钮即可开始导出，导出完成后，打开保存该文件的文件夹即可看到一个注册表文件。

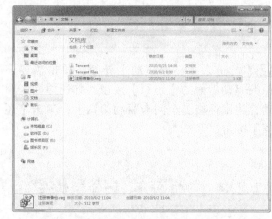

使用注册表编辑器可以备份注册表，也可以将备份的注册表恢复到系统之中，以修复受损的注册表。恢复注册表的具体操作步骤如下。

步骤01 在【注册表编辑器】窗口中选择【文件】▶【导入】菜单命令。

步骤02 随即打开【导入注册表文件】对话框，在其中选择需要还原的注册表文件。

步骤03 单击【打开】按钮，即可开始导入注册表文件，导入成功后，将弹出一个信息提示框，提示用户已经将注册表备份文件中的项和值成功添加到注册表中。单击【确定】按钮，关闭该对话框。

小提示

用户在还原注册表的时候也可以直接双击备份的注册表文件。此外，如果用户的注册表在受损之前没有进行备份，那么这个时候可以将其他电脑的注册表文件导出后复制到自己的电脑上运行一次就可以导入修复注册表文件了。

11.2.4 QQ消息的导出与导入

QQ是最为常用的聊天工具之一，而QQ资料则是极为重要的数据，如用户信息、聊天资料和系统消息等，用户可以将其导入到电脑中进行备份，可以在QQ资料因软件卸载、系统重装等丢失时，重新导入到QQ中即可恢复历史聊天记录。

1.导出消息记录

步骤01 登录到个人QQ主界面，单击【消息管理器】按钮。

步骤02 弹出【消息管理器】对话框，单击右上角的【工具】按钮，在弹出的菜单命令中，选择【导出全部消息记录】命令。

步骤03 在弹出的【另存为】对话框中，选择要保存的路径及设置文件名等，然后单击【保存】按钮。

步骤04 资料即保存至电脑中，打开选择的路径，可以看到保存的文件，如下图所示。

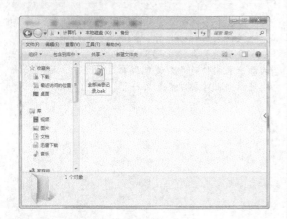

2.导入消息记录

步骤01 打开【消息管理器】对话框，单击右上

角的【工具】按钮 ▼ ，在弹出的菜单命令中，选择【导入消息记录】命令。

步骤02 根据提示进行导入操作，选择备份的文件，然后单击【导入】按钮，即可将消息记录导入到QQ中。

11.3 数据的加密与解密

⬤ 本节教学录像时间：2分钟

　　用户的电脑硬盘上常常有一些重要或者不能公开的隐私或文件，如一些银行密码、私人照片等，除了会被人为直接窃取外，上网时很容易被黑客窃取。要想解决这一问题，用户只能对文件进行加密操作，从而增加数据的安全性。常见的数据加密与解密方式分为3种：更改文件的扩展名、设置文件的访问权限和为数据设置密码等。

11.3.1 简单加密与解密

　　用户通过更改文件的扩展名，可以实现简单的文件加密操作。默认情况下，在Windows 7操作系统中并不显示文件的扩展名，所以用户在更改文件的扩展名之前，需要先让文件的扩展名显示出来，然后再修改文件的扩展名即可。

　　具体操作步骤如下。

步骤 01 打开需要加密文件的文件目录，单击【工具】▶【文件夹选项】菜单命令。

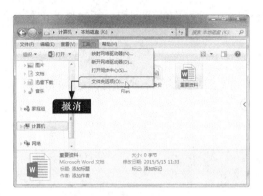

步骤 02 弹出【文件夹选项】对话框，选择【查看】选项卡，在【高级设置】列表中取消【隐藏已知文件类型的扩展名】复选框，单击【确定】按钮。

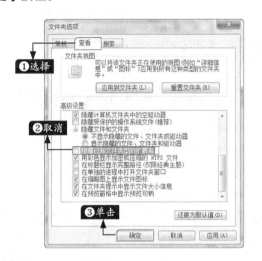

步骤 03 此时，即可显示隐藏的扩展名，按【F2】键，选择该文件的扩展名，输入任意一个不同的扩展名，这里输入"txt"，用户也可以随便输入一个扩展名，按【Enter】键。

步骤 04 弹出【重命名】对话框，单击【是】按钮。

步骤 05 双击加密后的文件，打开的是一个乱码的文件，这样在一定程度上提高了文件的安全性。

用户如果想解密文件，需要将其扩展名修改过来，具体操作步骤如下。

步骤 01 选择需要解密的文件，按【F2】键，将其修改为正确的扩展名。

步骤 02 弹出【重命名】对话框，单击【是】按钮，即可修改为正确的文件格式。

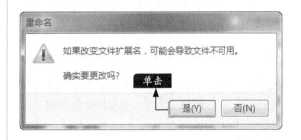

11.3.2 无权访问的文件夹

网络上黑客要想破坏用户电脑上的数据，需要获得对文件操作的访问权，通过修改文件夹的访问权，可以在一定程度上提高数据的安全性。

设置文件夹访问权的具体操作步骤如下。

步骤 01 选择需要设置访问权的文件，右击并在弹出的快捷菜单中选择【属性】菜单命令。

步骤 02 弹出【属性】对话框，选择修改权限的用户名称，单击【编辑】按钮。

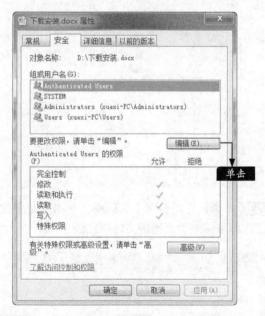

步骤 03 弹出【权限】对话框，在【拒绝】列中选中相应的复选框，其中包括【完全控制】、【修改】、【读取和执行】、【读取】和【写入】等选项，单击【确定】按钮。

步骤 04 弹出【Windows 安全】对话框，单击【是】按钮。

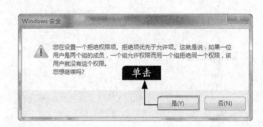

步骤 05 返回到【属性】对话框，单击【确定】按钮。

步骤 06 双击修改权限后的文件，弹出警告对话框，显示用户无权打开文件。

步骤 07 选择修改后的文件并右击，在弹出的快捷菜单中选择【属性】菜单命令。

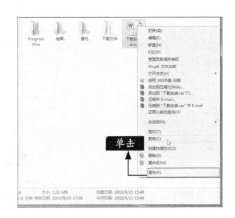

步骤 08 在需要复制的位置按【Ctrl+V】组合键复制文件，弹出【文件访问被拒绝】对话框，用户无法对文件进行相关的操作，从而提高数据的安全性。

11.4 使用云盘保护重要数据

🔵 本节教学录像时间：4 分钟

随着云技术的快速发展，各种云盘也争相竞夺市场，其中被广泛使用的当属百度云管家、360云盘和腾讯微云3款软件，它们不仅功能强大，而且具备了很好的用户体验，下图列举了3款软件的初始容量和最大免费扩容情况，方便读者参考。

	百度云管家	360云盘	腾讯微云
初始容量	5GB	5GB	2GB
最大免费扩容容量	2055GB	36TB	10TB
免费扩容途径	下载手机客户端送2TB	1.下载电脑客户端送10TB 2.下载手机客户端送25TB 3.签到、分享等活动赠送	1.下载手机客户端送5GB 2.上传文件，赠送容量 3.每日签到赠送

本节主要讲述如何使用百度云管家，也希望读者能够举一反三。

11.4.1 上传、分享和下载文件

上传、分享和下载是各类云盘最主要的功能，用户可以将重要数据文件上传到云盘空间，可以将其分享给其他人，也可以在不同的客户端下载云盘空间上的数据，方便了不同用户、不同客户端直接的交互，下面介绍百度云盘如何上传、分享和下载文件。

步骤 01 下载并安装【百度云管家】客户端后，在【计算机】中，双击【百度云管家】图标，打开该软件。

步骤 02 打开百度云管家客户端，在【我的网盘】界面中，用户可以新建目录，也可以直接上传文件，如这里单击【新建文件夹】按钮，新建一个分类的目录，并命名为"重要数据"。

步骤 03 打开新建目录文件夹，选择要上传的重要资料，拖曳到客户端界面上。

步骤 04 此时，资料即会上传至云盘中，如下图所示。如需删除上传文件，单击对应文件右上角的 ⊗ 按钮即可。

步骤 05 上传完毕后，当将鼠标指针移动到想要分享的文件后面，就会出现【创建分享】标志 ⬳。

步骤 06 单击该标志，显示了分享的两种方式：公开分享和私密分享。如果创建公开分享，该文件则会显示在分享主页，其他人都可下载；而私密分享，系统会自动为每个分享链接生成

一个提取密码，只有获取密码的人才能通过连接查看并下载私密共享的文件。如这里单击【私密分享】选项卡下的【创建私密链接】按钮，即可看到生成的链接和密码，单击【复制链接及密码】按钮，即可将复制的内容发送给好友进行查看。

步骤 07 在【我的云盘】界面，单击【分类查看】按钮，并单击左侧弹出的分类菜单【我的分享】选项，弹出【我的分享】对话框，列出了当前分享的文件，带有标识，则表示为私密分享文件，否则为公开分享文件。勾选分享的文件，然后单击【取消分享】按钮，即可取消分享的文件。

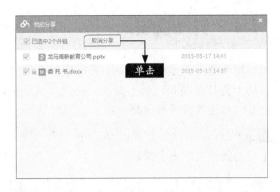

步骤 08 返回【我的网盘】界面，当将鼠标移动到列表文件后面，会出现【下载】标志，单击该按钮，可将该文件下载到电脑中。

小提示

单击【删除】按钮，可将其从云盘中删除。另外，单击【设置】按钮，可在【设置】▶【传输】对话框中，设置文件下载的位置和任务数等。

步骤 09 单击界面右上角的【传输列表】按钮，可查看下载和上传的记录，单击【打开文件】按钮，可查看该文件；单击【打开文件夹】按钮，可打开该文件所在的文件夹；单击【清除记录】按钮，可清除该文件传输的记录。

11.4.2 自动备份

自动备份就是同步备份用户指定的文件夹，相当于一个本地硬盘的同步备份盘，可以将数据自动上传并存储到云盘，其最大的优点就是可以保证在任何设备都保持完全一致的数据状态，无论是内容还是数量都保持一致。使用自动备份功能的具体操作步骤如下。

步骤01 打开百度云管家，单击界面右下角的【自动备份文件夹】按钮 ⬆。

小提示

如果界面右下角没有，则可单击【设置】按钮 ▽，在【设置】▶【基本】对话框中，单击【管理】按钮，即可打开【管理自动备份】对话框。

步骤02 弹出【管理自动备份】对话框，可以单击【智能扫描】按钮，扫描近几天使用频率最高的文件夹；也可单击【手动添加文件夹】按钮，手动添加文件路径。这里单击【手动添加文件夹】按钮。

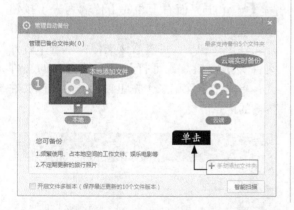

步骤03 弹出【选择要备份的文件夹】对话框，在要备份的文件夹前勾选复选框，并单击【备份到云端】。

步骤04 弹出【选择云端保存路径】对话框，用户可单击选择已有的文件夹，也可以新建文件夹。这里选择【备份】文件夹，然后单击【确定】按钮即可完成自动上传文件夹的添加，软件即会自动同步该文件夹内的所有数据。

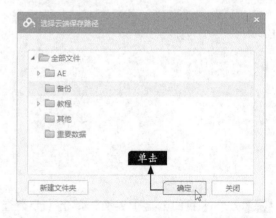

11.4.3 使用隐藏空间保存私密文件

隐藏空间是在网盘的基础上专为用户打造的文件存储空间，用户可以上传、下载、删除、新建文件夹、重命名、移动等，用户可以为该空间创建密码，只有输入密码方可进入，这可以方便地保护用户的秘密文件。另外，隐藏空间的文件删除后无法恢复，分享的文件移入隐藏空间，也会被取消分享。

使用隐藏空间的具体步骤如下。

步骤 01 打开百度云管家，单击【隐藏空间】图标，然后单击【启用隐藏空间】按钮。

步骤 02 弹出【创建安全密码】对话框，首次启用隐藏空间，需要设置安全密码，输入并确定安全密码后，单击【创建】按钮。

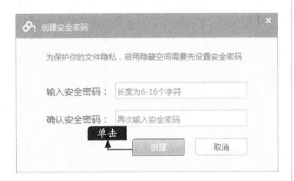

步骤 03 进入隐藏空间，用户即可上传文件，其操作步骤和【我的网盘】一致，在此不再赘述。

步骤 04 再次使用百度云管家的隐藏空间功能时，则需要输入安全密码，如下图所示。

高手支招

❄ 本节教学录像时间：3分钟

◎ 利用命令隐藏数据

通过简单的操作隐藏数据后，别人可以通过简单的操作显示文件。为了解决这一问题，可以使用命令隐藏数据，通过命令隐藏数据后，别人不能再显示文件，而且通过搜索也不能找到隐藏的数据文件，这样就更进一步增加了数据的安全性。

隐藏数据的具体操作步骤如下。

步骤 01 选择【开始】➤【所有程序】➤【附件】➤【运行】菜单命令。

步骤 02 打开【运行】对话框，在【打开】文本框中输入 "cmd" 命令。

步骤 03 在弹出的DOS窗口中输入 "attrib +s +a +h +r D:\123.docx"，其中 "D:\123.docx" 代表需要隐藏的文件夹的具体路径，按【Enter】键确认。

步骤 04 打开隐藏文件夹的路径，发现文件已经真正隐藏了，下面通过显示隐藏文件的方法检验是否被真正隐藏了。单击【组织】按钮，在弹出的菜单中选择【文件夹和搜索选项】菜单命令。

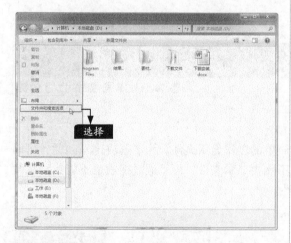

步骤 05 弹出【文件夹选项】对话框，选择【查看】选项卡，在【高级设置】列表框中取消【隐藏已知文件类型的扩展名】复选框，单击【确定】按钮。

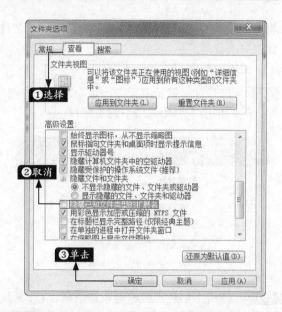

步骤 06 这时隐藏文件仍然不能显示，表示文件被真正隐藏了。

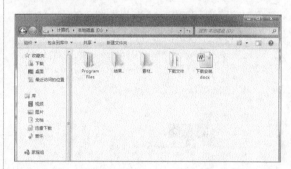

步骤 07 如果用户想再次调出隐藏的文件夹，在DOS窗口中输入 "attrib -a -s -h -r D:\123.docx"，按【Enter】键确认。

步骤 08 即可调出隐藏的文件夹。

第 **12** 章

电脑的优化与设置

在电脑的使用过程中用户需要及时优化系统，以确保发挥电脑的性能。本章主要介绍优化电脑速度和显示效果的方法，以及如何使用软件优化系统等。

学习效果

12.1 加快开/关机速度

⊗ **本节教学录像时间：2 分钟**

电脑的开启和关闭是一个复杂的过程，要使电脑更安全、更稳定、更迅速地启动，就需要对电脑的开机和关机进行优化，以加快开/关机的速度。用户可以通过以下途径来加快开/关机速度。

12.1.1 调整系统启动停留的时间

在启动操作系统时，用户可以自己调整显示操作系统列表的时间，以及显示恢复选项的时间。具体的操作步骤如下。

步骤 01 选中桌面上的【计算机】图标并右击，从弹出的快捷菜单中选择【属性】菜单项。

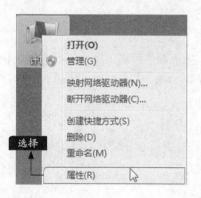

步骤 02 打开【系统】窗口，在其中可以查看有关计算机的基本信息。

步骤 03 单击左侧窗格中的【高级系统设置】链接，打开【系统属性】对话框的【高级】选项卡。

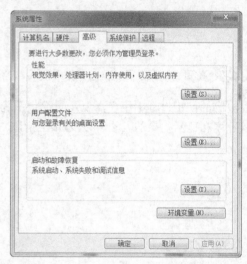

步骤 04 单击【启动和故障恢复】选项组中的【设置】按钮，即可打开【启动和故障恢复】对话框。

步骤 05 在其中选中【在需要时显示恢复选项的时间】复选框，并根据需要设置后面文本框中的时间，单位是秒。

步骤 06 在【启动和故障恢复】对话框中取消勾选【系统失败】选项组中的【将事件写入系统

日志】复选框。

步骤 07 设置完毕后，单击【确定】按钮以保存设置。至此，就完成了调整系统启动停留的时间的操作。

12.1.2 设置开机启动项目

在电脑启动的过程中，自动运行的程序叫开机启动项，在任务栏右边的程序图标就属于开机启动程序图标。开机启动程序会浪费大量的内存空间，并减慢系统启动速度，因此，要想加快开关机速度，就必须设置开机启动项目。具体的操作步骤如下。

步骤 01 按【Windows+R】组合键，打开【运行】对话框，在【打开】文本框中输入"msconfig"。

步骤 02 单击【确定】按钮，即可打开【系统配置】对话框。

步骤 03 选择【启动】选项卡，进入【启动】设置界面，用户可以在其列表框中取消选择不需要在启动时运行的程序。

步骤 04 设置完毕后，单击【确定】按钮，即可打开【系统配置】对话框，提示用户需要重新启动电脑以便使某些由系统配置所做的更改生效，单击【重新启动】按钮即可。

12.2 加快系统运行速度

☕ **本节教学录像时间：3 分钟**

用户可以对电脑中的一些选项进行设置，如禁用无用的服务组件、设置最佳性能、结束多余的进程以及整理磁盘碎片等，从而加快电脑运行速度。

12.2.1 禁用无用的服务组件

在Windows 操作系统中，用户可以将不需要的服务组件禁用掉，以加快电脑运行的速度。具体的操作步骤如下。

步骤 01 在桌面上选中【计算机】图标并右击，从弹出的快捷菜单中选择【管理】菜单项。

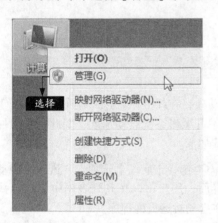

步骤 02 打开【计算机管理】窗口，在左侧任务窗格中依次单击【计算机管理】▶【服务和应用程序】▶【服务】菜单项。

步骤 03 在右侧列表框中选中需要禁用的服务选

项并右击，从弹出的快捷菜单中选择【停止】菜单项。

步骤 04 再次选中需要禁用的服务选项并右击，从弹出的快捷菜单中选择【属性】菜单项。

步骤 05 随即打开【属性】对话框，单击【启动类型】右侧的下拉按钮，从弹出的下拉列表中

选择【禁用】选项。

步骤06 设置完毕后，单击【确定】按钮，即可完成设置。

小提示

用户可以禁用的服务组件有Print Spooler（打印服务）、Task Scheduler（计划任务）、FAX（传真服务）、Messenger（局域网消息传递）以及Remote Registry（提供远程用户修改注册表）等。

另外，还可以在【Windows任务管理器】窗口中停止服务的运行。具体的操作步骤如下。

步骤07 在操作系统桌面上，按键盘上的【Ctrl+Alt+Delete】组合键，打开下图所示的界面。

步骤08 单击【启动任务管理器】按钮，打开【Windows任务管理器】窗口。

步骤09 选择【服务】选项卡，打开服务设置界面，在下方的列表中显示了系统中启动的服务列表。

步骤10 在列表框中选中无用的服务并右击，从弹出的快捷菜单中选择【停止服务】菜单项。

步骤 11 如果用户发现需要禁止的服务无法禁止，这时可以单击【服务】按钮，打开【服务】对话框，从中进行更多的设置。

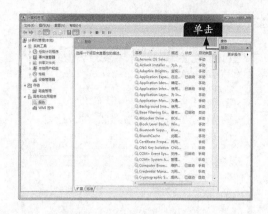

12.2.2 设置最佳性能

有时，用户注重追求系统华丽的外表，而往往忽视性能的提高，这对于电脑配置较低的用户来说是得不偿失的。下面介绍如何设置系统的最佳性能。具体的操作步骤如下。

步骤 01 单击【开始】按钮，从弹出的快捷菜单中选择【控制面板】菜单项，打开【控制面板】窗口。

步骤 02 在【控制面板】窗口中单击【系统和安全】链接，打开【系统和安全】窗口。

步骤 03 单击【系统】链接，打开【查看有关计算机的基本信息】窗口。

步骤 04 在左侧窗格中选择【高级系统设置】选项，打开【系统属性】对话框。

步骤 05 选择【高级】选项卡，在打开的界面中单击【性能】组合框中的【设置】按钮，即可打开【性能选项】对话框，在其中选择【视觉效果】选项卡，默认情况下系统选中【让Windows选择计算机的最佳设置】单选按钮。

步骤 06 选中【调整为最佳性能】单选按钮，可

以看到列表框中所有选项前面的复选框都被撤选，用户也可以选中【自定义】单选按钮，然后对列表框中的选项进行设置。

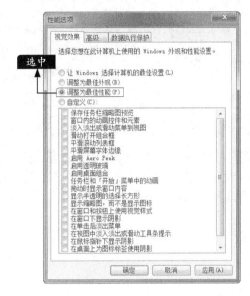

步骤 07 设置完毕后，单击【确定】按钮或【应用】按钮，系统就会根据用户的选择对系统外观与性能进行设置，从而提高电脑运行的速度。

12.2.3 结束多余的进程

结束多余进程可以提高电脑运行的速度。具体的操作步骤如下。

步骤 01 按键盘上的【Ctrl+Alt+Delete】组合键，打开【Windows任务管理器】窗口。

步骤 02 选择【进程】选项卡，即可看到本机中开启的所有进程。

> **小提示**
>
> 【Windows任务管理器】窗口中主要系统进程的含义如下。
>
> ① smss.exe：会话管理。
> ② csrss.exe：子系统服务器进程。

③ winlogon.exe：管理用户登录。

④ service.exe：系统服务进程。

⑤ lsass.exe：管理IP安全策略及启动ISAKMP/Oakley（IKE）和IP安全启动程序。

⑥ svchost.exe：从动态链接库中运行服务的通用主机进程名称（在Windows XP系统中通常有6个svchost.exe进程）。

⑦ spoolsv.exe：将文件加载到内存中以便打印。

⑧ explorer.exe：资源管理进程。

⑨ internat.exe：输入法进程。

步骤 03 在进程列表中查找多余的进程，然后单击鼠标右键，从弹出的快捷菜单中选择【结束进程】或【结束进程树】菜单项。

步骤 04 随即弹出【Windows 任务管理器】对话框，提示用户是否要结束选中的进程。

步骤 05 单击【结束进程】按钮，即可结束选中的进程，单击【取消】按钮，取消结束进程的操作。

12.2.4 使用Ready Boost加速系统

Ready Boost是Windows Vista中的新技术，在继Vista的下一代操作系统Windows 7中，同样包含了这项技术，它利用了闪存随机读写及零碎文件读写上的优势来提高系统性能。具体的操作步骤如下。

步骤 01 将U盘插入电脑的USB接口中，然后双击桌面上的【计算机】图标，打开【计算机】窗口。

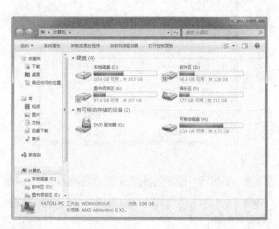

步骤 02 右击【可移动磁盘（H:）】，在弹出的

快捷菜单中选择【属性】菜单命令，打开【可移动磁盘（H:）属性】对话框。

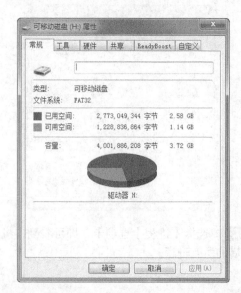

步骤 03 选择【Ready Boost】选项卡，进入
【Ready Boost】选项卡，在其中选择【使用这
个设备】单选按钮，并设置用于加速系统的保
留空间，这里使用推荐大小"1071MB"，也
就是选择使用多少 U 盘空间作为内存来使用。

步骤 04 单击【确定】按钮，即可使电脑加速。

12.3 系统瘦身

🔘 本节教学录像时间：2 分钟

对于系统不常用的功能，可以将其关闭，从而给系统瘦身，达到调高电脑性能的目的。

12.3.1 关闭系统还原功能

Windows操作系统提供了系统还原功能，当系统被破坏时，可以通过该功能恢复到正常状态。但是这样占用了系统资源，如果不需要此功能，可以将其关闭。关闭系统还原功能的具体操作步骤如下。

步骤 01 按【Windows+R】组合键，弹出
【运行】对话框，在【打开】文本框中输入
"gpedit.msc"命令。

步骤 02 弹出【本地组策略编辑器】窗口，选择
【计算机配置】▶【管理模板】▶【系统】▶
【系统还原】选项，在右侧的窗口中双击【关
闭系统还原】选项。

步骤 03 弹出【关闭系统还原】窗口，选择【已
启用】单选按钮，然后单击【确定】按钮即
可。

12.3.2 更改临时文件夹位置

把临时文件转移到非系统分区中，既可以为系统瘦身，也可以避免在系统分区内产生大量的碎片而影响系统的运行速度，还可以轻松地查找临时文件，进行手动删除。更改临时文件夹位置的具体操作步骤如下。

步骤 01 右击桌面上的【计算机】图标，在弹出的快捷菜单中选择【属性】菜单命令，弹出【系统】窗口。

步骤 02 单击【更改设置】链接，弹出【系统属性】对话框，单击【环境变量】按钮。

步骤 03 弹出【环境变量】对话框，在【变量】组中包括两个变量：TEMP和TMP，选择TEMP变量，单击【编辑】按钮。

步骤 04 弹出【编辑用户变量】对话框，在【变量值】文本框中输入更改后的位置"E:\Temp"，单击【确定】按钮。

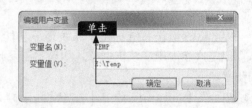

步骤 05 返回到【环境变量】对话框，可以看到变量的路径已经改变。使用同样的方法更改变量TMP的值，单击【确定】按钮，完成临时文件夹位置的更改。

12.3.3 禁用休眠

Windows操作系统默认情况下已打开休眠支持功能，在操作系统所在分区中创建文件hiberfil. sys 的系统隐藏文件，该文件的大小与正在使用的内存容量有关。

小提示

如果不需要休眠功能，可以将其关闭，这样可以节省更多的磁盘空间。

禁用休眠功能的具体操作步骤如下。

步骤01 单击【开始】按钮，在【搜索-运行】文本框中输入"cmd"，在快捷列表中选择【cmd】程序，右击并在弹出的快捷菜单中选择【以管理员身份运行】菜单命令。

步骤02 在命令行提示符中输入"powercfg -h off"，按【Enter】键确认，即可禁用休眠功能。

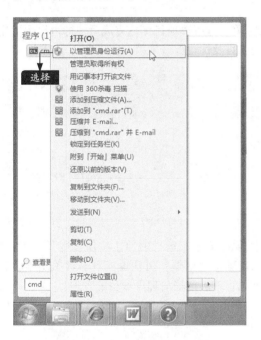

小提示

如果用户想恢复休眠功能，在上述窗口中输入"powercfg -h on"，按【Enter】键确定即可。

12.4 使用360安全卫士优化电脑

🔘 **本节教学录像时间：2分钟**

使用软件对操作系统进行优化是常用的优化系统的方式之一。目前，能对系统进行优化的软件有很多，如360安全卫士、腾讯电脑管家、百度卫士等，本节主要讲述如何使用360安全卫士来优化电脑。

12.4.1 电脑优化加速

　　360安全卫士的优化加速功能可以提升开机速度、系统速度、上网速度和硬盘速度，具体操作步骤如下。

步骤01 双击桌面上的【360安全卫士】快捷图标，打开【360安全卫士】主窗口，单击【优化加速】图标。

步骤02 进入【优化加速】界面，单击【开始扫描】按钮。

步骤03 扫描完成后，会显示可优化项，单击【立即优化】按钮。

步骤04 弹出【一键优化提醒】对话框，勾选需要优化的选项。如需全部优化，单击【全选】按钮；如需进行部分优化，在需要优化的项目前，单击复选框，然后单击【确认优化】按钮。

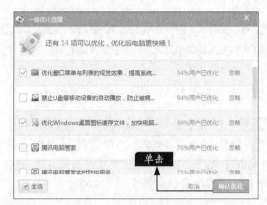

步骤05 对所选项目优化完成后，即可提示优化的项目及优化提升效果，如下图所示。

步骤06 单击【运行加速】按钮，则弹出【360加速球】对话框，可快速实现对可关闭程序、上网管理、电脑清理等项目的管理。

12.4.2 给系统盘瘦身

如果系统盘可用空间太小，则会影响系统的正常运行，下面主要讲述使用360安全卫士的【系统盘瘦身】功能释放系统盘空间。

步骤01 双击桌面上的【360安全卫士】快捷图标，打开【360安全卫士】主窗口，单击窗口右下角的【更多】超链接。

步骤02 进入【全部工具】界面，在【系统工具】类别下，将鼠标移至【系统盘瘦身】图标上，单击显示的【添加】按钮。

步骤03 工具添加完成后，打开【系统盘瘦身】工具，单击【立即瘦身】按钮，即可进行优化。

步骤04 完成后，即可看到释放的磁盘空间。由于部分文件需要重启电脑后才能生效，单击【立即重启】按钮，重启电脑。

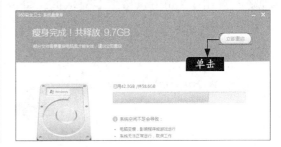

12.4.3 转移系统盘重要资料和软件

如果使用了【系统盘瘦身】功能后，系统盘可用空间还是偏小，可以尝试转移系统盘重要资料和软件，腾出更大的空间。下面使用【C盘搬家】小工具转移资料和软件，具体操作步骤如下。

步骤01 进入360安全卫士的【全部工具】界面，在【实用小工具】类别下，添加【C盘搬家】工具。

步骤 02 添加完毕后，打开该工具。在【重要资料】选项卡下，勾选需要搬移的重要资料，单击【一键搬资料】按钮。

小提示

如果需要修改重要资料和软件，搬移的目标位置文件夹，单击窗口下面的【更改】按钮即可。

步骤 03 弹出【360 C盘搬家】提示框，单击【继续】按钮。

步骤 04 此时，即可对所选重要资料进行搬移，完成后，则提示搬移的情况，如下图所示。

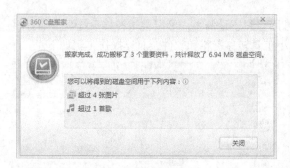

步骤 05 单击【关闭】按钮，选择【C盘软件】

选项卡，即可看到C盘中安装的软件。默认勾选建议搬移的软件，用户也可以自行选择要搬移的软件，在软件名称前，勾选复选框即可。选择完毕后，单击【一键搬软件】按钮。

步骤 06 弹出【360 C盘搬家】提示框，单击【继续】按钮。

步骤 07 此时，即可进行软件搬移，完成后即可看到释放的磁盘空间。

按照上述方法，用户也可以搬移C盘中的大型文件。除了上面讲述的小工具，用户还可以使用【查找大文件】、【注册表瘦身】、【默认软件】等工具优化电脑，此处不再赘述。

高手支招

如何对文件进行优化

文件是以电脑硬盘为载体存储在电脑上的信息集合，以实现某种功能或某个软件的部分功能为目的而建立的一个单位，适当地对文件进行优化整理，将有利于提高电脑的工作效率。对文件进行优化的具体操作步骤如下。

步骤 01 打开【计算机】窗口，在任意一个盘符下单击【组织】按钮，在弹出的下拉菜单中选择【文件夹和搜索选项】菜单命令。

步骤 02 弹出【文件夹选项】对话框，选择【常规】选项卡，用户在此可以设置浏览文件夹、打开项目的方式和导航窗格等选项。

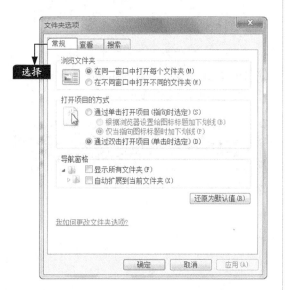

步骤 03 选择【查看】选项卡，在【高级设置】列表框中有【不显示隐藏的文件、文件夹或驱

动器】和【显示隐藏的文件、文件夹和驱动器】两个单选按钮。如果选择【不显示隐藏的文件、文件夹或驱动器】单选按钮，文件夹和一些隐藏文件将不会被显示；如果选择【显示隐藏的文件、文件夹和驱动器】单选按钮，文件夹和一些隐藏文件将会显示出来，设置完成后，单击【确定】按钮。

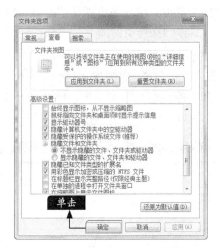

步骤 04 在【计算机】窗口中任意选择一个文件夹右击，在弹出的快捷菜单中选择【属性】菜单命令。

步骤05 弹出【StormMedia 属性】对话框，选择【常规】选项卡，在【属性】选项组中选中【只读】复选框，单击【高级】按钮。

步骤06 弹出【高级属性】对话框，在此用户可以设置存档和索引属性、压缩或加密属性，设置完成后，单击【确定】按钮。

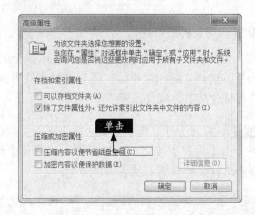

如何开启Windows Defender

　　Windows Defender是Windows 7的一项功能，主要用于帮助用户抵御间谍软件和其他潜在的有害软件的攻击，但在系统默认情况下，该功能是不开启的。下面介绍如何开启Windows Defender功能。具体的操作步骤如下。

　　(1) 启动Windows Defender服务

步骤01 单击【开始】按钮，从弹出的快捷菜单中选择【控制面板】菜单项，即可打开【控制面板】窗口。

步骤02 单击【类别】右侧的下拉按钮，从弹出的下拉列表中选择【大图标】，则【控制面板】中的选项即以大图标的方式显示。

步骤03 单击【Windows Defender】超链接，即可打开【Windows Defender】窗口。

步骤 04 单击【立即启动】按钮，将弹出【无法启动服务】信息提示框，提示用户可能该服务已经禁用或与其相关的设备没有启动。

步骤 05 按【Windows+R】组合键，打开【运行】对话框，在【打开】文本框中输入"services.msc"。

步骤 06 单击【确定】按钮，即可打开【服务】窗口。

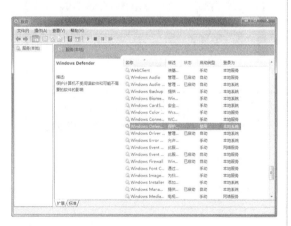

步骤 07 在右侧的服务列表中选中【Windows Defender】选项并右击，从弹出的快捷菜单中选择【属性】菜单项。

步骤 08 打开【Windows Defender的属性】对话框，单击【启动类型】右侧的下拉按钮，从弹出的下拉列表中选择【自动】选项。

步骤 09 单击【确定】按钮，返回到【服务】窗口，在其中可以看到Windows Defender的启动类型变为自动。

(2) 启动 Windows Defender

步骤 01 参照上述方法打开【Windows Defender】窗口。

步骤 02 单击【立即启动】按钮，即可开始启动 Windows Defender 服务。

步骤 03 启动完毕后，如果系统中 Windows Defender 不是最新版本，则会打开【检查最新定义】窗口。

步骤 04 单击【立即检查更新】按钮，即可开始检查最新的 Windows Defender 版本，并进行自动安装。

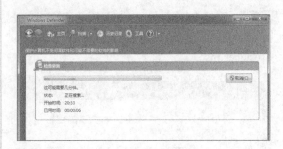

步骤 05 更新完毕后，打开下图所示的界面。至此，就完成了启动 Windows Defender 的操作。

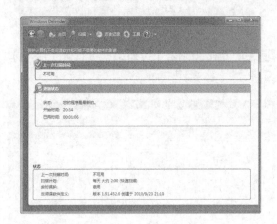

电脑硬件的保养

和普通家用电器一样，电脑在使用一段时间后，表面和主机内部或多或少都会积附一些灰尘或污垢，需要定期做些清洁保养的工作。本节主要讲述如何对电脑硬件进行保养。

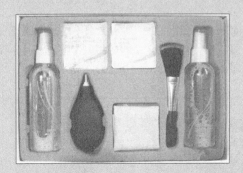 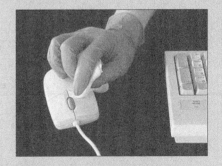

13.1 保养电脑注意事项

本节教学录像时间：3 分钟

　　用户在维护电脑的时候要特别注意，各部件要轻拿轻放，尤其是硬盘，千万不能摔碰；拆卸时注意各插接线的方位，如硬盘线、电源线等，以便正确还原；还原用螺丝固定各部件时，应先对准部件的位置，再上螺丝。尤其是主板，略有位置偏差就可能导致插卡接触不良；主板安装不平可能会导致内存条、适配卡接触不良甚至造成短路，天长日久可能会发生形变导致故障发生。

　　日常生活中静电是无处不在的，而这些静电足以损坏计算机的元器件，因此维护电脑时要特别注意静电防护。在拆卸维护电脑之前必须做到如下各点。

① 断开所有电源。

② 在打开机箱之前，双手应该触摸一下地面或者墙壁，释放身上的静电。

小提示

　　拿主板和插卡时，应尽量拿卡的边缘，不要用手接触板卡的集成电路。如果一定要接触内部线路，最好戴上接地指环。

③ 不要穿容易与地板、地毯摩擦产生静电的胶鞋在各类地毯或地板上行走。穿金属鞋能良好地释放人身上的静电，有条件的工作场所应采用防静电地板。

④ 保持一定的环境湿度，空气干燥也容易产生静电，理想湿度应为40%~60%。

⑤ 使用电烙铁、电风扇一类电器时应接好接地线。

小提示

　　有些原装和品牌电脑不允许用户自己打开机箱，如擅自打开机箱可能会失去一些当由厂商提供的保修权利，因此，在保修期内最好不要随便打开。

⑥ 在清洗各个部件时要注意防水，电脑的任何部件（部件表面除外）都不能受潮或者进水。

⑦ 另外，可以购买清洁电脑套装（价格低廉，使用方便），主要包括清洁液（可清洁屏幕）、防静电刷子（可快速去除灰尘污垢和缝隙浮尘）、擦拭布（用于去除指纹和油渍）、气吹（可用于清除电源、风扇、主板等硬件上的灰尘）。

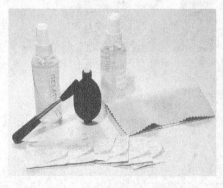
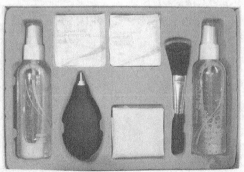

13.2 显示器保养

本节教学录像时间：10 分钟

显示器是所有电脑部件之中寿命最长，也是最为保值的配件了。购买显示器的时候，用户往往非常关心显示器的分辨率、带宽、刷新率、色彩还原能力等，而在购买以后却常常忽略对它的保养，以致显示器的可靠性降低和使用寿命大大缩短。

据有关资料统计，显示器故障有50%是由于使用环境条件差引起的，30%是由于操作不当或管理不善导致的，真正由于质量差或元件老化自然损坏的故障只占20%。

因此，用户必须了解和掌握显示器的一般维护常识。

1. 显示器的环境要求

显示器长期放置在各种复杂的环境中，容易对其产生影响的环境因素包括温度、湿度、灰尘、光线、有害气体、电源等。

(1) 温度

液晶显示器一般的正常工作温度为0℃~40℃（具体产品参照其使用说明书）。环境温度过低时，显示器内部液晶分子会凝结，造成显示器画面不正常。环境温度过高时，显示器自身电路产生的高温不容易发散出去，造成散热不良，出现电路元件热击穿而引起显示器损坏。

> **小提示**
>
> 当一台显示器刚从气温低于0℃的室外被带入室内时，一定不要马上加电，需要等1个小时或更长时间，使显示器的温度和室内温度相近时再加电，防止由于马上加电引起显像管炸裂漏气。

(2) 湿度

湿度一般应保持在90%的条件下。湿度过大易造成显示器的电路元件损坏或漏电。湿度过于干燥，容易产生静电，造成电击现象，使人体受伤或电路损坏。

(3) 灰尘

显示器内部的阳极高压在20kV~30kV之间，极易吸引空气中的尘埃粒子。当显示器放置在灰尘或粉尘大的环境中时，高压吸附的灰尘容易积聚在电路板上，造成显示器电路元器件散热不良而损坏，也可能因灰尘吸收空气中的水分而引起电路元器件变质或短路而造成故障。

(4) 光线

显示器荧光屏绝对不能受阳光直射或其他强光照射，否则会加速显示器荧光粉的老化。另外，在强光的照射下，使用者的眼睛也容易疲劳，降低工作效率。

(5) 空气

显示器不能放在酸性、腐蚀性、煤气等气体含量过高的环境中，否则会造成显示器电路元件过早老化而损坏。经常用到的煤气（包括煤炉产生的）是家用电器的大敌，因此家用电器一定要避免在此类环境中使用。

(6) 电源

一般显示器的工作电压在交流100~240V。使用时必须接触良好，使用能够提供5A以上电流的电源插座。为了正常使用和避免显示器意外损坏，有条件的话可以为电脑配备UPS后备电源。

(7) 放置平台

显示器等外设应放置在平稳不晃动的工作台上，避免造成意外损坏。

(8) 海拔高度

显示器的使用说明书中一般都提到了海拔高度，不超过10000英尺（大约3000米）。作为平原地区的用户可以不用关心这个问题，但是如果在青藏高原地区使用的话就需要考虑这个问题了。

小提示

如果显示器是在特殊环境（如高温、潮湿、强磁、低温等）中使用或在高海拔地区使用时，请选用专业显示器，普通的显示器无法正常工作。

2. 正确使用显示器

随着电脑的更新换代，液晶显示器逐渐走进了普通消费群体之中，液晶显示器不仅能提供可靠的显示效果，使用户获得最佳的视觉享受，还能保护用户的视力。

正确使用液晶显示器要注意如下几个方面。

(1) 分辨率的设置

在分辨率设置方面，最好使用产品所推荐的分辨率。

(2) 不要用手摸屏幕

液晶显示器的面板由许多液晶体构成，很脆弱，如果经常用手对屏幕指指点点，面板上会留下指纹，同时，会在元器件表面积聚大量的静电电荷。

(3) 正确清洁污渍

如果显示屏上出现了污迹，可以用柔软的棉质布料蘸显示器专用清洁液轻轻擦拭，但不能太频繁地擦拭。

(4) 适度使用

长时间不间断使用很可能会加速液晶体的老化，而一旦液晶体老化，形成暗点的可能性会大大增加，这是不可修复的。但并不是说液晶显示器就不能长时间使用，厂家都会给出规定的连续使用时间，一般是72小时，所以不必过分在意连续使用时间，有节制即可。

(5) 尽量不要在显示器上运行屏保程序

液晶显示器的成像需要液晶体的不停运动，运行屏保不但不会保护屏幕，还会持续它的老化过程，很不可取。正确的方法是，该关就关，该用就用。

(6) 避免强烈的冲击和震动

显示屏非常娇弱，在强烈的冲击和震动中会被损坏，同时，还有可能破坏显示器内部的液晶分子，使显示效果大打折扣。所以，使用时要尽量小心一点。

(7) 不要随意拆卸

同其他电子产品一样，在LCD的内部会产生高电压。LCD背景照明组件中的CFL交流器在关机很长时间后，依然可能带有高达1000V的电压，对于只有36V的人体抗电性而言，绝对是个危险值。因此，最好不要拆卸或更换LCD显示屏。即使没有对人体的危害，可对LCD而言，也很有可能使其损坏。

3. 显示器的清洁

(1) 常用工具

显示器专用清洁液，擦拭布（干净的绒布、干面纸均可）和毛刷等。

(2) 注意事项

① 清洁前，关闭显示器，切断电源，并拔掉电源线和显示信号线。

② 千万不可随意用任何碱性溶液或化学溶液擦拭CRT显示器玻璃表面。如果使用化学清洁剂进行擦拭，可能会造成涂层脱落或镜面磨损。

③ 液晶显示器在清洁时千万不要用水，因为水是液晶的大敌，一旦渗入液晶面板内部，屏幕就会产生色调不统一的现象，严重的甚至会留下永久的暗斑。

(3) 清洁方法

① 对于显示器的清洁，防尘尤为重要。每次使用完电脑后套上防尘罩，可以有效防止灰尘进入其内部。对于液晶显示器可以贴上屏保，在保护屏幕的同时，更便于清洁。

② 外壳是显示器清洁工作中的重要部分。先使用毛刷轻轻扫除显示器外壳的灰尘。对于那些不能清除的污垢，可以使用干净的绒布，稍微沾一些清水，擦拭污垢，但切勿让水渗入显示器内部。

③ 对于屏幕上的一般灰尘、指纹和油渍，使用擦拭布轻轻擦去即可。而对于不易清除的污垢，可以用擦拭布沾少许的专用的清洁液轻轻将其擦拭，但不可直接将清洁液喷洒到显示器上，否则很容易通过显示器边缘缝隙流入其内部，导致屏幕短路故障。

13.3 鼠标和键盘保养

本节教学录像时间：9分钟

键盘和鼠标是电脑部件中使用频率最高的部分，因此需要注意对它们的保养和清洁。下面介绍有关鼠标和键盘的保养和清洁知识。

1. 键盘的保养和清洁

键盘是最常用的输入设备之一，平时使用键盘切勿用力过大，以防按键的机械部件受损而失效。但由于键盘是一种机电设备，使用频繁，加之键盘底座和各按键之间有较大的间隙，灰尘非常容易侵入。因此定期对键盘进行清洁维护也是十分必要的。

(1) 常用工具

毛刷（毛笔、废牙刷均可）、绒布、酒精（消毒液、双氧水均可）、键盘清洁胶（键盘泥）等。

(2) 注意事项

① 在键盘清洁前，拔掉连接线，断开与电脑的连接。

② 在清洁中尤其不能使水渗入键盘内部。

③ 不懂键盘内部构造的用户不要强拆键盘，进行一般的清洁工作即可。

(3) 清洁方法

首先，将键盘反过来轻轻拍打，让其内部的灰尘、头发丝、零食碎屑等落出。

其次，对于不能完全落出的杂质，可平放键盘，用毛刷清扫，再将键盘反过来轻轻拍打；也可以使用键盘清洁胶、键盘清洁器、键盘泥等对按键内部杂质进行清除。

最后，使用绒布对键盘的外壳进行擦拭，清除污垢。键盘擦拭干净后，使用酒精对按键进行消毒处理，并用干布擦干键盘即可。

使用时间较长的键盘则需要拆开进行维护。拆卸键盘比较简单，拔下键盘与主机连接的电缆插头，将键盘正面向下放到工作台上，拧下底板上的螺丝，即可取下键盘后盖板。

下面分别介绍机械式按键键盘和电触点按键键盘的拆卸和维护方法。

(1) 机械式按键键盘

取下机械式按键键盘底板后将看到一块电路板，电路板被几颗螺丝固定在键盘前面板上，拧下螺丝即可取下电路板。

拔下电缆线与电路板连接的插头，即可用油漆刷或油画笔扫除电路板和键盘按键上的灰尘，一般不必用湿布擦拭。

按键开关焊接在电路板上，键帽卡在按键开关上。如果想将键帽从按键开关上取下，可用平口螺丝刀轻轻将键帽往上撬松后拔下。一般情况没有必要取下键帽，且有些键盘的键帽取下后很难还原。

如有某个按键失灵，可以焊下按键开关进行维修。组成按键开关的零件通常极小，因此拆卸、维修很不方便。由于是机械方面的故障，大多数情况下维修后的按键寿命极短，最好将同型号键盘按键或非常用键（如【F11】键）焊下与失灵按键交换位置。

(2) 电触点按键键盘

打开电触点按键键盘的底板和盖板之后，就能看到嵌在底板上的3层薄膜，3层薄膜分别是下触点层、中间隔离层和上触点层，上、下触点层压制有金属电路连线和与按键相对应的圆形金属触点，中间隔离层上有与上、下触点层对应的圆孔。

电触点按键键盘的所有按键都嵌在前面板上，在底板上的3层薄膜和前面板按键之间有一层橡胶垫，橡胶垫上的凸出部位与嵌在前面板上的按键相对应，按下按键后胶垫上相应的凸出部位就向下凹，使薄膜上、下触点层的圆形金属触点通过中间隔离层的圆孔相接触，送出按键信号。在底板的上角还有一小块电路板，其上的主要部件有键盘插座、键盘CPU和指示灯。

由于电触点按键键盘是通过上、下触点层的圆形金属触点接触送出按键信号的，因此如果薄膜上的圆形金属触点有氧化现象，就需用橡皮擦拭干净；另外，输出接口插座处如有氧化现象，必须用橡皮擦干净接口部位的氧化层。

嵌在底板上的3层薄膜之间一般无灰尘，只需用油漆刷清扫薄膜表面即可。橡胶垫、前面板、嵌在前面板上的按键可以用水清洗，如键盘较脏，可使用清洁剂。有些键盘的嵌在前面板上的按键可以全部取下，但由于取下后还原一百多只按键很麻烦，建议不要取下。

将所有的按键、前面板、橡胶垫清洗干净，就可以进行安装还原了。在安装还原时注意要等按键、前面板、橡胶垫全部晾干之后，方能还原键盘，否则会导致键盘内触点生锈，还要注意3层薄膜准确对位，否则会导致按键无法接通。

2. 鼠标的保养

鼠标是当今电脑必不可少的输入设备，当在屏幕上发现鼠标指针移动不灵时，就应当为鼠标除尘了。

(1) 常用工具

绒布、硬毛刷（最好是废弃牙刷）、酒精等。

(2) 注意事项

与键盘清洁相似，主要注意3点：断电、勿进水和勿强拆卸。

(3) 清洁方法

使用布片，沾少许水，将鼠标表面及底部擦拭干净。若鼠标垫脚处的污渍无法擦除，可以使用硬纸片刮除后，再进行擦拭。

鼠标的缝隙不易用布擦除，可使用硬毛刷对缝隙的污垢进行清除。

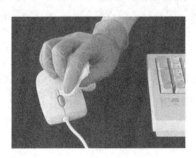

13.4 CPU保养

🌐 **本节教学录像时间：3分钟**

CPU作为电脑的心脏，从电脑启动那一刻起就不停地运作，它的重要性自然是不言而喻的，因此对它的保养显得尤为重要。在CPU的保养中散热是最关键的。虽然CPU有风扇保护，但随着耗用电流的增加所产生的热量也随之增加，从而CPU的温度也将随之上升。

高温容易使CPU内部线路发生电子迁移，导致电脑经常死机，缩短CPU的寿命；高电压更是危险，很容易烧毁CPU。

CPU的使用和维护要注意如下几点。

(1) 要保证良好的散热

CPU的正常工作温度为50℃以下，具体工作温度根据不同的CPU的主频而定。散热片质量要够好，并且带有测速功能，这样能与主板监控功能配合监测风扇工作情况。散热片的底层以厚的为佳，这样有利于主动散热，保障机箱内外的空气流通顺畅。

(2) 要减压和避震

在安装CPU时应该注意用力要均匀。扣具的压力也要适中。

(3) 超频要合理

现在主流的台式机CPU频率都在3GHz以上，此时超频的意义已经不大了，更多考虑的应是延长CPU的寿命。

(4) 要用好硅脂

硅脂在使用时要涂于CPU表面内核上，薄薄的一层就可以，过量会有可能渗漏到CPU表面接口处。硅脂在使用一段时间后会干燥，这时可以除净后再重新涂上。

小提示

> 最好不要再对高频率CPU超频了，对原本发热量已经很大的高频率CPU再进行超频，不仅难以保证系统稳定运行，CPU被烧毁的可能性也将大大增加。此外，休眠时应设定CPU风扇不停转，并把休眠时的CPU功耗设置为0%，让CPU在休眠时尽量减少发热，也是防止烧毁的必要方法。

13.5 主板保养

⊙ **本节教学录像时间：3分钟**

现在的电脑主板所使用的元件和布线都非常精密，灰尘在主板中积累过多时，会吸收空气中的水分，此时灰尘就会呈现一定的导电性，可能把主板上的不同信号进行连接或把电阻、电容短路，致使信号传输错误或者工作点变化而导致主机工作不稳或不启动。

在实际电脑使用中遇到的主机频繁死机、重启、找不到键盘鼠标、开机报警等情况，多数都是由于主板上积累了大量灰尘导致的，在清扫机箱内的灰尘后故障不治自愈就是这个原因。

主板上给CPU、内存等供电的是大大小小的电容，电容最怕高温，温度过高很容易就会造成电容击穿而影响正常使用。很多情况下，主板上的电解电容鼓泡或漏液、失容并非是因为产品质量有问题，而是因为主板的工作环境过差。

一般鼓泡、漏液、失容的电容多数都是出现在CPU的周围、内存条边上、AGP插槽旁边，因为这几个部件都是电脑中的发热大户，在长时间的高温烘烤中，铝电解电容就可能会出现上述故障。

了解上述情况之后，在购机时就要有意识地选择宽敞、通风的机箱。另外，定期开机箱除尘也必不可少，一般是用毛刷轻轻刷去主板上的灰尘。由于主板上一些插卡、芯片采用插脚形式，常会因为引脚氧化而接触不良，可用橡皮擦去表面氧化层并重新插接。当然，有条件时可以用挥发性能好的三氯乙烷来清洗主板。

13.6 内存保养

⊙ **本节教学录像时间：2分钟**

内存是系统临时存放数据的地方，一旦其出了问题，将会导致电脑系统的稳定性下降、黑屏、死机和开机报警等故障。

内存条和各种适配卡的清洁包括除尘和清洁电路板上的金手指，除尘用油画笔即可。

小提示

　　金手指是电路板和插槽之间的连接点，如果有灰尘、油污或者被氧化均会造成其接触不良。陈旧的电脑中大量故障由此而来。高级电路板的金手指是镀金的，不容易氧化。

　　为了降低成本，一般适配卡和内存条的金手指没有镀金，只是一层铜箔，时间长了将发生氧化。可用橡皮擦来擦除金手指表面的灰尘、油污或氧化层，切不可用砂纸类东西来擦拭金手指，否则会损伤极薄的镀层。

13.7　硬盘保养

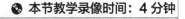
🔘 本节教学录像时间：4 分钟

　　当组装好一台新机器，能正常启动之后，需要先对硬盘分区格式化，再安装操作系统和应用软件，开始漫长的使用过程。因此，硬盘的管理、优化工作十分重要。

　　由于现在的硬盘容量越来越大，因而出现了两个重要的问题：空间问题和速度问题。硬盘容量的增大使得很多人节约空间的概念消失，就会忽视经常整理硬盘中文件的必要性，导致垃圾文件（无用文件）过多而侵占了硬盘空间。这就是为什么有人会觉得剩余空间莫名其妙变少了的缘故。垃圾文件过多，还会导致系统寻找文件的时间变长。

　　此外，同样的程序在别人的机器上能顺利地安装运行，而在自己的机器上却不行，其中的原因多半就是因为硬盘中的垃圾DLL（动态链接库）文件过多（有的程序卸载时，不删除其附属的DLL文件）和其解压环境（临时空间过小）的问题。

　　还有就是运行程序时的"非法操作"：同样的软件，在刚装完系统时能正常运行而再安装一些程序后，系统就会报错，这些都是由于硬盘的垃圾文件过多互相干扰造成的。这些问题使得硬盘的总利用率不高。

　　为了更好地使用硬盘，有必要进行一些系统的软件优化，比如回收硬盘浪费的空间，提高硬盘的读、写速度等。硬盘中的内容可能经常发生变化，从而会产生硬盘空间使用不连续的情况。而且，经常性地删除、增加文件也会产生很多的文件碎片。文件碎片多了会影响到硬盘的读、写速度，引起簇的连接错误和丢失文件等情况的发生。

　　要经常整理硬盘，比如两个星期或一个月一次。当硬盘的使用空间连续分布时，其工作效率会大大提高。如果一次删除了100MB以上的文件，建议在删除后马上整理硬盘，可以使用Windows自带的磁盘检测整理工具，也可以使用第三方磁盘整理工具。

　　千万不要在硬盘使用过程中移动或震动硬盘。因为硬盘是复杂的机械装置，大的震动会让磁头组件碰到盘片上，引起硬盘读写头划破盘表面，这样可能损坏磁盘面，潜在地破坏存储在硬盘上的数据，更严重的还可能损坏读写头，使硬盘无法使用。

13.8　其他设备的保养

🔘 本节教学录像时间：2 分钟

　　用户除了需要掌握电脑内部硬件的保养方法外，还需要了解外部设备的保养方法。常见的外部硬件设备有打印机和扫描仪等。要想让打印机和扫描仪高效、长期为自己服务，就一定不能忽视对它们的保养和维护工作。

13.8.1 打印机日常保养与维护

无论用户使用哪种类型的打印机，都必须严格遵守以下几点注意事项。

① 放置要平稳，以免打印机晃动而影响打印质量、增加噪声，甚至损坏打印机。

② 不放在地上，以免灰尘积累。

③ 不使用打印机时，要将打印机盖上，以防灰尘或其他脏东西进入，影响打印机的性能和打印质量。

④ 不在打印机上放置任何东西，尤其是液体。

⑤ 在插拔电源线或信号线前，应先关闭打印机电源，以免电流损坏打印机。

⑥ 不使用质量太差的纸张，如太薄、有纸屑或含滑石粉太多的纸张。

⑦ 清洗打印机时要关闭打印机开关，并用干净的软布进行擦拭，不要让酒精等液体流入打印机，并且尽量不要触及打印机内部的部件。

此外，下面再介绍一些针对不同类型的打印机的注意事项。

13.8.2 针式打印机的保养与维护

针式打印机是通过打印针击打色带来完成打印的，因此保证打印针的安全就很重要。针式打印机在日常维护中应注意以下一些事项。

① 装纸时要平稳端正，否则就会形成折皱，轻则浪费纸张，重则造成断针。

② 打印不同厚度的纸张（如卡片、蜡纸或多层票据）时，要调整纸张厚度的调节杆，使打印头与胶辊的距离与纸张相适应。

③ 打印连续的打印纸时，要将打印纸两边的纸孔与送纸器的齿轮装好，并且将打印纸放在合适的位置以免卡纸。

④ 长时间不使用打印机时，要将色带盒（架）从打印机中取下，放在密封的地方，以免色带上的墨水蒸发，缩短色带寿命。

⑤ 更换色带时，一定要将色带理顺，不要让色带在色带盒中扭劲，否则会造成色带无法转动，甚至损坏打印机。

13.8.3 喷墨打印机的保养与维护

在使用喷墨打印机时，要注意以下一些事项。

① 在打印时必须关闭打印机前盖，以防止灰尘或其他脏物进入机内，阻碍打印头的运动而引起故障。

② 墨盒未使用完时，最好不要从打印机上取下，以免造成墨水浪费或打印机对墨水的计量失误。

③ 确保使用环境的清洁，以免灰尘太多导致字车导轴润滑不好，使打印头的运动在打印过程中受阻，引起打印位置不准确或撞击机械框架而造成死机。可以经常清除字车导轴上的灰尘，并使用流动性较好的润滑油（如缝纫机油）进行润滑。

④ 打印时要把托纸架完全拉开，否则打印纸的后半段下垂，不能进入打印机，有时会造成卡纸现象，还会使打印头空走，浪费墨水又会使墨水滴在打印机内部，给打印机造成不必要的损害。

⑤ 要通过打印机开关来关闭打印机，而不是直接切断电源，以便使打印头回到初始位置。因为打印头在初始位置可以受到保护罩的密封，使喷头不易堵塞，并且还可以避免下次开机时打印机重新进行清洗打印头操作而浪费墨水。

⑥ 如果同时打开两个墨盒，应把暂时不用的墨盒放入墨盒匣里，以免喷头堵塞。

⑦ 更换墨盒时，一定要按照正确步骤进行，并且在打印机开机的状态下进行。因为重新更换墨盒后，打印机将对墨水输送系统进行充墨，而充墨过程无法在关机状态下进行。有些喷墨打印机是通过打印机内部的电子计数器来计算墨水容量的（特别是对彩色墨水使用量的统计），当该计数器达到一定值时，打印机就会判断墨水用尽。而在更换墨盒的过程中，打印机将对内部的电子计数器进行复位，从而确认安装了新的墨盒。

⑧ 墨盒在长期不使用时，应放在室温条件下，并且避免日光直射。

⑨ 打印时如果输出不太清晰，有条纹或其他缺陷，可以用打印机的自动清洗功能清洗打印头。若连续清洗几次之后打印仍不满意，表明可能墨水已经用完，需要更换墨盒。

⑩ 喷墨打印机的墨水有使用温度的限制，只有在规定的温度范围内可以发挥墨水的最佳性能（一般5℃~35℃）。温度过低墨水可能会冻结，温度过高则影响墨水的化学性能。

13.8.4 激光打印机的保养与维护

在使用激光打印机时，要注意以下一些事项。

① 激光打印机依靠静电工作，能够强烈地吸附灰尘，因此要特别注意防尘，不要使用尘粉较多和质量不好的纸张。

② 装纸前要注意放掉纸上的静电，并将纸张抖开，以免影响正常进纸和打印质量。

③ 更换硒鼓时，可以先轻摇粉盒，使墨粉均匀地分布，这样可有助于取得好的打印效果。

④ 如果输出量很大，可在工作一段时间后停下来休息一会再继续输出，也可以使用两个粉盒来交替工作，以延长硒鼓的寿命。

⑤ 如果用于测纸的光电传感器被污染，打印机将检测不到有、无纸张的信号，导致打印失败，这时可以用脱脂棉球擦拭相应的传感器表面，使它们保持干净，始终具备传感灵敏度。

⑥ 对于其他传输部分，如搓纸轮、传动齿轮、输出传动轮等部件，不需要特殊的维护，平常只要保持清洁就可以了。

13.8.5 扫描仪的保养与维护

扫描仪是一种比较精致的设备，用户在平时使用时，一定要认真做好保养和维护工作。常见的方法有以下两种。

在扫描仪的使用过程中，不要轻易地改动这些光学装置的位置，尽量不要有大的震动。遇到扫描仪出现故障时，不要擅自拆修，一定要送到厂家或者指定的维修站。同时在运送扫描仪时，一定要把扫描仪背面的安全锁锁上，以避免改变光学配件的位置。

做好定期的保洁工作。扫描仪中的玻璃平板以及反光镜片、镜头如果落上灰尘或者其他一些杂质，会使扫描仪的反射光线变弱，从而影响图片的扫描质量。为此一定要在无尘或者灰尘尽量少的环境下使用扫描仪，用完以后，一定要用防尘罩把扫描仪遮盖起来，以防止更多的灰尘来侵袭。当长时间不使用时，还要定期地对其进行清洁。清洁时，可以先用柔软的细布擦去外壳的灰尘，然后再用清洁剂和水对其认真地进行清洁。最后再对玻璃平板进行清洗，并用软干布将其擦干净。

 高手支招

本节教学录像时间：2分钟

⚫ 机箱的维护

随着使用时间的加长，电脑各个部件上的灰尘积聚得越来越多，尤其是风扇和风扇下的散热片上更容易积聚灰尘，这样会直接影响风扇的转速和整体散热效果。一般一台每天都使用的电脑，每隔半年就要进行一次除尘操作。

(1) 常用工具

毛刷（毛笔、软毛刷、废弃牙刷均可）、绒布（清洗剂）、吹风机（家用吹风机即可）、气吹。

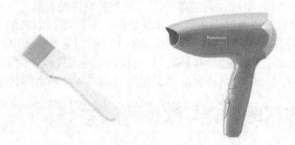

(2) 注意事项

在擦拭机箱外壳时注意布上含水不要太多，以免水滴落到机箱内部，对主板造成损坏。

(3) 清洁方法

① 用干布将浮尘清除掉，机箱外壳上很容易附着灰尘和污垢。

② 用沾了清洗剂的布蘸水，将机箱外壳上的一些顽渍擦掉。

③ 用毛刷轻轻刷掉或者使用吹风机吹掉机箱后部各种接口表层的灰尘。

🔅 光驱的维护

在所有的电脑配件产品中，光驱属于比较容易损耗的配件，一般使用期限为2～3年。要使光驱保持良好的运行状态、减少故障并延长使用寿命，日常的保养和维护是非常重要的。

(1) 常用工具

棉签（酒精）、擦拭布（干净的绒布、干面纸均可）、气囊。

(2) 注意事项

不能使用酒精和其他清洁剂擦拭激光头。

(3) 清洁方法

① 将回形针展开，插入光驱前面板上的应急弹出孔。稍稍用力将光驱托盘打开，用镜头试纸将所及之处轻轻擦拭干净。

② 将光驱拆开，使用蘸酒精的棉签擦拭光驱机械部件。

③ 用气囊对准激光头，吹掉激光头位置处的灰尘。

第4篇
故障处理篇

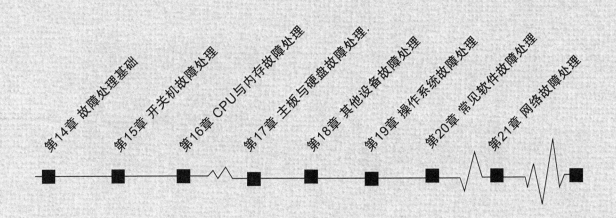

第14章

故障处理基础

学习目标

电脑的核心部件包括主板、内存、CPU、硬盘、显卡、电源和显示器等，任何一个硬件出现问题都会造成电脑不能正常使用。电脑出现故障会使用户非常头疼，不知如何下手，其实很多电脑故障用户都可以自行解决。本章主要讲述故障处理的基础知识、故障产生的原因、故障的诊断原则和故障的分析方法等。

学习效果

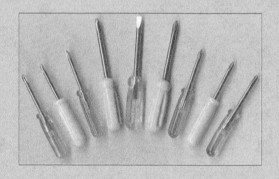

14.1 故障处理基础

◎ 本节教学录像时间：2分钟

　　局域网系统主要由硬件系统、软件系统和外部设备系统3部分组成，因此常见的局域网故障分为硬件故障、软件故障和外部设备故障。

14.1.1 硬件故障

　　硬件故障主要是指电脑硬件中的元器件发生故障，而不能正常工作。一旦出现硬件故障，用户就需要及时维修，从而保证网络的正常运行。常见的硬件故障分为以下几种。

● 1. 硬件质量问题

　　有些硬件故障和硬件本身的质量有关，对此用户可以更换新的硬件。

● 2. 接触不良的故障

　　这类故障主要由于各种板卡、内存和CPU等与主板的接触不良，或电源线、数据线、音频线等的连接不良。其中，各种接口卡、内存与主板接触不良的现象较为常见，用户只要更换相应的插槽位置或用橡皮擦一下金手指，即可解决这类故障。

● 3. 参数设置错误

　　这类故障发生的原因是CMOS参数的设置问题。CMOS参数主要有硬盘、软驱、内存的类型，以及口令、机器启动顺序、病毒警告开关等。由于参数未设置或设置不当，系统也会出现出错的警告信息提示。

● 4. 电路故障

　　这类故障主要是由于主板、内存、显卡、键盘驱动器等电路芯片损坏、电阻开路，也可能是因为电脑散热不良引起的硬件短路等。

14.1.2 软件故障

　　软件故障是指在用户使用软件的过程中出现的故障。其原因有丢失文件、文件版本不匹配、内存冲突、内存耗尽等。常见软件故障的表现有以下几个方面。

● 1. 驱动程序故障

　　驱动程序故障可引起电脑无法正常使用。如果未安装驱动程序或驱动程序间产生冲突，在操作系统下的资源管理器中就可发现一些标记，其中"？"表示未知设备，通常是设备没有正确安装；"！"表示设备间有冲突，"×"表示所安装的设备驱动程序不正确。

● 2. 重启或死机

运行某一软件时，系统自动重新启动或死机，只能按机箱上的重启键才能够重新启动电脑。

● 3. 提示内存不足

在软件的运行过程中，提示内存不足，不能保存文件或某一功能不能使用。这种现象经常出现在图像处理软件中，例如Photoshop、AutoCAD等软件。

● 4. 运行速度缓慢

在电脑的使用过程中，当用户打开多个软件时，电脑的速度明显变慢，甚至出现假死机的现象。

● 5. 软件中毒

病毒对电脑的危害是众所周知的，轻则影响机器速度，重则破坏文件或造成死机。一旦病毒感染了软件，就可以在后台启动软件，甚至破坏软件的文件，导致软件无法使用。

14.1.3 外部设备故障

外部设备故障是在外部设备使用的过程中出现的故障。通常外部设备包括音箱设备、交换机、路由器、打印机、扫描仪和复印机等。常见的外部设备故障表现为以下几种。

● 1. 音箱的故障

音箱的故障包括音箱的噪声比较大，音箱没有声音，安装集成声卡后音箱没有声音，声卡驱动不能安装等。

● 2. 交换机故障

交换机故障通常分为电源故障、端口故障、模块故障、背板故障和交换机系统故障。由于外部供电不稳定，或者电源线路老化，或者雷击等原因导致电源损坏或者风扇停止，从而导致交换机不能正常工作，这种故障在交换机故障中较为常见。无论是光纤端口还是双绞线的RJ-45端口，在插拔接头时一定要小心，否则插头很容易被弄脏，导致交换机端口被污染而影响正常的通信。

● 3. 路由器故障

路由器是一种网络设备，主要用于对外网的连接，执行路由选择任务的工具。常见的路由器故障包括不能正常启动、网络瘫痪、路由器端口损坏等。

● 4. 打印机故障

打印机是电脑的常用外部设备，在实际工作中，它已逐渐成为不可缺少的工具。打印机的故障主要包括打印效果与预览效果不同、打印掉色、打印出白纸、打印机无法正确打印字体，打印机不能进纸、打印机使用中经常停机等。

14.2 故障产生的原因

电脑故障产生的原因很多，大致上可以分为硬件引起的故障和软件引起的故障。

◉ 1. 硬件产生的故障

电脑的硬件故障主要是指物理硬件的损坏、CMOS参数设置不正确、硬件之间不兼容等引起的电脑不能正常使用的现象。硬件故障产生的原因主要来自于内存不兼容或损坏、CPU针脚问题、硬盘损坏、机器磨损、静电损坏、用户操作不当和外部设备接触不良等。

虽然硬件故障产生的原因很多，但归纳起来有以下几种。

(1) 非正常使用

当电脑出现故障时，如果用户在机器运行的情况下乱动机箱内部的硬件或连线，很容易造成硬件的损坏。例如当系统在运行时，如果用户直接把硬盘卸掉，很容易造成数据的丢失，或者造成硬盘的物理坏道，这主要是因为硬盘此时正在高速运转。

(2) 硬件的不兼容

硬件之间在相互搭配工作的时候，需要具有共同的工作频率。同时由于主板对各个硬件的支持范围不同，所以硬件之间的搭配显得攸关重要。例如在升级内存时，如果主板不支持，将造成无法开机的故障。如果插入两个内存，就需要尽量选择同一型号的产品，否则也会出现硬件故障现象。

(3) 灰尘太多

灰尘一直是硬件的隐形杀手，机器内灰尘过多会引起硬件故障。如软驱磁头或光驱激光头沾染过多灰尘后，会导致读写错误，严重的会引起电脑死机。另外，在潮湿天气下，灰尘还易造成电路短路，灰尘对电脑的机械部分也有极大影响，会造成运转不良，从而不能正常工作。

(4) 硬件和软件不兼容

每一个版本的操作系统或软件都会对硬件有一定的要求，如果不能满足要求，也会产生电脑故障。例如一些三维软件和一些特殊软件，由于对内存的需要比较大，当内存较小时，系统会出现死机等故障现象。

(5) CMOS设置不当

CMOS设置的有关参数需要和硬件本身相符合。如果设置不当，会造成系统故障。如硬盘参数设置、模式设置、内存参数设置不当从而导致计算机无法启动。如将无ECC功能的内存设置为具有ECC功能，这样就会因内存错误而造成死机。

(6) 周围的环境

电脑周围的环境主要包括电源、温度、静电和电磁辐射等因素。过高过低或忽高忽低的交流电压都将对电脑系统造成很大危害。如果电脑的工作环境温度过高，对电路中的元器件影响最大，首先会加速其老化损坏的速度，其次过热会使芯片插脚焊点脱焊。由于目前电脑采用的芯片仍为CMOS电路，从而环境静电会比较高，这样很容易造成电脑内部硬件的损坏。另外，电磁辐射也会造成电脑系统的故障，所以电脑应该远离冰箱、空调等电气设备，不要与这些设备共用一个插座。

2. 软件引起的故障

软件在安装、使用和卸载的过程中也会引起故障。主要原因有以下几个方面。

(1) 系统文件误删除

由于Windows 操作系统启动需要有Command.com、Io.sys、Msdos.sys等文件，如果这些文件遭到破坏或被误删除，会引起电脑不能正常使用。

(2) 病毒感染

电脑感染病毒后，会出现很多种故障现象，如显示内存不足、死机、重启、速度变慢、系统崩溃等现象。这时用户可以使用杀毒软件（如360杀毒、金山毒霸、瑞星等）来进行全面查毒和杀毒，并做到定时升级杀毒软件。

(3) 动态链接库文件（DLL）丢失

在Windows操作系统中还有一类文件也相当重要，这就是扩展名为DLL的动态链接库文件，这些文件从性质上来讲属于共享类文件，也就是说，一个DLL文件可能会有多个软件在运行时需要调用它。例如，用户在删除一个应用软件的时候，该软件的反安装程序会记录它曾经安装过的文件并准备将其逐一删去，这时候就容易出现被删掉的动态链接库文件同时还会被其他软件用到的情形，如果丢失的链接库文件是比较重要的核心链接文件的话，那么系统就会死机，甚至崩溃。

(4) 注册表损坏

在操作系统中，注册表主要用于管理系统的软件、硬件和系统资源。有时由于用户操作不当、黑客的攻击、病毒的破坏等原因造成注册表的损坏，也会造成电脑故障。

(5) 软件升级故障

大多数人可能认为软件升级是不会有问题的，事实上，在升级过程中都会对其中共享的一些组件也进行升级，但是其他程序可能不支持升级后的组件从而引起电脑的故障。

(6) 非法卸载软件

不要把软件安装所在的目录直接删掉，如果直接删掉的话，注册表以及Windows目录中会有很多垃圾存在，时间长了，系统也会不稳定，从而产生电脑故障。

14.3 故障诊断的原则

◎ **本节教学录像时间：2 分钟**

用户要想更快更好地排除电脑故障，就必须遵循一定的原则。下面将介绍常见的故障诊断原则。

14.3.1 先假后真

电脑故障有真故障和假故障两种。在发现电脑故障时首先要确定是否为假故障，仔细观察电脑的环境，是否有其他电器的干扰，设备之间的连线是否正常，电源开关是否打开，自己的操作是否正确等，排除了假故障之后，方可进行真故障的诊断与修理。

14.3.2 先软件后硬件

所谓先软后硬诊断原则，是指在诊断的过程中，先检查是否为软件问题，当软件没有任何问题时，如果故障不能消失，再从硬件方面着手检查。

14.3.3 先外后内

当故障涉及到外部设备时，应先检查机箱及显示器等外部部件，特别是机箱外的一些开关、旋钮是否调整了，外部的引线、插座有无断路、短路现象等，实践证明许多用户的电脑故障都是由此而起的。当确认外部设备正常时，再打开机箱或显示器进行检查。

14.3.4 先简单后复杂

在进行电脑故障诊断的过程中，应先进行简单的检查工作，如果还不能消除故障，再进行相对比较复杂的工作。所谓简单的检查，是指对电脑的观察和周围环境的分析。观察的具体内容包含以下几个方面。

① 电脑周围的环境情况，包括位置、电源、连接、其他设备、温度与湿度等。

② 电脑所表现的现象、显示的内容，以及它们与正常情况下的异同。

③ 电脑内部的环境情况，包括灰尘、连接、器件的颜色、部件的形状、指示灯的状态等。

④ 电脑的软硬件配置，包括安装了什么硬件、资源的使用情况、使用的是哪个版本的操作系统、安装了什么应用软件、硬件的设置驱动程序版本等。

从简单的事情做起，有利于精力的集中和进行故障的判断与定位。所以用户需要通过认真的观察后，才可进行判断与维修。

14.3.5 先一般后特殊

遇到电脑的故障时，用户首先需要考虑带有普遍性和规律性的常见故障，以及最常见的原因是什么，如果这样还不能解决问题，再考虑比较复杂的原因，以便逐步缩小故障范围，由面到点，缩短修理时间。如电脑启动后显示器灯亮，但不显示图像，此时用户应该先查看显示器的数据线是否连接正常，或者换个数据线试试，也许这样就可以解决问题。

14.4 故障诊断的方法

🌐 **本节教学录像时间：3 分钟**

掌握好故障诊断的原则后，下面将介绍几种故障的诊断方法。

14.4.1 查杀病毒法

病毒是引起电脑故障的常见因素，此时用户可以使用杀毒软件进行杀毒以解决故障问题。常用的杀毒软件包括360杀毒、瑞星、金山毒霸、NOD32等，利用这些软件先进行全盘扫描，发现病毒后及时查杀，如果没有发现病毒，可以升级一下病毒库。查杀病毒法在解决电脑故障时是用户首先需要考虑的方法，这样可以使用户少走很多弯路。

14.4.2 清洁硬件法

对于长期使用的电脑，一旦出现故障，用户就需要考虑灰尘的问题。因为长时间的灰尘积累，会影响电脑的散热，从而引起电脑故障，所以用户需要保持电脑清洁。同时还要查看主板上的引脚是否有发黑的现象，这是引脚被氧化的表现，一旦引脚被氧化，很有可能导致电路接触不良，从而引起电脑故障。

在清洁硬件的过程中，应注意以下几个方面的事项。

① 注意风扇的清洁。包括CPU风扇、电源风扇和显卡风扇等。在清洁风扇的过程中，最好能在风扇的轴处涂抹一点钟表油，加强润滑。

② 注意风道的清洁。清洁机箱的通风处，保证气流畅通。

③ 注意接插头、座、槽、板卡金手指部分的清洁。对于金手指的清洁，用户可以用橡皮擦拭金手指部分，或用酒精棉擦拭也可以。插头、座、槽的金属引脚上的氧化现象的去除方法为：采用橡皮擦或专业的清洁剂清除表面的氧化层即可。

④ 大规模集成电路、元器件等引脚处的清洁。清洁时，应用小毛刷或吸尘器等除掉灰尘，同时要观察引脚有无虚焊和潮湿的现象，元器件是否有变形、变色或漏液现象。

⑤ 注意使用的清洁工具。清洁用的工具首先是防静电的。如清洁用的小毛刷，应使用天然材料制成的毛刷，禁用塑料毛刷。其次，使用金属工具进行清洁时，必须切断电源，且对金属工具进行泄放静电的处理。

⑥ 如果硬件受潮或沾水，应想办法使其干燥后再使用。可用的工具如电风扇、电吹风等，也可让其自然风干。

14.4.3 直接观察法

直接观察法可以总结为"望、闻、听、切"4个字，具体如下。

① 望。观察系统板卡的插头、插座是否歪斜；电阻、电容引脚是否相碰，表面是否烧焦；芯片表面是否开裂；主板上的铜箔是否烧断。还要查看是否有异物掉进主板的元器件之间（造成短路），也可以看看板上是否有烧焦变色的地方，印刷电路板上的走线（铜箔）是否断裂等。

② 闻。闻主机、板卡中是否有烧焦的气味，便于发现故障和确定短路所在地。

③ 听。即监听电源风扇、软/硬盘电机或寻道机构、显示器变压器等设备的工作声音是否正常。另外，系统发生短路故障时常常伴随着异常声响。监听可以及时发现一些事故隐患，并未采取何种应对措辞提供信息帮助。

④ 切。即用手按压管座的活动芯片，看芯片是否松动或接触不良。另外，在系统运行时用手触摸或靠近CPU、显示器、硬盘等设备的外壳，根据其温度可以判断设备运行是否正常。

14.4.4 替换法

替换法是用好的部件去代替可能有故障的部件，以观察故障现象是否消失的一种维修方法。好的部件可以是同型号的，也可以是不同型号的。替换的顺序一般为以下4个步骤。

① 根据故障的现象或故障类别，来考虑需要进行替换的部件或设备。

② 按先简单后复杂的顺序进行替换。如先内存、CPU，后主板；如要判断打印故障时，可先

考虑打印驱动是否有问题，再考虑打印电缆是否有故障，最后考虑打印机或并口是否有故障等。

③ 最先考查与怀疑有故障的部件相连接的连接线、信号线等，之后是替换怀疑有故障的部件，再后是替换供电部件，最后是与之相关的其他部件。

④ 从部件的故障率高低来考虑最先替换的部件。故障率高的部件先进行替换。

14.4.5 插拔法

插拔法包括逐步添加和逐步去除两种方法。

① 逐步添加法，以最小系统为基础，每次只向系统添加一个部件/设备或软件，来检查故障现象是否消失或发生变化，以此来判断并定位故障部位。

② 逐步去除法，正好与逐步添加法的操作相反。

逐步添加/去除法一般要与替换法配合，才能较为准确地定位故障部位。

14.4.6 最小系统法

最小系统是指从维修判断的角度能使电脑开机或运行的最基本的硬件和软件环境。最小系统有两种形式。

一是硬件最小系统：由电源、主板和CPU组成。在这个系统中，没有任何信号线的连接，只有电源到主板的电源连接。在判断过程中是通过声音来判断这一核心组成部分是否可正常工作。

二是软件最小系统：由电源、主板、CPU、内存、显示卡/显示器、键盘和硬盘组成。这个最小系统主要用来判断系统是否可完成正常的启动与运行。

对于软件最小系统，有以下几点需要说明。

① 硬盘中的软件环境保留着原先的软件环境，只是在分析判断时，根据需要进行隔离（如卸载、屏蔽等）。保留原有的软件环境主要是用来分析判断应用软件方面的问题。

② 硬盘中的软件环境只有一个基本的操作系统环境，可能是卸载掉所有应用，或是重新安装一个干净的操作系统，然后根据分析判断的需要，加载需要的应用。需要使用一个干净的操作系统环境，主要是判断系统问题、软件冲突或软、硬件间的冲突问题。

③ 在软件最小系统下，可根据需要添加或更改适当的硬件。例如：在判断启动故障时，由于硬盘不能启动，想检查一下能否从其他驱动器启动。这时，可在软件最小系统下加入一个软驱或干脆用软驱替换硬盘来检查。又如：在判断音视频方面的故障时，应在软件最小系统中加入声卡；在判断网络问题时，就应在软件最小系统中加入网卡等。

最小系统法主要是先判断在最基本的软、硬件环境中，系统是否可正常工作。如果不能正常工作，即可判定最基本的软、硬件部件有故障，从而起到故障隔离的作用。

14.4.7 程序测试法

随着各种集成电路的广泛应用，焊接工艺越来越复杂，同时，随机硬件技术资料较缺乏，仅凭硬件维修手段往往很难找出故障所在。而通过随机诊断程序、专用维修诊断卡及根据各种技术参数（如接口地址），自编专用诊断程序来辅助硬件维修则可达到事半功倍之效。

程序测试法的原理就是用软件发送数据、命令，通过读线路状态及某个芯片（如寄存器）状态来识别故障部位。此法往往用于检查各种接口电路故障及具有地址参数的各种电路。但此法应用的前提是CPU及总线基本运行正常，能够运行有关诊断软件，能够运行安装于I/O总线插槽上的诊断卡等。

编写的诊断程序要严格、全面、有针对性，能够让某些关键部位出现有规律的信号，能够对偶发故障进行反复测试及能显示记录出错情况。软件诊断法要求具备熟练编程技巧、熟悉各种诊断程序与诊断工具（如debug、DM）等、掌握各种地址参数（如各种I/O地址）以及电路组成原理等，尤其掌握各种接口单元正常状态的各种诊断参考值是有效运用软件诊断法的前提基础。

14.4.8 对比检查法

对比检查法与替换法类似，即用好的部件与怀疑有故障的部件进行外观、配置、运行现象等方面的比较，也可在两台电脑间进行比较，以判断故障电脑在环境设置、硬件配置方面的不同，从而找出故障部位。

高手支招

⊗ **本节教学录像时间：8分钟**

⊙ 如何养成好的使用电脑习惯

如何保养和维护好一台电脑，最大限度地延长使用寿命，是广大电脑爱好者非常关心的话题。

(1) 环境

环境对电脑寿命的影响是不可忽视的。电脑理想的工作温度应在10℃～35℃，太高或太低都会影响配件的寿命，条件许可时，机房一定要安装空调，相对湿度应为30%～80%，太高会影响CPU、显卡等配件的性能发挥，甚至引起一些配件的短路。如南方天气较为潮湿，最好每天使用电脑或使电脑通电一段时间。

有人认为使用电脑的次数少或使用的时间短，就能延长电脑寿命，这是片面、模糊的观点；相反，电脑长时间不用，由于潮湿或灰尘、汗渍等原因，会引起电脑配件的损坏。当然，如果天气潮湿到一定程度，如：显示器或机箱表面有水汽，此时绝对不能给机器通电，以免引起短路等不必要的损失。湿度太低易产生静电，同样也对配件的使用不利。

另外，空气中灰尘含量对电脑影响也较大。灰尘太大，天长日久就会腐蚀各配件、芯片的电路板；灰尘含量过小，则会产生静电反应。所以，机房最好有抽湿机和吸尘器。

电脑对电源也有要求。交流电正常的范围应在（220±22）V，频率范围是（50±2.5）Hz，且具有良好的接地系统。条件允许时，可使用UPS来保护电脑，使得电脑在市电中断时能继续运行一段时间。

(2) 使用习惯

良好的个人使用习惯对电脑的影响也很大。请正确执行开、关机顺序。开机的顺序是：先打开外设（如打印机、扫描仪、UPS电源、MODEM等），显示器电源不与主机电源相连的，还要先打开显示器电源，然后再开主机；关机顺序则相反：先关主机，再关外设。

　　在主机通电时不要关闭外设，否则会对主机产生较强的冲击电流。关机或开机后，不要马上开机或关机，因为这样对各配件的冲击很大，尤其是对硬盘的损伤更严重。

　　一般关机后距下一次开机时间至少应为10秒钟。特别要注意当电脑工作时，应避免进行关机操作。例如：电脑正在读写数据时突然关机，很可能会损坏驱动器（硬盘、软驱等）；更不能在机器正常工作时搬动机器。

　　关机时，应注意先退出操作系统，关闭所有程序，再按正常关机顺序退出，否则有可能损坏应用程序。当然，即使机器未工作时，也应尽量避免搬动，因过大的震动会对硬盘、主板之类配件造成损坏。

● 维修电脑应该准备什么工具

　　在进行电脑故障的诊断和排除前，用户需要准备好常用的工具，包括系统盘、常用软件、螺丝刀、镊子、万用表、主板测试卡、热风焊台、皮老虎、毛刷等。

　　(1) 系统盘

　　当系统不能正常启动时，电脑必须要重新安装系统，所以要准备好一张系统盘。常见的系统盘有WindowsXP、Windows 7、Windows 8.1或Windows 10等。

　　(2) 常用软件

　　常用软件包括压缩软件、杀毒软件、设备驱动程序等。压缩软件主要用于压缩文件，解压文件，有很多软件都是压缩包的形式，需要此软件进行解压操作后才能使用。在电脑的常见故障中，有很多故障都是由病毒引起的，在处理故障时，应先用杀毒软件进行杀毒操作。

　　(3) 螺丝刀

　　螺丝刀的种类很多，在维修电脑的过程中，经常使用的有一字和十字螺丝刀，六角螺丝刀主要用于固定硬盘电路板上的螺丝。

　　(4) 镊子

　　由于机箱的空间不大，在设置主板上的跳线和硬盘等设备时，无法用手直接设置，可以借助镊子完成。

螺丝刀

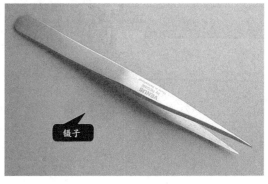

镊子

　　(5) 万用表

　　万用表又叫多用表，分为指针式万用表和数字万用表，是一种多功能、多量程的测量仪表。一般万用表可测量直流电流、直流电压、交流电流、交流电压、电阻和音频电平等。下图是数字万用表。

(6) 主板测试卡

主板测试卡也叫POST卡（Power On Self Test，加电自检），其工作原理是利用主板中BIOS内部程序的检测结果，通过主板测试卡代码一一显示出来，结合代码速查表就能很快地知道电脑故障所在。尤其在电脑不能引导操作系统、黑屏、喇叭不叫时，使用本卡更能体现其优势。

万用表

主板测试卡

(7) 热风焊台

热风焊台是一种贴片原件和贴片集成电路的拆焊工具，主要由气泵、线路电路板、气流稳定器、手柄等组成。

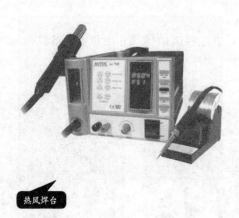

热风焊台

第 **15** 章

开/关机故障处理

电脑具有一个较长时间的硬件和软件的启动和检测的过程，这个过程正常、安全完成后，电脑才可以正常使用。此外，在应用完电脑后，它的关闭也有一个较长的过程，这个过程同样要正常、安全完成后，才可以正常关闭电脑。如果这些过程出现问题，产生故障，将会影响电脑日常的使用。

学习效果

15.1 故障诊断思路

本节教学录像时间：11分钟

在电脑开/关的过程中，最复杂、最关键，而且影响电脑稳定性的往往是电脑的启动过程，它分为BIOS自检、硬盘引导和系统启动3个必经阶段。下面详细地介绍如何诊断和解决在电脑开关的过程中常见的故障。

在BIOS自检的过程中，包括开机、无显示BIOS自检和有显示BIOS自检3个阶段，下面以Award BIOS为例，分别对这3个阶段进行说明。

1. 开机阶段

【正常情况】：电脑启动的第一步是按下电源开关。电脑接通电源后，首先系统在主板BIOS的控制下进行自检和初始化。如果电源工作正常，应该听到电源风扇转动的声音，机箱上的电源指示灯常亮；硬盘和键盘上的NumLock等3个指示灯先亮一下，然后熄灭；显示器也会发出轻微的"唰"声，这比消磁发出的声音会小得多，这是显卡信号送到显示器的反应。

【故障表现】：如果自检无法进行，或键盘的相关指示灯没有按照正常情况闪亮，那么应该着重检查电源、主板和CPU。因为此时系统是由主板BIOS控制的，在基础自检结束前，是不会检测其他部件的，而且开机自检发出相关的报警声响很有限，显示屏也不会显示有任何相关主机部件启动情况的信息。此时可以从以下几个方面检查。

① 如果听不到系统自检的"嘟"声，同时看不到电源指示灯亮，以及CPU风扇没有转动，应该检查机箱后面的电源接头是否插紧，这时可以将电源接口拔出来重新插入，排除电源线接触不良的原因。当然，电源插座、UPS保险丝等与电源相关的地方也应该仔细检查。

② 如果电源指示灯亮，但显示屏没有任何信息，没有发出轻微的"唰"声，硬盘和键盘指示灯完全不亮，也没有任何报警声，那么可能是由于曾经在BIOS程序中错误地修改过相关设置，如CPU的频率和电压等的设置项。此外，也很可能是由于CPU没有插牢，出现接触

不良的现象，或者选用的CPU不适合当前的主板使用，或者CPU安装不正确，也或者在主板中硬件CPU调频设置错误。

这时应该检查CPU的型号和频率是否适合当前的主板使用，以及检查CPU是否按照正确方法插牢。如果是BIOS程序设置错误，可以使用放电方法，将主板上的电池取出，待过了1小时左右再将其装回原来的地方，如果主板上具有相关BIOS恢复技术，也可使用这些功能。如果是主板的硬件CPU调频设置错误，则应该对照主板说明书仔细检查，按照正确的设置将其调回适当的位置。

③ 若电源指示灯亮，而硬盘和键盘指示灯完全不亮，同时听到连续的报警声，说明主板上的BIOS芯片没有装好或接触不良，或者BIOS程序损坏。这时可以关闭电源，将BIOS芯片插牢；否则就可能是由于BIOS程序损坏的原因，如受到CIH病毒攻击，或者如果升级过BIOS的话，那么也可能是因为在升级BIOS时失败所致。不过，在开机自检的故障中，由于BIOS芯片没有装好或BIOS程序损坏这种情况并不常见。

④ 有些机箱制作粗糙，复位键【Reset】按下后弹不起来或内部卡死，会使复位键处于常闭状态，这种情况同样也会导致电脑开机出现故障。这时应该检查机箱的复位键，并将其调好。

2. 无显示BIOS自检阶段

【正常情况】：如果硬盘和键盘NumLock等3个指示灯亮一下再灭，系统会发出"嘟"的

一声，接着检测显示卡，屏幕左上角出现显示卡芯片型号、显示BIOS日期等相关信息。

【故障表现】：如果这时自检中断，出现故障，可以从以下几方面检查。

① 如果电脑发出不间断的长"嘟"声，说明系统没有检测到内存条，或者内存条的芯片损坏。这时可以关闭电源，重新安装内存条，排除接触不良的因素，或者更换内存再次开机测试。

② 电脑发出1长2短的报警声，说明存在显示器或显示卡错误。这时应该关闭电源，检查显卡和显示器插头等部位是否接触良好。如果排除接触不良的原因，则应该更换显卡进行测试。

③ 如果这时自检中断，而且使用了CPU非标准外频，以及没有对AGP/PCI端口进行锁频设置，那么也可能是由于设置的非标准外频而导致自检中断。这是因为使用了非标准外频，AGP显卡的工作频率会高于标准的66MHz，质量较差的显卡就可能通不过。这时可以将CPU的外频设置为标准外频，或在BIOS中将AGP/PCI端口进行锁频设置，其中AGP应该锁在66MHz的频率，而PCI则应该锁在33MHz的频率。

3. 有显示BIOS自检阶段

【正常情况】：自检完毕后，就会在显示屏中显示CPU型号和工作频率、内存容量、硬盘工作模式，以及所使用的中断号等，高版本的BIOS还可以显示CPU和机箱内的温度，以及CPU和内存的工作电压等数据。如果CPU的工作速度很高，上述BIOS信息显示的速度可能很快，这时可以按下键盘的【Pause】键暂停，查看完后再敲回车键继续。

【故障表现】：这一阶段可能出现以下常见问题。

（1）检测内存容量的数字，没有检测完就死机。出现这种情况，应该进入BIOS的设置程序，检查相关内存的频率、电压和优化项目的设置是否正确。其中，频率和电压设置通常在BIOS设置程序的CPU频率设置项目中。

优化设置通常是BIOS设置程序【Advanced Chipset Features】选项里面的【DRAM Timing Settings】选项。具体设置可以参考主板的说明书以及查询相关的资料。

当出现这种情况的时候，应该将相关优化内存的项目设置为不优化或低优化的参数，以及不要对CPU和内存进行超频，必要时可以选择BIOS设置程序的【Load Fail-Safe Defaults】项目，恢复BIOS出厂默认值。其次，如果排除以上的原因，那么很可能是由于内存出现兼容或质量方面的问题，这时应该更换内存条进行测试。

② 显示完CPU的频率、内存容量之后，出现【Keyboard error or no keyboard present】的提示。这个提示是指在检测键盘时出现错误，这种情况是由于键盘接口出现接触不良，或者键盘的质量有问题。这时应该关闭电脑，重新安装键盘的接口，如果反复尝试多次都还有这个提示，那么应该更换键盘进行测试。

③ 显示完CPU的频率、内存容量之后，出现【Hard disk(s) disagnosis fail】的提示。这个提示是指在检测硬盘时出现错误，这种情况是由于硬盘的数据线或电源线接触不良，或者硬盘的质量有问题。这时应该关闭电脑，重新安装硬盘的数据线或电源线，并检查硬盘的数据线和电源线的质量是否可靠，如果排除数据线和电源线的原因，并且反复安装多次都还有这个提示，那么应该更换硬盘进行测试。

④ 显示完CPU的频率、内存容量之后，出现【Floppy disk(s) fail】的提示。这个提示是指在检测软驱时出现错误。产生这个故障的原因可能是在BIOS中启用了软驱，但在电脑上却没有安装软驱。另外，如果连接软驱的数据线或者软驱本身有问题，或者软驱的电源接口和数据线接口接触不良，也会导致这一故障的出现。

15.2 开机异常

本节教学录像时间：3 分钟

开机异常是指不能正常开机，下面将讲述常见开机异常的诊断方法。

15.2.1 按电源键没反应

【故障表现】：操作系统完全不能启动，见不到电源指示灯亮，也听不到风扇的声音。

【故障分析】：从故障现象分析，可以初步判定是电源部分故障。检查电源线和插座是否有电、主板电源插头是否连好、UPS是否正常供电，再确认电源是否有故障。

【故障处理】：最简单的就是替换法，但是用户手中不一定备有电源等备件，这时可以尝试使用下面的方法。

① 先把硬盘、CPU风扇或者CD-ROM连好，然后把ATX主板电源插头用一根导线连接两个插脚，把插头的一侧凸起对着自己，上层插脚从左数第4个和下层插脚从右数第3个，方向一定要正确，然后把ATX电源的开关打开，如果电源风扇转动，说明电源正常，否则电源损坏。如果电源没问题，直接短接主板上电源开关的跳线，如果正常，说明机箱面板的电源开关损坏。

② 市电电源问题，请检查电源插座是否正常、电源线是否正常。

③ 机箱电源问题，请检查是否有5V待机电压、主板与电源之间的连线是否松动，如果不会测量电压可以找个电源调换一下试试。

④ 主板问题，如果上述几个都没有问题，那么主板故障的可能性就比较大了。首先检查主板和开机按钮的连线有无松动，开关是否正常。可以将开关用电线短接一下试试。如不行，只有更换一块主板试试。应尽量找型号相同或同一芯片组的主板，因为别的主板可能不支持本机的CPU和内存。

15.2.2 不能开机并有报警声

【故障表现】：电脑在启动的过程中突然死机，并有报警声。

【故障分析】：不同的主板BIOS，其报警声的含义也有所不同，根据不同的主板说明书，判定相应的故障类型。

【故障处理】：常见的BIOS分为Award和AMI两种，报警声的含义分别如下。

● 1. Award BIOS报警声

其报警声的含义如下表所示。

报警声	含义
1短	说明系统正常启动。表明机器没有问题
2短	说明CMOS设置错误，重新设置不正确选项
1长1短	说明内存或主板出错，换一个内存条试试
1长2短	说明显示器或显示卡存在错误。检查显卡和显示器插头等部位是否接触良好或用替换法确定显卡和显示器是否损坏
1长3短	说明键盘控制器错误，应检查主板
1长9短	说明主板Flash RAM、EPROM错误或BIOS损坏，更换Flash RAM
重复短响	说明主板电源有问题
不间断的长声	说明系统检测到内存条有问题，重新安装内存条或更换新内存条重试

● 2. AMI BIOS报警声

其报警声的含义如下表所示。

报警声	含义
1短	说明内存刷新失败。更换内存条
2短	说明内存ECC校验错误。在CMOS中将内存ECC校验的选项设为Disabled或更换内存
3短	说明系统基本内存检查失败。换内存
4短	说明系统时钟出错。更换芯片或CMOS电池
5短	说明CPU出现错误。检查CPU是否插好
6短	说明键盘控制器错误。应检查主板
7短	说明系统实模式错误，不能切换到保护模式
8短	说明显示内存错误。显示内存有问题，更换显卡试试
9短	ROM BIOS校验和错误
1长3短	说明内存错误，即内存已损坏，更换内存
1长8短	说明显示测试错误。显示器数据线没插好或显示卡没插牢

15.2.3 开机要按【F1】键

【故障表现】：开机后停留在自检界面，提示按【F1】键进入操作系统。

【故障分析】：开机需要按【F1】键才能进入，主要是因为BIOS中设置与真实硬件数据不符引起的，可以分为以下几种情况。

① 实际上没有软驱或者软驱坏了，而BIOS里却设置有软驱，这样就导致了要按【F1】键才能继续。

② 原来挂了两个硬盘，在BIOS中设置成了双硬盘，后来拿掉其中一个的时候却忘记将BIOS设置改回来，也会出现这个问题。

③ 主板电池没有电了也会造成数据丢失，从而出现这个故障。

④ 重新启动系统，进入BIOS设置中，发现软驱设置为1.44MB了，但实际上机箱内并无软驱，将此项设置为NONE后，故障排除。

【故障处理】：排除故障的方法如下。

① 开机时按【Delete】键进入BIOS，选择第一个基本设置，把【Floopy】一项设置为【Disable】即可。

② 开机时按【Delete】键进入BIOS，按回车键进入基本设置，将【DriveA】项设置为【None】，保存后退出BIOS，重启电脑后检查，如果故障依然存在，可以更换电池。

15.2.4 硬盘指示灯不闪、显示器提示无信号

【故障表现】：开机时显示屏没有任何信息，也没有发出轻微的"嘟"声，硬盘和键盘指示

灯完全不亮，键盘灯没有闪，也没有任何报警声。

【故障分析】：故障原因可能是由于曾经在BIOS程序中，错误地修改过相关设置，如CPU的频率和电压等的设置项目。此外，也很可能是由于CPU没有插牢，出现接触不良的现象，或者选用的CPU不适合当前的主板使用，或者CPU安装不正确，也或者在主板中硬件CPU调频设置错误。

【故障处理】：检查CPU的型号和频率是否适合当前的主板使用，以及检查CPU是否按照正确方法插牢。如果是BIOS程序设置错误，可以使用放电方法将主板上的电池取出，待过了1小时左右再将其装回原来的地方，如果主板上具有相关BIOS恢复技术，也可使用这些功能。如果是主板的硬件CPU调频设置错误，则应该对照主板说明书仔细检查，按照正确的设置将其调回适当的位置。

15.2.5 硬盘指示灯闪、显示器无信号

【故障表现】：显示器无信号，但机器读硬盘，硬盘指示灯也在闪亮，通过声音判断，机器已进入操作系统。

【故障分析】：这一故障说明主机正常，问题出在显示器和显卡上。

【故障处理】：检查显示器和显卡的连线是否正常，接头是否正常。如有条件，使用替换法更换显卡和显示器试试，即可排除故障。

15.2.6 停留在自检界面

【故障表现】：开机后一直停留在自检界面，并显示主板和显卡信息，经过多次重启，故障依然存在。

【故障分析】：上述故障现象说明内部自检已通过，主板、CPU、内存、显卡、显示器应该都已正常，但应注意，主板BIOS设置不当、内存质量差、电源不稳定也会造成这种现象。问题出在其他硬件的可能性比较大。一般来说，硬件坏了BIOS自检只是找不到，但还可以进行下一步自检，如果是因为硬件的原因停止自检，说明故障比较严重，硬件线路可能出了问题。

【故障处理】：排除故障的方法如下。

① 解决主板BIOS设置不当可以用放电法，或进入BIOS修改，或重置为出厂设置，查阅主板说明书就会找到步骤。关于修改方面有一点要注意，BIOS设置中，键盘和鼠标报警项如设置为出现故障就停止自检，那么键盘和鼠标坏了就会出现这种现象。

② 通过自检过程的原理分析，BIOS自检到某个硬件时停止工作，那么这个硬件出故障的可能性非常大，可以将这个硬件的电源线和信号线拔下来，开机看是否能进入下一步自检，如可以，那么就是这个硬件的问题。

③ 将软驱、硬盘、光驱的电源线和信号线全部拔下来，将声卡、调制解调器、网卡等板卡全部拔下（显卡、内存除外）。将打印机、扫描仪等外置设备全部断开，然后按硬盘、软驱、光驱、板卡、外置设备的顺序重新安装，安装好一个硬件就开机试试看，当接至某一硬件出问题时，就可判定是它引起的故障。

15.2.7 启动顺序不对，不能启动引导文件

【故障表现】：电脑的启动过程中，提示信息【Disk Boot Failure, Insert System Disk And Press Enter】，从而不能启动引导文件，不能正常开机。

【故障分析】：这种故障一般都不是严重问题，只是系统在找到的用于引导的驱动器中找不到引导文件。比如，BIOS的引导驱动器设置中将软驱排在了硬盘驱动的前面，软驱中又没有引导系统的软盘；或者BIOS的引导驱动器设置中将光驱排在了硬盘驱动的前面，而光驱中又没有引导系统的光盘。

【故障处理】：将光盘或软盘取出，然后设置启动顺序，即可解决故障。

15.2.8 系统启动过程中自动重启

【故障表现】：在Windows操作系统启动画面出现后、登录画面显示之前电脑自动重新启动，无法进入操作系统的桌面。

【故障分析】：导致这种故障的原因是操作系统的启动文件Kernel32.dll丢失或者已经损坏。

【故障处理】：如果在系统中安装有故障恢复控制台程序，这个文件也可以在Windows XP的安装光盘中找到。不过，在Windows XP安装盘中找到的文件是Kernel32.dl_，这是一个未解压的文件，它需要在故障恢复控制台中先运行"map"这个命令，然后将光盘中的Kernel32.dl_文件复制到硬件，并运行"expand kernel32.dl_"这个命令，将Kernel32.dl_这个文件解压为Kernel32.dll，最后将解压的文件复制到对应的目录即可。如果没有备份Kernel32.dll文件，在系统中也没有安装故障恢复控制台，也不能从其他电脑中拷贝这个文件，那么重新安装Windows系统也可以解决故障。

15.2.9 系统启动过程中死机

【故障表现】：电脑在启动时出现死机现象，重启后故障依然存在。

【故障分析】：这种情况可能是由于硬件冲突所致，这时可以使用插拔检测法。

【故障处理】：将电脑里面一些不重要的部件（例如光驱、声卡、网卡）逐件卸载，检查出导致死机的部件，然后不安装或更换这个部件即可。此外，这种情况也可能是由于硬盘的质量有问题。

如果使用插拔检测法后，故障没有排除，可以将硬盘接到其他的电脑上进行测试，如果硬盘可以应用，那么说明硬盘与原先的电脑出现兼容问题；如果在其他的电脑上测试，同样有这种情况，说明硬盘的质量不可靠，甚至已经损坏。

另外，这种情况也可能是由于在BIOS中对内存、显卡等硬件设置了相关的优化项目，而优化的硬件却不能支持在优化的状态中正常运行。因此，当出现这种情况的时候，应该在BIOS中将相关优化的项目调低或不优化，必要时可以恢复BIOS的出厂默认值。

15.3 关机异常

🌐 本节教学录像时间：3分钟

Windows的关机程序在关机过程中将执行下述各项功能：完成所有磁盘写操作，清除磁盘缓存，执行关闭窗口程序，关闭所有当前运行的程序，将所有保护模式的驱动程序转换成实模式。

Windows系统出现关机故障的主要原因有：选择退出Windows时的声音文件损坏；不正确配

置或损坏硬件；BIOS的设置不兼容；在BIOS中的【高级电源管理】或【高级配置和电源接口】的设置不适当；没有在实模式下为视频卡分配一个IRQ；某一个程序或TSR程序可能没有正确关闭；加载了一个不兼容的、损坏的或冲突的设备驱动程序等。

15.3.1 无法关机，点击【关机】按钮没有反应

【故障表现】：一台电脑无法关机，点击【关机】按钮也没有反应，只能通过手动按下机箱的关机键才能关机。

【故障分析】：从上述故障可以初步判断是系统文件丢失的问题。

【故障处理】：在【运行】对话框里输入"rundll32user.exe，exitwindows"，按【Enter】键后观察，如果可以关机，那说明是程序的问题。

① 利用杀毒软件全面查杀病毒。

② 利用360安全卫士修复IE浏览器。

③ 运行"msconfig"命令查看是否有多余的启动项，有些启动项启动后无法关闭也会导致无法关机。

④ 在声音方案中换个关机音乐，有时关机音乐文件损坏也会导致无法关机。

⑤ 如果CMOS参数设置不当的话，Windows系统同样不能正确关机。为了检验是否是CMOS参数设置不当造成了电脑无法关闭的现象，可以重新启动系统，进入到CMOS参数设置页面，将所有参数恢复为默认的出厂数值，然后保存好CMOS参数，并重新启动系统。接着再尝试一下关机操作，如果此时能够正常关闭的话，就表明系统的CMOS参数设置不当，需要进行重新设置，设置的重点主要包括病毒检测、电源管理、中断请求开闭、CPU外频以及磁盘启动顺序等选项，具体的参数设置值最好参考主板的说明书，如果对CMOS设置不熟悉的话，只有将CMOS参数恢复成默认数值，才能确保计算机关机正常。

15.3.2 电脑关机后自动重启

【故障表现】：在Windows 7系统中关闭电脑，系统却变为自动重新启动，同时在操作系统中不能关机。

【故障分析】：导致这一故障的原因很有可能是由于用户对操作系统的错误设置，或利用一些系统优化软件修改了Windows 7系统的设置。

【故障处理】：根据分析，排除故障的具体操作步骤如下。

步骤01 单击【开始】按钮，在弹出的【开始】菜单中选择【控制面板】菜单命令。

步骤02 弹出【控制面板】窗口，单击【类别】按钮，在弹出的下拉菜单中选择【大图标】菜单命令。

步骤03 在弹出的窗口中单击【系统】链接。

步骤 04 弹出【系统】对话框,单击【高级系统设置】链接。

步骤 06 弹出【启动和故障恢复】对话框,在【系统失败】一栏中选中【自动重新启动】复选框,单击【确定】按钮。重新启动电脑,即可排除故障。

步骤 05 弹出【系统属性】对话框,选择【高级】选项卡,在【启动和故障恢复】一栏中单击【设置】按钮。

15.4 开/关机速度慢

⏺ 本节教学录像时间:1分钟

本节主要讲述开/关机速度慢的常见原因和解决方法。

15.4.1 每次开机自动检查C盘或D盘后才启动

【故障表现】:一台电脑在每次开机时,都会自动检查C盘或D盘后才启动,每次开机的时间都比较长。

【故障分析】:从故障可以看出,开机自检导致每次开机都检查硬盘,关闭开机自检C盘或D盘功能,即可解决故障。

【故障处理】:排除故障的具体操作步骤如下。

步骤 01 选择【开始】▶【所有程序】▶【附件】▶【运行】菜单命令。

步骤 03 输入 "chkntfs /x c: d:" 后，按【Enter】键确认，即可排除故障。

步骤 02 弹出【运行】对话框，在【打开】文本框中输入 "cmd" 命令，单击【确定】按钮。

15.4.2 开机时随机启动程序过多

【故障表现】：开机非常缓慢，常常4分钟左右，进入系统后，速度稍微快一点，经过杀毒也没有发现问题。

【故障分析】：开机缓慢往往与启动程序太多有关，可以利用系统自带的管理工具设置启动的程序。

【故障处理】：排除故障的具体操作步骤如下。

步骤 01 选择【开始】▶【所有程序】▶【附件】▶【运行】菜单命令。

步骤 03 弹出【系统配置】对话框，选择【启动】选项卡，取消不需要启动的项目，单击【确定】按钮即可优化启动程序。

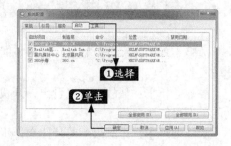

步骤 02 弹出【运行】对话框，在【打开】文本框中输入 "msconfig" 命令，单击【确定】按钮。

15.4.3 开机系统动画过长

【故障表现】：在开机的过程中，系统动画的时间很长，有时会停留好几分钟，进入操作系统后，一切操作正常。

【故障分析】：可以通过设置注册表信息，缩短开机动画的等待时间。

【故障处理】：排除故障的具体操作步骤如下。

步骤01 选择【开始】➤【所有程序】➤【附件】➤【运行】菜单命令。

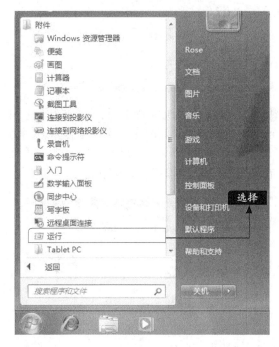

步骤02 打开【运行】对话框，在【打开】文本框中输入注册表命令"regedit"。

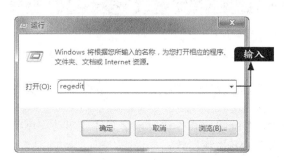

步骤03 单击【确定】按钮，即可打开【注册表】窗口。

步骤04 在窗口的左侧展开HKEY_LOCAL_MACHINE\System\CurrentControlSet\Control树形结构。

步骤05 在右侧的窗口中双击【WaitToKillServiceTimeout】选项，弹出【编辑字符串】对话框，在【数值数据】中输入"1000"，单击【确定】按钮。重新启动电脑后，故障排除。

15.4.4 开机系统菜单等待时间过长

【故障表现】：在开机的过程中，出现系统选择菜单时，等待时间为10秒，时间太长，每次开机都是如此。

【故障分析】：通过系统设置，可以缩短开机菜单等待的时间。

【故障处理】：排除故障的具体操作步骤如下。

步骤01 选择【开始】▶【所有程序】▶【附件】▶【运行】菜单命令。

步骤02 弹出【运行】对话框，在【打开】文本框中输入"msconfig"命令，单击【确定】按钮。

步骤03 弹出【系统配置】对话框，选择【引导】选项卡，在【超时】文本框中输入时间为"5"秒，也可以设置更短的时间，单击【确定】按钮。重启电脑后，故障排除。

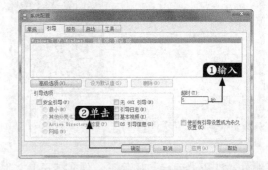

 高手支招

⊛ **本节教学录像时间：4 分钟**

⬤ 关机时出现蓝屏

【故障表现】：在关闭电脑的过程中，显示屏突然显示蓝屏介面，按下键盘的任何按键也没有反应。

【故障分析】：这种情况很可能是由于Windows系统缺少某些重要系统文件或驱动程序所致，也可能是由于在没有关闭系统的应用软件的情况下直接关机所致。

【故障处理】：在关闭电脑前，先关闭所有运行的程序，然后再关机。

如果故障没有排除，则参照以下操作步骤进行操作。

步骤01 选择【开始】▶【所有程序】▶【附件】▶【运行】菜单命令。

步骤 03 单击【确定】按钮，按照提示完成系统文件的修复即可。

步骤 02 弹出【运行】对话框，在【打开】文本框中输入"sfc /scannow"命令。

🔵 自动关机或重启

【故障表现】：电脑在正常运行过程中，突然自动关闭系统或重新启动系统。

【故障分析】：现在的主板普遍对CPU都具有温度监控功能，一旦CPU温度过高，超过了主板BIOS中所设定的温度，主板就会自动切断电源，以保护相关硬件。

【故障处理】：在出现这种故障时，应该检查机箱的散热风扇是否正常转动、硬件的发热量是否太高，或者设置的CPU监控温度是否太低。

另外，系统中的电源管理和病毒软件也会导致这种现象发生。因此，可以检查一下相关电源管理的设置是否正确，同时也可检查是否有病毒程序加载在后台运行，必要时可以使用杀毒软件对硬盘中的文件进行全面检查。其次，也可能是由于电源功率不足、老化或损坏而导致这种故障，这时可以通过替换电源的方法进行确认。

🔵 按电源按钮不能关机

故障现象：采用长按电源按钮的方式关机，电脑却没有反应。

排除故障的具体操作步骤如下。

步骤 01 单击【开始】按钮，在弹出的【开始】菜单中选择【控制面板】菜单命令。

步骤 02 弹出【控制面板】窗口，单击【类别】按钮，在弹出下拉菜单中选择【大图标】菜单命令。

步骤 03 在弹出的窗口中单击【电源选项】链接。

步骤 04 弹出【电源选项】窗口，单击【选择电源按钮的功能】链接。

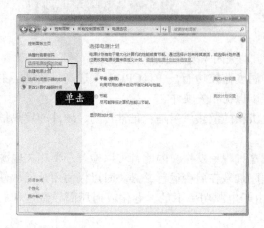

步骤 05 弹出【系统设置】窗口，单击【按电源按钮时】右侧的下拉按钮，在弹出的下拉列表中选择【关机】菜单命令，单击【保存修改】按钮。重启电脑后，故障排除。

第16章

CPU与内存故障处理

学习目标

CPU是电脑中最关键的部件之一，是电脑的运算核心和控制核心，电脑中所有操作都由CPU负责读取指令、对指令译码并执行指令，一旦其出了故障，电脑的问题就比较严重了。内存是系统临时存放数据的地方，一旦其出了问题，将会导致电脑系统的稳定性下降、黑屏、死机和开机报警等故障。本章将讲述如何诊断CPU与内存的故障。

学习效果

16.1 故障诊断思路

本节教学录像时间：4 分钟

在实际工作中，电脑有许多故障非常不容易处理。这类故障不容易彻底排查，经常反复出现的故障严重影响了用户的正常使用。下面将介绍CPU和内存故障的诊断思路。

16.1.1 CPU故障诊断思路

CPU是比较精密的硬件，出现故障的频率不高。常见的故障原因有以下几种。

① 接触不良：CPU接触不良可导致无法开机或开机后黑屏，处理方法为重新插一次CPU。

② 散热故障：CPU在工作时会产生较大的热量，因散热不良引起CPU温度过高会导致CPU故障。

③ 设置故障：如果BIOS参数设置不当，也会引起无法开机、黑屏等故障。常见的设置错误是将CPU的工作电压、外频或倍频等设置错误。处理方法为将CPU的工作参数进行正确设置。

④ 其他设备与CPU的工作频率不匹配：如果其他设备的工作频率和CPU的外频不匹配，则CPU的主频会发生异常，从而导致不能开机等故障。处理方法是将其他设备更换。

判断一台电脑是否是CPU故障，可以参照下面的判断思路。

● 1. 观察风扇运行是否正常

CPU风扇是否运行正常将直接影响CPU的正常工作，一旦其出了故障，CPU会因温度过高而被烧坏。所以用户在平常使用电脑时，要注意风扇的保养。

● 2. 观察CPU是否被损坏

如果风扇运行正常，接下来打开机箱，取下风扇和CPU，观察CPU是否有被烧损、压坏的痕迹。现在大部分封装CPU都很容易被压坏。另外，观察针脚是否有损坏的现象，一旦其被损坏，也会引起CPU故障。

● 3. 利用替换法检测是否是CPU的故障

找一个同型号的CPU，插入到主板中，启动电脑，观察是否还存在故障，从而判断是否是CPU内部出现故障，如果是CPU的内部故障，可以考虑换个新的CPU。

16.1.2 内存故障诊断思路

内存故障的常用排除方法有清洁法和替换法两种。

● 1. 清洁法

处理内存接触不良故障时经常使用清洁法，清洁的工具包括橡皮、酒精和专用的清洁液等。对于主板的插槽清洗，可以使用皮老虎、毛刷、专用吸尘器等进行清理。

● 2. 替换法

当用户怀疑电脑的内存质量或兼容性有问题时，可以采用替换法进行诊断。将一个可以正常使用的内存条替换故障电脑中的内存条，也可以将故障电脑中的内存条插到一台工作正常的电脑的主板上，以确定是否是内存本身的问题。

16.2 CPU常见故障的表现与解决

⊗ 本节教学录像时间：3分钟

CPU是我们电脑中的重要部件，同时CPU也是集成度很高的配件，可靠性较高，一般我们正常使用不会出现什么故障。但是倘若安装或使用不当则可能带来很多意想不到的麻烦。下面就CPU引起的问题介绍几种常见的解决方法。

16.2.1 开机无反应

【故障表现】：一台电脑在经过一次挪动后，按下电源开关后，开机系统无任何反应，电源风扇不转，显示器无任何显示，机箱的电脑嗽叭无任何声音。

【故障诊断】：由于电脑经过了挪动，说明机箱内部的硬件出现了接触不良的故障。首先打开机箱，看一下风扇是否被堵住，检查显卡是否松动，拔下显卡后用橡皮擦拭金手指，然后重新插到主板上，开机检测，如果还是开机无反应，开始检查CPU的问题。关闭电源，将CPU拔下，发现CPU有松动，而且CPU的针脚有发绿的现象，表示CPU被氧化了。

【故障处理】：卸下CPU，用皮老虎清理一下CPU插槽，然后用橡皮擦清理一下针脚，重新插上CPU，通电开机，电脑恢复正常。

16.2.2 针脚损坏

【故障表现】：一台电脑运行正常，为了散热，用户卸下CPU，涂抹一些散热胶，然后重新插上CPU，按下电源开关后，不能开机。

【故障诊断】：因为用户只是将CPU拆下涂抹了些散热胶，并没有做太大的改动，所以首先想到是某个部件接触不良，或者灰尘过多造成的。首先将显卡、内存等部件全部拆下，进行简单的清理工作，然后将主板上的灰尘也打扫干净。重新安装后问题依然存在，然后想到COMS电池没电也会引发无法开机的问题，于是换了一颗新的电池，可是依然无法开机。此时根据先前做的操作，可以将CPU拆下，观察发现插座内已经有数个针脚变形，而且还有一个针脚断了。

【故障处理】：根据故障诊断，可以判断是针脚的问题，先用镊子将针脚复位，然后将断的针脚焊接上。安装上CPU，重新开机测试，问题解决。具体焊接的操作步骤如下。

步骤01 首先将CPU断脚处的表面刮净，用焊锡和松香对其迅速上锡，使焊锡均匀地附在断面上即可。

步骤02 将CPU断脚刮净，用同样的方法上锡。

如果短脚丢失，可以找个大头针代替。

步骤03 用双面胶将CPU固定在桌面上，左手用镊子夹住断脚，使上锡的一端与CPU断脚处相接，右手用电烙铁迅速将两者焊接在一起，可多使用一些松香，使焊点细小而光滑。

步骤 04 将CPU小心地插入CPU插座内，如果插不进去，可用刀片对焊接处小心修整，插好后开机测试。

16.2.3 CPU温度过高导致系统关机重启

【故障表现】：一台电脑使用一段时间后，会自动关机并重新启动系统，然后过几分钟又关机重新，此现象反复发生。

【故障诊断】：首先用杀毒软件进行全盘扫描杀毒，如果没有发现病毒，则关闭电源，打开机箱，用手摸下CPU，发现很烫手，说明温度比较高，而CPU的温度过高会引起不停重启的现象。

【故障处理】：解决CPU温度高引起的故障的具体操作步骤如下。

步骤 01 打开机箱，开机并观察电脑自动关机时的症状，发现CPU的风扇停止转动，然后关闭电源，将风扇拆下，用手转下风扇，风扇转动很困难，说明风扇出了问题。

步骤 02 使用软毛刷将风扇清理干净，重点清理风扇转轴的位置，并在该处滴几滴润滑油，经过处理后试机。如果故障依然存在，可以换个新的风扇，再次通电试机，电脑运行正常，故障排除。

步骤 03 为了更进一步提高CPU的散热能力，可以除去CPU表面旧的硅胶，重新涂抹新的硅胶，这样也可以加快CPU的散热，提高系统的稳定性。

步骤 04 检查电脑是否超频。如果电脑超频工作会带来散热问题。用户可以使用鲁大师等同类软件检查一下电脑的问题，如果是因为超频带来的高温问题，可以重新设置CMOS的参数。

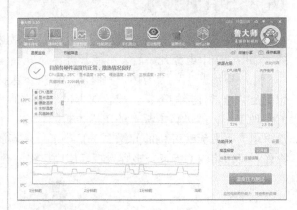

16.3 内存常见故障的表现与解决

🔘 **本节教学录像时间：6 分钟**

内存做为电脑的五大部件之一，对电脑工作的稳定性和可靠性起着至关重要的作用。内存质量的好坏和可靠性的高低直接影响着计算机能否长时间稳定的工作。同时内存也是故障率最高的部件之一，下面就内存引起的问题介绍几种常见故障的解决方法。

16.3.1 开机长鸣

【故障表现】：电脑开机后一直发出"嘀，嘀，嘀……"的长鸣，显示器无任何显示。

【故障诊断】：从开机后电脑一直长鸣可以判断出是硬件检测不过关，根据声音的间断为一声，可以判断为内存问题。关机后拔下电源，打开机箱并卸下内存条，仔细观察发现内存的金手指表面覆盖了一层氧化膜，而且主板上有很多灰尘。因为机箱内的湿度过大，内存的金手指发生了氧化，从而导致内存的金手指和主板的插槽之间接触不良，而且灰尘也是导致原件接触不良的常见因素。

【故障处理】：排除该故障的具体操作步骤如下。

步骤01 关闭电源，取下内存条，用皮老虎清理一下主板上内存插槽。

步骤02 用橡皮擦一下内存条的金手指，将内存插回主板的内存插槽中。在插入的过程中，双手拇指用力要均匀，将内存压入到主板的插槽中，当听到"啪"的一声表示内存已经和内存卡槽卡好，说明安装成功。

步骤03 接通电源并开机测试，电脑成功自检并进入操作系统，表示故障已排除。

16.3.2 提示内存读写错误

【故障表现】：电脑在使用的时候突然弹出提示【"0x7c930ef4"指令引用的"0x0004fff9"的内存，该内存不能为"read"】，单击【确定】按钮后，打开的软件自动关闭。

【故障分析】：上述提示表明故障的原因与内存有一定的关系。但是内存是不容易坏的元件，所以用户应该采用"先软后硬"的原则排除问题。

【故障处理】：排除该故障的具体操作步骤如下。

步骤01 使用杀毒软件检查系统中是否有木马或病毒。这类程序为了控制系统往往任意篡改系统文件，从而导致操作系统异常。用户平常应加强信息安全意识，对来源不明的可执行程序要使用杀毒软件检测一下。查杀后没有发现病毒。

步骤02 更换正版的应用程序，有些应用程序存在一定的漏洞，也会引起上述故障。重新安装应用程序后故障依然存在。

步骤03 重装操作系统。如果用户使用的是盗版的操作系统，也会引起上述故障。重新安装操作系统后，故障排除，说明故障与操作系统有关。

【备用处理方案】：如果故障还不能排除，可以从硬件下手查看故障的原因，具体操作步骤如下。

步骤04 打开机箱，查看内存插在主板上的金手指部分灰尘是否较多，硬件接触不良也会引起上述故障。用橡皮擦一下内存的金手指两侧，然后用皮老虎清理一下内存插槽。清理完成后，重新插上内存。

步骤05 使用替换法检查是否是内存本身的质量问题。如果内存有问题，可以更换一条新的内存条。

步骤06 从内存的兼容性下手，检查是否存在不兼容问题。使用不同品牌、不同容量或者不同工作频率参数的内存，也会引起上述故障。可以更换内存条以解决故障。

16.3.3 内存损坏导致系统经常报注册表错误

【故障表现】：一台电脑能够正常启动，但是进入系统桌面时，系统会提示注册表读取错误，需要重新启动电脑修复该错误。重新启动后故障依然存在。

【故障分析】：系统提示注册表读取错误，因而用户可先从注册表的修复下手，在安全模式下禁用部分启动项。

【故障处理】：排除该故障的具体操作步骤如下。

步骤01 重新启动电脑，并按【F8】功能键进入【Windows 高级选项菜单】界面，然后选择【安全模式】选项，按【Enter】键进入系统的安全模式。

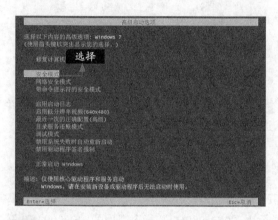

步骤02 单击【开始】按钮，在弹出的【开始】菜单中选择【所有程序】▶【附件】▶【运行】菜单命令。

步骤03 弹出【运行】对话框，在【打开】文本框中输入"msconfig"，单击【确定】按钮。

步骤04 弹出【系统配置】对话框，选择【启动】选项卡，取消勾选列表框中的所有复选框，即禁用所有启动项，单击【确定】按钮。

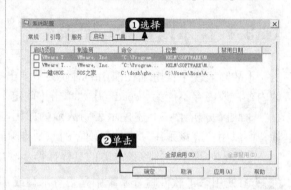

步骤05 弹出提示对话框，单击【重新启动】按钮，电脑将重新启动，再次进入操作系统故障排除。

【备用处理方案】：经过上述操作后，如果故障依然存在，基本上可以判定是内存本身存在问题，此时采用替换法，换上一个性能良好的内存条即可解决上述故障。

16.3.4 内存损坏，安装系统提示解压缩文件出错

【故障表现】：一台旧电脑由于病毒入侵导致系统崩溃，之后开始重新安装Windows操作系统，但是在安装过程中突然提示"解压缩文件时出错，无法正确解开某一文件"，导致意外退出而不能继续安装。重新启动电脑再次安装操作系统，故障依然存在。

【故障诊断】：出现上述故障最大的原因是内存损坏或稳定性差，也有可能是因为光盘质量差或光驱读盘能力下降。用户首先可更换其他的安装光盘，并检查光驱是否有问题。发现故障与光盘和光驱无关。这时可检测内存是否出现故障，或内存插槽是否损坏，并更换内存进行检测，如果能继续安装，则说明是原来的内存出现了故障，这就需要更换内存。

【故障处理】：更换一根性能良好的内存条，启动电脑后故障排除。

16.3.5 内存显示的容量与实际内存容量不相符

【故障表现】：一台电脑内存为DDR3 1600，内存容量为4GB，在电脑属性中查看内存容量为3.25GB，而主板支持最多4GB的内存，是什么原因导致内存显示的容量与实际内存容量不相符？

【故障分析】：内存的显示容量和实际内存容量不相符，一般和显卡或系统有关。

【故障处理】：解决上述问题有两种方法。

① 分析电脑的主板是否是采用的集成显卡，因为集成显卡会占用一部分内存来做显存，如果是集成显卡，可以升级内存或者买一个新的显卡即可。

② 如果电脑是独立显卡，可以初步判断是操作系统不支持的问题。另外Windows系列操作使用的可能是32位，无法识别4GB内存。

可以支持并使用4GB内存的操作系统，首先必须是64位操作系统，因为64位操作系统是按64位地址总线设计的。比如Windows 7 64位、Windows 8 64位、Windows 10 64位。其次是具有物理地址扩展功能，并且地址寄存器大于32位的服务器操作系统，但有些具备物理地址扩展的服务器操作系统由于地址寄存器限于32位也不能支持4GB。

更换64位的操作系统即可解决上述问题。

 高手支招

🔘 本节教学录像时间：4 分钟

⬤ CPU超频导致显示器黑屏

【故障表现】：一台电脑将CPU超频后，开机出现显示器黑屏现象，同时无法进入BIOS。

【故障分析】：这种故障应该是典型的超频引起的故障。由于CPU频率设置太高，造成CPU无法正常工作，并造成显示器点不亮且无法进入BIOS中进行设置。

【故障处理】：将CMOS电池取下并放电，几分钟后安装上电池，重新启动并按【Delete】键，进入BIOS界面，将CPU的外频重新调整到66MHz，改回原来的频率即可正常使用。

更换电池 ←

● Windows 经常自动进入安全模式

【故障表现】：在电脑启动的过程中，Windows 经常自动进入安全模式，这是什么原因造成的?

【故障分析】：此类故障一般是由于主板与内存条不兼容或内存条质量不佳引起的，常见于高频率的内存用于某些不支持此频率内存条的主板上。

【故障处理】：启动电脑按【Delete】键进入BIOS，可以尝试在BIOS设置内降低内存读取速度，看能否解决问题，如果故障一直存在，那就只有更换内存条了。另外，高频率的内存用于不支持此频率内存条的主板上，有时也会出现加大内存系统资源反而降低的情况。

● 开机时多次执行内存检查

【故障表现】：一台电脑在开机时总是多次执行内存检测，浪费了时间，如何能减少内存检查的次数?

【故障诊断】：在检查内存时，按【Esc】键跳过检查步骤，如果感觉麻烦，可以在BIOS中进行相关设置。

【故障处理】：开机时按【Delete】键进入BIOS设置，在主界面中选择【BIOS FEATURES SETUP】选项卡，将其中的【Quick Power On Self Test】设为【Enabled】，然后保存设置，重启电脑即可。

第 **17** 章

主板与硬盘故障处理

学习目标

主板是组成电脑的重要部件，主要负责电脑硬件系统的管理与协调工作，使得CPU、功能卡和外部设备能正常运行。主板的性能直接影响着电脑的性能。本章主要介绍主板和硬盘故障处理的方法。

学习效果

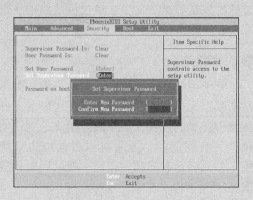

17.1 故障诊断思路

本节教学录像时间：14 分钟

PC主板故障往往表现为系统启动失败、屏幕无显示等难以直观判断的故障现象，因此，掌握适当的维修方法是提高维修效率的重要手段，下面将介绍主板和硬盘的诊断思路和方法。

17.1.1 主板故障诊断思路

对于主板的故障诊断，采用的方法一般为观察表面现象，闻是否有气味，用手摸感觉是否烫手，开机后听声音等。主板故障常用的维修方法有：清洁法、排除法、观察法、触摸法、软件分析法、替换法、比较法、重新焊接法等。

1. 清洁法

电脑用久了，由于机箱风扇的影响，在主板上特别容易积累大量的灰尘，特别是在风扇散热的部位比较明显。灰尘遇到潮湿的空气就会导电，造成电脑无法正常工作。使用吹风机、毛刷和皮老虎将灰尘清理干净，也许主板即可正常工作。

主板的一些插槽和芯片的插脚会因灰尘而氧化，从而导致接触不良，使用橡皮擦去内存条金手指的表面氧化层，内存条即可恢复正常工作。对于内存插槽处被氧化，使用小刀片在插槽内刮削，可以去除插槽处的氧化物。

2. 排除法

电脑出现了故障，主要可能是主板、内存条、显卡、硬盘等出现了故障。将主板上的元件都拔掉，换上好的CPU和内存，查看主板是否正常工作。如果此时主板不能正常工作，可以判定是主板出现了故障。

3. 观察法

一旦主板出现了故障，可以观察主板上各个插头、电阻、电容引脚是否有短路现象、主板表面是否有烧坏发黑的现象、电解电容是否有漏液等。通过观察，可以发现比较明显的故障。

4. 触摸法

用手触摸芯片的表面，感受元件的温度是否正常，可以判断出现故障的部位。比如CPU和北桥芯片，在工作时应该是发热的，如果开机很久没有热的感觉，很有可能是电路被烧毁了；而南桥芯片则不应该发热，如果感觉烫手，则可能该芯片已经短路了。

5. 软件分析法

软件分析法主要包括简易程序测试法、检查诊断程序测试法和高级诊断法等3种。它是通过软件发送数据、命令，通过读线路的状态及某个芯片的状态来诊断故障的部位。

6. 替换法

对于一些特殊的故障，软件分析法并不能判断哪个元件出了问题。此时使用好的元件去替换所怀疑的元件，如果故障消失，则说明该元件是有问题的。通常可以根据经验直接替换，如果还是有问题，说明主板的问题比较严重。

7. 比较法

不同的主板其设计也不同，包括信号电压值、元件引脚的对地阻值等均不相同。找一块相同型号的正常主板，与故障主板对比同一点的电压、频率或电阻，即可找到故障。

8. 重新焊接法

对于CPU插座、北桥芯片和南桥芯片因为虚焊而导致的主板故障，使用普通的方法很难检测出是哪根总线出了问题，此时可以将主板的大概故障部位放在锡炉上加热加焊，这样也能在一定概率上排除故障。

17.1.2 硬盘故障诊断思路

硬盘出现故障时，需要配合一些故障维修方法来判断和排除故障。硬盘的故障维修方法有多种，具体如下。

1. 观察法

观察法主要是维修人员根据经验通过眼看、鼻闻、耳听等做辅助检查，观察有故障的电路板以找出故障原因所在。在观察故障电路板时将检查重点放在数据接口排针和其下的排阻、硬盘跳线、电源口接线柱和主控芯片引脚等地方，看是否存在如下问题。

① 检查电路板表面是否有断线、焊锡片和虚焊等。

② 电路板表面如芯片是否有烧焦的痕迹，一般内部某芯片烧坏时会发出一种臭味，此时应马上关机检查，不应再加电使用。

③ 注意电阻或电容引脚是否相碰、硬盘跳线是否设置正常。

④ 是否有异物掉进电路板的元器件之间。

一般简单的问题直接通过表面观察法就能够解决，但对于有疑问的地方，维修人员也可以借助万用表测量一下，这样可以节省维修时间，提高维修效率。

2. 触摸法

一般电路板的正常温度（指组件外壳的温度）在40℃～50℃之间，手指摸上去有一点温度，但不烫手。而电路板在出现开路或短路的情况下，芯片温度会出现异常，如开路、无供电、工作条件不满足时，芯片温度会过低，触感偏凉；而短路、电源电压高时，芯片温度过高，部分损坏较严重的芯片甚至可闻到焦味，一旦维修人员发现这种现象，一定要立即断开电源。

3. 替换法

替换法即用好的芯片或元器件替换可能有故障的配件，这种方法常用在不能确定故障点的情况下。维修人员首先应检查与怀疑有故障的配件相连接的连接线是否有问题，替换怀疑有故障的配件，再替换供电配件，最后替换与之相关的其他配件。但这种方法需要维修人员对电路板的各元器件非常熟悉，否则可能会弄巧成拙。

4. 比较法

比较法是用一块与故障电路板型号完全一样的好的电路板，通过外观、配置、运行现象等方面的比较和测量找出故障电路板的故障点的方法。但这种方法比较麻烦，维修人员需要多次比较和测量才能找出故障的部位。

5. 电流法

电流法需要用到万用电表，它可以测量电流、电压、电阻，有的还可以测量三级管的放大倍数、频率、电容值、逻辑电位、分贝值等。硬盘电源 + 12V的工作电流应为1.1A左右。如果电路板有局部短路现象，则短路元件会升温发热并可能引起保险丝熔断。这时用万用电表测量故障线路的电流，看是否超过正常值。硬盘驱动器适配卡上的芯片短路会导致系统负载电流加大，驱动电机短路或驱动器短路会导致主机电源故障。当硬盘驱动器负载电流加大时会使硬盘启动时好时坏。电机短路或负载过流，轻则使保险丝熔断，重则导致电源块、开关调整管损坏。

在大电流回路中可串入电流假负载进行测量。不同情况可采用不同的测量方法。

① 对于有保险的线路，维修人员可断开保险管一头，将万用电表串入进行测量。

② 对于印刷板上某芯片的电源线，维修人员可用刻刀或钢锯条割断铜箔引线串入万用表测量。

③ 对于电机插头、电源插头，可从卡口里将电源线起出，再串入万用电表测量。

6. 电压法

该测量方法是在加电情况下，用万用表测量部件或元件的各管脚之间对地的电压大小，并将其与逻辑图或其他参考点的正常电压值进行比较。若电压值与正常参考值之间相差较大，则该部件或元件有故障；若电压正常说明该部分完好，可转入对其他部件或元件的测试。

I/O通道系统板扩展槽上的电源电压为 +12V、- 12V、+5V和 - 5V。板上信号电压的高电平应大于2.5V，低电平应小于0.5V。硬盘驱动器插头、插座按照引脚的排列都有一份电压表，高电平在2.7~3.0V之间。若高电平输出小于3V、低电平输出大于0.6V，即为故障电平。

7. 测电阻法

测电阻法是硬盘电路板维修方法中比较常用的一种测量方法，这种方法可以判断电路的通断及电路板上电阻、电容的好坏；参照集成电路芯片和接口电路的正常阻值，还可以帮助判断芯片电路的好坏。

测电阻法一般使用万用表的电阻挡测量部件或元件的内阻，根据其阻值的大小或通断情况，分析电路中的故障原因。一般元器件或部件的引脚除接地引脚和电源引脚外，其他信号的输入引脚与输出引脚对地或对电源都有一定的内阻，不会等于0Ω或接近0Ω，也不会无穷大，否则就应怀疑管脚是否有短路或开路的情况。一般正向阻值在几十Ω至100Ω，而反向电阻多为数百Ω。

用电阻法测量时，首先要关机停电，再测量器件或板卡的通断、开路短路、阻值大小等，以此来判断故障点。若测量硬盘的步进电机绕组的直流电阻为24Ω，则符合标称值为正常；10Ω左右为局部短路；0Ω或几Ω为绕组短路烧毁。

硬盘驱动器的数据线可以采用通断法进行检测。硬盘的电源线既可拔下单测，也可在线测其对地电阻；如果阻值无穷大，则为断路；如果阻值小于10Ω，则有可能是局部短路，需要维修人员进一步检查方可确定。

17.2 主板常见故障与解决

🎬 **本节教学录像时间：2分钟**

主板的常见故障往往与CMOS的设置有关。CMOS是集成在主板上的一块芯片，里面保存着重要的开机参数。一旦CMOS出现问题，将会造成电脑无法正常使用。

17.2.1　CMOS设置不能保存

【故障表现】：一台正常运行的电脑，进入CMOS更改相应的参数并保存退出，重新启动电脑时，电脑仍按照修改前的设置启动，修改参数的操作并没有起到作用。重复保存操作，故障依然存在。

【故障诊断】：CMOS设置不能保存，用户可以从以下几个方面进行诊断。

① CMOS线路设置错误时，可以导致CMOS设置不能保存。

② CMOS供电电路出现问题时，可以导致CMOS设置不能保存。

③ CMOS电池不能提供指定的电压时，可以导致CMOS设置不能保存。

【故障处理】：根据先易后难的原则，处理故障的具体操作步骤如下。

步骤01 用一块新的CMOS更换主板上的旧电池，启动电脑进入CMOS设置程序，修改相关参数并保存退出，判断故障是否解决。

步骤02 如果更换电池仍然不能解决问题，可参照主板说明书，检查CMOS的跳线情况，观察跳线是否插在正确的引线上。主板上的引线

有两种状态：一种为NORMAL状态，一般为1~2跳线；另一种为CLEAR状态，一般为2~3跳线。必须保证跳线设置为NORMAL状态才能保存设置。

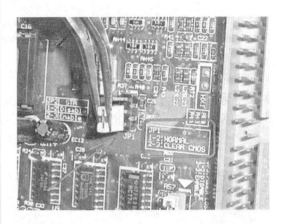

步骤03 如果上述两种方法都不能解决问题，可以初步判断是主板上CMOS供电电路出现了问题，可以送到专门的售后服务站去维修。

17.2.2　安装或启动Windows时鼠标不可用

【故障表现】：一台电脑，安装Windows或启动Windows时鼠标不可用，更换好鼠标后，故障依然不能排除。怀疑是主板PS/2鼠标接口故障，拿到专业主板检测点检查PS/2鼠标口正常。

【故障分析】：这是由CMOS参数中IRQ设置错误引起的。

【故障处理】：在CMOS设置的电源管理栏，有一项Modem use IRQ选项，选项分别为3、4、5…NA，一般它的默认选项为3，将其设置为3以外的中断项，即可排除故障。

17.2.3　电脑频繁死机

【故障表现】：一台电脑经常出现死机现象，在CMOS中设置参数时也会出现死机，重装系统后故障依然不能排除。

【故障分析】：出现此类故障一般是由于CPU有问题、主板Cache有问题或主板设计散热不良引起。

【故障处理】：在死机后触摸CPU周围主板元件，发现其非常烫手。在更换大功率风扇之后，死机故障得以解决。对于Cache有问题的故障，用户可以进入CMOS设置，将Cache禁止后即可顺利解决问题，当然，Cache被禁止后速度肯定会受到影响。如果上述方法还是不能解决问题，可以更换主板或CPU。

17.3 BIOS常见故障

🌐 **本节教学录像时间：11 分钟**

用户在使用计算机的过程中，都会接触到BIOS，它在计算机系统中起着非常重要的作用。

17.3.1 BIOS的概念与常用项设置

所谓BIOS，实际上就是计算机的基本输入/输出系统（Basic Input Output System），其内容集成在计算机主板上的一个ROM芯片上，主要保存着有关计算机系统最重要的基本输入/输出程序、系统信息设置，开机上电自检程序和系统启动自检程序等。

BIOS芯片是主板上一块长方形或正方形芯片，如下图所示。

在BIOS中主要存放了如下内容。

① 自诊断程序：通过读取CMOS RAM中的内容识别硬件配置，并进行自检和初始化。

② CMOS设置程序：引导过程中用特殊热键启动，进行设置后存入CMOS RAM中。

③ 系统自检装载程序：在自检成功后将磁盘相对0道0扇区上的引导程序装入内存，让其运行以装入DOS系统。

从功能上看，BIOS的作用主要分为如下几个部分。

1. 加电自检及初始化

用于电脑刚接通电源时对硬件部分的检测，功能是检查电脑是否良好。通常完整的自检包括对CPU、基本内存、扩展内存、ROM、主板、CMOS存储器、串并口、显示卡、软硬盘子系统及键盘等进行测试，一旦在自检中发现问题，系统将给出提示信息或鸣笛警告。对于严重故障（致命性故障）则停机，不给出任何提示或信号；对于非严重故障则给出提示或声音报警信号，等待用户处理。

初始化包括创建中断向量、设置寄存器、对一些外部设备进行初始化和检测等，其中很重要的一部分是BIOS设置，主要是对硬件设置的一些参数，当电脑启动时会读取这些参数，并和实际硬件设置进行比较，如果不符合，会影响系统的启动。

2. 引导程序

在对计算机进行加电自检和初始化完毕后，需要利用BIOS引导DOS或其他操作系统。这时，BIOS先从软盘或硬盘的开始扇区读取引导记录，若没有找到，则会在显示器上显示没有引导设备。若找到引导记录会把电脑的控制权转给引导记录，由引导记录把操作系统装入电脑，在电脑启动成功后，BIOS的这部分任务就完成了。

3. 程序服务处理

程序服务处理指令主要是为应用程序和操作系统服务，为了完成这些服务，BIOS必须直接与电脑的I/O设备打交道，通过端口发出命令，向各种外部设备传送数据以及从它们那里接收数据，使程序能够脱离具体的硬件操作。

4. 硬件中断处理

在开机时，BIOS会通过自检程序对电脑硬件进行检测，同时会告诉CUP各硬件设备的中断号，例如视频服务，中断号为10H；屏幕打印，中断号为05H；磁盘及串行口服务，中断号为14H等。当用户发出使用某个设备的指令后，CUP就根据中断号使用相应的硬件完成工作，再根据中断号跳回原来的工作。

进入Award BIOS以后，即可看到其主界面，Award BIOS中每一项设置都不相同，各自有着不同的含义。下面对其常见选项的含义进行详细的介绍。

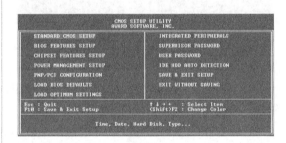

在Award BIOS的主菜单中，主要有如下几个菜单项。

（1）STANDARD CMOS SETUP（标准CMOS设定）

用于设定本计算机的日期、时间、软硬盘规格、工作类型以及显示器类型等。下图所示即为标准BIOS设置界面。

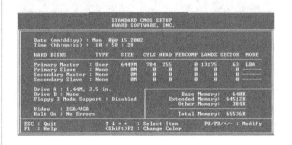

(2) BIOS FEATURES SETUP（BIOS特性设置）

用于设定本电脑BIOS的特殊功能，例如病毒警告、开机磁盘优先程序等。下图所示即为BIOS特性设置界面。

(3) CHIPSET FEATURES SETUP（芯片组工作特性设置）

用于设定本电脑CPU工作的相关参数。下图所示即为芯片组工作特性界面。

(4) POWER MANAGEMENT SETUP（能源管理参数设置）

用于设定本电脑中CPU、硬盘、显示器等设备的省电功能。下图所示即为能源管理参数设置界面。

(5) PNP/PCI CONFIGURATION（即插即用和PCI特性设置）

用于设置本电脑中的即插即用设备和PCI设备的有关属性。下图所示即为即插即用和PCI特性设置界面。

(6) LOAD BIOS DEFAULTS（载入BIOS预设值）

用于载入本电脑的BIOS初始设置值。

(7) LOAD OPTIMUM SETTINGS（载入主板BIOS出厂设置）

该菜单项是BIOS的最基本设置，用于确定本电脑的故障范围。

(8) INTEGRATED PERIPHERALS（内建整合设备周边设定）

用于设置本电脑集成主板上外部设备的属性。下图所示即为内建整合设备周边设定设置界面。

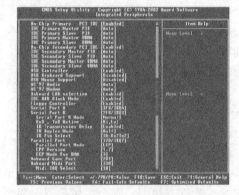

(9) SUPERVISOR PASSWORD（管理者密码）

用于电脑管理员设置进入BIOS修改设置的密码。

⑽ USER PASSWORD（用户密码）

用于设置用户的开机密码。

⑾ IDE HDD AUTO DETECTION（自动检测IDE硬盘类型）

用于自动检测本电脑的硬盘容量和类型等

信息。下图所示即为自动检测IDE硬盘类型设置界面。

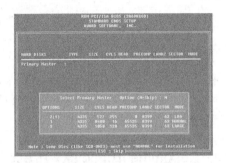

⑿ SAVE&EXIT SETUP（保存并退出设置）

用于保存已经更改的设置，并退出BIOS设置。

⒀ EXIT WITHOUT SAVE（沿用原有设置并退出BIOS设置）

表示不保存已经修改的设置，并退出BIOS设置。

17.3.2 开机系统错误提示汇总

在开机的过程中，发生死机或重启等故障时，往往会有相关的提示信息。下面将讲述根据常见提示信息排除故障方法。

● 1. CMOS battery failed

【中文含义】：CMOS电池失效。

【故障处理】：此提示信息说明CMOS电池已经快没电了，只要更换新的电池即可排除故障。

● 2. CMOS check sum error – Defaults loaded

【中文含义】：CMOS 执行全部检查时发现错误，要载入系统预设值。

【故障处理】：一般来说出现此提示信息表示电池快没电了，可以先换个电池试试，如果问题还是没有解决，那么说明CMOS RAM可能有问题，如果没过一年质保期就到经销商处换一块主板，如果过了一年就让经销商送回生产厂家进行维修。

● 3. Press ESC to skip memory test

【中文含义】：正在进行内存检查，可按【Esc】键跳过。

【故障处理】：这是因为在CMOS内没有设定跳过存储器的第二、三、四次测试，开机就会执行4次内存测试，当然也可以按【Esc】键结束内存检查，不过每次都要这样太麻烦了，用户可以进入CMOS设置后选择【BIOS FEATURS SETUP】，将其中的【Quick Power On Self Test】设为【Enabled】，保存后重新启动电脑即可排除故障。

● 4. Keyboard error or no keyboard present

【中文含义】：键盘错误或者未接键盘。

【故障处理】：检查一下键盘的连线是否松动或者损坏。

● 5. Hard disk install failure

【中文含义】：硬盘安装失败。

【故障处理】：这是因为硬盘的电源线或数据线可能未接好或者硬盘跳线设置不当。用户可以检查一下硬盘的各根连线是否插好，看看同一根数据线上的两个硬盘的跳线的设置是否一样，如果一样，只要将两个硬盘的跳线设置为不一样即可（一个设为Master，另一个设为Slave）。

● 6. Secondary slave hard fail

【中文含义】：检测从盘失败。

【故障处理】：可能是CMOS设置不当，比如没有从盘但在CMOS里设为有从盘，那么就会出现错误。这时可以进入CMOS设置选择【IDE HDD AUTO DETECTION】进行硬盘自动侦测。

7. Floppy Disk(s) fail 或 Floppy Disk(s) fail(80) 或Floppy Disk(s) fail(40)

【中文含义】：无法驱动软盘驱动器。

【故障处理】：系统提示找不到软驱，看看软驱的电源线和数据线有没有松动或者接错，或者把软驱放到另一台电脑上试一试，如果这些方法都不能解决故障，重新换个新的软驱即可排除故障。

8. Hard disk(s) diagnosis fail

【中文含义】：执行硬盘诊断时发生错误。

【故障处理】：出现这个问题一般就是说硬盘本身出现故障了，可以把硬盘放到另一台电脑上试一试，如果问题还是没有解决，只能去维修硬盘。

9. Memory test fail

【中文含义】：内存检测失败。

【故障处理】：重新插拔一下内存条，看看是否能解决，出现这种问题一般是因为内存条互相不兼容，换条新的内存条即可解决故障。

10. Override enable – Defaults loaded

【中文含义】：当前CMOS设定无法启动系统，载入BIOS中的预设值以便启动系统。

【故障处理】：一般是在CMOS内的设定出现错误，只要进入CMOS设置选择【LOAD SETUP DEFAULTS】载入系统原来的设定值然后重新启动即可。

11. Press TAB to show POST screen

【中文含义】：按【Tab】键可以切换屏幕显示。

【故障处理】：一般的OEM厂商会以自己设计的显示画面来取代BIOS预设的开机显示画面，可以按【Tab】键在BIOS预设的开机画面与厂商的自定义画面之间进行切换。

12. Resuming from disk，Press TAB to show POST screen

【中文含义】：从硬盘恢复开机，按【Tab】键显示开机自检画面。

【故障处理】：这是因为有的主板的BIOS提供了【Suspend to disk】（将硬盘挂起）的功能，如果用Suspend to disk的方式来关机，那么在下次开机时就会显示此提示消息。

13. Hareware Monitor found an error，enter POWER MANAGEMENT SETUP for details，Press F1 to continue，DEL to enter SETUP

【中文含义】：监视功能发现错误，进入【POWER MANAGEMENT SETUP】选项查看详细资料，按【F1】键继续开机程序，按【Del】键进入CMOS设置。

【故障处理】：有的主板具备硬件的监视功能，可以设定主板与CPU的温度监视、电压调整器的电压输出准位监视和对各个风扇转速的监视，当上述监视功能在开机时发觉有异常情况，那么便会出现上述提示，这时可以进入CMOS设置，选择【POWER MANAGEMENT SETUP】，在右面的**Fan Monitor**、**Thermal Monitor**和**Voltage Monitor**查看是哪部分发生了异常，然后再加以解决。

17.3.3 BIOS密码清除

如果用户知道原来的密码，可以将密码清除。

BIOS密码清除的具体操作步骤如下。

步骤 01 在开机时按键盘上的【F2】键，进入BIOS设置界面。

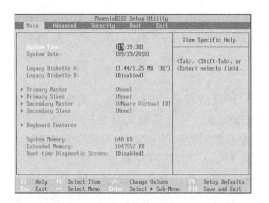

步骤 02 按键盘上的【→】键，将光标定位在【Security】选项卡下，则光标自动定位在【Set Supervisor Password】选项上。

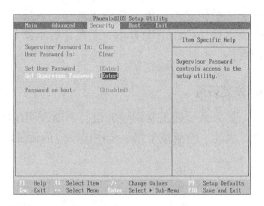

步骤 03 按键盘上的【Enter】键，即可弹出【Set Supervisor Password】提示框，在【Enter New Password】文本框中输入设置的新密码。

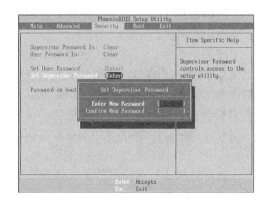

步骤 04 按键盘上的【Enter】键，将光标定位在【Confirm New Password】文本框中再次输入密码。

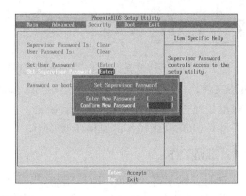

步骤 05 输入完毕后，按键盘上的【Enter】键，即可弹出【Setup Notice】提示框，选择【Continue】选项，并按【Enter】键确认，即可保存设置的密码。

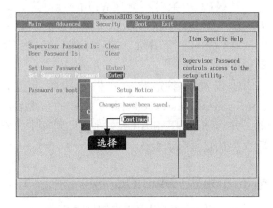

为了保护电脑的资源和安全，可以为其加上开机密码。但是不小心将密码忘记，就会致使电脑不能进入BIOS设置，或者不能启动电脑。这时建议采用如下方法进行处理。

① 可先试一下通用口令，如AMI BIOS的通用口令是"AMI"，Award BIOS的通用口令比较多，可能有"AWARD""H996""Syzx""WANTGIRL""AwardSW"等，但通用口令不是万能的。

② 如果电脑能启动，但不能进入CMOS设置，可以在启动DOS后，执行下面程序段来完成对所有CMOS的清除。

```
C:\debug
-O180 20
-O181 20
```

③ 打开机箱后，在主板上找到清除CMOS内容的跳线，将其短接3～5秒后再开机，CMOS内容会清除为出厂时的设置。

17.3.4 BIOS刷新与升级

BOIS刷新与升级就是用新版本的BIOS文件，覆盖BIOS芯片中旧版本的BIOS文件。通过刷新BIOS文件，可以解决一些硬件兼容问题，如老主板支持大硬盘和高内存，以及一些主板的BUG，厂家也是通过升级BIOS的方法来解决的。

进行BIOS升级操作的具体步骤如下。

1. 准备工作

一般主板上有个Flash ROM的跳线开关，用于设置BIOS的只读／可读写状态。关机后在主板上找到它并将其设置为可写。

2. 引导电脑进入安全DOS模式

升级BIOS绝对不能在Windows下进行，万一遇上设备冲突，主板就可能报废，所以一定要在DOS模式下升级，而且不能加载任何驱动程序。

建议最好事先准备一张干净的不包含Config sys和Autoexec.bat两个文件的系统启动盘，并将烧录程序和BIOS文件拷贝到其中，然后直接从软驱启动系统。

3. 开始进行升级BIOS

下面以Award 的BIOS为例进行讲解。

直接运行Awdflash.exe，屏幕显示当前的BIOS信息，并要求输入新的BIOS数据文件的名称，然后提示是否要保存旧版本的BIOS。建议选择yes，将其保存起来，并起一个容易记忆的名字，然后存放在安全的地方，以便将来万一升级失败或发现升级中存在问题时，还可以把原来的BIOS版本恢复过来。接着，程序会再询问是否确定要写入新的BIOS，选择yes。这时，有一个进度框显示升级的进程，一般情况下几秒钟之内即可完成升级操作。最后，根据提示按【Ctrl+Alt+Delete】组合键重新开机即可。

4. 恢复设置

如果系统能正常引导并运行，就表明BIOS升级成功。然后恢复第一步中改动过的设置。

17.3.5 常见故障汇总

1. BIOS不能设置

【故障表现】：电脑开机后进入BIOS程序，除了可以设置【用户口令】、【保存退出】和【不保存退出】外，其他各项都不能进入。

【故障分析】：此故障估计是CMOS被破坏了，可以尝试放电处理。如果放电后仍不能够解决故障，可以尝试升级BIOS，具体方法可以参照上述操作步骤。升级后故障依然存在。

【故障处理】：经分析可以判断是CMOS存储器出了问题，换一个新的存储器后，故障排除。

2. BIOS感染病毒导致电脑不能启动

【故障表现】：一台电脑开机后显示器黑屏，无法正常启动。

【故障分析】：病毒是比较常见的故障因素，电脑可能中了病毒。将硬盘取下，挂到正常的电脑上杀毒，查杀到病毒，杀完毒后重新将硬盘安装好，启动电脑后故障依然存在，此时可以初步判断是BIOS芯片中的数据被病毒损坏了。

【故障处理】：排除故障的具体操作步骤如下。

步骤01 打开机箱，用螺丝刀取下BIOS芯片，用系统盘启动另外一台主板型号相同的电脑，在启动的过程中按【Delete】键进入BIOS启动界面。

步骤 02 在BIOS设置中将【System BIOS Cache】选项设置为【Enable】，保存设置后退出BIOS界面。

步骤 03 重新启动电脑，用刚才的启动盘启动电脑进入DOS环境。当界面出现"A:\"提示符后，用工具取出主板上的BIOS芯片，将受损的BIOS芯片插入到主板BIOS的插座上。在此过程中不可断电，否则会导致BIOS的数据更新失败。

步骤 04 在"A:\"提示符下键入"aflsh"命令后按【Enter】键，然后根据提示一步步进行操作即可完成BIOS的刷新工作。接下来将刷新后的BIOS芯片重新插入故障电脑中。

步骤 05 启动故障电脑，按【Delete】键进入到BIOS启动界面，由BIOS自动检测硬盘数据后退出。

步骤 06 重新启动电脑，电脑运行正常，故障消失。

17.4 机械硬盘物理故障

本节教学录像时间：10分钟

机械硬盘的物理故障（硬故障）指硬盘电路板损坏、盘片划伤、磁头组件损坏等故障。剧烈的震动、频繁开关机、电路短路、供电电压不稳定等比较容易引发硬盘物理性故障。由于这种情况的故障维修对维修条件及维修设备要求较高，一般无法自行维修，所以需要由专业技术人员才能解决。用户千万不要盲目拆盖、拔插控制卡或轻易将硬盘进行低级格式化，使问题变得更加复杂化。有时还会由于维护操作不当，不仅没有把故障修复好，反而引起新的故障。

硬盘的硬故障可以分为6大类。

1. 坏扇区（硬盘坏道）

坏扇区是硬盘中无法被访问或不能被正确读写的扇区。对付坏扇区最好的方法是将它们做出标记，这样可避免引起麻烦。坏扇区有两种类型。

① 硬盘格式化时由于磨损而产生的软损坏扇区：可将它们标记出来或再次格式化来修复。但一旦格式化硬盘，将会丢失硬盘中的全部数据。

② 无法修复的物理损坏：数据将永远无法写入到这种扇区中。如果硬盘中已经存在这种坏扇区，这块硬盘的寿命也就到头了。

硬盘被分割为以扇区为单位的存储单元，用于存储数据。硬盘在存储数据前，其中的坏扇区被标记出以使电脑不往这些扇区中写入数据。一般每个扇区可记录512字节的数据，如果其中任何一字节不正常，该扇区就属于缺陷扇区。每个扇区除记录512字节的数据外，还记录有一些信息（标志信息、校验码、地址信息等），其中任何一部分信息不正常都可导致该扇区出现缺陷。

硬盘出现坏道后的现象会因硬盘坏道的严重性不同而不同，如系统启动慢，则可能是系统盘出现坏道。而有时用户虽然能够进入系统，但硬盘中的某些分区无法打开；或能够打开分区，但分区中的某些文件却无法打开。这些现象都是典型的硬盘坏道的表现，而严重的硬盘坏道会导致系统无法启动。如果硬盘中某一分区存在坏道，且该盘中存储有重要数据，用户切勿强行加电尝试复制数据，因为硬盘产生坏道后，坏扇区很容易扩散到其周围的正常扇区上。若强行加电会使坏道越来越多，越来越密集，会加大数据恢复的难度。

在判断硬盘可能出现的硬件故障时，要按照由外向内的顺序进行检测，即先检测硬盘的外部连接、设置以及IDE接口等外部故障，再确定是否是硬盘本身出现了故障。

2. 磁道伺服故障

现在的硬盘大多采用嵌入式伺服，硬盘中每个正常的物理磁道都嵌入有一段或几段信息作为伺服信息，以便磁头在寻道时能准确定位及辨别正确编号的物理磁道。如果某个物理磁道的伺服信息受损，该物理磁道就可能无法被访问。这就是"磁道伺服缺陷"。

一旦出现磁道伺服缺陷，就可能会出现几种情况：分区过程非正常中断，格式化过程无法完成，用检测工具检测时中途退出或死机等。

3. 磁头组件故障

磁头组件故障主要指硬盘中磁头组件的某部分被损坏，造成部分或全部磁头无法正常读写的情况。磁头组件损坏的方式和可能性非常多，主要包括磁头磨损、磁头悬臂变形、磁线圈受损、移位等。

磁头损坏是硬盘常见的一种故障，磁头损坏的典型现象是：开机自检时无法通过自检，并且硬盘因为无法寻道而发出明显不正常的声音。此外，还可能会出现分区无法格式化，格式化后硬盘的分区从前到后都分布有大量的坏簇等。

遇到这种情况时，如果硬盘中存储有重要的数据，就应该马上断电，因为磁头损坏后磁头臂的来回摆动有可能会刮伤盘面而导致数据无法恢复。硬盘只能在100%的纯净间才可以拆开，更换磁头。而如果在一般的环境中拆开硬盘，将导致盘面粘灰而无法恢复数据。

4. 固件区故障

固件区是指硬盘存储在负道区的一些有关该硬盘的最基本的信息，如P列表、G列表、SMART表、硬盘大小等信息。每个硬盘内部都有一个系统保留区，里面分成若干模块保存有许多参数和程序，硬盘在通电自检时，要调用其中大部分程序和参数。

如果能读出那些程序和参数模块，而且校验正常的话，硬盘就进入准备状态。如果读不出某些模块或校验不正常，则该硬盘就无法进入准备状态。硬盘的固件区出错，会导致系统的BIOS无法检测到该硬盘及对硬盘进行任何读写操作。

此类故障典型现象就是开机自检后硬盘报错，并提示用户按【F1】键忽略或按【Delete】键进入CMOS设置。当用户按【Delete】键进入CMOS设置后，检测该硬盘会出现一些出错的参数。

5. 电子线路故障

电子线路故障是指硬盘电路板中的某一部分线路断路或短路，或某些电气元件或IC芯片损坏等，导致硬盘在通电后盘片不能正常运转，或运转后磁头不能正确寻道等。这类故障有些可通过观察线路板发现缺陷所在，有些则要通过仪器测量后才能确认缺陷部位。

6. 综合性能缺陷

综合性能缺陷主要是指因为一些微小变化使硬盘产生的问题。有些是硬盘在使用过程中因为发热或者其他关系导致部分芯片老化；有些是硬盘在受到震动后，外壳或盘面或马达主轴产生了微小的变化或位移；有些是硬盘本身在设计方面就在散热、摩擦或结构上存在缺陷。

这些原因最终导致硬盘不稳定，或部分性能达不到标准要求。一般表现为工作时噪声明显增大、读写速度明显减慢、同一系列的硬盘大量出现类似故障、某种故障时有时无等。

17.5 硬盘逻辑故障

📀 本节教学录像时间：9分钟

硬盘实体未发生损坏只是逻辑数据故障，可使用软件进行修复，这类硬盘故障称为"逻辑故障"。硬盘逻辑故障相对于物理故障更容易修复些，而对数据的损坏程度也比物理故障轻些。

17.5.1 在Windows初始化时死机

【故障表现】：电脑开机自检时停滞不前且硬盘和光驱的灯一直常亮不闪。

【故障分析】：出现这种现象的原因是由于系统启动时，从BIOS启动然后再去检测IDE设备，系统一直检查，而设备未准备好或根本就无法使用，这时就会造成死循环，从而导致电脑无法正常启动。

【故障处理】：用户应该检查硬盘数据线和电源线的连接是否正确或是否有松动，让系统找到硬盘，就可解决此问题。

17.5.2 分区表遭到破坏

【故障表现】：电脑开机时出现提示信息【Invalid PartitionTable】，然后无法正常启动系统。

【故障分析】：该信息表示电脑中存在无效分区表，该故障现象出现的原因有两个：一是分区表错误引发的启动故障，二是分区有效标志错误的故障。

【故障处理】：根据不同的情况，设置不同的排除方法。

➊ 1. 分区表错误引发的启动故障

分区表错误是硬盘的严重错误，不同的错误程序会造成不同的损失。如果没有活动分区标志则电脑无法启动。但从软驱或光驱引导系统后，可对硬盘读写，可通过FDISK命令重置活动分区进行修复。如果某一分区类型错误可造成某一分区丢失。分区表的第四字节为分区类型值，正常可引导的大于32MB的基本DOS分区值为06，而扩展DOS分区值是05。利用此类型值可实现单个分区的加密技术，恢复原正确类型值即可使该分区恢复正常。

用户遇到此类故障，可用硬盘维护工具NU 等工具软件修复检查分区表中的错误，若发现错误将会询问是否愿意修改，只要不断回答"YES"即可修正错误（或用备份过的分区表覆盖）。如果由于病毒感染了分区表，即使高级格式化也解决不了问题，可先用杀毒软件杀毒，再用硬盘维护工具进行修复。

➋ 2. 分区有效标志错误的故障

在硬盘主引导扇区中最后两字节55AA为扇区的有效标志。当从硬盘、软盘或光盘启动时将检测这两字节，如果存在则认为硬盘存在，否则将不承认硬盘。

此类故障的解决方法是：采用DEBUG方法进行恢复处理。当DOS引导扇区无引导标志时，系统启动将显示为Missing Operating System。这时，可从软盘或光盘引导系统后使用"SYS C:"命令传送系统修复故障，包括引导扇区及系统文件都可自动修复到正常状态。

17.5.3 硬盘的逻辑坏道

硬盘逻辑坏道故障的表现如下。

① 在读取某一文件或运行某一程序时，硬盘反复读盘且经常出错，提示文件损坏等信息，或者要经过很长时间才能成功，并在读盘的过程中不断发出刺耳的杂音。一旦出现这种现象，就表明硬盘上的某些扇区已经损坏。

② Windows中的ScanDisk功能可以在开机时对硬盘实现自动监测并修复硬盘上的逻辑坏道，如果每次启动Windows系统都会自动运行ScanDisk扫描磁盘错误进行自检，有时还不能通过自检，这时就可以判定硬盘上已经存在坏道。

③ 在用FDisk分区时，FDisk会对每一分区中的扇区进行检测，如果发现有扇区损坏，FDisk的检测进度就会反反复复，如FDisk已经检测了一半，又会从头开始检测，如此这样反复进行。这种现象就意味着该硬盘有坏道。

④ 开机时系统不能通过硬盘引导，软盘启动后可以转到硬盘盘符，但无法进入，用SYS命令引导系统也不能成功。这种情况比较严重，很有可能是硬盘的引导扇区出了问题。

⑤ 在用FORMAT格式化硬盘时，到某一进度停止不前，最后报错，无法完成。这也说明硬盘中存在坏道。因为在用FORMAT格式化硬盘某一分区时，FORMAT会以簇为单位对分区进行检测。若某一簇中有坏扇区存在，该簇即为坏簇。FORMAT发现后就会试图进行修复，在修复的过程中进度会停滞不前。

⑥ 正常使用电脑时，会频繁无故地出现蓝屏、死机的现象。这也是由于硬盘扇区上的数据信息被损坏而造成系统程序出错引起的，是一种比较常见的现象。

上述故障都是用户会经常遇到的，也是一些非常典型的硬盘坏道故障。一些普通的硬盘修复工具都可处理逻辑坏道，遇到这类故障用户不必惊慌。

① 使用Windows自带的SCANDISK工具修复。SCANDISK工具只能修复逻辑坏道，对于物理坏道则无能为力。启动SCANDISK工具后会自动对硬盘上的逻辑坏道进行修复，即使用户在Windows操作过程中非正常关机，当再启动Windows时SCANDISK仍会自动启动以修复硬盘上的逻辑坏道，就好像有记忆功能一样，给用户带来极大的方便。另外，在DOS状态下，也可启动SCANDISK工具进行全盘扫描和修复。

② 使用低级格式化软件修复。将硬盘低级格式化操作后，硬盘所有扇区的伺服信息和校验信息都将被重写，数据区也全部归零。硬盘的逻辑坏道其实就是磁盘扇区上的校验信息（ECC）与磁道的数据和伺服信息不匹配造成的，低级格式化后这些不匹配信息也都被全部归零，这样逻辑坏道就不存在了。可以对硬盘低级格式化的软件有多种，如DM、Lformat等。

③ 使用清零软件修复。使用清零软件将硬盘扇区中的数据区全部清零也可修复逻辑坏道，这种方法的操作和对硬盘进行低级格式化操作基本相同。可对硬盘清零的软件有多种，如MHDD、DM软件，其中MHDD中的清零功能是一种比较典型的方法。

17.5.4 磁盘碎片过多，导致系统运行缓慢

电脑使用一段时间后，速度就会变慢，除了系统本身的原因以外，磁盘中产生文件碎片也是一个非常重要的原因。

由于硬盘被划分成一个一个簇，然后里头分成各个扇区，文件的大小不同，在存储的时候系统会搜索最匹配的大小，久而久之在文件和文件之间会形成一些碎片，较大的文件也可能被分散存储；产生碎片以后，在读取文件时需要更多的时间查找，从而减慢操作速度，对硬盘也有一定

损害，因此过一段时间应该进行一次碎片整理。

整理磁盘碎片的具体方法，用户可以参照本书10.3节中的相关内容进行操作，这里不再重复讲述。

17.5.5　其他故障

硬盘出现逻辑故障时，常常会有如下几种现象。

1. Non-System disk or disk error, replace disk and press a key to reboot

该信息表示系统从硬盘无法启动。出现这种信息的原因有两种：一是CMOS参数丢失或硬盘类型设置错误，只要进入CMOS重新设置硬盘的正确参数即可；二是系统引导程序未安装或被破坏，重新传递引导文件并安装系统程序即可。

2. Error Loading Operating System 或Missing Operating System

该信息表示装载的DOS引导记录错误或DOS引导记录损坏。DOS引导记录位于逻辑0扇区，由高级格式化命令FORMAT生成。主引导程序在检查分区表正确之后，根据分区表中指出的DOS分区起始地址读DOS引导记录。

如果连续读5次都失败则显示"Error Loading Operating System"错误提示；如果能正确读出DOS引导记录，主引导程序则将DOS引导记录送入内存0:7c00h处，检查DOS引导记录的最后两字节是否为"55AA"。如果不是这两字节，则显示"Missing Operating System"的提示。一般情况下可以用硬盘修复工具（如NDD）修复，若不成功只好用FORMAT C:/S命令重写DOS引导记录。

3. No ROM Basic，System Halted

该信息表示系统无法进入ROM Basic，系统停止响应。造成该故障的原因一般是硬盘主引导区损坏或被病毒感染，或分区表中无自举标志，或结束标志"55AA"被改写。

执行FDISK/MBR可生成正确的引导程序和结束标志，以覆盖硬盘上的主引导程序。但FDISK/MBR并不是万能的，它不能对付所有由引导区病毒感染而引起的硬盘分区表损坏的故障，所以用户在使用时一定要小心。

4. HDD controller failure Press F1 to Resume

在开机自检完成时屏幕提示该信息，表示硬盘无法启动，按【F1】键可重新启动。一旦出现上述信息，用户应该重点检查硬盘有关的电源线、数据线的接口有无松动、接触不良、信号线接反等，其次还要检查硬盘的跳线是否设置错误。此故障的解决方法就是需要重新插拔硬盘电源线、数据线或将数据线改插到其他IDE接口上进行替换试验。

5. FDD controller failure HDD contrller failure Press any key to Resume

该信息的意思是软、硬盘无法启动，按任意键可重新启动。出现该信息通常是由于连接软、硬盘的I/O部分接触不良或有损坏。如果故障较轻还可以修复；若故障较严重，如硬盘盘片有损坏，可能就需要到专门维修硬盘的地方换配件了。

 高手支招

🕐 本节教学录像时间：5分钟

● 硬盘故障提示信息

在开机进入电脑时屏幕上显示的信息都有具体含义，当硬盘存在故障时则会出现故障提示信息。只有了解这些故障信息的含义，才能更好地去解决这些故障。

① Data error（数据错误）。从软盘或硬盘上读取的数据存在不可修复错误，磁盘上有坏扇区和坏的文件分配表。

② Hard disk configuration error（硬盘配置错误）。硬盘配置不正确、跳线不对、硬盘参数设置不正确等。

③ Hard disk controller failure（硬盘控制器失效）。控制器卡（多功能卡）松动、连线不对、硬盘参数设置不正确等。

④ Hard disk failure（硬盘失效故障）。控制器卡（多功能卡）故障、硬盘配置不正确、跳线不对、硬盘物理故障。

⑤ Hard disk drive read failure（硬盘驱动器读取失效）。控制器卡（多功能卡）松动、硬盘配置不正确、硬盘参数设置不正确、硬盘记录数据破坏等。

⑥ No boot device available（无引导设备）。系统找不到作为引导设备的软盘或者硬盘。

⑦ No boot sector on hard disk drive（硬盘上无引导扇区）。硬盘上引导扇区丢失，感染有病毒或者配置参数不正确。

⑧ Non system disk or disk error（非系统盘或磁盘错误）。作为引导盘的磁盘不是系统盘，不含有系统引导和核心文件或磁盘片本身故障。

⑨ Sectornot found（扇区未找到）。系统盘在软盘和硬盘上不能定位给指定扇区。

⑩ Seek error（搜索错误）。系统在软盘和硬盘上不能定位给定扇区、磁道或磁头。

⑪ Reset Failed（硬盘复位失败）。硬盘或硬盘接口的电路故障。

⑫ Fatal Error Bad Hard Disk（硬盘致命错误）。硬盘或硬盘接口故障。

⑬ No Hard Disk Installed（没有安装硬盘）。没有安装硬盘，但CMOS参数中设置了硬盘或硬盘驱动器号没有接好。

● 硬盘故障代码含义

在出现硬盘故障时，往往会弹出相关代码，常见的代码含义如下表所示。

代码	代码含义
1700	硬盘系统通过(正常)
1701	不可识别的硬盘系统
1702	硬盘操作超时
1703	硬盘驱动器选择失败
1704	硬盘控制器失败
1705	要找的记录未找到
1706	写操作失败
1707	道信号错误
1708	磁头选择信号有错
1709	ECC检验错误
1710	读数据时扇区缓冲器溢出
1711	坏的地址标志
1712	不可识别的错误
1713	数据比较错误
1780	硬盘驱动器C故障
1781	D盘故障
1782	硬盘控制器错误
1790	C盘测试错误
1791	D盘测试错误

第 **18** 章

其他设备故障处理

学习目标

电脑中除了CPU、内存、主板和硬盘等一些主要的配件外，还包含显示器、显卡、声卡、USB、打印机和扫描仪等，这些设备出了问题，电脑也不能正常工作。本章主要介绍其他设备的故障处理方法。

学习效果

18.1 显示器故障处理

🔘 本节教学录像时间：5 分钟

显示器是电脑中主要的输出设备，耗电量比较大，时间久了也会出现一些故障。本节讲述显示器故障的方法。

● 1. 出现水波纹和花屏问题

首先要做的事情就是仔细检查一下电脑周边是否存在电磁干扰源，然后更换一块显卡，或将显示器接到另一台电脑上，确认显卡本身没有问题，再调整一下刷新频率。如果排除以上原因，很可能就是该液晶显示器的质量问题了，比如存在热稳定性不好的问题。出现水波纹是液晶显示器比较常见的质量问题，自己无法解决，建议尽快更换或送修。

有些液晶显示器在启动时会出现花屏问题，给人的感觉就好像有高频电磁干扰一样，屏幕上的字迹非常模糊且呈锯齿状。这种现象一般是由于显卡上没有数字接口，而通过内部的数字/模拟转换电路与显卡的VGA接口相连接。这种连接形式虽然解决了信号匹配的问题，但它又带来了容易受到干扰而出现失真的问题。究其原因，主要是因为液晶显示器本身的时钟频率很难与输入模拟信号的时钟频率保持百分之百的同步，特别是在模拟同步信号频率不断变化的时候，如果此时液晶显示器的同步电路或者是与显卡同步信号连接的传输线路出现了短路、接触不良等问题，而不能及时调整跟进以保持必要的同步关系的话，就会出现花屏的问题。

● 2. 显示分辨率设定不当

由于液晶显示器的显示原理属于一种直接的像素——对应显示方式。工作在最佳分辨率下的液晶显示器把显卡输出的模拟显示信号通过处理，转换成带具体地址信息（该像素在屏幕上的绝对地址）的显示信号，然后再送入液晶板，直接把显示信号加到相对应的像素上的驱动管上，有些跟内存的寻址和写入类似，因此，液晶显示器的屏幕分辨率不能随意设定。

液晶显示器只能支持所谓的"真实分辨率"，而且只有在真实分辨率下，才能显现最佳影像。当设置为真实分辨率以外的分辨率时，一般通过扩大或缩小屏幕显示范围，显示效果保持不变，超过部分则黑屏处理。

比如液晶显示器工作在 1600×900 低分辨率下的时候，如果显示器仍然采用像素——对应的显示方式的话，那就只能把画面缩小居中利用屏幕中心的那 1600×900 个像素来显示，虽然画面仍然清晰，但是显示区域太小，不仅在感觉上不太舒服而且对于价格昂贵的液晶显示板也是一种极大的浪费。另外也可使用插值等方法，无论在什么分辨率下仍保持全屏显示，但这时显示效果就会大打折扣。此外，液晶显示器的刷新率设置与画面质量也有一定的关系。用户可根据自己的实际情况设置合适的刷新率，一般情况下还是设置为60Hz最好。

18.2 显卡故障处理

🔘 本节教学录像时间：6 分钟

显卡是电脑设备的重要硬件之一，因它导致的故障可以使电脑黑屏或是花屏，使使用者看不见屏幕的提示。本节讲述处理显卡故障的方法。

18.2.1 开机无显示

【故障表现】：启动电脑时，显示器出现黑屏现象，而且机箱喇叭发出一长两短的报警声。

【故障分析】：从故障现象可以看出，很可能是显卡引发的故障。

【故障处理】：主要从以下几个方面着手检查。

① 判断是否由于显卡接触不良引发的故障。关闭电源，打开机箱，将显卡拔出来，然后用毛笔刷将显卡板卡上的灰尘清理掉，特别要注意将显卡风扇及散热片上的灰尘处理掉。接着用橡皮擦来回擦拭板卡的"金手指"。完成这一步之后，将显卡重新安装好，查看故障是否已经排除。

② 针对接触不良的显示卡，比如一些劣质的机箱背后挡板的空档不能和主板AGP插槽对齐，在强行上紧显示卡螺丝以后，过一段时间可能导致显示卡的PCB变形的故障，只要尝试着松开显示卡的螺丝即可。如果使用的主板AGP插槽用料不是很好，AGP槽和显示卡PCB不能紧密接触，用户可以使用宽胶带将显示卡挡板固定，把显示卡的挡板夹在中间。

③ 检查显示卡金手指是否已经被氧化，使用橡皮清除锈渍后显示卡仍不能正常工作的话，可以使用除锈剂清洗金手指，然后在金手指上轻轻敷上一层焊锡，以增加金手指的厚度，但一定注意不要让相邻的金手指之间短路。

④ 检查显卡与主板是否存在兼容问题，此时可以另外拿一块显卡插在主板上，如果故障解除，则说明兼容问题存在。当然，用户还可以将该显卡插在另一块主板上，如果也没有故障，则说明这块显卡与原来的主板确实存在兼容问题。对于这种故障，最好的解决办法就是换一块显卡或者主板。

⑤ 检查显卡硬件本身的故障，一般是显示芯片或显存烧毁，建议用户将显卡拿到别的电脑上试一试，若确认是显卡的问题，更换后即可解决故障。

18.2.2 显示花屏，看不清字迹

显示花屏是一种比较常见的显示故障，大部分显示花屏的故障都是由显卡本身引起的。

● 1. 一开机就花屏

【故障表现】：一台电脑一开机就显示花屏，看不清字迹。

【故障分析】：显示器花屏故障大部分都是由网卡本身造成的，可以先从显卡下手排除故障。

【故障处理】：排除故障从以下几个方面操作。

① 检查显卡是不是存在散热问题，用手触摸一下显存芯片看看是否温度过高，看看显卡的风扇是否停转。如果散热的确有问题的话，用户可以采用换个风扇或在显存上加装散热片的方法解决故障。

② 检查一下主板上的AGP插槽里是否有灰尘，看看显卡的金手指是否被氧化了，然后可根据具体情况把灰尘清除掉，用橡皮把金手指的氧化部分擦亮。

● 2. 运行程序时花屏

【故障表现】：一台电脑玩3D游戏时显示花屏，平常操作中并没有此故障。

【故障分析】：从故障现象可以初步判断是显示驱动与游戏不兼容或者驱动本身的漏洞。

【故障处理】：从官方网站重新下载最新的显卡驱动程序，卸载显卡驱动后，重新安装新下载的显卡驱动，故障排除。

18.2.3 颜色显示不正常

【故障表现】：启动电脑后发现颜色显示不正常，而且饱和度较差。

【故障分析】：上述故障一般是显像管尾部的插座受潮或是受灰尘污染，也可能是其显像管老化造成的。

【故障处理】：对于受潮或受灰尘污染的情况，如果不很严重，用酒精清洗显象管尾部插座部分即可解决。如果情况严重，就需要更换显像管尾部插座了。

对于显像管老化的情况，只有更换显像管才能彻底解决问题。如果还在保修期内，最好还是先找销售商（或厂商）解决。

18.2.4 屏幕出现异常杂点或花屏

【故障表现】：一台电脑在开机后，屏幕出现异常杂点或不规则图案，甚至花屏。

【故障分析】：此类故障一般是由于显示卡质量不好造成的，在显示卡工作一段时间后，温度升高，显示卡上的质量不过关的显示内存、电容等元件工作不稳定而出现问题。

【故障处理】：如果用户的电脑在超频状态下，此时将频率修改过来即可。如果是显卡与主板接触不良造成的，用户需清洁显卡金手指部位或更换显卡的插槽。

18.2.5 显卡驱动程序丢失

【故障表现】：一台电脑重装完系统后，运行一段时间后显卡驱动程序自动丢失。重新安装显卡驱动后，故障依然存在。

【故障分析】：此类故障一般是由于显卡质量较差或显卡与主板不兼容，使得显卡温度太高，从而导致系统运行不稳定或出现死机。

【故障处理】：用户首先使用驱动精灵安装驱动，如果故障不能排除，则只能更换显卡。

18.2.6 电源功率或设置的影响

现在电脑的主板提供的高级电源管理功能很多，有节能、睡眠、ONNOW等，但有些显卡和主板的某些电源功能有时会产生冲突，会导致进入Windows后出现花屏的现象。

【故障表现】：一台电脑在调试的过程中，改动了CMOS中电源的设置，特别是与VIDEO相连的设置，结果开机进入操作系统后颜色变成了256色，并且还提示要安装新的驱动程序。

【故障分析】：该故障是因为一些基本设置的错误而导致的。

【故障处理】：由于是改动了CMOS电源选项后马上出现了问题，所以把电脑调整为出厂的默认值，即可解决故障。

18.3 声卡故障处理

🌐 **本节教学录像时间：2 分钟**

一般情况下，如果电脑不能发出声音，往往与声卡或其驱动有直接关系。

18.3.1 声卡无声

如果声卡不能发出声音，可以采用以下方法排除故障。

① 一个声道无声。检查声卡到音箱的音频线是否有断线。

② 驱动程序默认输出为"静音"。单击屏幕右下角的声音小图标（小喇叭），出现音量调节滑块，取消选中【静音】复选框，即可正常发音。

③ 安装了Direct X后声卡不能发声了。说明此声卡与Direct X兼容性不好，需要更新声卡驱动程序。

18.3.2 声卡发出的噪声过大

如果声卡发出噪音过大，一般从以下几方面查找原因。

① 插卡不正。由于机箱制造精度不够高、声卡外挡板制造或安装不良导致声卡不能与主板扩展槽紧密结合，仔细观察可发现声卡上"金手指"与扩展槽簧片有错位。这种现象在ISA卡或PCI卡上都有，属于常见故障，一般用钳子校正即可解决故障。

② 有源音箱输入接在声卡的Speaker输出端。对于有源音箱，应接在声卡的Line out端，它输出的信号没有经过声卡上的功放，噪声要小得多。有的声卡上只有一个输出端，是Line out还是Speaker要靠卡上的跳线决定，厂家的默认方式常是Speaker，所以要拔下声卡调整跳线。

③ Windows自带的驱动程序不好。在安装声卡驱动程序时，要选择厂家提供的驱动程序而不要选Windows默认的驱动程序。如果用"添加新硬件"的方式安装，要选择"从磁盘安装"而不要从列表框中选择。如果已经安装了Windows自带的驱动程序，可以重新安装驱动程序，具体操作步骤如下。

步骤 01 在桌面上右击【计算机】图标，在弹出的快捷菜单中选择【管理】菜单命令。弹出【计算机管理】对话框，选择【设备管理器】选项，在右侧的窗口中选择【声音、视频和游戏控制器】选项，然后选择【Realtek High Definition Audio】并右击，在弹出的快捷菜单中选择【更新驱动程序软件】菜单命令。

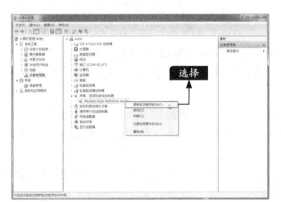

步骤 02 弹出【您想如何搜索驱动程序软件】对话框，如果用户已经联网，可以选择【自动搜

索更新的驱动程序软件】选项，如果使用光盘中的声卡驱动，则选择【浏览计算机以查找驱动程序软件】选项。

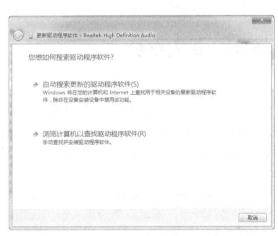

步骤 03 弹出【浏览计算机上的驱动程序文件】对话框，单击【浏览】按钮。

的路径,单击【确定】按钮。返回到【浏览计算机上的驱动程序文件】对话框中,单击【下一步】按钮,系统将自动安装驱动程序。

步骤 04 弹出【浏览文件夹】对话框,选择光盘

18.3.3 无法正常录音

如果无法正常录音,一般从以下几方面查找原因。

① 检查麦克风是否错插到其他插孔中。如果插错,重新插入正确的插孔即可解决问题。

② 如果故障依然存在,可以重新安装声卡驱动程序,安装方法可以参照上一节的操作步骤。

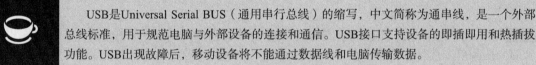

18.4 USB故障处理

本节教学录像时间: 11 分钟

USB是Universal Serial BUS(通用串行总线)的缩写,中文简称为通串线,是一个外部总线标准,用于规范电脑与外部设备的连接和通信。USB接口支持设备的即插即用和热插拔功能。USB出现故障后,移动设备将不能通过数据线和电脑传输数据。

18.4.1 供电不足

一般来说,USB设备插入到Windows 2000以上系统中时,它就能被系统自动识别出来,并且能够正常工作,可许多动力不足的USB设备插入到电脑系统后,常常会表现出如下故障现象。

① 操作系统可以自动识别出USB设备,而且在安装该设备的驱动程序时也很正常,但安装完驱动程序后,却发现无法访问该设备中的内容,具体表现为无法找到该设备的盘符、无法使用该设备等。

② 电脑系统不能自动识别出USB设备,USB设备中的信号指示灯不亮或状态不正常,甚至USB设备还会发出不同寻常的声音,例如USB接口的硬盘要是供电不足的话,常常会听到硬盘"咔咔"的不正常运转声音。

③ 在没有接入USB设备时,系统可以正常启动,可是一接入USB设备后,系统却不能正常启动,并且还出现错误提示,例如无法找到系统启动文件,或者系统启动文件受到损坏等。

④ 操作系统即使能够自动识别出USB设备,而且USB设备中的内容也能被访问到,但明显感觉到USB设备的访问速度比平时慢了许多,甚至USB设备在长时间工作时,该设备还会突然出现

访问出错，或者操作系统无缘无故地发生死机的现象。

出现上述现象时，用户首先需要考虑是否为供电不足的原因。通过排除法，一旦确认上述故障现象是由USB设备供电不足原因引起的，可以参考如下方法来快速解决故障。

● 1. 外接电源法

伴随着USB设备的各种技术指标的不断提高，它的工作电流也是"节节攀升"，例如一些转速特别快的移动硬盘，其工作电流有时已经达到1A标准，这样的功率已经超过正常功率的双倍，所以此时单纯依靠USB接口为USB设备提供足够的动力之源已经不是很现实的了。为此，用户在使用大功率USB设备时，必须为其配备单独的外接电源，这样才能保证USB设备和操作系统的稳定。

● 2. 接口替换法

现在不少USB设备生产厂商为了让其生产出来的USB设备有足够的"用武之地"，常常会为USB设备提供几种不同的连接接口，一旦USB设备无法从USB接口中获得足够的动力之源时，还可以使用其他消耗功率少的端口来连接，从而确保USB设备可以正常使用。例如某些移动硬盘的USB接口连接到旧式主板上时，往往不能正常工作，可是如果用另外一个PS/2接口连接，移动硬盘就能正常工作。

● 3. 降低功率法

正常情况下，主板中的每个USB端口的供电电源为0.5A，如果USB设备正常工作时的额定电流超过这个标准的话，主板就会无法准确地识别该USB设备。此时，唯一可行的办法就是选用消耗功率低的USB设备，或者选用有独立电源供电的USB设备，才能保证USB设备正常工作。

18.4.2 移动设备无法识别

当移动设备无法识别时，用户可以从以下几个方面进行故障排除。

● 1. 检查电源是否供电不足

由于USB硬盘在工作的时候也需要消耗一定的电能，如果直接通过USB接口来取电，很有可能出现供电不足。因此，几乎所有的移动硬盘都附带了单独的外接电源或者是通过键盘取电的PS/2转接口，这时只要事先连接好外接电源或者通过PS/2转接线与键盘连接好，确保给移动硬盘提供足够的电能之后再试试，基本上可以解决故障。建议使用移动硬盘之前确保有足够的供电，否则很可能由于供电不足导致硬盘损坏。

● 2. 设置CMOS参数

对于从来没有使用过USB外接设备的用户来说，即使正确安装了驱动程序也有可能出现系统无法检测USB硬盘的情况，这主要是由于主板默认的CMOS端口是关闭的，如果没有将其设置为开启状态，那么Windows自然无法检测到移动硬盘了。为了解决这个问题，用户可以重新开机，进入CMOS设置窗口，并且在【PNP/PCI CONFIGURATION】选项中将【Assign IRQ For USB】一项设置为【Enabled】，这样系统就可以给USB端口分配可用的中断地址了。

【故障表现】：刚买了一台USB可移动硬盘，容量为80GB，在本机上使用一直很正常。当携带该硬盘准备从另外一台电脑中拷贝一些数据时，电脑不能正常识别移动硬盘，操作系统为Windows 7，将USB连线插到主机的USB接口上，发现系统中并没有预想的【可移动磁盘】图标，看来系统不能识别该硬盘。

【故障诊断】：USB可移动硬盘在Windows 7下是不需要驱动程序的，应该不是系统问题。仔细检查连接线，发现一切正常；重新换一个USB接口，按【F5】键刷新系统，故障依旧。仔细回想，重新启动电脑后，将USB连线插到主机的USB接口上时，系统并没有自动侦测的动作。因此，进入【设备管理器】窗口，仔细检查各项设备，没有发现资源冲突现象，但发现【磁盘驱动器】和【硬盘控制器】两个选项下并没有增加任何设备。因此怀疑CMOS的设置有问题。

【故障处理】：重启电脑，按【Delete】键进入CMOS，选择【PNP/PCI Configuration】选项，仔细检查各个选项，发现【PNP OS Installed】已设置为 "Yes"（即插即用已打开），但【Assign IRQ For USB】项被设置为【Disable】（禁用），将它设置为【Enabled】。保存设置后进入操作系统，系统发现了新硬件，自动安装和配置设备驱动程序后，即可排除故障。

3. 安装驱动程序

使用驱动精灵或者驱动人生，检查驱动是否正常，如缺失可进行安装。

18.5 打印机故障处理

● 本节教学录像时间：8分钟

打印机是电脑的外部设备，在实际工作中，已逐渐成为不可替代的工具，因此学习打印机的故障诊断方法非常重要。

18.5.1 故障诊断思路

1. 打印机不能启动

出现这种情况很可能是电源线插头没有插紧或前盖和侧盖没有关紧，再或者是硒鼓配件、墨盒没有卡紧。解决措施：将电源插头插紧，关紧前、侧盖，或将硒鼓、墨盒卡紧。

2. 打印不清晰

打印机最常见的问题是打印不清晰。

首先检查文稿，如文稿的底色发黄，这种底色会使对比度打印受影响。另一些文稿类型如重氮或透明，打印件看起来会有花斑，而铅笔文稿的打印件会 "太浅"。

接着检查打印机。先检查打印板盖和打印板玻璃，如果脏了或有积尘就清洁干净，如果有划痕就只能更换了。

接下来检查电晕机构是否积尘或安放是否正确，检查电晕线有否损坏或锈蚀。再看看转引导板和进给导板是否有灰尘，如果有灰尘就用湿布擦拭。定影组件有灰尘的话，也会影响打印质量。

检查打印纸是否为打印机生产商推荐的类型。一些外部因素也会导致打印有问题，最常见的是受潮和冷凝。南方春季天气潮湿，这时应使用抽湿机，没有抽湿设备，可开机一段时间驱除湿气，同时用干布抹干打印板盖和打印板玻璃、电晕机构、转印导板和进给导板等。

此外，若打印稿颜色较浅，则可以手动用浓度按键加深打印，若还是色浅则可能是碳粉量不足、原稿色淡、打印纸受潮，还有机器元件故障、使用代用碳粉等原因，如是机器元件故障就要送修了。

3. 打印机卡纸

打印机卡纸有机器本身元件故障所造成的，也有打印环境及人为使用所造成的。看看打印纸是否受潮皱折，如有就应换用新的打印纸，或看看机器显示卡纸位置有否有残余的纸张未清理干净。如经检查正常，关掉机器电源重新打印一张，如仍然造成卡纸，则应该送修。此外，添加打印纸前先要检查一下纸张是否干爽、洁净，然后理顺打印纸，再放到纸张大小规格一致的纸盘里。放错规格纸盘是会造成卡纸的。

4. 打印机输出白纸

对于不同打印机，排除故障的方法也不同。

① 对于针式打印机，引起打印纸空白的原因大多是由于色带油墨干涸、色带拉断、打印头损坏等，应及时更换色带或维修打印头。

② 对于喷墨打印机，引起打印空白的故障大多是由于喷嘴堵塞、墨盒没有墨水等，应清洗喷头或更换墨盒。

③ 对于激光打印机，引起该类故障的原因可能是显影辊未吸到墨粉，也可能是感光鼓未接地，使负电荷无法向地释放，激光束不能在感光鼓上起作用。激光打印机的感光鼓不旋转，则不会有影像生成并传到纸上。断开打印机电源，取出墨粉盒，打开盒盖上的槽口，在感光鼓的非感光部位做个记号后重新装入机内。开机运行一会儿，再取出，检查记号是否移动了，即可判断感光鼓是否工作正常。如果

墨粉不能正常供给或激光束被挡住，也会出现打印空白纸的现象。因此，应检查墨粉是否用完、墨盒是否正确装入机内、密封胶带是否已被取掉或激光照射通道上是否有遮挡物。需要注意的是，检查时一定要将电源关闭，因为激光束可能会损伤操作者的眼睛。

5. 打印件局部出现斑白

这是由于打印机的感光鼓表面受潮结露的缘故，使鼓表面的局部无法带电吸附墨粉，所以打印时局部无法显影。

6. 打印件皱折

这是由于纸张过潮的缘故，导致打印纸在定影过程中严重变形。解决措施：更换一包新的打印纸。打印纸用多少取多少，不要过早地打开包装。

7. 打印件表面出现水波纹状墨迹

主要由于显影辊受潮的缘故，墨粉在显影过程中无法正常显影。

18.5.2 常见故障的表现与解决

1. 驱动程序错误导致无法打印

【故障表现】：一台墨盒打印机，开机后不能打印。

【故障分析】：根据故障现象，首先检查打印机电源以及电线的连接是否有问题，结果发现并没有问题，打印机能正常通电。初步判断是打印机的驱动程序有问题。

【故障处理】：在【控制面板】窗口中双击【打印机和传真】图标，在打开的窗口中，发现当前使用的打印机的图标旁出现一个小黑勾，说明该打印机为默认的打印机，进一步检查发现，驱动程序的选择不正确。将附带打印机驱动程序的光盘插入光驱，安装后重新启动电脑，故障排除。

2. 新的打印机不能工作

【故障表现】：刚安装一台新的打印机，

用记事本不能打印文件，使用其他软件也不能打印。

【故障分析】：从故障现象可以看出，是由于记事本软件没有将新安装的打印机设为默认的打印设备。

【故障处理】：排除故障的具体操作步骤如下。

步骤01 单击【开始】按钮，在弹出的【开始】菜单中选择【设备和打印机】菜单命令。

步骤02 弹出【设备和打印机】窗口，选择新添加的打印机并右击，在弹出的快捷菜单中选择【设置为默认打印机】菜单命令。

步骤 03 启动记事本软件，选择【文件】➤【打印】菜单命令。

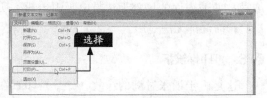

步骤 04 弹出【打印】对话框，在【选择打印机】列表框中选择新添加的打印机，然后单击【打印】按钮即可排除故障。

3. 打印字符不全或字符不清晰

【故障表现】：打印机使用一段时间后，突然出现打印字符不全或不清晰的情况。

【故障分析】：根据不同打印机类型，分析对应的故障类型和解决方法。

【故障处理】：具体解决方法如下。

① 对于针式打印机，可能有以下几方面原因：打印色带使用时间过长；打印头长时间没有清洗，脏物太多；打印头有断针；打印头驱动电路有故障。

解决方法是先调节一下打印头与打印辊间的间距，故障不能排除，可以换新色带，如果还不行，就需要清洗打印头了。方法是：卸掉打印头上的两个固定螺钉，拿下打印头，用针或小钩清除打印头前、后夹杂的脏物，一般都是长时间积存的色带纤维等，再在打印头的后部看得见针的地方滴几滴仪表油，以清除一些污渍，不装色带空打几张纸，再装上色带，这样问题基本就可以解决。如果是打印头断针或是驱动电路问题，就只能更换打印针或驱动管了。

② 对于喷墨打印机，可能有两方面原因，墨盒墨尽，以及打印机长时间不用或受日光直射而导致喷嘴堵塞。解决方法是可以换新墨盒或注墨水，如果墨盒未用完，可以断定是喷嘴堵塞。取下墨盒，把喷嘴放在温水中浸泡一会儿，注意一定不要把电路板部分浸在水中。

 高手支招

🔘 **本节教学录像时间：11分钟**

鼠标的常见故障诊断

鼠标是电脑重要的输入设备，也是需要经常维护的设备，下面介绍鼠标和键盘常见故障的排除方法。

(1) 鼠标无反应

【故障现象】：鼠标在使用一段时间后，突然没有任何反应。

建议采用如下步骤进行处理。

步骤 01 先查看是否电脑已经死机。

步骤 02 如果电脑没有死机，则需要查看鼠标与电脑主机的连接线是否脱落或松动，重新将连接线插好。

(2) 鼠标定位不准确

【故障现象】：鼠标使用一段时间后，出现定位不准确、反应迟缓的情况。

建议采用如下步骤进行处理。

步骤01 鼠标长时间使用后，大量的灰尘会使鼠标反应迟缓，定位不准确，如果是机械鼠标，可以将鼠标下方的小球取出，将鼠标内部清洁干净。

步骤02 如果是光电鼠标，则将鼠标下方的光源处清理干净即可。

◉ 键盘的常见故障诊断

(1) 开机提示找不到键盘

【故障现象】：开机时，系统提示【Keyboard error or no keyboard present】，不能启动电脑。

建议采用如下步骤进行处理。

步骤01 查看键盘与主机的连接线是否有松动或脱落现象。

步骤02 在开机时，查看键盘指示灯是否闪烁。

步骤03 如果上述方法没有将故障解决，则有可能是键盘已经损坏，需要更换新键盘。

(2) 按键后出现多个字符

【故障现象】：在键盘上按一个键，出现多个字符。

建议采用如下步骤进行处理。

步骤01 查看键盘上的按键按下后是否能够正常弹起，如果不能正常弹起，说明键盘已经老化或按键损坏，需要对键盘进行清洗，更换老化的按键。

步骤02 如果键盘按键能够正常弹起，则有可能是键盘按键重复延迟时间过短。单击【开始】按钮，在弹出的【开始】菜单中选择【控制面板】菜单命令。

步骤04 弹出【键盘属性】对话框，选择【速度】选项卡，然后调整【重复延迟】滑块，使时间稍微长一点即可。

步骤03 在弹出的【控制面板】窗口中单击【键盘】链接。

◉ 传真机常见故障排除

随着传真机的功能越来越全面，内部构造也越来越复杂，在日常使用过程中也难免会出现许多问题，如果不能及时排查问题消除故障，将会影响正常办公。因此，办公人员除了要学会使用传真机外，还需要了解一些常见故障的解决办法，以便在出现问题后能够及时解决，提高工作效率。

在日常工作中，常见的传真机故障主要有以下10种。

(1) 卡纸

卡纸是传真机很容易出现的故障，发生卡纸现象后，用户必须手动将纸张取出。在取纸张的时候用户要注意两点。一点是只可扳动传真机说明书上允许动的部件，不要盲目拉扯上盖；第二点是尽可能一次将整张纸取出，不要把破碎的纸片留在传真机内。

(2) 传真或打印时，纸张为全白

如果用户所使用的传真机为热感式传真机，出现纸张全白的原因有可能是记录纸正反面安装错误。因为热感传真机所使用的传真纸只有一面涂有化学药剂，因此如果纸张装反，在接收传真时不会印出任何文字或图片。在这种情况下，用户可将记录纸反面放置后重新尝试传真或打印。

如果传真机为喷墨式传真机，出现纸张全白的原因可能是喷嘴被堵住了，这时用户应清洁喷嘴或者更换墨盒。

(3) 接收传真或复印时纸张出现黑线

当用户在接收传真或者自己在复印时发现文件上出现一条或数条黑线时，如果是CCD传真机，可能是反射镜头脏了；如果是CIS传真机，则可能是透光玻璃脏了。这时用户可根据传真机使用手册说明，用棉球或软布蘸酒精清洁相应的部件。如果清洁完毕后仍无法解决问题，则需要将传真机送修检查。

(4) 传真或打印时纸张出现白线

如果用户在传真或打印文件时发现纸张上出现白线，通常是由于热敏头（TPH）断丝或沾有污物所致。如果是断丝，应更换相同型号的热敏头；如果有污物可用棉球清除。

(5) 无法正常出纸

这种情况下用户应检查进纸器部分是否有异物阻塞、原稿位置扫描传感器是否失效、进纸滚轴间隙是否过大等。此外，还应检查发送电机是否转动，如果不转动则需要检查与电机有关的电路及电机本身是否损坏。

(6) 电话正常使用，无法收发传真

如果电话机与传真机共享一条电话线，出现此故障后应检查电话线是否连接错误。正确的连接方法是将电信局电话线插入传真机的"LINE"插孔，将电话分机插入传真机的"TEL"插孔。

(7) 传真机功能键无效

如果传真机出现功能键无效的现象，首先应检查按键是否被锁定，然后检查电源，并重新开机让传真机再一次进行复位检测，以清除某些死循环程序。

(8) 接通电源后报警声响个不停

出现报警声通常是由于主电路板检测到整机有异常情况，应该检查纸仓里是否有记录纸，且记录纸是否放置到位；纸仓盖、前盖等是否打开或关上时不到位；各个传感器是否完好；主控电路板是否有短路等异常情况。

(9) 更换耗材后，传真或打印效果差

如果在更换感光体或铁粉后传真或打印效果没有原先的好，用户可检查磁棒两旁的磁棒滑轮是不是在使用张数超过15万张后还没更换过，而使磁刷磨擦感光体，从而导致传真或打印效果及寿命减弱。建议每次更换铁粉及感光体时，一起更换磁棒滑轮，以确保延长感光体寿命。如果是更换上热或下热后寿命没有原先长，则应检查是否因为分离爪、硅油棒及轴承老化，而致使上热或下热寿命减短。

(10) 接收到的传真字体变小

一般传真机会有压缩功能将字体缩小以节省纸张，但会与原稿版面不同，用户可参考购买传真机时所带的使用手册将省纸功能关闭或恢复出厂默认值。

第 **19** 章

操作系统故障处理

学习目标

在用户使用电脑的过程中，由于操作不当、误删除系统文件、病毒木马类危害性文件的破坏等原因，会造成蓝屏、死机、注册表损坏等操作系统故障。电脑突然出现以上操作系统故障时，用户应该如何解决呢？本章将进行详细的介绍。

学习效果

19.1 蓝屏

🔘 本节教学录像时间：3 分钟

蓝屏是电脑常见的操作系统故障之一，用户在使用电脑的过程中会经常遇到。那么电脑蓝屏是什么原因引起的呢？电脑蓝屏和硬件关系较大，主要原因有硬件芯片损坏、硬件驱动安装不兼容、硬盘出现坏道（包括物理坏道和逻辑坏道）、CPU温度过高、多条内存不兼容等。

19.1.1 启动系统出现蓝屏

系统在启动过程中出现如下屏幕显示，称作蓝屏。

```
A problem has been detected and windows has been shut down to prevent
to your computer.

IRQL_NOT_LESS_OR_EQUAL

If this is the first time you've seen this stop error screen,
restart your computer. If this screen appears again, follow
these steps:

Check to make sure that any new hardware or software is properly installed.
If this is a new installation, ask your hardware or software manufacturer
for any windows updates you might need.

If problems continue, disable or remove any newly installed hardware
or software. Disable BIOS memory options such as caching or shadowing.
If you need to use Safe Mode to remove or disable components, restart
your computer, press F8 to select Advanced Startup options, and then
select Safe Mode.

Technical information:

*** STOP: 0x0000000A (0x00000000,0xFAA339B8,0x00000008,0xC00000000)

***    Fastfat.sys - Address FAA339B8 base at FAA33000, DateStamp 36B016A3
```

小提示

【technical information】以上的信息是蓝屏的通用提示，下面的【0X0000000A】称为蓝屏代码，【Fastfat.sys】是引起系统蓝屏的文件名称。

下面介绍几种引起系统开机蓝屏的常见故障原因及其解决方法。

● 1. 多条内存条互不兼容或损坏引起运算错误

这是最直观的现象，因为这个现象往往在一开机的时候就可以见到。不能启动电脑，画面提示内存有问题，电脑会询问用户是否要继续。造成这种错误提示的原因一般是内存的物理损坏或者内存与其他硬件不兼容所致。这个故障只能通过更换内存来解决。

● 2. 系统硬件冲突

这种现象导致蓝屏也比较常见，经常遇到的是声卡或显示卡的设置冲突。具体解决的操作步骤如下。

步骤 01 开机后，在进入Windows系统启动画面之前按【F8】键，显示如图所示界面。

步骤 02 使用方向键选择【安全模式】选项。按【Enter】键，进入【安全模式】下的操作系统界面。

步骤 03 选择【开始】➤【控制面板】菜单命令。

步骤 04 在弹出的【控制面板】窗口中选择【硬件和声音】选项。

步骤 05 弹出【硬件和声音】窗口，单击【设备管理器】链接。

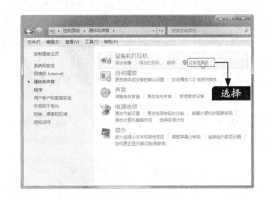

步骤 06 弹出【设备管理器】窗口，在其中检查是否存在带有黄色问号或感叹号的设备，如存在可试着先将其删除，并重新启动电脑。

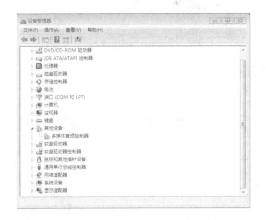

　　带有黄色问号表示该设备的驱动未安装，带有感叹号表示该设备安装的驱动版本错误。用户可以从设备官方网站下载正确的驱动包安装，或者在随机赠送的驱动盘中找到正确的驱动安装。

19.1.2 系统正常运行时出现蓝屏

系统在使用过程中由于某种操作，甚至没有任何操作会直接出现蓝屏。那么系统在运行过程中出现蓝屏现象该如何解决呢？下面介绍几种常见的系统运行过程中蓝屏现象的原因及其解决办法。

● 1. 虚拟内存不足造成系统多任务运算错误

虚拟内存是Windows系统所特有的一种解决系统资源不足的方法。一般要求主引导区的硬盘剩余空间是物理内存的2~3倍。虚拟内存因硬盘空间不足而出现运算错误，会出现蓝屏。要解决这个问题比较简单，尽量不要把硬盘存储空间占满，要经常删除一些系统产生的临时文件，从而释放空间。或手动配置虚拟内存，把虚拟内存的默认地址转到其他的逻辑盘下。

虚拟内存具体设置方法如下。

步骤 01 右击【桌面】▶【计算机】图标，在弹出的快捷菜单中选择【属性】菜单命令。

步骤 02 弹出【系统】窗口，在左侧的列表中单击【高级系统设置】链接。

步骤 03 弹出【系统属性】对话框，选择【高级】选项卡，然后在【性能】选区中单击【设置】按钮。

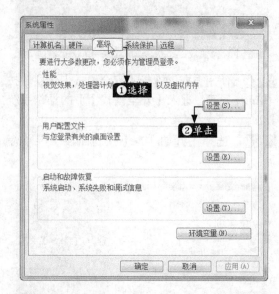

步骤 04 弹出【性能选项】对话框，包括【视觉效果】、【高级】和【数据执行保护】3个选项卡。

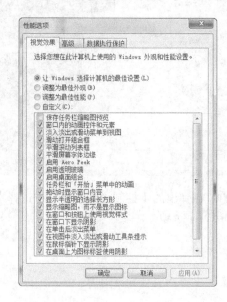

步骤 05 选择【高级】选项卡，单击【更改】按钮。

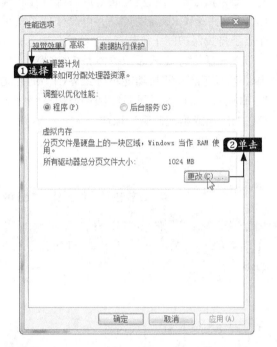

步骤 06 弹出【虚拟内存】对话框，更改系统虚拟内存设置项目，单击【确定】按钮，然后重新启动电脑。

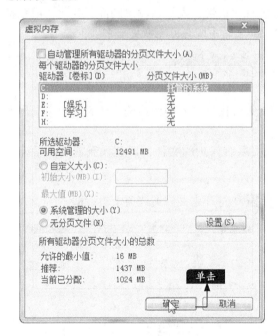

【虚拟内存】对话框中各选项含义如下。

自动管理所有驱动器的分页文件大小：选择此选项，Windows 7自动管理系统虚拟内存，用户无需对虚拟内存做任何设置。

自定义大小：根据实际需要在初始大小和最大值中填写虚拟内存在某个盘符的最小值和最大值，单击【设置】按钮，一般最小值是实际内存的1.5倍，最大值是实际内存的3倍。

系统管理的大小：选择此项系统将会根据实际内存的大小自动管理系统在某盘符下的虚拟内存大小。

无分页文件：如果电脑的物理内存较大，则无需设置虚拟内存，选择此项，单击【设置】按钮。

● 2. 硬盘剩余空间太小或碎片太多

由于Windows运行时需要用硬盘作虚拟内存，这就要求硬盘必须保留一定的自由空间以保证程序的正常运行。一般而言，最低应保证100MB以上的空间，否则会因为硬盘剩余空间太小而出现"蓝屏"。另外，硬盘的碎片太多也容易导致蓝屏的出现。因此，每隔一段时间进行一次碎片整理是必要的。碎片整理具体操作步骤可以参照10.3节内容。

用户可以在配置计划中设置磁盘碎片整理计划，单击【配置计划】按钮，弹出下图所示对话框，选中【按计划运行】复选框，设置好【频率】、【日期】、【时间】、【磁盘】，单击【确定】按钮，系统会根据预先设置好的计划自动整理磁盘碎片。

● 3. CPU超频导致运算错误

CPU超频在一定范围内可以提高电脑的运行速度，就其本身而言就是在其原有的基础上完成更高的性能，对CPU来说是一种超负荷的工作，CPU主频变高，运行速度快过，但由于进行了超载运算，造成其内部运算过多，使CPU过热，从而导致系统运算错误。

如果是因为超频引起系统蓝屏，可在BIOS中取消CUP超频设置，具体的设置根据不同的BIOS版本而定。

4. 温度过高引起蓝屏

如果由于机箱散热性问题或者天气比较炎热，致使机箱CPU温度过高，电脑硬件系统可能出于自我保护停止工作。

造成温度过高的原因可能是CPU超频、风扇转速不正常、散热功能不好或者CPU的硅脂没有涂抹均匀。如果不是超频的原因，最好更换CPU风扇或是把硅脂涂抹均匀。

19.2 死机

❄ 本节教学录像时间：1 分钟

死机指系统无法从一个系统错误中恢复过来，或系统硬件层面出问题，以致系统长时间无响应，而不得不重新启动系统的现象。它属于电脑运作的一种正常现象，任何电脑都会出现这种情况，其中蓝屏也是一种常见的死机现象。

19.2.1 "真死"与"假死"

电脑死机根据表现症状的情况不同分为"真死"和"假死"。这两个概念没有严格的标准。

"真死"是指电脑没有任何反应，鼠标键盘都无任何反应。

"假死"是指某个程序或者进程出现问题，系统反应极慢，显示器输出画面无变化，但系统有声音，或键盘、硬盘指示灯有反应，当运行一段时间之后系统有可能恢复正常。

19.2.2 系统故障导致死机

Windows操作系统的系统文件丢失或被破坏时，无法正常进入操作系统，或者"勉强"进入操作系统，但无法正常操作电脑，系统容易死机。

对于一般的操作人员，在使用电脑时，要隐藏受系统保护的文件，以免误删或破坏系统文件。下面详细介绍隐藏受保护的系统文件的方法。

步骤 01 双击【桌面】▶【计算机】图标，打开下图所示窗口。选择【组织】▶【文件夹和搜索选项】菜单命令。

步骤 02 打开【文件夹选项】对话框。

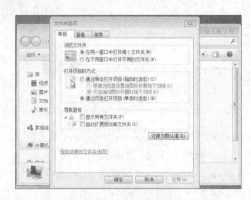

步骤 03 选择【查看】选项卡，选择【隐藏受保护的操作系统文件】选项，单击【确定】按钮。

19.2.3 软件故障导致死机

一些用户对电脑的工作原理不是十分了解，出于保证系统和文件安全，稳定的目的，甚至会在一台电脑装上多个杀毒软件或多个防火墙软件，造成多个软件对系统的同一资源调用或者是因为系统资源耗尽而死机。当电脑出现死机时，可以通过查看开机随机启动项来排查原因。因为许多应用程序为了用户方便都会在安装完以后将其自动添加到Windows启动项中。下面详细介绍操作步骤。

步骤 01 选择【开始】➤【运行】菜单命令。

步骤 02 弹出【运行】对话框，在【打开】文本框中输入"msconfig"命令，单击【确定】按钮。

步骤 03 弹出【系统配置】对话框。选择【启动】选项卡。将启动组中的加载选项全部禁用，然后逐一加载，观察系统在加载哪个程序时出现死机现象，就能查出具体死机的原因了。

19.3 注册表常见故障

● **本节教学录像时间：3 分钟**

注册表对系统非常重要，若其中的数据不完整、被修改或遭到破坏，都将会引起计算机出现各种问题，这些问题影响到计算机的正常使用。下面将讲述注册表常见故障的处理方法。

19.3.1 注册表的概念

注册表是Microsoft Windows中的一个重要的数据库，用于存储系统和应用程序的设置信息。早在Windows 3.0推出OLE技术的时候，注册表就已经出现。随后推出的Windows NT是第一个从系统级别广泛使用注册表的操作系统。但是，从Microsoft Windows 95开始，注册表才真正成为Windows用户经常接触的内容，并在其后的操作系统中继续沿用至今。

在Windows 7操作系统中，使用系统自带的注册表编辑器可以导出一个扩展名为.reg的文本文件，该文件包含了导出部分的注册表的全部内容，包括子健、键值项和键值等信息。注册表既保存了关于默认数据和辅助文件的位置信息、菜单、按钮条、窗口状态和其他可选项，同样也保存了安装信息（比如日期）、安装软件的用户、软件版本号、日期、序列号等。根据安装软件的不同，包括的信息也不同。

在Windows 7操作系统中启动注册表的方法有两种。

① 单击【开始】按钮，在弹出菜单的搜索框中输入"regedit"命令，按【Enter】键即可。

② 选择【开始】▶【所有程序】▶【附件】▶【运行】菜单命令。弹出【运行】对话框，在【打开】文本框中输入"regedit.exe"命令，按【Enter】键即可。

注册表编辑器的项主要包括【HKEY_CLASSES_ROOT】、【HKEY_CURRENT_USER】、【HKEY_LOCAL_MACHINE】、【HKEY_USERS】和【HKEY_CURRENT_CONFIG】。

各个项的具体含义如下。

1. HKEY_CLASSES_ROOT

HKEY_CLASSES_ROOT是系统中控制所有数据文件的项。包括了所有文件扩展和所有和执行文件相关的文件。它同样也决定了当一个文件被双击时起反应的相关应用程序。

2. HKEY_CURRENT_USER

HKEY_CURRENT_USER管理系统当前的用户信息。在这个根键中保存了本地电脑中存放的当前登录的用户信息，包括用户登录用户名和暂存的密码。

3. HKEY_LOCAL_MACHINE

HKEY_LOCAL_MACHINE是一个显示控制系统和软件的处理键。保存着电脑的系统信息，它包括网络和硬件上所有的软件设置。例如文件的位置、注册和未注册的状态、版本号等，这些设置和用户无关，因为这些设置是针对使用这个系统的所有用户的。

4. HKEY_USERS

HKEY_USERS仅包含了缺省用户设置和登录用户的信息。虽然它包含了所有独立用户的设置，但在用户未登录时用户的设置是不可用的。

5. HKEY_CURRENT_CONFIG

HKEY_CURRENT_CONFIG根键用于保存电脑的当前硬件配置。例如显示器、打印机等外设的设置信息。

19.3.2 注册表的备份与恢复

一旦注册表损坏，系统将面临崩溃的危机。所以在系统运行稳定的情况下，用户最好对注册表进行一次备份，以便出现故障时及时恢复。下面详细介绍注册表的备份与恢复方法。

1.备份注册表

导出注册表的过程即是备份注册表的过程。

使用注册表编辑器导出注册表的具体操作步骤如下。

步骤01 选择【开始】▶【所有程序】▶【附件】▶【运行】菜单命令。

步骤 02 弹出【运行】对话框，在【打开】文本框中输入"regedit"命令。

步骤 03 单击【确定】按钮，弹出【注册表编辑器】窗口。

步骤 04 在【注册表编辑器】窗口的左边窗格中选择要备份的注册项。

步骤 05 在【注册表编辑器】窗口中选择【文件】▶【导出】菜单命令。

步骤 06 弹出【导出注册表文件】对话框，在其中设置导出文件的存放位置，在【文件名】文本框中输入"注册表备份"，在【导出范围】设置区域中选择【所选分支】单选按钮。

小提示

选择【所选分支】单选按钮，只导出所选注册表项的分支项；选择【全部】单选按钮，则导出所有注册表项。

步骤 07 单击【保存】按钮即可开始导出，导出完成后，打开保存该文件的文件夹即可看到一个注册表文件。

2. 恢复注册表

使用注册表编辑器可以导出注册表，同样，也可以将导出的注册表导入系统之中，以修复受损的注册表。

导入注册表的具体操作步骤如下。

步骤 01 在【注册表编辑器】窗口中选择【文件】▶【导入】菜单命令。

步骤 02 打开【导入注册表文件】对话框，在其中选择需要还原的注册表文件。

步骤 03 单击【打开】按钮，即可开始导入注册表文件，导入成功后，将弹出一个信息提示框，提示用户已经将注册表备份文件中的项和值成功添加到注册表中。单击【确定】按钮，关闭该对话框。

小提示

用户在还原注册表的时候也可以直接双击备份的注册表文件。此外，如果用户在注册表受损之前没有进行备份，那么这个时候可以将其他电脑的注册表文件导出后复制到自己的电脑上运行一次就可以导入修复注册表文件了。

19.3.3 注册表常见故障汇总

注册表在使用中经常会出现故障，下面对常见故障进行介绍。

1.【我的文档】无法打开，提示【我的文档】被禁用

此故障可能是电脑感染病毒后被更改了系统注册数值表引起的。解决此问题的具体操作步骤如下。

步骤 01 选择【开始】▶【运行】菜单命令，在弹出的【运行】对话框中输入"regedit"命令，单击【确定】按钮，打开【注册表编辑器】对话框。

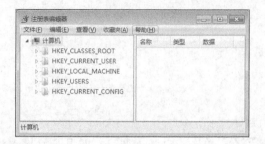

步骤 02 选择【HKEY_CURRENT_USER】▶【Software】▶【Microsoft】▶【Windows】▶【Current Version】▶【Policies】▶【Explorer】选项组。

步骤 03 右击【NosMMyDocs】选项，修改【数值数据】为"0"。

小提示

桌面上如【计算机】、【回收站】、【网络】等图标无法打开的故障，通常是由于注册表被更改所致，一般修复注册表中相应的值即可排除故障。

---

2. 单击鼠标右键无法弹出快捷菜单

遇到此故障一般先检查鼠标是否损坏，再检查注册表是否设置错误。鼠标故障不再介绍，针对注册表故障，解决方法如下。

在【注册表编辑器】中，选择【HKEY_CURRENT_USER】▶【Software】▶【Microsoft】▶【Windows】▶【CurrentVersion】▶【Policies】▶【Explorer】子键，在右边窗口中将【NoViewContextMenu】键值改为"0"，完成故障修复。具体操作方法与上一故障相似，这里不再详细介绍。

3. 用卸载程序无法将软件卸载

当用户卸载软件的时候会出现软件无法卸载的现象，此故障可能是电脑感染病毒或软件卸载模块被损坏引起的，具体的解决办法如下。

步骤 01 用杀毒软件查杀病毒。

步骤 02 选择【HKEY_CURRENT_USER】▶【Software】▶【Microsoft】▶【Windows】▶【CurrentVersion】▶【Uninstall】子键，找到该软件的注册项并将其删除，重启电脑生效。

4. 注册表不可用

此故障可能是电脑感染了恶意病毒引起的，需要在【本地组策略编辑器】中配置【阻止访问注册表编辑工具】，具体操作步骤如下。

步骤 01 选择【开始】▶【运行】菜单命令，在【运行】对话框中输入"gpedit.msc"命令。

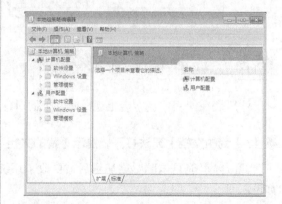

步骤 02 选择【用户配置】▶【管理模板】▶【系统】选项组，双击右侧窗口中的【阻止访

问注册表编辑工具】选项。

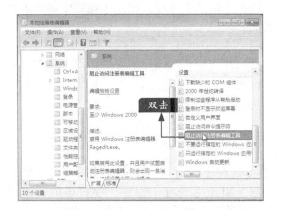

步骤 03 打开【阻止访问注册表编辑工具】窗口，选择【已禁用】选项，单击【确定】按钮。

 高手支招

❄ 本节教学录像时间：7 分钟

⬤ 通过注册表在电脑右键菜单中添加【删除】菜单

具体操作步骤如下所示。

步骤 01 选择【开始】➤【运行】菜单命令，在【运行】对话框中输入"regedit"命令，单击【确定】按钮，打开【注册表编辑器】对话框。

步骤 02 选择 HKEY_CLASSES_ROOT➤ CLSID➤{20D04FE0-3AEA-1069-A2D8-08002B30309D}➤shell注册项。

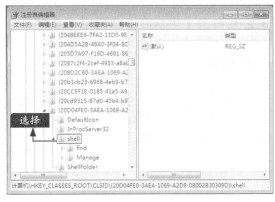

小提示

在【shell】注册项下默认已经有了【find】、【Manage】等几项内容。这几项其实对应的就是右击【计算机】图标快捷菜单中的菜单命令。也就说可以通过注册表更改【计算机】右键菜单的选项。以此类推，可以通过添加注册表的"数值"，添加【计算机】右键菜单。

步骤 03 右击【shell】选项组，选择【新建】➤【项】快捷菜单命令。

步骤 04 新项命名为【组策略】。

步骤 05 右击【组策略】选项组，选择【新建】➤【项】快捷菜单命令，新建项命名为"command"。

步骤 06 选择【command】选项组，在右侧窗口中双击【默认】选项，弹出【编辑字符串】对话框。

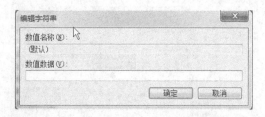

步骤 07 在【数值数据】文本框中输入注册表数据，单击【确定】按钮。字符串的值修改为运行【组策略】的命令参数："C:\Windows\system32\mmc.exe" "C:\Windows\system32\gpedit.msc"。

步骤 08 右击【桌面】➤【计算机】图标。快捷菜单中出现【组策略】菜单命令。

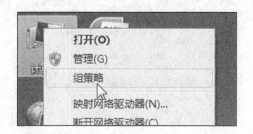

如何保护注册表

注册表的功能虽然强大，但是如果随意更改，将会破坏系统，影响电脑的正常运行。下面将讲述如何保护注册表。

首先在组策略中禁止访问注册表编辑器。

具体的操作步骤如下。

步骤01 选择【开始】➤【所有程序】➤【附件】➤【运行】菜单命令。

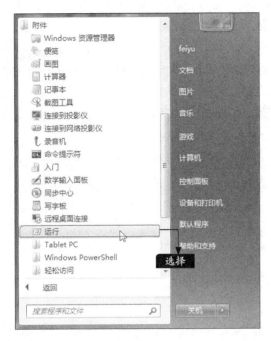

步骤02 弹出【运行】对话框，在【打开】文本框中输入"gpedit.msc"命令。

步骤03 在【本地组策略编辑器】窗口中，依次展开【用户配置】➤【管理模板】➤【系统】项，即可进入【系统设置】界面。

步骤04 双击【阻止访问注册表编辑工具】选项，弹出【阻止访问注册表编辑工具】对话框。从中选择【已启用】单选按钮，然后单击【确定】按钮，即可完成设置操作。

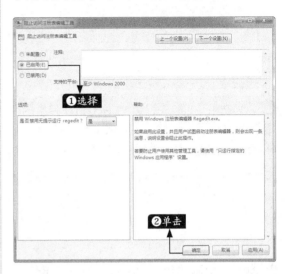

其次，用户可以禁止编辑注册表，具体操作步骤如下。

步骤01 选择【开始】➤【所有程序】➤【附件】➤【运行】菜单命令。弹出【运行】对话框，在弹出的【运行】对话框中输入"regedit"命令。

步骤02 单击【确定】按钮打开【注册表编辑器】窗口，从中依次展开HKEY_CURRENT_USER\Software\Microsoft\Windows\CurrentVerslon\Policies\子项。

步骤 03 选中【Policies】项并右击，在弹出的快捷菜单中选择【新建】▶【项】菜单命令，即可创建一个项，并将其值修改为System。

步骤 04 选中刚才新建的System项并右击，在弹出的快捷菜单中选择【新建】▶【DWORD值】菜单命令，即可在右侧的窗口中添加一个DWORD串值，并将其名字修改为"DisableRegistryTools"。

步骤 05 双击【Disable RegistryTools】选项，打开【编辑DWORD值】对话框，在【数值数据】文本框输入"1"。

步骤 06 单击【确定】按钮，即可完成对其数值的修改。

步骤 07 重新启动电脑，这样就可以达到禁止他人非法编辑注册表的目的了。

手工清理注册表

对于电脑高手来说，手工清理注册表是最有效最直接的清除注册表垃圾的方法。手工清理注册表的具体操作步骤如下。

步骤 01 利用上述方法打开【注册表编辑器】窗口。

步骤 02 在左侧的窗格中展开并选中需要删除的项，选择【编辑】▶【删除】菜单命令，或右击，在弹出的快捷菜单中选择【删除】菜单命令。

步骤 03 弹出【确认项删除】对话框，提示用户是否确实要删除这个项和其所有子项。

步骤 04 单击【是】按钮，即可将该项删除。

第20章

常见软件故障处理

学习目标——

在各种各样的电脑故障中，软件故障是出现频率最高的故障，所以需要用户了解常见的软件故障的处理方法。

学习效果——

20.1 输入故障处理

🔊 本节教学录像时间：2分钟

在使用软件的过程中，输入故障比较常见，特别是输入法出现问题，往往不能输入文字。

20.1.1 输入法无法切换

【故障表现】：在记事本中输入文字时，按【Ctrl+Shift】组合键无法切换输入法。

【故障分析】：从故障现象可以判断故障与输入法本身有关。

【故障处理】：设置输入法的相关参数，具体操作步骤如下。

步骤01 在系统桌面的状态栏上右击输入法的小图标，在弹出的快捷菜单中选择【设置】菜单命令。

步骤02 弹出【文本服务和输入语言】对话框，选择【高级键设置】选项卡。

步骤03 弹出【更改按键顺序】对话框，在【切换输入语言】选区中选择【Ctrl+Shift】单选按钮，然后单击【确定】按钮。

步骤04 返回到【文本服务和输入语言】对话框，单击【确定】按钮即可完成操作。重新切换输入法，故障消失。

20.1.2 输入法图标丢失

【故障表现】：桌面任务栏上的输入法图标不见了，按【Ctrl+Shift】组合键也无法切换出输入法。

【故障分析】：输入法图标丢失后，可以查看输入法是否出现故障和语言设置问题。

【故障处理】：排除故障的具体操作步骤如下。

步骤 01 在系统桌面的状态栏上右击输入法的小图标，在弹出的快捷菜单中选择【设置】菜单命令。

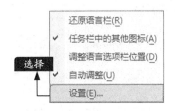

步骤 02 弹出【文本服务和输入语言】对话框，在【语言栏】列表中选择【停靠于任务栏】单选按钮，然后选中【在任务栏中显示其他语言栏图标】复选框，单击【确定】按钮。

步骤 03 如果故障依旧，建议用户用系统自带的系统还原功能修复操作系统。

步骤 04 如果故障依旧，建议重装操作系统。

> **小提示**
>
> 没有输入法图标，用快捷键一样可以操作输入法。【Ctrl+Space】组合键是在中/英文输入法之间切换。按【Ctrl+Shift】组合键可以依次显示系统安装的输入法。

20.1.3 搜狗输入法故障

【故障表现】：一台电脑开机后总是出现如下提示，"DICT LOAD ERROR 创建FILEMAP（LOACL、MAP-PY-LIST9E49537）失败：3"，杀毒没有发现任何问题，重启后故障依然存在。

【故障分析】：从上述想象可以判断是搜狗输入法出现了故障。

【故障处理】：只要卸载搜狗输入法即可解决问题。如果用户还想使用此输入法，重新安装即可。

20.1.4 键盘输入故障

【故障表现】：一台正常运行的电脑，在玩游戏时切换了一下界面，然后键盘就不能输入了，重启电脑后，故障依然存在。

【故障诊断】：首先看一下键盘指示灯是否还亮，如果不亮，可以将键盘插头重新插拔一次，重新操作后，故障依然存在。然后新换了一个正常工作的键盘，还是不能解决问题。这时可以初步判定是系统的问题。

【故障处理】：升级病毒库，然后全盘杀毒，发现一个名为"TrojanSpy.KeyLogger.uh"的病毒，此病毒是键盘终结者病毒的变种，杀毒后重新启动电脑，故障消失。

20.1.5 其他输入故障

在使用智能QQ拼音输入法输入汉字时，没有弹出汉字提示框，这样就无法选择要输入的具体汉字。

这是由于设置不当造成的问题，可以进行如下设置。

步骤 01 在系统桌面的状态栏上右击输入法的小图标，在弹出的快捷菜单中选择【设置】菜单命令。

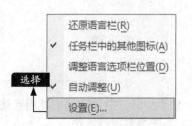

步骤 02 弹出【文本服务和输入语言】对话框，选择【中文-QQ拼音输入法】选项，单击【属性】按钮。

步骤 03 弹出【QQ拼音输入法4.7属性设置】对话框，选择【高级设置】选项，然后选中【光标跟随】复选框，单击【确定】按钮，重启电脑后，故障消失。

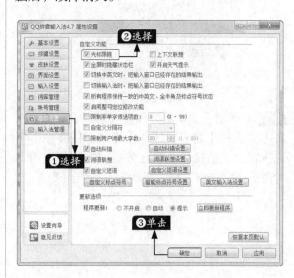

20.2 办公软件故障处理

🔊 **本节教学录像时间：2分钟**

办公软件是用户使用频率最高的软件，也是最容易出现故障的软件。下面将讲述常见的办公软件故障和处理方法。

20.2.1 Word启动失败

【故障表现】：Word 2010突然不能正常启动，并弹出提示信息"Microsoft office Word遇到问题需要关闭"，并提示尝试恢复。但恢复后立即出现提示信息"Word上次启动时失败，以安全模式启动Word将帮助您纠正或发现启动中的问题，以便下一次启动应用程序。但这种模式下，一些功能将被禁用"。确认后仍不能启动Word 2010。

【故障诊断】：通过Word的检测与修复后，问题依然存在，然后卸载Word 2010，并重新安装后，故障依然存在。最后清除注册表中存在的信息，重启电脑后故障依然存在。从故障分析可以初步判断是软件的模板出了故障，用户可以删除模板，然后系统自动创建一个正确的模板，即可解决故障。

【故障处理】：删除模板文件"Normal.dot"的方法很简单，通过搜索在系统文件中找到该模板文件，然后删除即可。

20.2.2 Word中的打印故障

【故障表现】：使用Word打印信封时，每次都要将信封放在打印机手动送纸盒的中间才能正确打印信封，由于纸盒上没有刻度，因此时常将信封打偏。

【故障分析】：可以修改打印机的送纸方式，使信封能够对齐打印机手动送纸盒的某一边，这样就可以解决打偏的问题。

【故障处理】：设置的具体操作步骤如下。

步骤01 启动Word 2010，切换到【邮件】选项卡，单击【创建】选项组中的【信封】按钮。

步骤02 弹出【信封和标签】对话框，单击【选项】按钮。

步骤03 弹出【信封选项】对话框，在【送纸方式】选区中选择合适的贴边送信封的方式，单击【确定】按钮即可。

【故障表现】：在Word中打印文稿时，每次会多打印一张，如果没有纸，会报出缺纸的信息。

【故障分析】：可能是打印设置引起的故障，通过一定的步骤可以解决问题。

【故障处理】：排除故障的具体操作步骤如下。

步骤01 单击【文件】按钮，在弹出的下拉菜单中选择【选项】菜单命令。

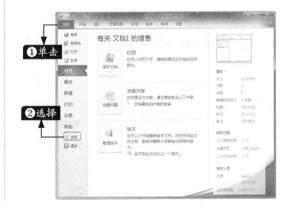

步骤 02 弹出【Word 选项】对话框，选择【显示】选项，在【打印选项】选区中取消勾选【打印文档属性】复选框，单击【确定】按钮。

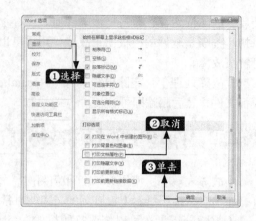

20.2.3 Excel文件受损

【故障表现】：在一次打开Excel文件的过程中，突然停电，然后开机后文件无法打开，每次打开时会提示"文件已受损、无法打开"的信息，放在别的电脑上也不能打开。

【故障分析】：此故障和文件本身有关，可以使用软件修复以解决问题。

【故障处理】：修复文件的具体操作步骤如下。

步骤 01 启动Excel 2010软件，单击【文件】按钮，在弹出下拉菜单中选择【打开】菜单命令。

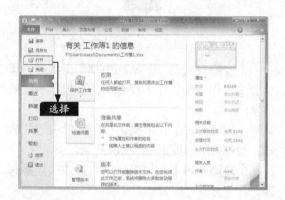

步骤 02 弹出【打开】窗口，选择受损的文件，

单击【打开】右侧的下拉按钮，在弹出的下拉菜单中选择【打开并修复】菜单命令，即可打开受损的文件，然后重新保存文件即可排除故障。

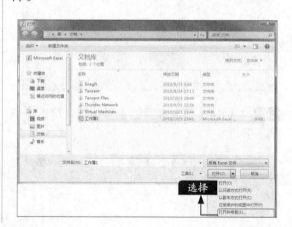

20.2.4 以安全模式启动Word才能使用

【故障表现】：在打开一个Word文件时出错，重新启动Word出现错误提示"Word上次启动时失败，以安全模式启动Word将帮助您纠正或发现启动中的问题，以便下一次成功启动应用程序。但是在这种模式下，一些功能将被禁用。"，然后选择"安全模式"启动Word，但只能启动安全模式，无法正常启动。以后打开Word时，重复出现上述的错误提示，每次只能以安全模式启动Word文件。卸载Word软件并重新安装后，故障依然存在。

【故障分析】：模板文件Normal.dot已损坏。关闭Word时，Word中的插件都要往Normal.dot中写信息，如果产生冲突，Normal.dot就会出错，导致下一次启动Word时，只能以安全模式启动。

【故障处理】：首先删除模板文件Normal.dot，通过搜索在系统文件中找到该模板文件，然后删除即可。删除文件后，再把Office软件卸载，最后重新安装软件，故障消失。

20.2.5 机器异常关闭，文档内容未保存

【故障表现】：在Word中编辑文档时，不小心碰到电源插座导致断电，重新启动电脑后发现编辑的文档一部分内容丢失了。

【故障分析】：Word没有自动保存文档，主要是该功能被禁用了。

【故障处理】：要想避免上述情况的发生，用户就需要启动Word的自动恢复功能，一旦机器异常关闭，当前的文档就会自动保存。启动自动恢复功能的具体操作步骤如下。

步骤01 单击【文件】按钮，在弹出的下拉菜单中选择【选项】菜单命令。

步骤02 弹出【Word选项】对话框，选择【保存】选项，在【保存文稿】选区中选中【保存

自动恢复信息时间间隔】复选框，并输入自动保存的时间，选中【如果我没保存就关闭，请保留上次自动保留的文件】复选框，单击【确定】按钮。

20.2.6 无法卸载

【故障表现】：办公软件在使用的过程中出现故障，在卸载的过程中弹出提示信息"系统策略禁止这个卸载，请与系统管理员联系"，用户本身是以管理员的身份卸载的，重启后故障依然存在。

【故障分析】：从故障可以判断是用户配置不当引起的。

【故障处理】：设置用户配置的具体操作步骤如下。

步骤01 选择【开始】▶【所有程序】▶【附件】▶【运行】菜单命令。

步骤 02 弹出【运行】对话框，在【打开】文本框中输入"gpedit.msc"命令，单击【确定】按钮。

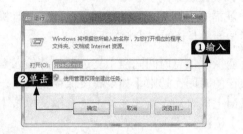

步骤 03 弹出【本地组策略编辑器】窗口，在左侧的列表中选择【用户配置】➤【管理模板】➤【控制面板】选项，在右侧的窗口中选择【删除"添加或删除程序"】选项并右击，在弹出的快捷菜单中选择【编辑】菜单命令。

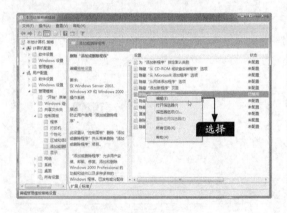

步骤 04 弹出【删除"添加或删除程序"】窗口，选择【未配置】单选按钮，单击【确定】按钮。

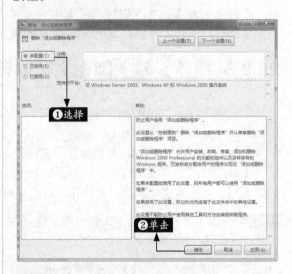

步骤 05 返回到【本地组策略编辑器】窗口，重新删除办公软件，故障消失。

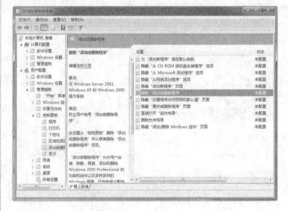

20.2.7 鼠标失灵故障

【故障表现】：在编辑Word文档的时候，鼠标莫名其妙地失灵，关闭Word 2010软件后，故障消失，一旦启动Word 2010软件，则故障依然存在。

【故障分析】：从故障可以初步判断是PowerDesigner加载项的问题，将其删除即可。

【故障处理】：具体操作步骤如下。

步骤 01 启动Word 2010软件，单击【文件】按钮后，在弹出的下拉菜单中选择【选项】菜单命令。

步骤 02 选择【加载项】选项，在右侧的窗口中单击【转到】按钮。

步骤 03 弹出【COM加载项】对话框，清除【PowerDesigner12 Requirements COM Add-In for Microsoft Word】加载项的复选框。单击【确定】按钮，重新启动Word，故障即可排除。

20.2.8 在PowerPoint中一直出现宏的警告

【故障表现】：在使用PowerPoint 2010播放幻灯片时，总是持续出现关于宏的警告，重启软件后故障依然存在。

【故障分析】：此类故障在幻灯片的放映过程中非常普遍，常见的原因有3种，包括文件中含有宏病毒、宏的来源不安全和PowerPoint不能识别宏。

【故障处理】：处理上述3种原因引起故障的方法如下。

步骤 01 如果演示文稿中含有宏病毒，使用杀毒软件进行杀毒操作即可。

步骤 02 如果允许的宏并非来自可靠的来源，在PowerPoint中，可以手动设置系统的安全级别，将安全级别设为中或高，并且打开演示文稿，将宏的开发者添加到可靠来源列表中，这样即可解决故障。

步骤 03 如果是PowerPoint不能识别的宏，则软件不能确定该宏是否为安全的，所以会不断发出警告，可以对宏进行数字签名，然后将其添加到PowerPoint的可靠列表中即可。

20.3 影音软件故障处理

🕐 **本节教学录像时间：1分钟**

多媒体软件用于将声音、视频等多媒体信息进行编码、编译后在播放器中播放展示给用户，如果影音软件出了故障，将不能播放声音和视频文件。

20.3.1 迅雷看看故障处理

【故障表现】：迅雷看看在Windows 8.1系统下，一播放就出现程序闪退现象。

【故障分析】：某些双显卡环境下，NVIDIA显卡设置中，XMP.exe（播放器进程）无法调用独立显卡，强制使用集成显卡才导致这种问题。

【故障处理】：找到安装目录下面的XMP.exe，重命名为其他名字，重命名之后的这个进程就不会闪退，也可以调用独立显卡了。

20.3.2 Windows Media Player故障处理

【故障表现】：在使用Windows Media Player在线看电影时，弹出【内部应用程序出现错误】提示，关闭软件后弹出【0x569f5691指令引用的0x743b2ee5内存不能read】的提示。此后不能继续看电影。

【故障分析】：这个故障主要是由补丁和注册文件引起的。

【故障处理】：如果系统已经升级了所有的补丁，在确保驱动程序正确无误的情况下，可以重新注册两个DLL文件，具体操作步骤如下。

步骤 01 选择【开始】▶【所有程序】▶【附件】▶【运行】菜单命令。

步骤 02 弹出【运行】对话框，在【打开】文本框中输入"cmd"命令。

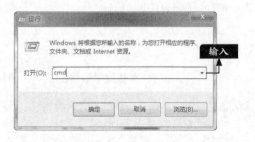

步骤 03 输入"regsvr32 jscript.dll"后按【Enter】键，提示已成功注册，单击【确定】按钮。

步骤 04 输入"regsvr32 VBScript.dll"，按【Enter】键即可解决故障。

高手支招

● 如何修复WinRAR文件

【故障表现】：WinRAR压缩文件损坏，不能打开。

【故障分析】：使用WinRAR软件自身的修复功能可以修复损坏的文件。

【故障处理】：修复文件的具体操作步骤如下。

步骤 01 启动WinRAR后，选择需要修复的文件，选择【工具】➤【修复压缩文件】菜单命令。

步骤 02 在弹出的对话框中设置修复后文件的位置，单击【确定】按钮即可修复压缩文件。

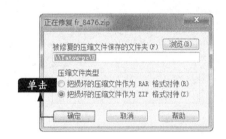

● Windows Media Player经常出现缓冲提示

【故障表现】：使用Windows Media Player在线看电影时，经常会出现停滞或断断续续的现象，有时会提示正在缓冲。

【故障分析】：Windows Media Player在播放视频之前会把一定数量的数据下载到本地电脑上，这样可以在一定程度上避免网络阻塞而导致的数据中断的现象。现在大部分网上的视频文件都是流媒体，因此可以通过设置缓冲区的时间来解决。

【故障处理】：处理故障的具体操作步骤如下。

步骤 01 启动Windows Media Player，在界面的空白处右击，在弹出的快捷菜单中选择【更多选项】菜单命令。

步骤 02 弹出【选项】对话框，选择【翻录音乐】选项卡，然后取消选中【对音乐进行复制保护】复选框。

步骤 03 选择【性能】选项卡，在【网络缓冲】组合框中选择【缓冲】单选按钮，然后在其右侧的文本框中输入缓冲时间"12"，单击【确定】按钮，即可排除故障。

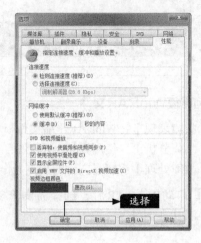

第21章

网络故障处理

学习目标

电脑网络是电脑应用中的一个非常重要的领域。网络故障主要来源于网络设备、操作系统、相关网络软件等方面。本章主要讲述常见的故障及处理方法，如宽带接入故障、网络连接故障、网卡驱动与网络协议故障、无法打开网页故障、局域网故障等。

学习效果

21.1 故障诊断思路

◉ 本节教学录像时间：8 分钟

网络是用通信线路和通信设备将分布在不同地点的多台独立的电脑系统相互连接起来，一旦网络出现故障，用户可以从网络协议、网络硬件和软件等方面进行诊断。

21.1.1 网络的类型

1. 按网络使用的交换技术分类

按照网络使用的交换技术可将电脑网络分类如下。

① 电路交换网。
② 报文交换网。
③ 分组交换网。
④ 帧中继网。
⑤ ATM网等。

2. 按网络的拓扑结构分类

根据网络中电脑之间互联的拓扑形式可把电脑网络分类如下。

① 星状网。
② 树状网。
③ 总线状网。
④ 环形网。
⑤ 网状网。
⑥ 混合网。

3. 按网络的控制方式分类

网络的管理者则非常关心网络的控制方式，通常把其分类如下。

① 集中式网络。
② 分散式网络。
③ 分布式网络。

4. 按作用范围的大小分类

很多情况下，人们经常从网络的作用地域范围对网络进行分类，如下。

广域网（Wide Area Network，WAN），其作用范围通常为几十到几千公里。广域网有时也称为远程网。

局域网（Local Area Network，LAN），一般用电脑通过高速通信线路相连（速率一般在1MB/s以上），在地理上则局限在较小的范围，一般是一幢楼房或一个单位内部。

21.1.2 网络故障产生的原因

1. 按网络故障的性质划分

按网络故障的性质划分，一般分为物理性故障和逻辑性故障两类。下面将对这两种故障进行详细讲述。

(1) 物理性故障

物理性故障主要包括线路损坏、水晶头松动、通信设备损坏和线路受到严重的电磁干扰等。一旦出现不能上网的故障，用户首先需要查看水晶头是否有松动、通信设备指示灯是否

正常、网络插头是否接错等，同时用户可以使用网络测试命令测试网络的连通性，从而判断故障的原因。

(2) 逻辑性故障

逻辑性故障主要分为以下几种。

① 配置错误。逻辑性故障中最常见的情况就是配置错误，是指因为网络设备的配置原因而导致的网络异常或故障。配置错误可能是路由器端口参数设定有误，或路由器路由配置错误以至于路由循环或找不到远端地址，或者是

路由掩码设置错误等。

例如某网络没有流量，但又可以ping通线路的两端端口，这时就很有可能是路由配置错误。

【解决方案】：遇到这种情况，通常使用"路由跟踪程序"即traceroute检测故障，traceroute是把端到端的线路按线路所经过的路由器分成多段，然后以每段返回响应与延迟。如果发现在traceroute的结果中某一段之后，两个IP地址循环出现，这时，一般就是线路远端把端口路由又指向了线路的近端，导致IP包在该线路上来回反复传递。traceroute可以检测到哪个路由器之前都能正常响应，到哪个路由器就不能正常响应。这时只需更改远端路由器端口配置，就能恢复线路正常。

② 一些重要进程或端口关闭，以及系统的负载过高。如果网络中断，用ping发现线路端口不通，检查发现该端口处于down的状态，这就说明该端口已经关闭，因此导致故障。

【解决方案】：这时只需重新启动该端口，就可以恢复线路的连通了。

● 2. 按网络故障的对象划分

按网络故障的对象划分，一般分为线路故障、主机故障和路由器故障3种。

(1) 线路故障

线路故障最常见的情况就是线路不通，诊断这种故障可用ping命令检查线路远端的路由器端口是否还能响应，或检测该线路上的流量是否还存在。一旦发现远端路由器端口不通，或该线路没有流量，则该线路可能出现了故障。

【解决方案】：首先是ping线路两端路由器端口，检查两端的端口是否关闭了。如果其中一端端口没有响应则可能是路由器端口故障。如果是近端端口关闭，则可检查端口插头

是否松动、路由器端口是否处于down的状态；如果是远端端口关闭，则要通知线路对方进行检查。进行这些故障处理之后，线路往往可以正常运行。

如果线路仍然不通，一种可能就是线路本身的问题，看是否线路中间被切断；另一种可能就是路由器配置出错，比如路由循环了，就是远端端口路由又指向了线路的近端，这样线路远端连接的网络用户就不通了，这种故障可以用traceroute来诊断。解决路由循环的方法就是重新配置路由器端口的静态路由或动态路由。

(2) 主机故障

主机故障常见的现象就是主机的配置不当。比如，主机配置的IP地址与其他主机冲突，或IP地址根本就不在子网范围内，这将导致该主机不能连通。

(3) 路由器故障

线路故障中很多情况都涉及路由器，因此也可以把一些线路故障归结为路由器故障。但线路涉及两端的路由器，因此在考虑线路故障时要涉及多个路由器。有些路由器故障仅仅涉及它本身，这些故障比较典型的就是路由器CPU温度过高、CPU利用率过高和路由器内存余量太小。其中最危险的是路由器CPU温度过高，因为这可能导致路由器烧毁。而路由器CPU利用率过高和路由器内存余量太小都将直接影响到网络服务的质量，比如路由器上的丢包率就会随内存余量的下降而上升。

【解决方案】：检测这种类型的故障，需要利用MIB变量浏览器这种工具，从路由器MIB变量中读出有关的数据。通常情况下，网络管理系统有专门的管理进程不断地检测路由器的关键数据，并及时给出报警。而解决这种故障，只有对路由器进行升级、扩内存等方式，或者重新规划网络的拓扑结构。

21.1.3 诊断网络故障的常用方法

快速诊断网络故障的常用方法如下。

1. 检查网卡

网络不通是比较常见的网络故障，对于这种故障，用户首先应该认真检查各连入设备的网卡设置是否正常。当网络适配器的【属性】对话框的设备状态为【这个设备运转正常】，并且在网络邻居中能找到自己，说明网卡的配置是正确的。

2. 检查网卡驱动

如果硬件没有问题，用户还需检查驱动程序本身是否损坏、安装是否正确。在【设备管理器】窗口中可以查看网卡驱动是否有问题。如果硬件列表中有叹号或问号，则说明网卡驱动未正确安装或没有安装，此时需要删除不兼容的网卡驱动，然后重新安装网卡驱动，并设置正确的网络协议。

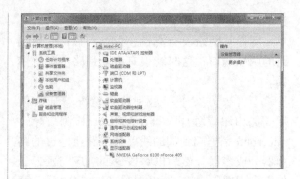

3. 使用网络命令测试

使用ping命令测试本地的IP地址或电脑名的方法可以检查网卡和IP网络协议是否正确安装。例如路由器的IP地址为192.168.1.1，使用"ping"命令测试网络的连通性。

步骤 01 按【Windows+R】组合键，打开【运行】对话框，输入"cmd"命令，单击【确定】按钮。

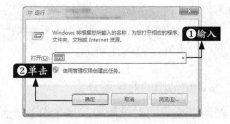

步骤 02 输入命令"ping 192.168.1.1"，按【Enter】键执行命令，如果返回的数据包丢失为0%，则表示连接正常。

21.2 宽带接入故障

本节教学录像时间：2分钟

宽带正确连接是实现上网的第一步，下面将介绍常见的宽带接入故障。

21.2.1 宽带接入的错误信息

连接宽带时，经常会弹出一些错误信息，根据提示信息，用户可以快速地排除故障。

【Error 797】：ADSL Modem连接设备没有找到。

【故障诊断】：查看ADSL Modem电源有没有打开、网卡和ADSL Modem之间的连接线或网线是否有问题、软件安装以后相应的协议有没有正确安装、在创建拨号连接时是否输入正确的用户名和密码等。

【故障处理】：检查电源、连接线是否松动，查看【宽带连接属性】对话框中的【网络】配置是否正确。

【Error 691】：输入的用户名和密码不对，无法建立连接。

【故障分析】：用户名和密码错误或ISP服务器故障。

【故障处理】：使用正确的用户名和密码重新连接，如果不行则使用正确的网络服务提供商提供的账号格式。

21.2.2 常见的宽带连接故障

【故障表现】：使用ADSL上网，网络很不稳定，经常掉线。

【故障分析】：ADSL是一种充分挖掘电话线传输潜力的技术，它的通信状态受阻抗、信噪比和漏电流等技术参数的影响，倘若有个别参数超出正常范围则会出现上网时经常掉线的情况。

【故障处理】：首先检查传输线路是否良好，对于服务商到分线盒这一段，一般都是专用线缆，线路质量应该有保证。而分线盒到用户这一段使用的都是平行线，各种参数都不理想，可以将这一段换成普通网线。另外，如果并接了多部电话，还要注意所有的电话都要从分离器的Phone口接出，否则也会导致经常掉线。同时，用户还需要查看附近有没有干扰物体（包括手机、显示器、微波炉等都会发出干扰信号）。

21.3 网络连接故障

本节教学录像时间：3 分钟

本节主要讲述常见的网络连接故障，包括无法发现网卡、网线故障、无法链接、链接受阻和无线网卡故障。

21.3.1 无法发现网卡

【故障表现】：电脑在正常使用中突然显示网络线缆没有插好，观察网卡的LED却发现是亮的，于是重启了网络连接，正常工作了一段时间，同样的故障又出现了，而且提示找不到网卡，打开【设备管理器】窗口多次刷新也找不到网卡，打开机箱更换PCI插槽后，故障依然存在。于是使用替换法，将网卡卸下，插入另一台正常运行的电脑，故障消除。

【故障分析】：从故障表现可以看出，故障发生在电脑上。一般情况下，板卡丢失后，可以通过更换插槽的方式重新安装，这样可以解决因为接触不良或驱动问题导致的故障，既然通过上述方法并没有解决问题，那么导致无法发现网卡的原因应该与操作系统或主板有关。

【故障处理】：首先重新安装操作系统，并安装系统安全补丁，同时，从网卡的官方网站下载并安装最新的网卡驱动程序。如果不能排除故障，这说明是主板的问题，先为主板安装驱动程序，重新启动电脑后测试一下，如果故障仍然存在，建议更换主板试试。

21.3.2 网线故障

【故障表现】：公司的局域网内有6台电脑，相互访问速度非常慢，对所有的电脑都实施了杀毒处理，并安装了系统安全补丁，并没有发现异常，更换一台新的交换机后，故障依然存在。

【故障分析】：既然更换交换机后仍然不能解决故障，说明故障和交换机没有关系，可以从网线和主机下手进行排除。

【故障处理】：首先测试网线，查看网线是否按照T568A或T568B标准制作。双绞线是由4对线按照一定的线序胶合而成的，主要用于减少串扰和背景噪声的影响。在普通的局域网中，使用双绞线8条线中的4条，即1、2、3和6。其中1和2用于发送数据，3和6用于接收数据。而且1和2必须来自一个绕对，3和6必须来自一个绕对。如果不按照标准制作网线，由于串扰较大，受外界干扰严重，从而导致数据的丢失，传输速度大幅度下降，用户可以使用网线测试仪测试一下网线是否正常。

其次，如果网线没有问题，可以检查网卡是否有故障，由于网卡损坏也会导致广播风暴，从而严重影响局域网的速度。建议将所有网线从交换机上拔下，然后一个一个地插入，测试哪个网卡已损坏，换掉坏的网卡，即可排除故障。

21.3.3 无法链接、链接受限

【故障表现】：一台电脑不能上网，网络链接显示链接受限，并有一个黄色叹号，重新启动链接后，故障仍然无法排除。

【故障诊断】：用户首先需要考虑的问题是上网的方式，如果是指定的用户名和密码，此时用户需要检查用户名和密码的正确性，如果密码不正确，链接也会受限。重新输入正确的用户和密码后如果还不能解决问题，可以考虑网络协议和网卡的故障，可以重新安装网络驱动和换一台电脑试试。

【故障处理】：重新安装网络协议后，故障排除，所有故障的原因可能来源于协议遭到病毒的破坏。

21.3.4 无线网故障

【故障表现】：一台笔记本电脑使用无线网卡上网，出现以下故障，在一些位置可以上网，另外一些位置却不能上网，重装系统后，故障依然存在。

【故障诊断】：检查无线网卡和笔记本是否连接牢固，建议重新拔下再安装一次。操作后故障依然存在。

【故障处理】：一般情况下，无线网卡容易受附近的电磁场的干扰，查看附近是否存在大功率的电器、无线通信设备，如果有，可以将其移走。干扰也可能来自附近的电脑，离得太近干扰信号也比较强。移走大功率的电器后，故障已经排除。如果此时还存在故障，可以换一个无线网卡试试。

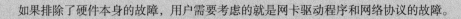

21.4 网卡驱动与网络协议故障

本节教学录像时间：2分钟

如果排除了硬件本身的故障，用户需要考虑的就是网卡驱动程序和网络协议的故障。

21.4.1 网卡驱动丢失

【故障表现】：一台电脑出现以下故障，在启动电脑后，系统提示不能上网，在【设备管理器】中看不到网卡驱动。

【故障诊断】：用户首先可以重新安装网卡驱动程序，并且进行杀毒操作，因为有些病毒也可以破坏驱动程序。如果还不能解决问题，可以考虑重新安装系统，然后从官方下载驱动程序并安装。运行一段时间后，又出现网卡驱动丢失的现象。

【故障处理】：从故障可以看出，应该是主板的问题，先卸载主板驱动程序，重新启动电脑后安装驱动程序，故障排除。

21.4.2 网络协议故障

【故障表现】：一台电脑出现以下故障，在局域网中可以发现其他用户，但是不能上网。

【故障诊断】：首先检查电脑的网络配置，包括IP地址、默认网卡、DNS服务器地址的设置是否正确，然后更换网卡，故障仍然没有解决。

【故障处理】：经过诊断可以排除是硬件的故障，可以从网络协议的安装是否正确入手。首先ping一下本机IP地址，发现不通，可以考虑是电脑的网络协议出了问题，可以重新安装网络协议，具体操作步骤如下。

步骤01 单击任务栏右侧的【宽带连接】按钮，在弹出的菜单中单击【打开网络和共享中心】链接。

步骤02 弹出【网络和共享中心】窗口，单击【更改适配器设置】链接。

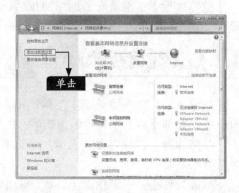

步骤 03 弹出【网络连接】窗口，选择【本地连接】图标并右击，在弹出的快捷菜单中选择【属性】菜单命令。

步骤 04 弹出【本地连接属性】对话框，然后在【此连接使用下列项目】列表框中选择【Internet协议版本 4（TCP／IPv4）】复选框，单击【安装】按钮。

步骤 05 弹出【选择网络功能类型】对话框，在

【单击要安装的网络功能类型】列表框中选择【协议】选项，单击【添加】按钮。

步骤 06 弹出【选择网络协议】对话框，单击【从磁盘安装】按钮。

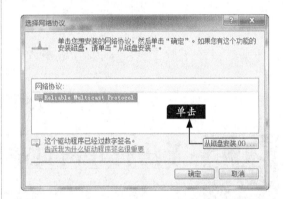

步骤 07 弹出【从磁盘安装】对话框，单击【浏览】按钮，找到下载好的网络协议或系统光盘中的协议，单击【确定】按钮，系统将自动安装网络协议。

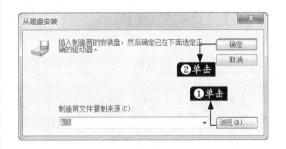

21.4.3 IP地址配置错误

【故障表现】：一个小局域网中出现以下故障，一台配置了固定IP地址的电脑不能上网，而其他电脑却可以上网，此时ping网卡也不通，更换网卡问题依然存在。

　　【故障分析】：通过测试，发现有故障的电脑可以连接其他的计算机，说明网络连接没有问题，因此导致故障的原因是IP地址配置错误。

　　【故障处理】：首先打开网络连接，重新配置电脑的默认网关、DNS和子网掩码，使之和其他的配置相同。通过修改DNS后，故障消失。

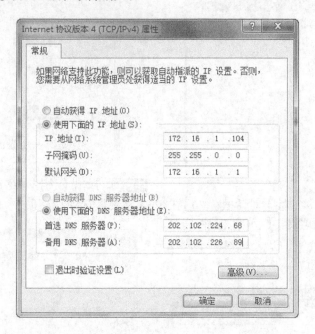

21.5 无法打开网页故障

☕ **本节教学录像时间：2 分钟**

无法打开网页的主要原因有浏览器故障、DNS故障和病毒故障等。

21.5.1 浏览器故障

　　在网络连接正常的情况下，如果无法打开网页，用户首先需要考虑的问题是浏览器是否有问题。

　　【故障表现】：使用IE浏览器浏览网页时，IE浏览器总是提示错误，并需要关闭。

　　【故障分析】：从故障可以判断是IE浏览器的系统文件被破坏所致。

　　【故障处理】：排除此类故障最好的办法是重新安装IE浏览器，具体操作步骤如下。

 将系统盘插入到光驱中，单击【开始】按钮，在弹出的【开始】菜单中选择【所有程　　序】▶【附件】▶【运行】菜单命令。

步骤 02 弹出【运行】对话框，在【打开】文本框中输入 "rundll32.exe setupapi, InstallHinfSection Default InstallHinfSection Default Install 132%windir%\Inf\ie.inf" 命令，单击【确定】按钮即可重装IE。

21.5.2 DNS配置故障

当IE无法浏览网页时，可先尝试用IP地址来访问，如果可以访问，那么应该是DNS的问题，造成DNS的问题可能是联网时获取DNS出错或DNS服务器本身问题，这时用户可以手动指定DNS服务。具体操作步骤如下。

步骤 01 单击任务栏右侧的【宽带连接】按钮，在弹出的菜单中单击【打开网络和共享中心】链接。

步骤 02 弹出【网络和共享中心】窗口，单击【更改适配器设置】链接。

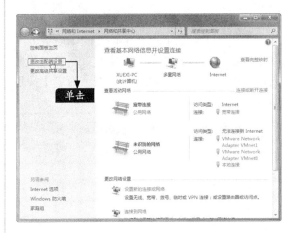

步骤 03 弹出【网络连接】窗口，选择【本地连接】图标并右击，在弹出的快捷菜单中选择【属性】菜单命令。

步骤 04 弹出【本地连接属性】对话框，然后在【此连接使用下列项目】列表框中选中【Internet协议版本 4（TCP／IPv4）】复选框，单击【属性】按钮。

步骤 05 弹出【Internet协议版本 4（TCP／IPv4）属性】对话框，在【首选DNS服务器】和【备用DNS服务器】文本框中重新输入服务商提供的DNS服务器地址，单击【确定】按钮即可完成设置。

【故障表现】：网络出现以下问题，经常访问的网站已经打不开，而一些没有打开过的新网站却可以打开。

【故障分析】：从故障现象看，这是本地DNS缓存出现了问题。为了提高网站访问速度，系统会自动将已经访问过并获取IP地址的网站存入本地的DNS缓存里，一旦再对这个网站进行访问，则不再通过DNS服务器而直接从本地DNS缓存取出该网站的IP地址进行访问。所以，如果本地DNS缓存出现了问题，会导致网站无法访问。

【故障处理】：重建本地DNS缓存，可以排除上述故障。具体操作步骤如下。

步骤 01 单击【开始】按钮，在弹出的【开始】菜单中选择【所有程序】▶【附件】▶【运行】菜单命令。

步骤 02 弹出【运行】对话框，在【打开】文本框中输入"ipconfig /flushdns"命令，单击【确定】按钮即可重建本地DNS缓存。

21.5.3 病毒故障

【故障表现】：一台电脑在浏览网页时出现以下问题，主页能打开，二级网页打不开。过一段时间后，QQ聊天工具能上，所有网页打不开。

【故障分析】：从故障现象分析，主要是恶意代码（网页病毒）以及一些木马病毒引起的。

【故障处理】：在任务管理器里查看进程，看看CPU的占用率如何，如果是100%，初步判断是感染了病毒，这就要查查是哪个进程占用了CPU资源。找到后，记录名称，然后结束进程。如果不能结束，则启动到安全模式下把该程序结束，然后在【开始】菜单中选择【所有程序】▶【附件】▶【运行】菜单命令。弹出【运行】对话框，在【打开】文本框中输入"regedit"命令，在弹出的注册表窗口中查找记录的程序名称，然后删除即可。

21.6 局域网故障处理

🔘 **本节教学录像时间：2分钟**

常见的局域网故障包括共享故障、IP地址冲突和局域网中网络邻居响应慢等。

21.6.1 局域网共享故障

虽然可以把局域网定义为"一定数量的计算机通过互连设备连接构成的网络"，但是仅仅使用网卡让电脑构成一个物理连接的网络还不能实现真正意义的局域网，它还需要进行一定的协议设置，才能实现资源共享。

① 同一个局域网内的电脑IP地址应该是分布在相同网段里的，虽然以太网最终的地址形式为网卡MAC地址，但是提供给用户层次的始终是相对好记忆的IP地址形式，而且系统交互接口和网络工具都通过IP来寻找电脑，因此为电脑配置一个符合要求的IP是必需的，这是电脑查找彼此的基础，除非是在DHCP环境里，因为这个环境的IP地址是通过服务器自动分配的。

② 要为局域网内的机器添加"交流语言"——局域网协议，包括最基本的NetBIOS协议和NetBEUI协议，还要确认"Microsoft 网络的文件和打印机共享"已经安装并为选中状态，然后，还要确保系统安装了"Microsoft 网络客户端"，而且只有这个客户端，否则很容易导致各种奇怪的网络故障发生。

③ 用户必须为电脑指定至少一个共享资源，如某个目录、磁盘或打印机等，完成了这些工作，电脑才能正常实现局域网资源共享的功能。

④ 电脑必须开启139、445这两个端口的其中一个，它们被用作NetBIOS会话连接，而且是SMB协议依赖的端口，如果这两个端口被阻止，对方电脑访问共享的请求就无法回应。

但是并非所有用户都能很顺利地享受到局域网资源共享带来的便利，由于操作系统环境配置、协议文件受损、某些软件修改等因素，时常会令局域网共享出现各种各样的问题

【故障表现】：某局域网内有4台电脑，其中A电脑可以访问B、C、D电脑的共享文件，而B、C、D电脑都不能访问A电脑上的共享文件，提示"Windows 无法访问"信息。

【故障诊断】：首先在其他电脑上直接输入电脑A的IP地址访问，仍然弹出网络错误的提示信息，然后关闭电脑A上的防火墙，检查组策略相关的服务，故障依然存在。

【故障处理】：根据上述的分析，可以从以下几方面排除。

检查电脑A的工作组是否和其他电脑一致，如果不一样可以更改，具体操作步骤如下。

步骤01 右击桌面上的【计算机】图标，在弹出的快捷菜单中选择【属性】菜单命令。

步骤02 弹出【系统】窗口，单击【更改设置】按钮。

步骤03 弹出【系统属性】对话框，选择【计算机名】选项卡，单击【更改】按钮。

步骤04 弹出【计算机名/域更改】对话框，在【工作组】下的文本框中输入相同的名称，单击【确定】按钮。

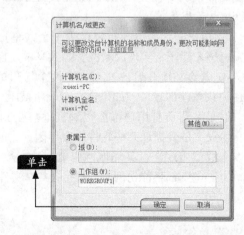

检查电脑A上的Guest用户是否开启，具体操作步骤如下。

步骤 01 右击桌面上的【计算机】图标，在弹出的快捷菜单中选择【管理】菜单命令。

步骤 02 弹出【计算机管理】窗口，在左侧的窗格中选择【系统工具】➤【本地用户和组】➤【用户】选项，在右侧的窗口中选择【Guest】并右击，在弹出的快捷菜单中选择【属性】菜单命令。

步骤 03 弹出【Guest 属性】对话框，选择【常规】选项卡，取消选中【账户已禁用】复选框，单击【确定】按钮即可完成设置。

检查电脑A是否设置了拒绝从网络上访问该电脑，具体操作步骤如下。

步骤 01 单击【开始】按钮，在弹出的【开始】菜单中选择【所有程序】➤【附件】➤【运行】菜单命令。

步骤 02 弹出【运行】对话框，在【打开】文本框中输入"gpedit.msc"命令，单击【确定】按钮。

步骤 03 弹出【本地组策略编辑器】对话框，在左侧的窗口中选择【本地计算机策略】➤【计算机配置】➤【Windows设置】➤【安全设置】➤【本地策略】➤【用户权限分配】选项。

步骤 04 在右侧的窗口中选择【拒绝从网络访问这台计算机】选项，右击并在弹出的快捷菜单中选择【属性】菜单命令。

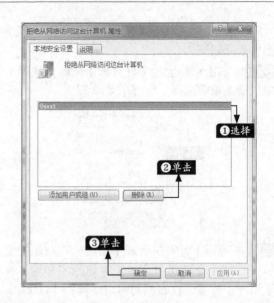

步骤 05 弹出【拒绝从网络访问这台计算机 属性】对话框，选择【本地安全设置】选项卡，然后选择【Guest】选项，单击【删除】按钮，单击【确定】按钮即可完成设置。

21.6.2 IP地址冲突

【故障表现】：某局域网通过路由器接入Internet，操作系统为Windows 7，网关设置为172.16.1.1，各个电脑设置为不同的静态IP地址。最近突然出现IP地址与硬件冲突的问题，系统提示"Windows 检查到IP地址冲突"。出现错误提示后，就无法上网了。

【故障分析】：在TCP/IP网络中，IP地址代表着电脑的身份，在网络中不能重复。否则，将无法实现电脑之间的通信，因此，在同一个网络中每个IP地址只能被一台电脑使用。在电脑启动并加载网络服务时，电脑会把当前的电脑名和IP地址向网络上广播进行注册，如果网络上已经有了相同的IP地址或电脑进行了注册，就会提示IP地址冲突。而在使用静态IP地址时，如果电脑的数量比较多，IP地址冲突是经常的事情，此时重新设置IP地址即可解决故障。

【故障处理】：重新设置静态IP地址的具体操作步骤如下。

步骤 01 单击任务栏右侧的【宽带连接】按钮，在弹出的菜单中单击【打开网络和共享中心】链接。

步骤 03 弹出【网络连接】窗口，选择【本地连接】图标并右击，在弹出的快捷菜单中选择【属性】菜单命令。

步骤 02 弹出【网络和共享中心】窗口，单击【更改适配器设置】链接。

步骤 04 弹出【本地连接属性】对话框，然后在【此连接使用下列项目】列表框中选中【Internet协议版本 4（TCP／IPv4）】复选框，单击【属性】按钮。

步骤 05 弹出【Internet协议版本 4（TCP／IP）】对话框，在【IP地址】文本框中输入一个未被占用的IP地址，单击【确定】按钮即可完成设置。

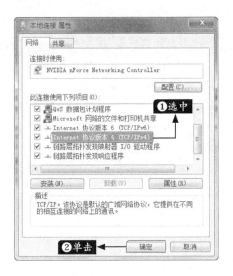

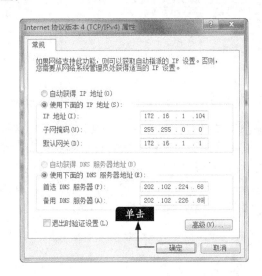

21.6.3 局域网中网络邻居响应慢

【故障表现】：某局域网内有25台电脑，分别装有Windows XP、Windows 7、Windows 8.1和Windows 10操作系统，最近发现，打开网络邻居速度非常慢，要查找好长时间。尝试很多方法（包括更换交换机、服务器全面杀毒、重装操作系统等），都没有解决问题，故障依然存在。

【故障分析】：一般情况下，直接访问【网上邻居】中的用户，打开的速度比较慢是很正常的，特别是网络内拥有很多电脑时。主要是因为打开【网上邻居】时是一个广播，会向网络内的所有电脑发出请求，只有等所有的电脑都做出应答后，才会显示可用的结果。但是如果网卡有故障也会造成上述现象。

【故障处理】：首先测试网卡是否有故障。单击【开始】按钮，在【运行】对话框中输入邻居的用户名，如果可以迅速访问，则可以判断和网卡无关，否则可以更换网卡，从而解决故障。

 高手支招

⏱ 本节教学录像时间：4 分钟

● IRQ中断冲突

【故障表现】：一台电脑安装网卡后，在【设备管理器】窗口中，系统提示网卡资源冲突。

【故障分析】：在安装其他设备的时候，如果占用了网卡默认的IRQ地址，那么在安装网卡的过程中会出现上述故障。

【故障处理】：通过手动设置IRQ的地址可以解决上述故障，具体操作步骤如下。

步骤01 选择桌面上的【计算机】图标并单击鼠标右键，在弹出的快捷菜单中选择【管理】菜单命令，打开【计算机管理】窗口。

步骤02 在【计算机管理（本地）】列表中选择【设备管理器】选项，然后在右侧的列表中单击【网络适配器】选项，然后选择【NVIDIA nforce Networking Controller】并右击，在弹出的快捷菜单中选择【属性】菜单命令。

步骤03 弹出网卡属性对话框，选择【资源】选项卡，在【资源设置】列表框中选择【IRQ】选项，然后单击【更改设置】按钮，即可手动设置网卡的中断地址。设置完成后系统将显示"没有冲突"的提示信息。

步骤04 单击【确定】按钮，重新连接网络，故障排除。

📍 上网经常掉线

【故障表现】：一台电脑在上网的过程中经常掉线，特别是打开网页时系统的速度更慢，必须输入网址才能打开网页。

【故障分析】：从故障的现象可以初步判断是病毒的原因，或者网卡驱动被破坏。

【故障处理】：升级杀毒软件的病毒库，然后对全盘进行杀毒操作，故障依然存在。卸载网卡驱动程序后，重新安装最新的网卡驱动程序，此时故障消失。

📍 可以发送数据，而不能接收数据

【故障表现】：局域网内一台电脑，不能接收数据，但可以发送数据，ping自己的IP地址也不通。

【故障分析】：首先测试网线是否有问题，经测试网线正常，这样就可以排除线路的问题，故障应该出在网卡上。

【故障处理】：卸载网卡驱动程序并重新安装，安装TCP/IP协议，然后正确配置IP地址信息，故障不能排除，更换网卡的PCI插槽后，故障排除。

第5篇
系统安全篇

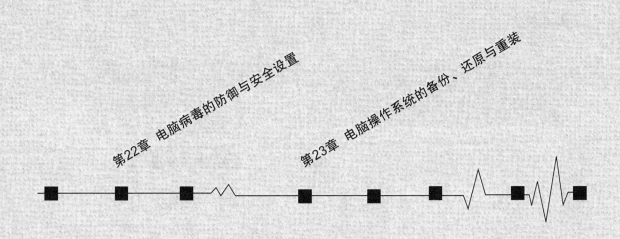

第22章

电脑病毒的防御与安全设置

学习目标

当前，电脑病毒十分猖獗，而且更具有破坏性、潜伏性。电脑染上病毒，不但会影响电脑的正常运行，使机器速度变慢，严重的时候还会造成电脑的彻底崩溃。本章主要讲解病毒的处理以及电脑安全的防护。

学习效果

22.1 病毒与木马

⚙ 本节教学录像时间：7分钟

随着网络的普及，病毒和木马也更加泛滥，它们对电脑有着强大的控制和破坏能力，能够盗取目标主机的登录账户和密码、删除目标主机的重要文件、重新启动目标主机、使目标主机系统瘫痪等。因此，熟知病毒与木马的相关内容就显得非常重要。

22.1.1 病毒与木马的介绍

● 1. 病毒介绍

电脑病毒是指编制或在电脑程序中插入的可以破坏电脑功能或毁坏数据、影响电脑使用并能自我复制的一组电脑指令或程序代码。电脑病毒可以快速蔓延，又常常难以根除。它们能把自身附着在各种类型的文件上，当文件被复制或从一个用户传送到另一个用户时，它们就随同文件一起蔓延开来。

电脑病毒虽是一个小程序，但它和普通的电脑程序不同，一般电脑病毒具有如下几个共同的特点。

① 寄生性。电脑病毒与其他合法程序一样，是一段可执行程序，但它不是一个完整的程序，而是寄生在其他可执行程序上，当执行这个程序时，病毒就起破坏作用。

② 传染性。传染性是病毒的基本特征，一旦网络中的一台电脑中了病毒，则这台电脑中的病毒就会通过各种渠道从已被感染的电脑扩散到未被感染的电脑，以实现自我繁殖。

③ 潜伏性。一个编制精巧的电脑病毒程序进入系统之后一般不会马上发作，可以潜伏在合法文件中很长时间，而不被人发现。病毒的潜伏性越好，其在系统中的存在时间就会越长，病毒的传染范围就会越大。

④ 可触发性。是指病毒因某个事件或数值的出现，而实施感染或进行攻击的特性。

⑤ 破坏性。电脑中毒后，可能会导致正常的程序无法运行，使某些文件被删除或受到不同程度的损坏。通常表现为：增、删、改、移。

⑥ 隐蔽性。电脑病毒具有很强的隐蔽性，有的可以通过杀毒软件检查出来，有的根本就查不出来，这类病毒处理起来通常很困难。

● 2. 木马介绍

木马又被称为特洛伊木马，英文叫作"Trojan horse"，其名称取自希腊神话的特洛伊木马记。它是一种基于远程控制的黑客工具，在黑客进行的各种攻击行为中，木马都起到了开路先锋的作用。

一台电脑一旦中了木马，它就变成了一台傀儡机（"肉鸡"），对方可以在目标电脑中上传下载文件、偷窥私人文件、偷取各种密码及口令信息等，可以说该电脑的一切秘密都将暴露在黑客面前，隐私将不复存在！

随着网络技术的发展，现在的木马可谓是形形色色，种类繁多，并且还在不断地增加，因此，要想一次性列举出所有的木马种类，这是不可能的。但是，从木马的主要攻击能力来划分，常见的木马主要有以下几种类型。

① 密码发送木马

密码发送木马可以在受害者不知道的情况下把找到的所有隐藏密码发送到指定的信箱，从而达到获取密码的目的，这类木马大多使用25号端口发送E-mail。

② 键盘记录木马

键盘记录型木马主要用来记录受害者的键盘敲击记录，这类木马有在线和离线记录两个选项，分别记录受害者在线和离线状态下敲击键盘时的按键情况。

③ 破坏性的木马

顾名思义，破坏性木马唯一的功能就是破坏感染木马的电脑的文件系统，使其遭受系统崩溃或者重要数据丢失的巨大损失。

④代理木马

代理木马最重要的任务是给被控制的"肉鸡"种上代理木马，让其变成攻击者发动攻击的跳板。通过这类木马，攻击者可在匿名情况下使用Telnet、ICO、IRC等程序，从而在入侵的同时隐蔽自己的足迹，以防别人发现自己的身份。

⑤ FTP木马

FTP木马的唯一功能就是打开21端口并等待用户连接，新FTP木马还加上了密码功能，这样只有攻击者本人才知道正确的密码，从而进入对方的电脑。

⑥ 反弹端口型木马

反弹端口型木马的服务端（被控制端）使用主动端口，客户端（控制端）使用被动端口，正好与一般木马相反。木马定时监测控制端的存在，发现控制端上线立即弹出主动连接控制端打开的主动端口。

控制端的被动端口一般开在80（这样比较隐蔽）上，即使用户使用端口扫描软件检查自己的端口，发现的也是类似"TCP UserIP:1026 ControllerIP:80ESTABLISHED"的情况，想必没有哪个防火墙会不让用户向外连接80端口。

22.1.2 感染原理与感染途径

1. 病毒的感染原理与感染途径

电脑病毒是一段特殊的代码指令，其最大的特点是具有传染性和破坏性。电脑病毒在程序结构、磁盘上的存储方式、感染目标的方式以及控制系统的方式上既有很多共同点，也有许多不同点。但绝大多数病毒都是由引导模块、传染模块和破坏模块这3个基本的功能模块组成。下图所示即为病毒结构的模拟图。

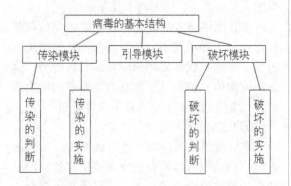

① 引导模块。引导模块的功能是将病毒程序引入内存并使其后面的两个模块处于激活状态。

② 传染模块。在感染条件满足时把病毒感染到所攻击的对象上。

③ 破坏模块。在病毒发作条件满足时，实施对系统的干扰和破坏活动。

并不是所有的电脑病毒都由这3大模块组成，有的病毒可能没有引导模块，有的可能没有破坏模块。

病毒可以通过多种方式把自己植入内存，来获取系统最高控制权，然后感染在内存中运行的程序。电脑病毒的完整工作过程包括以下几个环节。

① 传染源。病毒总是依附于某些存储介质，如软盘、硬盘等，构成传染源。

② 传染媒介。病毒传染的媒介由其工作的环境来决定，可能是电脑网络，也可能是可移动的存储介质，如U盘等。

③ 病毒激活。是指将病毒装入内存，并设置触发条件。一旦触发条件成熟，病毒就开始自我复制到传染对象中，进行各种破坏活动。

④ 病毒触发。电脑病毒一旦被激活，立刻就会产生作用，触发的条件是多样化的，可以是内部时钟、系统的日期、用户标识符，也可能是系统一次通信等。

⑤ 病毒表现。表现是病毒的主要目的之一，有时在屏幕显示出来，有时则表现为破坏系统数据。凡是软件技术能够触发到的地方，都在其表现范围内。

⑥ 传染。病毒的传染是病毒性能的一个重

要标志。在传染环节中，病毒复制一个自身副本到传染对象中去。

● 2. 木马的原理与感染途径

木马程序千变万化，但大多数木马程序并没有特别的功能，入侵方法大致相同。常见的入侵方法有以下几种。

(1) 在win.ini文件中加载

win.ini文件位于C:\Windows目录下，在文件的[windows]段中有启动命令"run="和"load="，一般此两项为空，如果等号后面存在程序名，则可能就是木马程序。应特别当心，这时可根据其提供的源文件路径和功能做进一步检查。

这两项分别是用来当系统启动时自动运行和加载程序的，如果木马程序加载到这两个子项之后，那么系统启动后即可自动运行或加载木马程序。这两项是木马经常攻击的方向，一旦攻击成功，则还会在现有加载的程序文件名之后再加一个它自己的文件名或者参数，这个文件名也往往是常见的文件，如command.exe、sys.com等来伪装。

(2) 在System.ini文件中加载

System.ini位于C:\Windows目录下，其[Boot]字段的shell=Explorer.exe是木马喜欢的隐藏加载地方。如果shell=Explorer.exe file.exe，则file.exe就是木马服务端程序。

另外，在System.ini中的[386Enh]字段中，要注意检查段内的"driver＝路径\程序名"，这里也有可能被木马所利用。再有就是System.ini中的[mic]、[drivers]、[drivers32]这3个字段，也是起加载驱动程序的作用，但也是增添木马程序的好场所。

(3) 隐藏在启动组中

有时木马并不在乎自己的行踪，而在意是否可以自动加载到系统中。启动组无疑是自动加载运行木马的好场所，其对应文件夹为C:\Windows\startmenu\programs\startup。在注册表中的位置是HKEY_CURRENT_USER\Software\Microsoft\Windows\Current Version\Explorer\shell Folders Startup "c:\Windows\start menu\programs\startup"，所以要检查启动组。

(4) 加载到注册表中

由于注册表比较复杂，所以很多木马都喜欢隐藏在这里。木马一般会利用注册表中的下面的几个子项来加载。

● HKEY_LOCAL_MACHINE\Software\Microsoft\Windows\CurrentVersion\RunServersOnce

● HKEY_LOCAL_MACHINE\Software\Microsoft\Windows\CurrentVersion\Run

● HKEY_LOCAL_MACHINE\Software\Microsoft\Windows\CurrentVersion\RunOnce

● HKEY_CURRENT_USER\Software\Microsoft\Windows\CurrentVersion\Run

● HKEY_CURRENT_USER \Software\Microsoft\Windows\CurrentVersion\RunOnce

● HKEY_CURRENT_USER \Software\Microsoft\Windows\CurrentVersion\RunServers

(5) 修改文件关联

修改文件关联也是木马常用的入侵手段，当用户打开已修改了文件关联的文件后，木马也随之被启动，如冰河木马就是利用文本文件（.txt）这个最常见但又最不引人注目的文件格式关联来加载自己，当中了该木马的用户打开文本文件时就自动加载了冰河木马。

(6) 设置在超链接中

这种入侵方法主要是在网页中放置恶意代码来引诱用户点击，一旦用户单击超链接，就会感染木马，因此，不要随便点击网页中的链接。

22.2 常用杀毒软件介绍

● 本节教学录像时间：3 分钟

杀毒软件也是病毒防范必不可少的工具，随着人们对病毒危害的认识，杀毒软件也被逐渐重视起来，各式各样的杀毒软件如雨后春笋般出现在市场中。

1. 360杀毒软件

360杀毒是360安全中心出品的一款免费的云安全杀毒软件。360杀毒具有查杀率高、资源占用少、升级迅速等优点。同时，还可以与其他杀毒软件共存。360杀毒无缝整合了国际知名的BitDefender病毒查杀引擎，以及360安全中心研发的云查杀引擎。双引擎智能调度，为用户提供完善的病毒防护体系，并能第一时间防御新出现的病毒木马。

2.腾讯电脑管家

腾讯电脑管家是腾讯公司推出的融合病毒查杀、修复漏洞、系统安全、软件管理等为一体的免费安全软件。电脑管家在病毒查杀及安全防护上，拥有云查杀引擎、反病毒引擎、云安全检测中心、云智能预警系统等，可以全方位、多维度地保护电脑安全，精确的查杀病毒和木马。

3. 金山毒霸

金山毒霸是金山软件股份有限公司研制开发的免费的反病毒软件，融合了启发式搜索、代码分析、虚拟机查毒等反病毒技术，使其在查杀病毒种类、查杀病毒速度、未知病毒防治等多方面达到一定的水平，同时金山毒霸具有占用资源少、病毒防火墙实时监控、压缩文件查毒、查杀电子邮件病毒等多项特点和功能。

除了上面介绍的几款杀毒软件外，还有卡巴斯基、瑞星、百度杀毒、ESET NOD32、小红伞等杀毒软件可供选择。

22.3 查杀病毒

● 本节教学录像时间：3分钟

电脑感染病毒是很常见的，但是当遇到电脑故障时候，很多用户不知道电脑是否感染病毒，即便知道了是病毒故障，也不知道该如何查杀病毒。针对上述问题，下面将进行详细介绍。

22.3.1 电脑中病毒或木马后的表现

目前电脑病毒的种类很多，电脑感染病毒后所表现出来的症状也各不相同。下面针对电脑感染病毒后的常见症状及原因做如下介绍。

● 1. 电脑操作系统运行速度减慢或经常死机

操作系统运行缓慢通常是电脑的资源被大量消耗。有些病毒可以通过运行自己，强行占用大量内存资源，导致正常的系统程序无资源可用，进而导致操作系统运行速度减慢或死机。

● 2. 系统无法启动

系统无法启动的具体症状表现为开机有启动文件丢失错误信息提示或直接黑屏。主要原因是病毒修改了硬盘的引导信息，或删除了某些启动文件。以"系统启动文件丢失错误"提示为例，电脑启动之后会出现下图所示的提示信息。

```
Verifying DMI Pool Data ........... Update Success
Boot from CD :

OS not installed
Insert OS setup disk and press any key
DISK BOOT FAILURE, INSERT SYSTEM DISK AND PRESS ENTER
_
```

● 3. 提示硬盘空间不足

在硬盘空间很充足的情况下，如果还弹出提示硬盘空间不足的信息，很可能是中了相关的病毒。但是打开硬盘查看并没有多少数据。这一般是病毒复制了大量的病毒文件在磁盘中，而且很多病毒可以将这些复制的病毒文件隐藏。

● 4. 数据丢失

有时候用户查看自己刚保存的文件时，会突然发现文件找不到了。这一般是文件被病毒强行删除或隐藏了。这类病毒中，最近几年最常见的是"U盘文件夹病毒"。感染这种病毒后，U盘中的所有文件夹会被隐藏，并会自动创建出一个新的同名文件夹，新文件夹的名字后面会多一个".exe"的后缀。当用户双击新出现的病毒文件夹时，用户的数据会被删除掉，所以在没有还原用户的文件前，不要单击病毒文件夹。

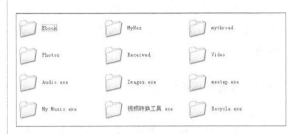

● 5. 电脑屏幕上出现异常显示

电脑屏幕会出现的异常显示有很多，包括悬浮广告、异常图片等。以中奖广告为例，电脑屏幕上会出现如下广告对话框。

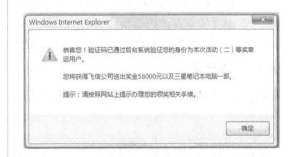

● 6. 系统不识别硬盘

每个硬盘内部都有一个系统保留区（service area），里面分成若干模块保存有许多参数和程序。硬盘在通电自检时，要调用其中大部分程序和参数。如果能读出那些程序和参数模块，而且校验正常的话，硬盘就进入准备状态。如果某些模块读不出或校验不正常，则该硬盘就无法进入准备状态。一般表现为，电脑系统的BIOS无法检测到该硬盘或检测到该硬盘却无法对它进行读写操作。

这时如果系统保留区的参数和程序遭到病毒的破坏，则会表现为系统不识别硬盘，或直接损坏硬盘引导扇区。

7. 键盘输入异常

这类故障通常表现为键盘被锁定而无法输入内容，或者键盘输入内容显示乱码。

8. 命令执行出现错误

选择【开始】➤【运行】菜单命令，可以在【运行】对话框中输入相关系统命令来完成一些操作。当感染了这类病毒后，会导致很多命令在【运行】对话框中输入执行时提示命令出错。

9. 系统异常重新启动

病毒通过破坏系统文件，或在操作系统中植入能够导致系统重启的程序，让电脑出现异常重启现象。这类病毒中有几个很有影响力，像"震荡波""冲击波"，感染该类病毒后，电脑会弹出如下强制关机错误提示。

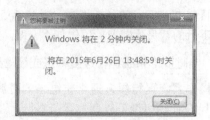

> **小提示**
>
> 电脑病毒的种类繁多，仅仅十几种症状并不能容纳全部，以上只是介绍了最常见的症状，用户根据自己使用电脑的经验，会发现更多新的症状。但无论是面对什么样的病毒症状，都要将该病毒找出，并进行彻底清除。

22.3.2 查杀电脑中的病毒

一旦发现电脑运行不正常，用户应首先分析原因，然后即可利用杀毒软件进行杀毒操作。下面以360杀毒软件查杀病毒为例讲解如何利用杀毒软件杀毒。

360杀毒软件有3种常见的杀毒模式：快速扫描、全盘扫描和自定义扫描。

1. 快速扫描

步骤01 打开360杀毒软件，单击【快速扫描】按钮。

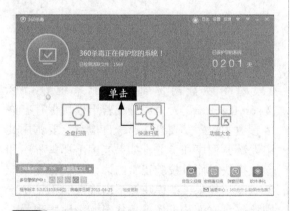

步骤02 软件只对系统设置、常用软件、内存及关键系统位置等进行病毒查杀。

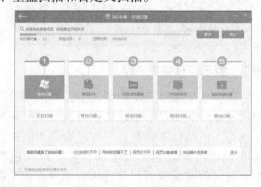

步骤03 查杀结束后，如果未发现病毒，系统会提示"本次扫描未发现任何安全威胁"。

步骤 04 如果发现安全威胁，单击选中威胁对象，再单击【立即处理】按钮，360杀毒软件将自动处理病毒文件，处理完成后单击【确认】按钮，完成本次病毒查杀。

2.全盘扫描

单击【360杀毒】面板中的【全盘扫描】按钮，进行病毒全盘查杀。该操作可针对所有盘符、内存、系统启动项等进行全面的病毒查杀。具体操作步骤和快速查杀相似，此处不再介绍。

3. 自定义扫描

步骤 01 打开360杀毒软件，单击【自定义扫描】按钮。

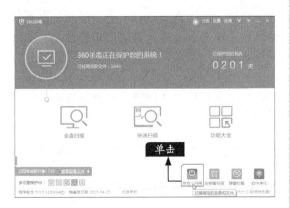

步骤 02 弹出【选择扫描目录】对话框，勾选要扫描的目录或文件，然后单击【扫描】按钮。

步骤 03 软件即可对勾选的目录进行病毒查杀，进度条显示扫描的进度。

步骤 04 扫描完成后，未发现安全威胁，单击【返回】按钮即可。如果发现安全威胁，根据提示进行查杀即可。

22.3.3 升级病毒库

病毒库其实就是一个数据库，里面记录着电脑病毒的种种"相貌特征"，以便及时发现和杀毒。只有拥有了病毒库，杀毒软件才能区分病毒和普通程序之间的区别。

新病毒层出不穷，可以说每天都有难以计数的新病毒产生。想要让电脑能够对新病毒有所防御，就必须要保证本地杀毒软件的病毒库一直处于最新版本。下面以360杀毒软件的病毒库升级为例进行介绍，主要有手动升级和自动升级两种方法。

● 1. 手动升级病毒库

步骤 01 打开360杀毒软件，单击【检查更新】按钮。

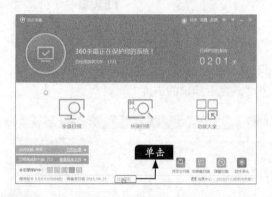

步骤 02 软件自动开始从网络服务器中获取升级数据，升级完毕关闭窗口即可。

● 2. 制定病毒库升级计划（自动升级）

步骤 01 打开360杀毒软件，单击右上角的【设置】按钮。

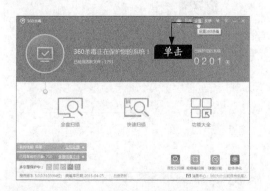

步骤 02 选择【升级设置】选项，在弹出的对话框中用户可以设置【自动升级设置】、【其他升级设置】和【代理服务器设置】，设置完成后单击【确定】按钮。

【自动升级设置】由4部分组成，用户可根据需求自行选择。

① 自动升级病毒特征库及程序：选中该项后，只要360杀毒软件发现网络上有病毒库及程序的升级，就会马上自动更新。

② 关闭病毒库自动升级，每次升级时提醒我：网络上有版本升级时，不直接更新，而是给用户一个升级提示框，升级与否由用户自己决定。

③ 关闭病毒库自动升级，也不显示升级提醒：网络上有版本升级时，不会更新，也不会弹出提示框提示升级，这时如果想升级，就需要手动进行升级。

④ 定时升级：制订一个升级计划，在每天的指定时间直接连接网络上的更新版本进行升级。

> **小提示**
>
> 一般不建议读者对【代理服务器设置】项进行设置。

22.4 预防病毒

🔊 本节教学录像时间：2分钟

电脑的各种操作行为都有可能导致感染病毒，所以用户必须要对电脑的各种动作进行实时的监控，包括已运行的程序、正在浏览的网页，以及下载中的文件等。下面以360杀毒软件的实时监控设置为例进行介绍。

22.4.1 设置杀毒软件

用户除了安装杀毒软件外，还可以根据需要对软件进行设置，提升其杀毒与防护能力。

● 1.开启多引擎保护

一般杀毒软件内置了多种反病毒引擎，用户可以根据需要开启或关闭。以360杀毒软件为例，在主界面的左下角显示不同反病毒引擎保护，灰色的则为未开启状态。将鼠标移至灰色图标上，弹出该引擎的介绍对话框，单击【未开启】按钮，则可将其设置为开启状态。初次开启时，软件会下载该反病毒引擎的数据库。

步骤02 弹出【设置】对话框，选择【实时防护设置】选项，从中进行相应设置。

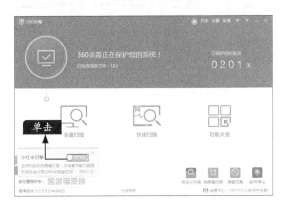

● 2. 实时防护设置

用户可以根据需要设置防护的级别、监控文件类型、病毒处理方式等。
步骤01 打开360杀毒软件，单击右上角的【设置】按钮。

小提示

① 防护级别设置：对电脑来说，级别越高越安全。但有时候可能会把一些正常的操作当成威胁内容，所以一般建议选择【中度防护】。
② 监控的文件类型：设置在具体监控中所要监控的文件种类。
③ 发现病毒时的处理方式：设置发现威胁后的处理方法。

22.4.2 修补系统漏洞

除了要开启杀毒软件的实时防护之外，系统本身的漏洞也是重大隐患之一，所以用户必须要及时修复系统的漏洞。下面以360安全卫士修复系统漏洞为例进行介绍，具体操作步骤如下。

步骤01 打开360安全卫士软件，在其主界面单击【查杀修复】按钮。

统中存在的安全漏洞，用户单击【立即修复】按钮。

步骤02 单击【漏洞修复】按钮。

步骤04 此时，软件会进入修复过程，自行执行漏洞补丁下载及安装。有时系统漏洞修复完成后，会提示重启电脑，单击【立即重启】按钮重启电脑完成系统漏洞修复。

步骤03 软件扫描电脑系统后，即会显示电脑系

22.4.3 设置定期杀毒

电脑经过长期的使用，可能会隐藏有许多的病毒程序。为了消除隐患，应该定时给电脑进行全面的杀毒。为避免遗忘，给杀毒软件设置一个查杀计划是很有必要的。下面以360杀毒软件为例进行介绍。

步骤01 打开【360杀毒】软件窗口，单击右上角的【设置】按钮。

步骤 **02** 打开【设置】对话框，选择【病毒扫描设置】选项，在【定时查毒】选项栏中可进行相应的设置。

22.5 电脑安全设置

⏰ **本节教学录像时间：4 分钟**

 电脑的安全隐患不单单是病毒、木马而已，还有很多方面，比如网络攻击，所以要对电脑进行全方位的安全设置。针对常见的电脑安全问题，下面从4个方面对电脑安全的设置进行介绍。

22.5.1 电脑资源安全

电脑资源的安全隐患主要有两种：被其他用户恶意盗取和本地资源意外丢失。

● 1. 防止资源被盗窃

针对这个问题，从两个角度考虑。首先想办法让本地资源不能被其他用户共享使用。其次即使是重要资源被盗取了也不能被对方读取，所以要给重要数据进行加密。

（1）关闭不必要的共享

步骤 **01** 在桌面上的【计算机】图标上单击鼠标右键，在弹出的快捷菜单中选择【管理】菜单命令。

步骤 **02** 弹出【计算机管理】窗口，选择【系统工具】▶【共享文件夹】▶【共享】选项。

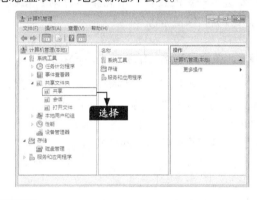

步骤 **03** 可以看到共享项。

步骤 04 右键单击【Excel模板】共享项，在弹出的快捷菜单中选择【停止共享】菜单命令。

(2) 重要数据加密

对此，用户可以找一些数据加密工具，例如"文件夹加密器"。具体操作不再介绍。

● 2. 防止数据意外丢失

防止数据意外丢失的最好方法就是进行数据备份，但是数据备份一般需要其他存储设备，如光盘、其他硬盘、U盘等。对此用户可能要进行一定的投资。常见操作有刻录光盘、拷贝数据和保留备份等。

● 3. 关闭正在运行的病毒、木马程序

用户发现电脑感染病毒之后，很多病毒程序可能还在运行中，为了有利于彻底清除，用户可以使用以下方法，将病毒运行程序先关闭，然后再使用杀毒软件彻底清除。

(1) 利用【运行】程序关闭自动启动病毒

具体操作步骤如下。

步骤 01 按【Windows+R】组合键，弹出【运行】对话框，在【打开】文本框中输入"msconfig"命令，单击【确定】按钮。

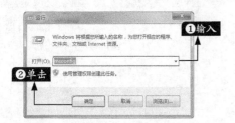

步骤 02 弹出【系统配置】对话框，并选择【启动】选项卡。显示的列表内容为随机启动的启动项程序。一般病毒、木马程序在这里的显示名通常会带有乱码。

步骤 03 将可疑启动项目前的"√"去掉，单击【确定】按钮。

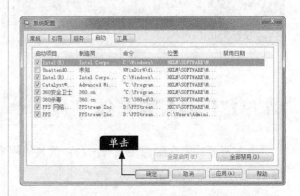

小提示

跟踪系统进程有助于关闭可疑程序。电脑中，每一个运行的程序都会出现一个相应的进程项。病毒、木马想要在电脑中运行，必然会留下蛛丝马迹。所以只要了解电脑中所有进程所代表的程序意义，就能够很轻松地发现问题，并及时解决。

---

(2) 利用Windows任务管理器关闭自动启动病毒

一些病毒、木马会自动启动程序，在程序中浑水摸鱼，此时可以使用Windows的任务管理器，找到当前运行的程序进程，结束病毒、木马程序的进程。

在Windows 7状态栏上单击鼠标右键并在弹出的快捷菜单中选择【启动任务管理器】菜单命令，或按【Ctrl+Alt+Delete】组合键，然后选择【启动任务管理器】选项，此时即可打开【Windows任务管理器】窗口，在窗口中选择要关闭的程序进程，具体步骤如下。

步骤01 弹出【Windows任务管理器】窗口，选择【进程】选项卡。左侧【映像名称】列显示了电脑当前运行的所有程序。其中有常见的"QQ.exe""WINWORD.EXE"等程序。当然还有很多程序是用户不认识的。没有关系，依次摘录映像名称，通过网络搜索查询。通过网络查询发现某一程序是病毒、木马时要马上结束该进程。

钮，即可将该程序关闭。

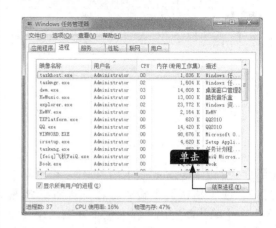

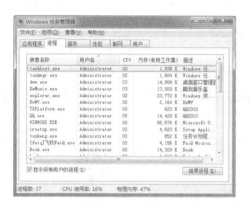

步骤02 选中可疑程序名，单击【结束进程】按

> **小提示**
>
> 初次接触进程的用户，对于大部分的程序名都会感到陌生，只要能够经常查阅，大部分的常用进程都会记住。在进程项中，带有"~"号的项目一般都不是正常程序，需要着重对待。

22.5.2 系统账户安全

登录电脑时，用户需要输入用户名及密码才能进入操作系统。一般默认使用的登录账户为操作系统管理员账户"administrator"。使用该账户登录电脑，对电脑就有了绝对控制权，可以使用、更改电脑操作系统的任何信息。所以必须要加强"administrator"账户的安全性，以防止其他用户利用管理员账户对本地电脑进行破坏。

1. 设置强密码

为系统账户设置强密码是维护系统账户安全的第一步。

步骤01 单击【开始】按钮，在弹出的【开始】菜单中选择【控制面板】菜单命令，弹出【控制面板】窗口，选择【用户账户和家庭安全】▶【添加或删除用户账户】选项。

步骤02 弹出【管理账户】对话框，单击【zhoukk】管理员账户图标。

步骤03 弹出【更改zhoukk的账户】窗口，选择【创建密码】选项。

步骤 04 弹出【为zhoukk的账户创建一个密码】窗口，在【新密码】输入框输入设置的强密码，在【确认新密码】输入框重复输入设置的强密码，并输入密码提示，单击【创建密码】按钮。

● 2. 增强系统账户安全策略

增强系统账户安全策略也是维护系统账户安全的方法。

步骤 01 打开【控制面板】窗口，单击【查看方式】右侧的【类别】下拉按钮，在弹出的下拉菜单中选择【大图标】菜单命令。

步骤 02 单击【管理工具】按钮。

步骤 03 弹出【管理工具】窗口，双击【本地安全策略】图标。

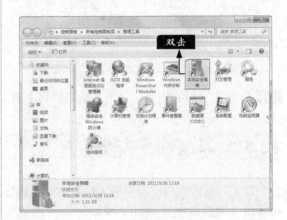

步骤 04 弹出【本地安全策略】窗口，选择【账户策略】▶【账户锁定策略】选项。

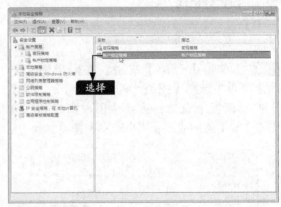

步骤 05 在【策略】列表中双击【账户锁定阀值】选项。

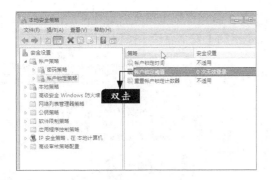

成一个不容易被猜到的名字。

步骤 01 打开【本地安全策略】窗口，选择【本地策略】➤【安全选项】选项，在右侧的列表框中双击【账户：重命名系统管理员】选项。

步骤 06 打开【账户锁定阀值 属性】对话框，在输入框输入"3"，单击【确定】按钮。通过该对话框可以设定登录系统允许错误输入密码的次数，以防止其他用户穷举破解密码。

步骤 02 弹出【账户：重命名系统管理员账户属性】对话框，在输入框中输入新管理员账户的名字，单击【确定】按钮。

● 3. 更改系统账户名

　　网络攻击者为了能在攻击成功后更好地掌握对被控制机的操控权，一般都会攻击管理员账户，在攻击时必然会用管理员账户名"administrator"进行匹配、扫描。为了管理员账户的安全，读者可以把管理员的账户名更换

22.5.3　网络账号安全

　　聊天软件和网游等的隐私与安全都是用户比较关心的，为了保证账户的安全，建议注意以下几点。

　　① 在设置密码时，不要使用简单易记的密码，以免被轻易破解。

　　② 在自己电脑中安装正版的杀毒软件和防火墙，并定期更新。

　　③ 尽量不在较差的网络环境或公共网络环境下登录账号。

　　除此之外，用户还可以使用360游戏保险箱，提升账号的安全性。

步骤 01 打开360安全卫士窗口，进入【全部工具】界面，单击【游戏保险箱】图标，首次使

用时，该工具会自动下载。

步骤02 下载完成后，会自动打开【360游戏保险箱】窗口，在窗口左侧显示了【我的游戏】、【保护应用】及【网银购物】等选项卡，单击【保护应用】选项卡，即可看到保护的应用。

步骤03 将鼠标拖曳至要启动软件图标上，单击显示出的【安全启动】按钮。

步骤04 此时，软件会在经过安全扫描后，弹出登录对话框。

22.5.4 网银账号安全

随着网络购物的发展，使用网络银行的用户也越来越多，在使用网络银行进行账户管理、网上交易时，如何保证银行账户的安全，是用户非常关心的问题，下面将针对这一问题进行讲述。

① 不要在网吧等公共场所使用网银、支付宝或淘宝网的账户，避免网吧电脑里有木马程序盗取密码。

② 在自己电脑中安装正版的杀毒软件和防火墙，并定期更新。

③ 务必确认输入正确的淘宝网及支付宝的网址，避免有人利用假冒网站盗用密码。

④ 在设置密码时，不要使用简单易记的密码，以免被轻易破解。

⑤ 觉得自己的网银、支付宝或淘宝网的账户出现问题时，要第一时间联系客服。

⑥ 定期使用正版杀毒软件或支付宝网站的在线检测功能，检测电脑是否感染了病毒程序。

⑦ 重要信息输入时尽量使用软键盘。

不同的网络银行，在用户的账户安全方面都有相关的保障机制，比如"防钓鱼网站安全控件"、U盾等。

另外，用户也可以使用360游戏保险箱，保护网银账号安全。

步骤 01 打开360游戏保险箱窗口，单击【网银购物】下的【添加网银】按钮。

步骤 02 打开【添加银行列表】窗口，在下方列表中移动鼠标到要添加的项目上，并单击项目下方弹出的【添加】链接。

步骤 03 此时可看到项目下方显示【已经添加】文本，添加完毕后，单击右上角的【关闭】按钮。

步骤 04 返回到【360游戏保险箱】窗口，可看到选择的项目已添加到其中，且受360保险箱的保护。

 # 高手支招

本节教学录像时间：2分钟

● 设置系统自带的防火墙

Windows 7操作系统对自带的防火墙做了进一步的调整，增加了更多的网络选项，支持多种防火墙策略，让防火墙更加便于用户使用。

步骤 01 单击【开始】按钮，在弹出的快捷菜单中选择【控制面板】菜单项，打开【控制面板】窗口，单击【Windows防火墙】选项，即可打开【Windows防火墙】窗口，在左侧窗格中可以看到【允许程序或功能通过Windows防火墙】、【更改通知设置】、【打开或关闭Windows防火墙】等链接。单击【打开或关闭Windows防火墙】链接。

工作（专用）网络位置设置】和【公用网络位置设置】设置组中即可设置Windows防火墙。

步骤02 在打开的窗口中单击【使用推荐设置】按钮，打开【自定义设置】窗口，在【家庭或

🔘 安全模式下彻底杀毒

一些非常隐蔽的随机启动病毒、木马程序很难杀除。面对这种病毒、木马，用户可以采用进入"安全模式"的方式进入系统，然后再利用杀毒软件查杀病毒。因为在安全模式下只开启系统运行的必备程序，所以利用杀毒软件能够彻底杀除病毒。如何利用杀毒软件杀毒前面已经做了介绍，这里主要介绍如何进入Windows 7系统的安全模式，进入Windows 7系统的安全模式和进入Windows XP的操作类似，具体操作步骤如下。

步骤01 启动电脑，并按【F8】键进入【高级启动选项】界面，然后选择【安全模式】选项，按【Enter】键进入系统的安全模式

步骤02 进入操作系统的安全模式。在该环境下，运行杀毒软件，按照需求进行杀毒，一般建议全盘杀毒。

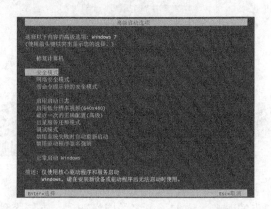

第23章

电脑操作系统的备份、还原与重装

 学习目标

用户在使用电脑的过程中，有时会不小心删除系统文件，或系统遭受病毒与木马的攻击，都有可能导致系统崩溃或无法进入操作系统，这时用户就不得不重装系统。但是如果进行了系统备份，那么就可以直接将其还原，以节省时间。

学习效果

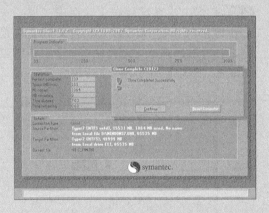

23.1 系统备份

> **本节教学录像时间：3 分钟**
>
> 常见备份系统的方法为使用系统自带的工具备份和使用GHOST工具备份。

23.1.1 使用Windows系统工具备份系统

Windows操作系统自带的备份还原功能非常强大，支持4种备份还原工具，分别是文件备份还原、系统映像备份还原、早期版本备份还原和系统还原，为用户提供了高速度、高压缩的一键备份还原功能。

1. 开启系统还原功能

部分系统可能因为某些优化软件而关闭系统还原功能，因此要想使用Windows系统工具备份和还原系统，需要开启系统还原功能。具体的操作步骤如下。

步骤01 右键单击电脑桌面上的【计算机】图标，在弹出的快捷菜单命令中，选择【属性】菜单命令。

步骤02 在打开的窗口中，单击【系统保护】超链接。

步骤03 弹出【系统属性】对话框，在【保护

设置】列表框中选择系统所在的分区，并单击【配置】按钮。

步骤04 弹出【系统保护】对话框，单击选择【还原系统设置和以前版本的文件】单选按钮，单击鼠标调整【最大使用量】滑块到合适的位置，然后单击【确定】按钮。

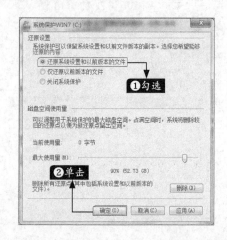

2. 创建系统还原点

用户开启系统还原功能后，默认打开保护系统文件和设置的相关信息，保护系统。用户也可以创建系统还原点，当系统出现问题时，就可以方便地恢复到创建还原点时的状态。

步骤 01 根据上述的方法，打开【系统属性】对话框，并单击【系统保护】选项卡，然后选择系统所在的分区，单击【创建】按钮。

步骤 02 弹出【系统保护】对话框，在文本框中输入还原点的描述性信息。单击【创建】按钮，开始创建还原点。

步骤 03 创建还原点的时间比较短，稍等片刻就可以了。创建完毕后，将弹出"已成功创建还原点"提示信息，单击【关闭】按钮即可。

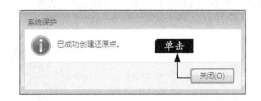

小提示

可以创建多个还原点，因系统崩溃或其他原因需要还原时，可以选择还原点还原。

23.1.2 使用GHOST工具备份系统

GHOST是一个优秀的硬盘镜像工具，可以把一个磁盘上的全部内容复制到另一个磁盘上，也可以将一个磁盘上的全部内容复制为一个磁盘的镜像文件。目前，新版本的GHOST包括DOS版本和Windows版本，其中DOS版本只能在DOS环境中运行，Windows版本只能在Windows环境中运行。

1. 安装GHOST软件

在使用GHOST软件备份系统前，首先要安装GHOST软件。安装GHOST软件的具体步骤如下。

步骤 01 双击下载的GHOST硬盘版安装程序，打开【欢迎使用一键GHOST硬盘版】对话框，在该对话框中可以查看有关GHOST的说明性信息。单击【下一步】按钮。

a

步骤02 打开【许可协议】界面，在其中单击选中【我同意该许可协议的条款】单选项。单击【下一步】按钮。

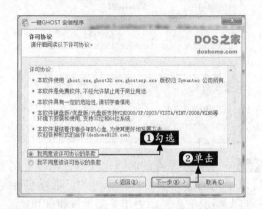

步骤03 在【选项】界面，可以选择速度模式，建议保持默认项，单击【下一步】按钮。

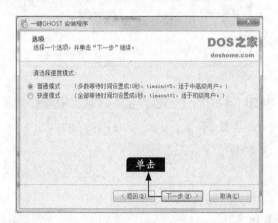

步骤04 打开【准备安装】界面，提示用户安装程序已有足够的信息将GHOST软件安装到电脑中，并列出了程序安装的文件夹、快捷方式文件夹。单击【下一步】按钮。

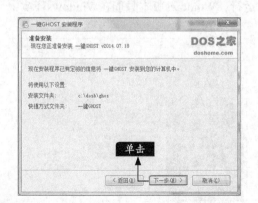

步骤05 开始安装GHOST软件，并进行软件配置。

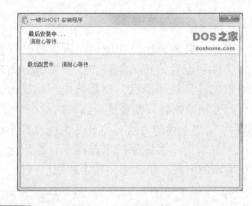

步骤06 配置完成后，会弹出【立即运行】界面，在【请选择】选项组中去除不需要的选项。单击【完成】按钮，即完成了GHOST软件的安装。

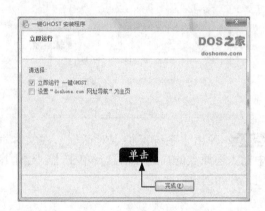

2. 使用GHOST软件备份系统

GHOST软件是一个系统备份与恢复工具，主要包括一键备份系统、一键恢复系统、中文向导、GHOST、DOS工具箱等功能。GHOST工具是"DOS之家"首创的4种版本（硬盘版/光盘版/优盘版/软盘版）同步发布的启动盘，适应各种用户需要，既可独立使用，又能相互配合。

在GHOST安装完毕后，下面就可以利用GHOST工具备份系统了。备份系统就是将分区备份为一个镜像文件。

使用GHOST工具备份系统的具体操作步骤如下。

（1）运行GHOST软件

步骤01 在【GHOST 11.2】主窗口中单击选中【GHOST 11.2】单选项，单击【GHOST】按钮。

步骤 05 选择完毕后，会弹出【MS-DOS二级菜单】界面，在其中选择第一个选项，表示支持IDE、SATA兼容模式。

步骤 02 打开【一键GHOST】信息提示框，提示用户必须重启电脑。单击【确定】按钮。

步骤 06 开始运行GHOST工具，并弹出一个信息提示框。单击【OK】按钮。

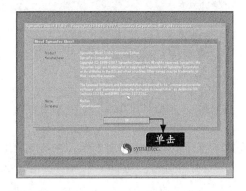

步骤 03 弹出【GRUB4DOS】命令窗口，在其中选择第一个选项，表示启动一键GHOST。

步骤 07 进入GHOST主界面。

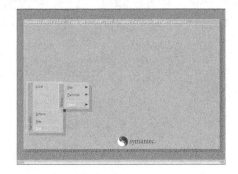

步骤 04 系统自动选择完毕后，接下来会弹出【MS-DOS一级菜单】界面，在其中选择第一个选项，表示在DOS安全模式下运行1KEY GHOST 11.2。

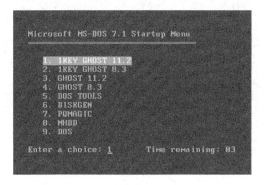

步骤 08 在GHOST主界面中选择【Local】▶【Partition】▶【To Image】菜单项即可。

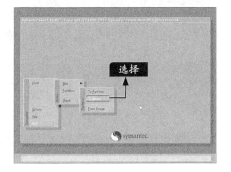

小提示

各个子菜单的含义如下。
① Disk表示整个硬盘备份。
② Partition表示单个分区硬盘备份。
③ Check表示硬盘检查，用来检查硬盘或备份的文件，看是否可能因分区、硬盘被破坏等造成备份或还原失败。

(2) 备份系统

步骤01 打开【文件选择】窗口，在其中选择要备份的文件。单击【OK】按钮。

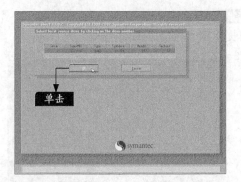

步骤02 打开【硬盘选择】界面，在其中列出了电脑中所有的分区，选择一个要备份的分区。单击【OK】按钮。

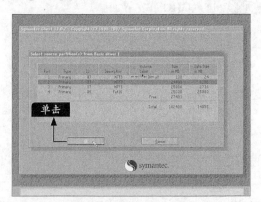

步骤03 打开【路径选择】界面。

步骤04 在【Look in:】下拉列表框中设置存放路径，如这里选择【D:Local drive】选项，即D盘。

步骤05 在【File name】文本框中输入备份文件的名称。单击【Save】按钮。

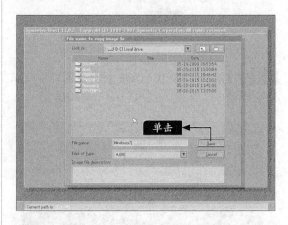

步骤06 此时会弹出一个提示是否对备份文件进行压缩的提示框。在该提示框中有3个按钮，分别是【No】（不压缩）、【Fast】（低压缩）、【High】（高压缩）。

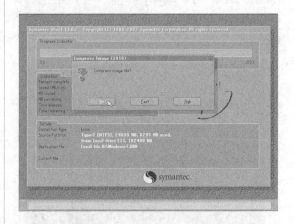

步骤 07 这里单击【Fast】按钮，此时会弹出一个提示是否确认备份的提示框。单击【Yes】按钮。

步骤 09 当进度栏走完100%后就会弹出一个提示备份成功的信息提示框。

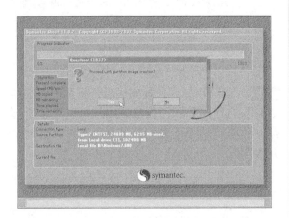

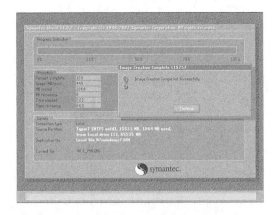

步骤 08 开始备份，并显示备份的进度。

步骤 10 按【Enter】键即可返回到GHOST主菜单。在其中选择【Quit】菜单项退出GHOST。至此，就完成了使用GHOST工具备份系统的操作。

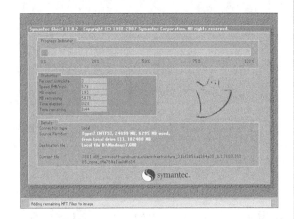

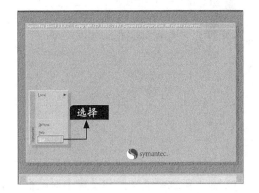

23.2 系统还原

❀ 本节教学录像时间：3分钟

系统备份完成后，一旦系统出现严重的故障，即可还原系统到出故障前的状态。

23.2.1 使用Windows系统工具还原系统

在为系统创建好还原点之后，一旦系统遭到病毒或木马的攻击，致使系统不能正常运行，这时就可以将系统恢复到指定还原点。

下面介绍如何还原到创建的还原点，具体操作步骤如下。

步骤 01 打开【系统属性】对话框，在【系统保护】选项卡下，然后单击【系统还原】按钮。

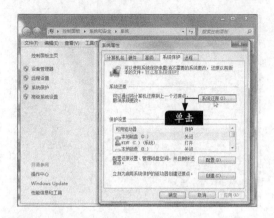

步骤 02 即可打开【还原系统文件和设置】对话框，如图所示。

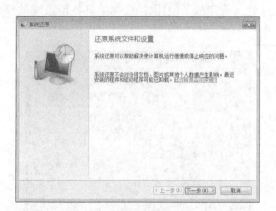

步骤 03 在【还原系统文件和设置】对话框中单击【下一步】按钮，打开【将计算机还原到所选事件之前的状态】对话框。

步骤 04 在该对话框中选择合适的还原点，一般选择距离出现故障时间最近的还原点即可，单击【扫描受影响的程序】按钮，打开【正在扫描受影响的程序和驱动程序】对话框。

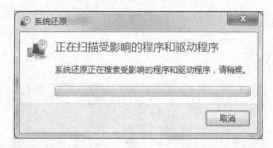

步骤 05 稍等片刻，扫描完成后，将弹出详细的被删除的程序和驱动信息，用户可以查看所选择的还原点是否正确，如果不正确可以返回重新操作。

步骤 06 单击【关闭】按钮，返回到【将计算机还原到所选事件之前的状态】对话框，确认还原点选择是否正确，如果还原点选择正确，则单击【下一步】按钮，打开【确认还原点】对话框。

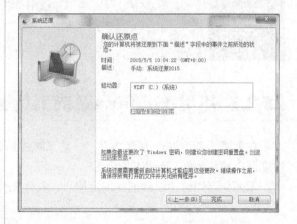

步骤 07 如果确认操作正确，则单击【完成】按钮，弹出提示框提示"启动后，系统还原不能中断，您希望继续吗？"，单击【是】按钮。

步骤 08 系统开始准备还原，并弹出【正在准备还原系统…】对话框，此时不需要任何操作。

步骤 09 等待电脑自动重启后，还原操作会自动进行。

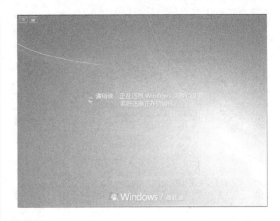

步骤 10 还原完成后再次自动重启电脑，登录到桌面后，将会弹出系统还原提示框提示"系统还原已成功完成。"，单击【关闭】按钮，即可完成将系统恢复到指定还原点的操作。

23.2.2 使用Ghost系统工具还原系统

当系统分区中的数据被损坏或系统遭受病毒和木马的攻击后，就可以使用一键GHOST还原功能将备份的系统分区进行完全的还原，从而恢复系统。

步骤 01 按照前面介绍的方法进入GHOST主菜单界面，在其中选择【Local】▶【Partition】▶【From Image】菜单项，即可从镜像文件恢复分区。

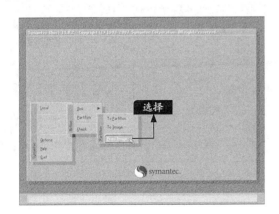

步骤 02 在【Look in:】下拉列表框中选择镜像文件存放的分区，并选择镜像文件。

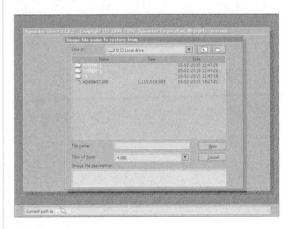

步骤 03 单击【Open】按钮，打开一个信息提示框，检查镜像文件的信息。检查镜像文件后，单击【OK】按钮。

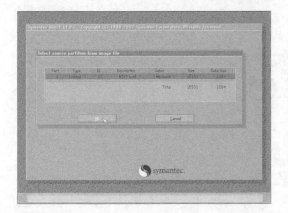

步骤 04 进入下图所示界面，由于示例电脑只有一个硬盘，所以这里没有其他的选择。单击【OK】按钮。

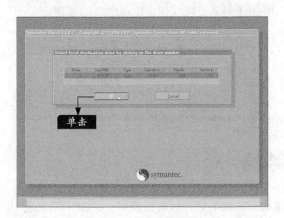

步骤 05 在打开的界面中选择需要恢复的分区，这里选择"1"。单击【OK】按钮。

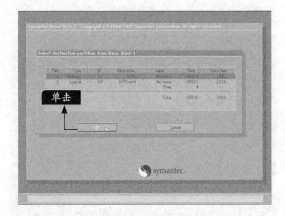

步骤 06 此时会弹出一个信息提示框。单击【Yes】按钮。

步骤 07 开始还原系统。

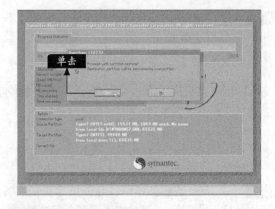

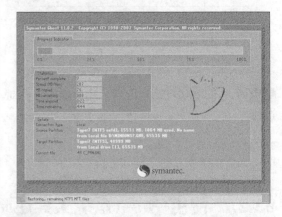

步骤 08 在系统还原完毕后，将弹出一个信息提示框，提示用户恢复成功，单击【Reset Computer】按钮重启电脑，然后选择从硬盘启动，即可恢复到以前的系统。至此，就完成了使用GHOST工具还原系统的操作。

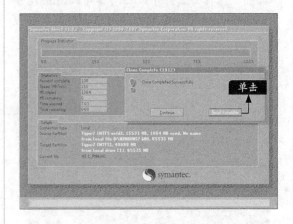

23.3 使用一键GHOST备份和还原系统

● 本节教学录像时间：5 分钟

除了使用一键GHOST的GHOST工具备份和还原系统之外，还可以使用其一键备份和一键还原功能来备份、还原系统。

1. 使用一键GHOST备份系统

使用一键GHOST备份系统的操作步骤如下。

步骤 01 下载并安装一键GHOST后，即可打开【一键备份系统】对话框，此时一键GHOST开始初始化。初始化完毕后，将自动选中【一键备份系统】单选项，单击【备份】按钮。

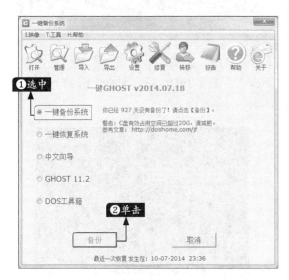

步骤 02 打开【一键Ghost】提示框，单击【确定】按钮。

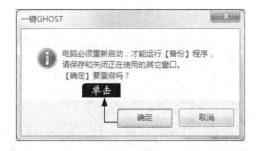

步骤 03 系统开始重新启动，并自动弹出GRUB4DOS菜单，在其中选择第一个选项，表示启动一键GHOST。

步骤 04 系统自动选择完毕后，接下来会弹出【MS-DOS一级菜单】界面，在其中选择第一个选项，表示在DOS安全模式下运行GHOST 11.2。

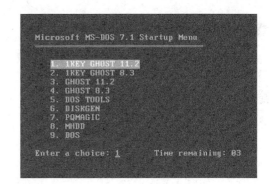

步骤 05 选择完毕后，接下来会弹出【MS-DOS二级菜单】界面，在其中选择第一个选项，表示支持IDE、SATA兼容模式。

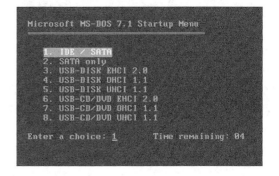

步骤06 根据C盘是否存在映像文件，将会从主窗口自动进入【一键备份系统】警告窗口，提示用户开始备份系统。单击【备份】按钮。

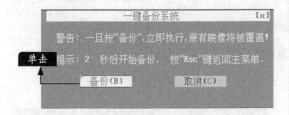

步骤07 开始备份系统，如下图所示。

● 2. 使用一键GHOST还原系统

使用一键GHOST还原系统的操作步骤如下。

步骤01 打开【一键恢复系统】对话框。单击【恢复】按钮。

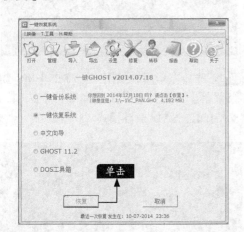

步骤02 打开【一键GHOST】对话框，提示用户必须重新启动电脑，才能运行【恢复】程序。单击【确定】按钮。

步骤03 系统开始重新启动，并自动弹出GRUB4DOS菜单，在其中选择第一个选项，表示启动一键GHOST。

步骤04 系统自动选择完毕后，接下来会弹出【MS-DOS一级菜单】界面，在其中选择第一个选项，表示在DOS安全模式下运行GHOST 11.2。

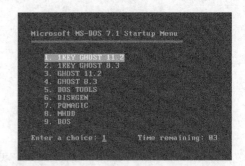

步骤05 选择完毕后，接下来会弹出【MS-DOS二级菜单】界面，在其中选择第一个选项，表示支持IDE、SATA兼容模式。

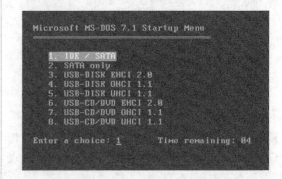

步骤 06 根据C盘是否存在映像文件，将会从主窗口自动进入【一键恢复系统】警告窗口，提示用户开始恢复系统。单击【恢复】按钮，即可开始恢复系统。

步骤 07 开始恢复系统，如下图所示。

步骤 08 在系统还原完毕后，将弹出一个信息提示框，提示用户恢复成功，单击【Reset Computer】按钮重启电脑，然后选择从硬盘启动，即可恢复到以前的系统。至此，就完成了使用GHOST工具还原系统的操作。

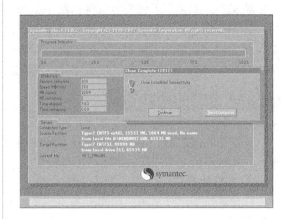

23.4 重装系统

本节教学录像时间：6分钟

由于种种原因，如用户误删除系统文件、病毒程序将系统文件破坏等，导致系统中的重要文件丢失或受损，甚至系统崩溃无法启动，此时就不得不重装系统了。另外，有些时候，系统虽然能正常运行，但是却经常出现错误提示，甚至系统修复之后也不能消除这一问题，那么也必须重装系统。

23.4.1 什么情况下重装系统

具体地来讲，当系统出现以下3种情况之一时，就必须考虑重装系统了。

(1) 系统运行变慢

系统运行变慢的原因有很多，如垃圾文件分布于整个硬盘而又不便于集中清理和自动清理，或者是电脑感染了病毒或其他恶意程序而无法被杀毒软件清理等。这样就需要对磁盘进行格式化处理并重装系统了。

(2) 系统频繁出错

众所周知，操作系统是由很多代码和程序组成，在操作过程中可能由于误删除某个文件或者是被恶意代码改写等原因，致使系统出现错误，此时如果该故障不便于准确定位或轻易解决，就需要考虑重装系统了。

(3) 系统无法启动

导致系统无法启动的原因很多，如DOS引导出现错误、目录表被损坏或系统文件"Nyfs.sys"丢失等。如果无法查找出系统不能启动的原因或无法修复系统以解决这一问题时，就需要重装系统。

另外，一些电脑爱好者为了能使电脑在最优的环境下工作，也会定期重装系统，这样就可以为系统减肥。但是，不管是在哪种情况下，重装系统的方式均可分为两种，一种是覆盖式重装，另一种是全新重装。前者是在原操作系统的基础上进行重装，其优点是可以保留原系统的设置，缺点是无法彻底解决系统中存在的问题。后者则是对系统所在的分区重新格式化，其优点是彻底解决系统的问题。因此，在重装系统时，建议选择全新重装。

23.4.2 重装前应注意的事项

在重装系统之前，用户需要做好充分的准备，以避免重装之后造成数据的丢失等严重后果。那么在重装系统之前应该注意哪些事项呢？

(1) 备份数据

在因系统崩溃或出现故障而准备重装系统前，首先应该想到的是备份好自己的数据。这时，一定要静下心来，仔细罗列一下硬盘中需要备份的资料，把它们一项一项地写在一张纸上，然后逐一对照进行备份。如果硬盘不能启动，这时需要考虑用其他启动盘启动系统，然后拷贝自己的数据，或将硬盘挂接到其他电脑上进行备份。但是，最好的办法是在平时就养成备份重要数据的习惯，这样就可以有效避免硬盘数据不能恢复的现象。

(2) 格式化磁盘

重装系统时，格式化磁盘是解决系统问题最有效的办法，尤其是在系统感染病毒后，最好不要只格式化C盘，如果有条件将硬盘中的数据全部备份或转移，尽量将整个硬盘都进行格式化，以保证新系统的安全。

(3) 牢记安装序列号

安装序列号相当于一个人的身份证号，标识这个安装程序的身份。如果不小心丢掉自己的安装序列号，那么在重装系统时，如果采用的是全新安装，安装过程将无法进行下去。正规的安装光盘的序列号会在软件说明书中或光盘封套的某个位置上。但是，如果用的是某些软件合集光盘中提供的测试版系统，那么，这些序列号可能是存在于安装目录中的某个说明文本中，如sn.txt等文件。因此，在重装系统之前，首先将序列号读出并记录下来以备稍后使用。

23.4.3 重新安装系统

其实重装系统就是重新将系统安装一遍，用户参照第6章中不同系统安装的方法安装即可，下面以Windows 7为例，简单介绍重装的方法。

步骤 01 将系统的启动项设置为从光驱启动，当界面出现"Press any key to boot from CD or DVD …"提示信息时，迅速按下键盘上的任意键。

步骤 02 系统文件加载完毕后，将弹出【现在安装】界面。单击【现在安装】按钮。

步骤 03 打开【您想将Windows安装在何处】界面，这里选择【分区1】选项。单击【下一步】按钮。

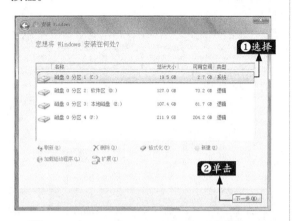

步骤 04 进入【正在安装Windows】对话框，以下的操作就和安装单操作系统一样，这里不再赘述。

 # 高手支招

● 使用360系统重装工具

除了上面介绍的重装系统的方法，用户还可以使用360系统重装工具重新安装系统，可以实现一键重装，使用较为方便，下面简单介绍其使用方法。

步骤 01 打开360安全卫士，在【全部工具】界面，添加【系统重装】工具，然后进入工具主界面，并单击【重装环境检测】按钮。

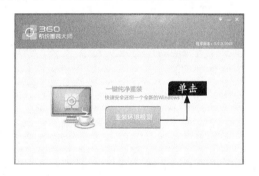

步骤 02 程序将开始检测系统是否符合重装的条件，如下图所示。

步骤 03 环境检测完毕后，弹出【重装须知】提示框，请确保系统盘的重要资料已经备份，然后单击【我知道了】按钮。

步骤 04 软件开始扫描并下载差异文件，如下图所示。

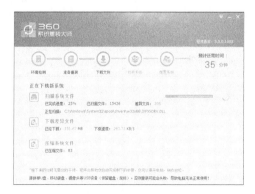

步骤 05 下载完毕后，在【准备重启】界面，单击【立即重启】按钮，也可不做操作，系统会自动重启。

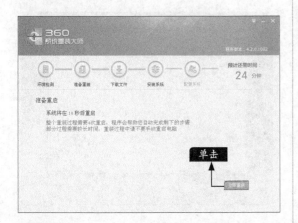

步骤 06 电脑重启后，会自动安装Windows系统，在此期间，请勿关闭或重启电脑，只需等待即可。

步骤 07 系统安装完成后，会自动启动电脑，打开软件，用户可根据提示，单击【下一步】进行系统配置。

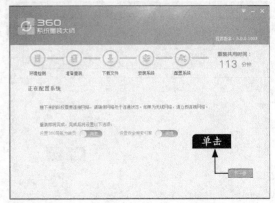

步骤 08 软件会根据系统情况，配置网络，下载驱动等，如下图所示。用户可不进行任何操作，等待系统重装完成。

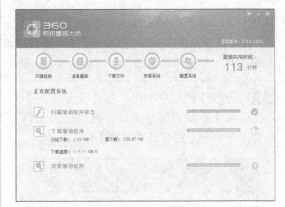

第6篇
高手秘技篇

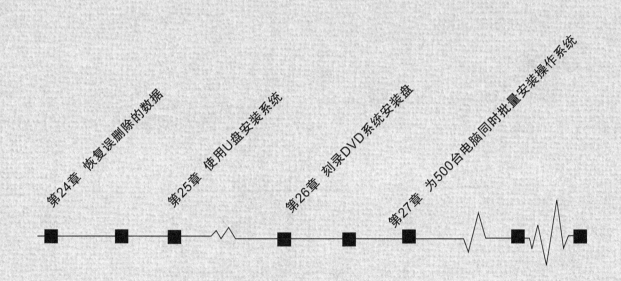

第24章 恢复误删除的数据

第25章 使用U盘安装系统

第26章 刻录DVD系统安装盘

第27章 为500台电脑同时批量安装操作系统

第24章

恢复误删除的数据

用户在操作电脑时，有时会不小心删除本不想删除的数据，但是回收站已被清空，那该怎么办呢？这时就需要恢复这些数据。本章主要介绍如何恢复被误删除的数据。

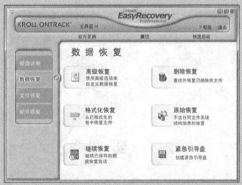

24.1 恢复删除的数据应注意的事项

🕑 本节教学录像时间：5 分钟

在恢复删除的数据之前，用户需要注意以下事项。

1. 数据丢失的原因

硬件故障、软件破坏、病毒入侵、用户自身的错误操作等，都有可能导致数据丢失，但大多数情况下，这些找不到的数据并没有真正的丢失，这就需要根据数据丢失的具体原因而定。造成数据丢失的主要原因有如下几个方面。

① 用户的误操作。由于用户错误操作而导致数据丢失的情况，在数据丢失的主要原因中所占比例很大。用户极小的疏忽都可能造成数据丢失，例如用户的错误删除或不小心切断电源等。

② 黑客入侵与病毒感染。黑客入侵和病毒感染已越来越受到关注，由此造成的数据破坏更不可低估。而且有些恶意程序具有格式硬盘的功能，这对硬盘数据可以造成毁灭性损失。

③ 软件系统运行错误。由于软件不断更新，各种程序和运行错误也就随之增加，如程序被迫意外中止或突然死机，都会使用户当前所运行的数据因不能及时保存而丢失。如在运行Microsoft Office Word编辑文档时，常常会发生应用程序出现错误而不得不中止的情况，此时当前文档中的内容就不能完整保存甚至全部丢失。

④ 硬盘损坏。硬件损坏主要表现为磁盘划伤、磁组损坏、芯片及其他元器件烧坏、突然断电等，这些损坏造成的数据丢失都是物理性质的，一般通过Windows自身无法恢复数据。

⑤ 自然损坏。风、雷电、洪水及意外事故（如电磁干扰、地板震动等）也有可能导致数据丢失，但这一原因出现的可能性比上述几种原因要低很多。

2. 发现数据丢失后的操作

当发现电脑中的硬盘丢失数据后，应当注意以下事项。

① 当发现数据丢失后，应立刻停止一些不必要的操作，如误删除、误格式化之后，最好不要再往磁盘中写数据。

② 如果发现丢失的是C盘数据，应立即关机，以避免数据被操作系统运行时产生的虚拟内存和临时文件破坏。

③ 如果是服务器硬盘阵列出现故障，最好不要进行初始化和重建磁盘阵列，以免增加恢复难度。

④ 如果是磁盘出现坏道读不出来时，最好不要反复读盘。

⑤ 如果是磁盘阵列等硬件出现故障，最好请专业的维修人员来对数据进行恢复。

24.2 从回收站中还原

🕑 本节教学录像时间：2 分钟

当用户不小心将某一文件删除，很有可能只是将其删除到【回收站】之中，如果还没有来得及清除【回收站】中的文件，则可以将其从【回收站】中还原出来。这里以删除本地磁盘F中的【图片】文件夹为例，来具体介绍如何从【回收站】中还原删除的文件。

具体的操作步骤如下。

步骤 01 双击桌面上的【回收站】图标，打开【回收站】窗口，在其中可以看到误删除的【图片】文件夹。

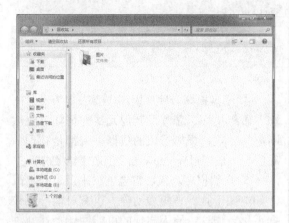

步骤 02 右击该文件夹，在弹出的快捷菜单中选择【还原】菜单项。

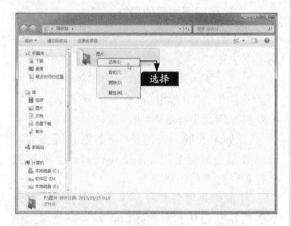

步骤 03 即可将【回收站】之中的【图片】文件夹还原到其原来的位置。

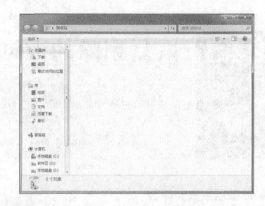

步骤 04 打开本地磁盘F，即可在【本地磁盘F】窗口中看到还原的【图片】文件夹。

步骤 05 双击【图片】文件夹，即可在打开的【图片】窗口中显示图片的缩略图。

24.3 清空回收站后的恢复

🎬 **本节教学录像时间：3分钟**

当把回收站中的文件清除后，用户可以使用注册表来恢复清空回收站之后的文件。

步骤 01 单击【开始】按钮，在弹出的【开始】面板中选择【所有程序】▶【附件】▶【运行】菜单项。

步骤 02 打开【运行】对话框，在【打开】文本框中输入注册表命令"regedit"。

步骤 03 单击【确定】按钮，即可打开【注册表编辑器】窗口。

步骤 04 在窗口的左侧展开【HEKEY LOCAL MACHIME/SOFTWARE/MICROSOFT/WINDOWS/CURRENTVERSION/EXPLORER/DESKTOP/NAMESPACE】树形结构。

步骤 05 在窗口的左侧空白处右击，在弹出的快捷菜单中选择【新建】▶【项】菜单项。

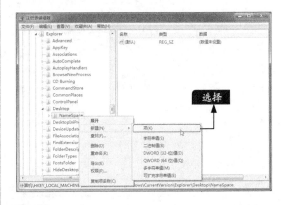

步骤 06 即可新建一个项，并将其重命名为【645FFO40-5081-101B-9F08-00AA002F954E】。

步骤 07 在窗口的右侧选中系统默认项并右击，在弹出的快捷菜单中选择【修改】菜单项，打开【编辑字符串】对话框，将【数值数据】设置为【回收站】。

步骤 08 单击【确定】按钮，退出注册表，重新启动电脑，即可将清空的文件恢复出来。

步骤 09 右击该文件夹，在弹出的快捷菜单中选择【还原】菜单项。

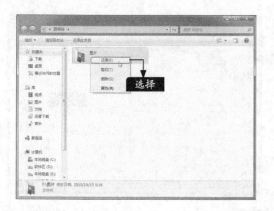

步骤 10 即可将【回收站】中的【图片】文件夹还原到其原来的位置。

24.4 使用软件恢复数据

🔊 **本节教学录像时间：9 分钟**

使用软件恢复数据是恢复数据常用的方法。能够进行数据恢复的软件很多，下面就以使用较为广泛的数据恢复软件进行详细介绍。

24.4.1 使用Easy Recovery恢复数据

Easy Recovery是世界著名数据恢复公司Ontrack的技术杰作，利用Easy Recovery进行数据恢复，就是通过Easy Recovery将分布在硬盘上的不同位置的文件碎块找回来，并根据统计信息将这些文件碎块进行重整，然后Easy Recovery会在内存中建立一个虚拟的文件夹系统，并列出所有的目录和文件。

● 1. 安装Easy Recovery

使用Easy Recovery工具进行数据恢复操作，首先需要安装Easy Recovery这个软件。安装Easy Recovery的具体操作步骤如下。

步骤 01 双击下载的Easy Recovery安装文件夹，即可在打开的文件夹中查看安装文件。双击其中的安装文件，打开【安装】对话框，提示用户不要将本软件安装在需要恢复数据的分区之中。

步骤 02 单击【确定】按钮，打开【安装Easy Recovery Professional汉化版】对话框。

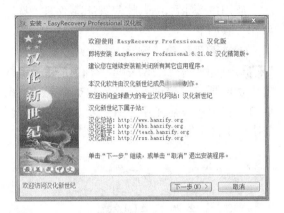

步骤 03 单击【下一步】按钮，打开【信息】对话框，提示用户在安装Easy Recovery之前认真阅读对话框中的信息。

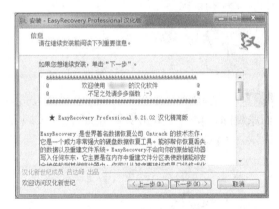

步骤 04 单击【下一步】按钮，打开【选择目标位置】对话框，在其中输入文件的安装位置。

步骤 05 单击【下一步】按钮，打开【选择开始菜单文件夹】对话框，在其中通过单击【浏览】按钮，设置文件的开始菜单文件夹，也可采用系统默认设置。

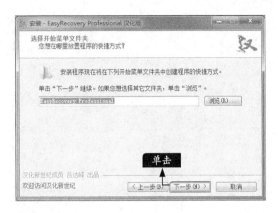

步骤 06 单击【下一步】按钮，打开【选择附加任务】对话框，在其中勾选想要附加的快捷方式。

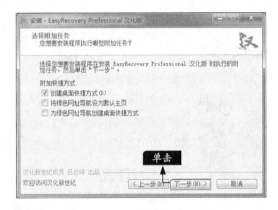

步骤 07 单击【下一步】按钮，打开【准备安装】对话框，在该对话框中显示了文件的安装位置、开始菜单文件夹以及附加任务等信息。

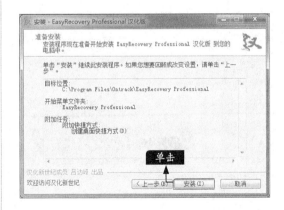

步骤 08 单击【安装】按钮，打开【正在安装】对话框，在其中显示了Easy Recovery安装的进度。

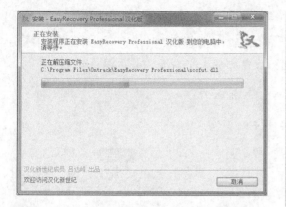

步骤 09 安装完毕后，将弹出【Easy Recovery Professional汉化版 安装向导完成】对话框，并勾选【运行Easy Recovery Professional】复选框。

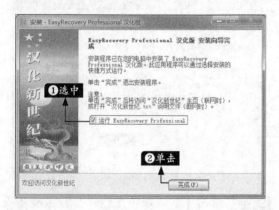

步骤 10 单击【完成】按钮，即可进入【Easy Recovery】主窗口。

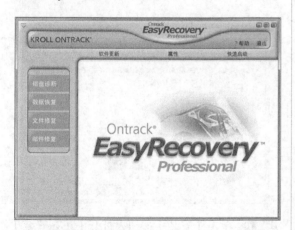

● 2. 恢复数据

在安装Easy Recovery完毕后，下面就可以利用Easy Recovery恢复误删除的数据了。Easy Recovery的主界面左侧是软件的主要功能模块，其中包括"磁盘诊断""数据恢复""文件修复""邮件修复"4个项目。

使用Easy Recovery恢复误删除数据，具体操作步骤如下。

（1）查找误删除的数据

步骤 01 单击Easy Recovery主界面上的【数据恢复】功能项，即可进入软件的数据恢复子系统窗口，在其中显示了【高级恢复】、【删除恢复】、【格式化恢复】、【原始恢复】等项目。

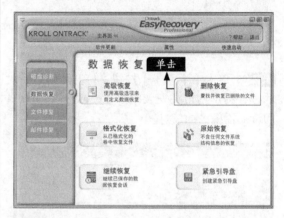

步骤 02 选择F盘上的【图片.rar】文件将其进行彻底删除，单击【数据恢复】功能项中的【删除恢复】按钮，即可开始扫描系统。

步骤 03 在扫描结束后，将会弹出【目的地警告】提示框，建议用户将文件复制到不与恢复来源相同的一个安全位置。

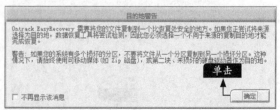

步骤 04 单击【确定】按钮，将会自动弹出下图所示的对话框，提示用户选择一个要恢复删除文件的分区，这里选择F盘。在【文件过滤器】中进行相应的选择，如果误删除的是图片，则在文件过滤器中选择【图像文档】选

项。但若用户要恢复的文件是不同类型的，可直接选择【所有文件】，再选中【完全扫描】选项。

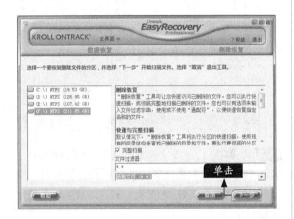

步骤05 单击【下一步】按钮，软件开始扫描选定的磁盘，并显示扫描进度，包括已用时间、剩余时间、找到目录、找到文件等。

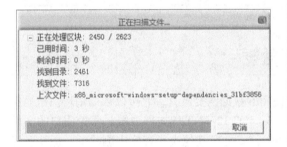

(2) 保存误删除的数据

步骤01 扫描完毕之后，将扫描到的相关文件及资料在对话框左侧以树状目录列出来，右侧则显示具体删除的文件信息。在其中选择要恢复的文档或文件夹，这里选择【图片.rar】文件。

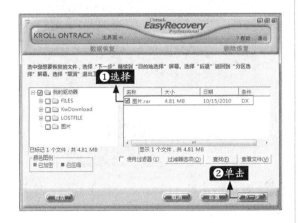

步骤02 单击【下一步】按钮，即可在弹出的对话框中设置恢复数据的保存路径。

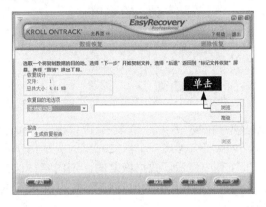

步骤03 单击【浏览】按钮，打开【浏览文件夹】对话框，在其中单击恢复数据保存的位置。

步骤04 单击【确定】按钮，返回设置恢复数据保存的路径。

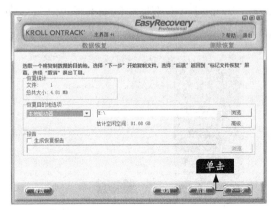

步骤 05 单击【下一步】按钮，软件自动将文件恢复到指定的位置。

步骤 06 在完成文件恢复操作之后，Easy Recovery将会弹出一个恢复完成的提示信息窗口，在其中显示了数据恢复的详细内容，包括源分区、文件大小、已存储数据的位置等内容。

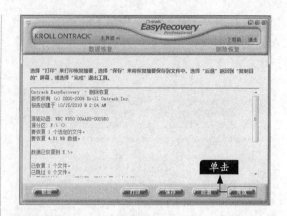

步骤 07 单击【完成】按钮，打开【保存恢复】对话框。单击【否】按钮，即可完成恢复。如果还有其他的文件要恢复，则可以单击【是】按钮。

24.4.2 使用Final Recovery恢复数据

Final Recovery 是一个功能强大而且非常容易使用的数据恢复工具，它可以帮助用户快速地找回被误删除的文件或者文件夹，支持FAT12、FAT16、FAT32和NTFS文件系统。不论用户的文件或者文件夹是在命令行模式中，或是在资源管理器中，或是在其他应用程序中删除的，即使已经清空了回收站，使用Final Recovery也基本可以安全并完整地找回数据。

● 1. 安装Final Recovery

安装Final Recovery的具体操作步骤如下。

步骤 01 双击下载的Final Recovery安装程序，打开【Welcome to the Meetsoft Final Recovery Setup Wizard】（欢迎使用Final Recovery安装向导）对话框。

步骤 02 单击【Next】（下一步）按钮，打开【Select Destination Location】（选择目标位置）对话框，在其中输入文件的安装位置。

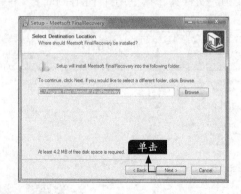

步骤 03 单击【Next】（下一步）按钮，打开【Select Start Menu Folder】（选择开始菜单文件夹）对话框，在其中通过单击【Browse】

（浏览）按钮，设置文件的开始菜单文件夹，也可采用系统默认设置。

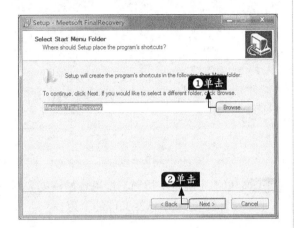

步骤 04 单击【Next】（下一步）按钮，打开【Ready to Install】（准备安装）对话框，在其中显示了安装程序的安装位置以及开始菜单文件夹信息。

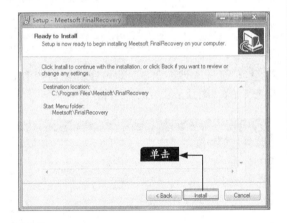

步骤 05 单击【Install】（安装）按钮，打开【Installing】（正在安装）对话框，在其中显示了Final Recovery安装的进度。

步骤 06 安装完毕后，将弹出【Completing the Meetsoft FinalRecovery Setup Wizard】（完成Final Recovery安装向导）对话框。

步骤 07 单击【Finish】（完成）按钮，即可打开【Final Recovery】程序主窗口。

● 2. 恢复误删除的数据

在安装Final Recovery完毕后，下面就可以利用Final Recovery恢复误删除的数据了。这里以恢复误删除本地磁盘F盘中的"图片.rar"文件为例，具体的操作步骤如下。

步骤 01 在【Final Recovery】程序主窗口选中右侧窗格中误删除文件所在的驱动磁盘，这里选择本地磁盘F盘。

步骤02 单击工具栏中的【Scan】(扫描)按钮,打开【Select Scan Mode】(选择扫描模式)对话框,系统为用户提供了3种扫描模式,包括Standard Scan(标准扫描)、Advanced Scan(高级扫描)以及Scan for Partitions(扫描整个分区)。

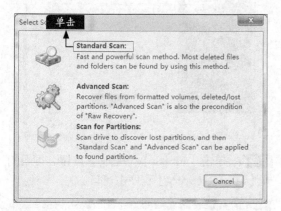

步骤03 单击【Standard Scan】(标准扫描)按钮,即可开始对F盘执行标准扫描,扫描完成后,其扫描结果显示在窗口右侧的窗格中。

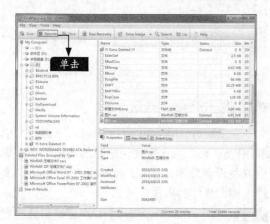

步骤04 在其中选择已经删除的"图片.rar"文件,单击【Recover】(恢复)按钮,打开【打开】对话框,在其中选择恢复文件的保存位置,这里选择本地磁盘D。

步骤05 单击【确定】按钮,即可开始恢复"图片.rar"文件,并显示恢复文件的个数。

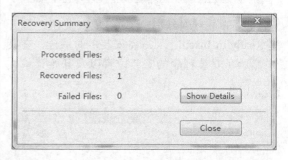

步骤06 打开本地磁盘D,即可在其窗口中看到恢复后的"图片.rar"压缩文件。

24.4.3 使用Final Data恢复数据

Final Data能够通过直接扫描目标磁盘抽取并恢复文件信息(包括文件名、文件类型、原始位置、创建日期、删除日期、文件长度等),用户可以根据这些信息方便地查找和恢复自己需要的文件。

在介绍Final Data的使用方法之前,先来分析一下该软件的主要特点。

① Final Data的操作窗口与Windows资源管理器窗口非常相似，只需3步即可完成数据的恢复：扫描磁盘、显示文件与文件夹、选择文件恢复。

② 该工具支持多种语言文件名，尤其对中文文件名的支持非常好，且支持长文件名。

③ Final Data虽然在DOS下不能运行，但对于在DOS下删除的文件，接到Windows环境的机子上也是可以恢复的。

这里以本地磁盘F盘中误删的"图片.rar"文件为例介绍Final Data恢复数据的方法。

步骤 01 双击Final Data程序图标，打开Final Data操作界面。

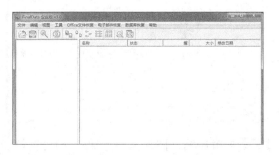

步骤 02 选择【文件】➤【打开】菜单项，打开【选择驱动器】对话框。在【逻辑驱动器】列表中选择包含恢复"图片.rar"文件数据的驱动器。

步骤 03 单击【确定】按钮，程序开始对F盘进行快速扫描，以查找F盘内删除的目录和文件。

步骤 04 在程序扫描完成后，自动弹出【选择要搜索的簇范围】对话框，在其中设置好要搜索的簇范围。

步骤 05 单击【确定】按钮，打开【簇扫描】对话框，开始自动进行簇扫描。根据系统内的CPU、内存及驱动器大小的不同，簇扫描所需的时间也不一样。

步骤 06 在簇扫描结束后，Final Data程序会显示查找到的删除的目录和文件，并将它们排列在窗口左侧对应的目录下面。

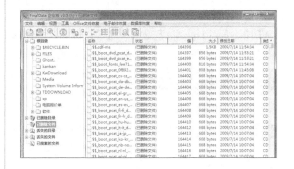

步骤 07 单击【已删除文件】选项,可在窗口右侧列出删除的文件的详细信息,选中要恢复的文件并右击。

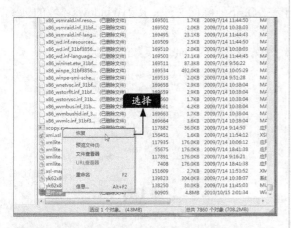

步骤 08 在弹出菜单中选择【恢复】选项,打开【选择要保存的文件夹】对话框,在其中设置恢复数据的存储位置,最好不要再将其存储在原磁盘内。这里将它存储在D盘,用户可以在对话框右侧双击要存储的文件夹。

步骤 09 单击【保存】按钮,打开保存进度提示框。数据恢复之后,用户可在存储恢复数据的盘符中找到相应的文件,检查数据是否已完全恢复。

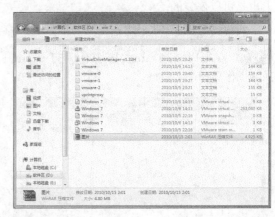

步骤 10 解压缩"图片.rar"文件,即可在解压后的"图片"文件夹中看到恢复后的图片。

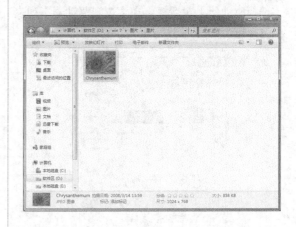

24.4.4 使用"数据恢复大师"恢复数据

数据恢复大师是一款功能强大且提供了较低层次恢复功能的硬盘数据恢复软件,支持FAT12、FAT16、FAT32、NTFS文件系统,可以导出文件夹,能够找出被删除、快速格式化、完全格式化、删除分区、分区表被破坏或者Ghost破坏后的硬盘文件。

● 1. 安装数据恢复大师

具体的操作步骤如下。

步骤 01 双击下载的数据恢复大师安装程序,打开【选择安装语言】对话框,在其中选择【简体中文】选项。

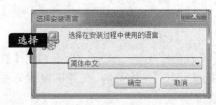

步骤 02 单击【确定】按钮，打开【欢迎使用 DataExplore数据恢复大师安装程序】对话框，建议用户在安装该软件前关闭其他应用程序。

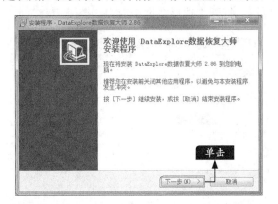

步骤 03 单击【下一步】按钮，打开【授权协议】对话框，在其中勾选【我同意此协议】单选按钮。

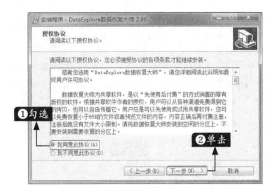

步骤 04 单击【下一步】按钮，打开【信息】对话框，提示用户在继续安装之前阅读一些重要信息。

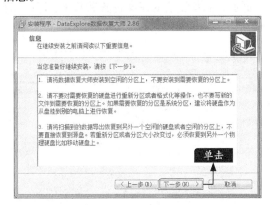

步骤 05 单击【下一步】按钮，打开【选择目的文件夹】对话框，在其中通过单击【浏览】按钮设置数据恢复大师的安装位置。

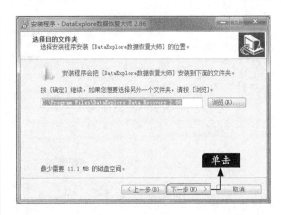

步骤 06 单击【下一步】按钮，打开【选择「开始」菜单的文件夹】对话框，在其中选择安装程序建立程序的快捷方式的位置。

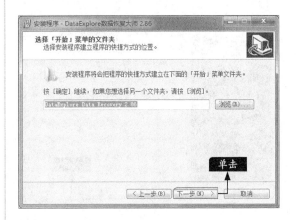

步骤 07 单击【下一步】按钮，打开【选择附加的工作】对话框，在其中选择要执行的附加工作，这里勾选【建立桌面图标】复选框。

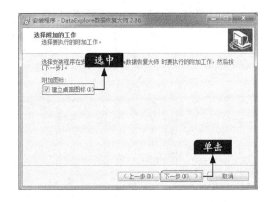

步骤 08 单击【下一步】按钮，打开【准备安装】对话框，在其中可以查看数据恢复大师安装的相关信息，包括安装位置、【开始】菜单、附加工作等。

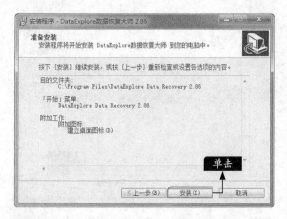

步骤 09 单击【安装】按钮，即可开始安装数据恢复大师，安装完毕后，打开【安装完成】对话框。

步骤 10 单击【完成】按钮，即可打开【数据恢复大师】运行主界面，其中包括文件夹视图、列表视图、输出栏以及状态栏等。

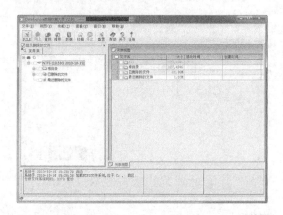

● 2. 使用数据恢复大师恢复误删除的数据

在数据恢复大师安装完毕后，下面就可以使用数据恢复大师恢复误删除的数据了。

具体的操作步骤如下。

(1) 恢复已删除的文件

步骤 01 在数据恢复大师主窗口中单击【数据】按钮，打开【选择数据】窗口。

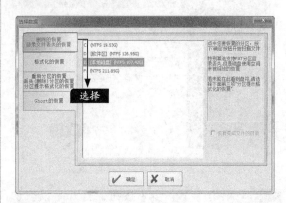

步骤 02 选择左侧的【删除的恢复】选项，在其中选择需恢复的分区。

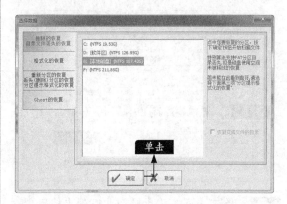

步骤 03 单击【确定】按钮，系统开始扫描丢失的数据，在完成数据的扫描和查找之后，所查找到的文件将会显示在文件夹视图和列表视图中。

步骤 04 在【数据恢复大师】窗口的左侧选择【已删除的文件】选项，即可在右侧窗格中显示其具体数据列表，可将其导出到其他的分区或硬盘。

步骤 05 在【列表视图】窗格中选中需要恢复的数据并右击，在弹出的快捷菜单中选择【导出】菜单项。

步骤 06 打开【提示】对话框，提示用户要把文件导出到其他的硬盘或者分区。千万不要往要恢复的分区上写入新文件，以避免破坏数据。

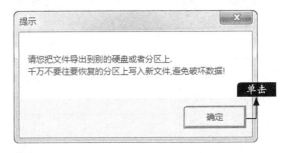

步骤 07 单击【确定】按钮，打开【浏览文件夹】对话框，在其中选择要恢复文件的保存位置。

步骤 08 单击【确定】按钮，即可开始恢复丢失的文件，恢复完毕后，打开保存恢复文件的位置，即可在其中看到已经将删除的文件恢复。

(2) 恢复格式化后的文件

步骤 01 在数据恢复大师主窗口中，单击【数据】按钮，打开【选择数据】窗口。

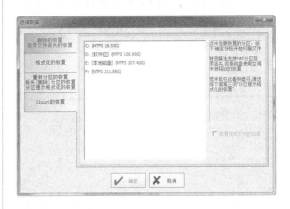

步骤 02 选择左侧的【格式化的恢复】选项，在其中选择需恢复的分区。

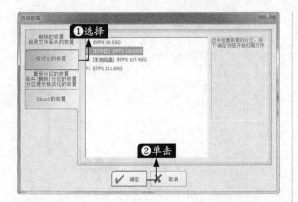

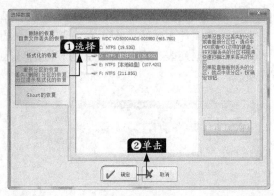

步骤03 单击【确定】按钮，系统开始扫描丢失的数据，在完成数据的扫描和查找之后，所查找到的文件将会显示在文件夹视图和列表视图中，然后将其导出即可。

步骤03 单击【确定】按钮，系统开始扫描丢失的分区，在完成扫描和查找之后，所查找到的文件将会显示在文件夹视图和列表视图中，然后将其导出即可。

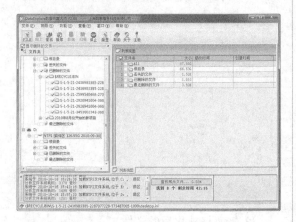

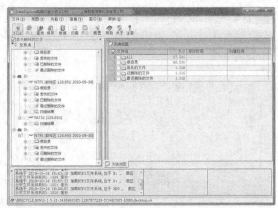

(3) 恢复因分区丢失的文件

步骤01 在数据恢复大师主窗口中，单击【数据】按钮，打开【选择数据】窗口。

步骤04 如果看不到，则可在选中所要恢复数据的硬盘HD0或HD1之后，单击【快速扫描丢失的分区】按钮，即可打开【快速扫描分区】对话框。单击【开始扫描】按钮，即可快速扫描出原来丢失的分区。

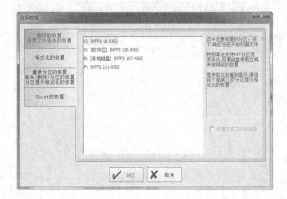

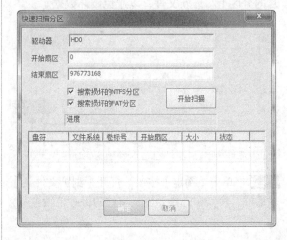

步骤02 选择左侧的【丢失（删除）分区的恢复】选项，在其中选择需恢复的分区。

（4）Ghost的恢复

步骤01 在数据恢复大师主窗口中单击【数据】按钮，打开【选择数据】窗口。

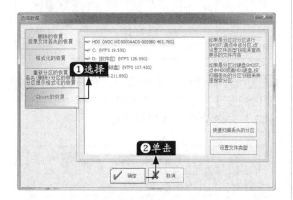

步骤02 选择左侧的【Ghost的恢复】选项，在其中选择需恢复的分区。

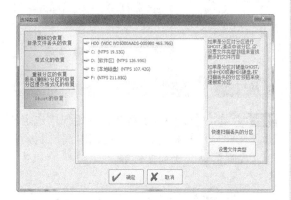

小提示

　　如果是分区对硬盘Ghost，则选择所要恢复数据的硬盘HD0或HD1，单击【快速扫描丢失的分区】按钮，即可打开【快速扫描分区】对话框。单击【开始扫描】按钮，即可快速扫描出原有分区。

步骤03 单击【确定】按钮，打开【属性对话框】对话框，在其中进行相应设置以查找更多的文件内容。

步骤04 单击【确定】按钮，系统开始扫描丢失的数据，在完成扫描和查找之后，所查找到的文件将会显示在文件夹视图和列表视图中，然后将其导出即可。

24.5 格式化硬盘后的恢复

⊙ 本节教学录像时间：4分钟

　　以前，当格式化硬盘后，就不用再考虑数据的恢复了，但是当有了EasyRecovery软件后，这一问题就得到了解决。下面就以格式化本地磁盘D后再对其数据进行恢复为例，来具体介绍格式化硬盘后的数据恢复。

　　具体的操作步骤如下。

1. 扫描数据

步骤 01 双击桌面上的【EasyRecovery】快捷图标，打开【EasyRecovery】主窗口。

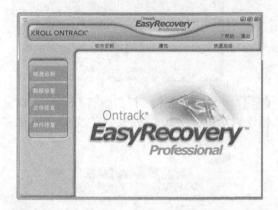

步骤 02 单击EasyRecovery主界面上的【数据恢复】功能项，即可进入软件的【数据恢复】子系统窗口。

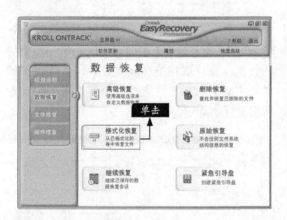

步骤 03 单击【数据恢复】功能项中的【格式化恢复】按钮，即可开始扫描系统。

步骤 04 扫描结束后，将会弹出【目的地警告】提示，建议用户将文件复制到不与恢复来源相同的一个安全位置。

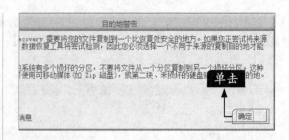

步骤 05 单击【确定】按钮，将会自动弹出【格式化恢复】对话框，提示用户选择一个要恢复删除文件的分区，这里选择D盘。

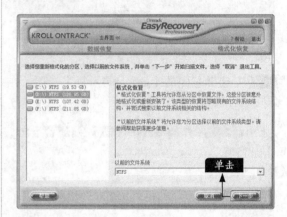

步骤 06 单击【下一步】按钮，开始扫描选定的磁盘，并显示扫描进度，如已用时间、剩余时间、找到目录、找到文件等。

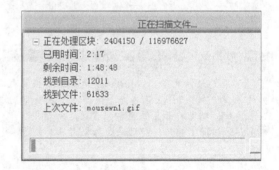

2.保存数据

步骤 01 扫描完毕之后，将扫描到的相关文件及资料在对话框左侧以树状目录列出来，右侧则显示具体删除的文件信息。在其中选择要恢复的文档或文件夹，这里选择"图片.rar"文件。

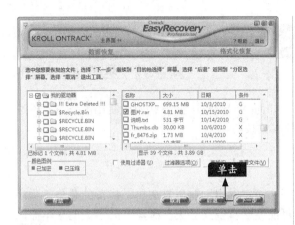

步骤 02 单击【下一步】按钮，可在弹出的对话框中设置恢复数据的保存路径。

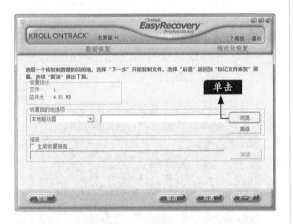

步骤 03 单击【浏览】按钮，打开【浏览文件夹】对话框，在其中选择恢复数据保存的位置。

步骤 04 单击【确定】按钮，返回设置恢复数据保存的路径。

步骤 05 单击【下一步】按钮，软件自动将文件恢复到指定的位置。

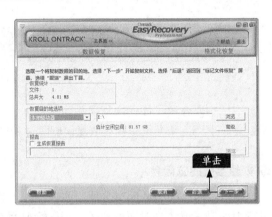

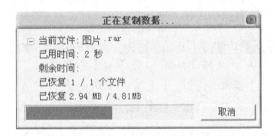

步骤 06 完成之后，EasyRecovery将会弹出一个恢复完成的提示信息窗口，在其中显示了数据恢复的详细内容，包括源分区、文件大小、已存储数据的位置等内容。

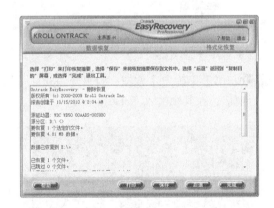

步骤 07 单击【完成】按钮，打开【保存恢复】对话框，单击【否】按钮，即可完成恢复。如果还有其他的文件要恢复，则可以选择【是】按钮。

高手支招

本章主要介绍了如何恢复误删除的数据，包括如何从回收站中恢复、如何使用第三方软件进行恢复。下面再来介绍一些在恢复误删除过程中的相关技巧。

◢ 恢复丢失的磁盘簇

磁盘空间丢失的原因有多种，如误操作、程序非正常退出、非正常关机、病毒的感染、程序运行中的错误或者是对硬盘分区不当等情况都有可能使磁盘空间丢失。磁盘空间丢失的根本原因是存储文件的簇丢失了。那么如何才能恢复丢失的磁盘簇呢？在命令提示符窗口中，用户可以使用CHKDSK/F命令找回丢失的磁盘簇。

具体的操作步骤如下。

步骤01 单击【开始】按钮，在弹出的【开始】面板中选择【所有程序】▶【附件】▶【运行】菜单项，打开【运行】对话框，在【打开】文本框中输入注册表命令"cmd"。

步骤02 单击【确定】按钮，打开【cmd.exe】运行窗口，在其中输入"chkdsk e:/f"。

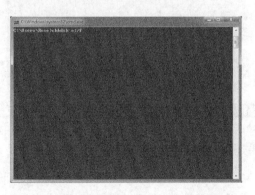

步骤03 按【Enter】键，此时会显示E盘文件系统类型，并在窗口中显示chkdsk状态报告，同时列出符合不同条件的文件。

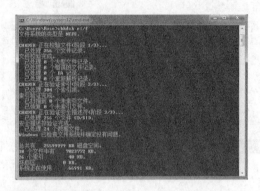

步骤04 然后在窗口中输入命令"exit"，并按【Enter】键退出【cmd.exe】运行窗口。

第**25**章

使用U盘安装系统

学习目标

当用户的系统已经完全崩溃并且无法启动时，用户可以使用U盘来安装操作系统。本章主要
介绍如何制作U盘启动盘、如何使用U盘启动PE后再安装系统，以及如何使用U盘安装系统等
内容。

学习效果

25.1 制作U盘启动盘

⬤ 本节教学录像时间：3分钟

当确认需要使用U盘安装系统时，首先必须在能正常启动的计算机上制作U盘启动盘。制作U盘启动盘的方法有多种，下面具体介绍。

25.1.1 使用UltraISO制作启动U盘

UltraISO（软碟通）是一款功能强大而又方便实用的光盘映像文件制作/编辑/格式转换工具，它可以直接编辑光盘映像和从映像中直接提取文件，也可以从CD-ROM制作光盘映像或者将硬盘上的文件制作成ISO文件。同时，也可以处理ISO文件的启动信息，从而制作可引导光盘。

不过，在制作U盘启动盘前，需要做好以下准备工作。

① 准备U盘。如果制作Windows XP启动盘，建议准备一个容量为2G或4G的U盘；如果制作Windows 7/8.1/10系统启动盘，建议准备一个容量为8G的U盘，具体根据系统映像文件的大小。

② 准备系统映像文件。制作系统启动盘，需要提前准备系统映像文件，一般为ISO为后缀的映像文件，如下图所示。

名称	修改日期	类型	大小
cn_windows_8.1_with_update_x64_dvd_6051473.iso	2015/3/29 14:47	WinRAR 压缩文件	4,398,902...
cn_windows_8_enterprise_x86_dvd_917682.iso	2012/10/12 8:57	WinRAR 压缩文件	2,536,624...
Windows XP_Sp3_2012.iso	2012/1/26 20:41	WinRAR 压缩文件	763,474 KB

③ 备份U盘资料。先将U盘里的重要资料复制到电脑上进行备份。因为，用UltraISO制作U盘启动盘会将U盘里的原数据删除，不过，在制作成功之后，用户就可以将制作成为启动盘的U盘像平常一样来使用。

使用UltraISO制作U盘启动盘的具体操作步骤如下。

步骤 01 下载并解压缩UltraISO软件后，在安装程序文件夹中双击程序图标，启动该程序，然后在工具栏中选择【文件】▶【打开】菜单命令。

步骤 02 此时会弹出【打开ISO文件】对话框，选择要使用的ISO映像文件，单击【打开】按钮。

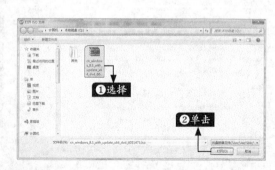

步骤 03 将U盘插入电脑USB接口中，选择【启动】▶【写入硬盘映像】菜单命令。

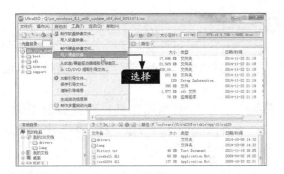

步骤04 弹出【写入硬盘映像】对话框，在【硬盘驱动器】下拉列表中选择要使用的U盘，保持默认的写入方式，单击【写入】按钮。

步骤05 此时弹出【提示】对话框，如果确认U盘中数据已备份，单击【是】按钮。

步骤06 此时，UltraISO进行数据写入，如下图所示。

步骤07 待消息文本框显示"刻录成功！"后，单击对话框右上角【关闭】按钮即可完成启动U盘制作。

步骤08 打开【计算机】窗口，即可看到U盘的图标发生变化，已安装了系统，此时该U盘即可作为启动盘安装系统，也可以在当前系统下安装写入U盘的系统。双击即可查看写入的内容。

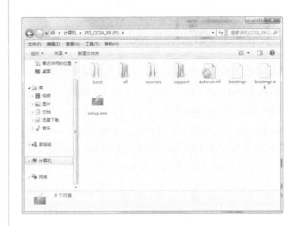

25.1.2 使用软媒魔方制作启动U盘

除了可以使用UltraISO制作U盘外，用户还可以选择使用软媒魔方制作启动U盘，其操作方法和UltraISO类似，下面仅做简单介绍。

步骤01 在http://mofang.ruanmei.com/网站中下载并安装软媒魔方，启动软件后，在主界面上单击【U盘启动】应用图标，安装U盘启动工具。

步骤02 打开U盘启动工具，选择要制作的U盘，选择安装的光盘镜像，然后单击【开始制作】按钮即可。

25.2 制作Windows PE启动盘

🕮 本节教学录像时间：4 分钟

Windows PE是带有限服务的最小Win32子系统，基于以保护模式运行的Windows XP Professional内核。它包括运行Windows安装程序及脚本、连接网络共享、自动化基本过程以及执行硬件验证所需的最小功能。在进入Windows PE环境之后，就可以安装操作系统了。本节介绍两种制作Windows PE启动盘的方法。

25.2.1 使用FlashBoot制作Windows PE启动盘

制作Window PE启动盘比较好用的工具是FlashBoot。FlashBoot是一款制作SUB闪存启动盘的工具，具有高度可定制的特点和丰富的选项。

使用FlashBoot制作Windows PE启动盘的具体操作步骤如下。

步骤01 将FlashBoot从网上下载并安装好以后，双击桌面上的快捷图标，即可打开FlashBoot的U盘制作向导对话框。

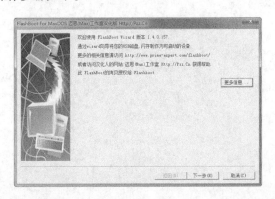

步骤 02 单击【下一步】按钮，打开【请选择磁盘的创建类型】对话框，由于制作的是DOS启动，因此这里勾选【创建带迷你DOS系统的可启动闪存盘】单选项。

步骤 03 单击【下一步】按钮，打开【从这里获取DOS系统文件】对话框，在这里要选择用户的启动文件来源。如果没有，可以选择【任何基于DOS的软盘或软盘镜像】单选项。

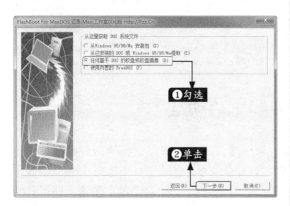

步骤 04 单击【下一步】按钮，打开【选择软盘或镜像的来源】对话框，这里勾选【从本机或局域网载入镜像文件】单选按钮。

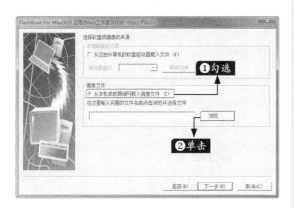

步骤 05 单击【浏览】按钮，打开【指定载入镜像文件的文件名】对话框，在其中选择FlashBoot安装目录中的DOS98.IMG镜像文件。

步骤 06 单击【打开】按钮，返回【选择软盘或镜像的来源】对话框。

步骤 07 单击【下一步】按钮，打开【选择输出类型】对话框，在其中勾选【将连接在这台计算机的内存盘制作为可引导的设备】单选按钮，单击【驱动器盘符】右侧的下拉按钮，在弹出的下拉列表中选择可移动磁盘，这里是H盘。

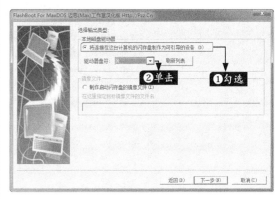

步骤 08 单击【下一步】按钮，打开【选择目标USB磁盘的格式化类型】对话框，在其中选择U盘的启动模式，并勾选【保留磁盘数据（避免重新格式化）】复选框。

步骤 09 单击【下一步】按钮，进入【摘要信息】对话框，在其中可以看到之前设置的一些简单信息。

步骤 10 单击【完成】按钮，即可开始制作启动盘，稍等片刻，即可完成利用U盘制作Windows PE启动盘的操作。单击【关闭】按钮，退出【制作启动型U盘】对话框。

25.2.2 使用软媒魔方制作Windows PE启动盘

虽然FlashBoot功能比较强大，但是使用步骤较为烦琐，用户还可以选择使用软媒魔方制作Windows PE启动盘，它的方法和制作启动盘差不多，打开软媒U盘启动工具，选择【PE启动盘】选项卡，然后选择安装模式、写入的U盘、镜像文件后，单击【制作PE启动盘】按钮，即可开始制作，一般10~20分钟可制作完成。

25.3 使用U盘安装系统

本节教学录像时间：5分钟

U盘启动盘制作完毕后，把系统安装程序复制到U盘，下面就可以使用U盘安装操作系统了。

25.3.1 设置从U盘启动

要想使用U盘安装系统，则需要将系统的启动项设置为从USB启动。设置从U盘启动的具体操作步骤如下。

步骤 01 在开机时按键盘上的【Delete】键，进入BIOS设置界面。

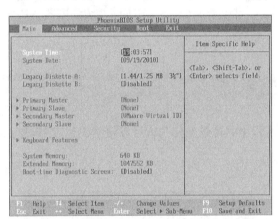

步骤 02 按键盘上的【→】键，将光标定位在【Boot】选项卡。

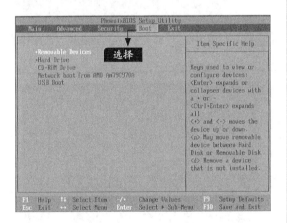

步骤 03 通过键盘的上下键把光标移动到【USB Boot】一项上，按小键盘上的【+】号直到不能

移动为止。

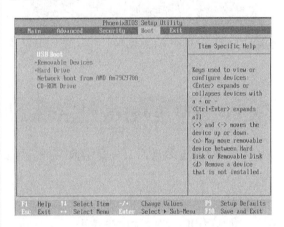

步骤 04 设置完成后，按键盘上的【F10】键或【Enter】键，即可弹出一个确认修改对话框，选择【Yes】选项，再按【Enter】键，即可将此电脑的启动顺序设置为U盘。

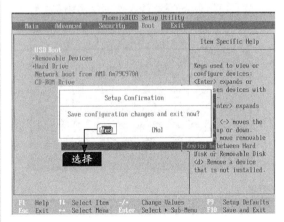

25.3.2 使用U盘安装系统

使用U盘安装系统主要难点是制作系统启动盘和设置U盘为第一启动，其后序基本是系统自动完成安装，下面简单介绍其安装方法。

步骤 01 将U盘插入电脑USB接口，并设置U盘为第一启动装量后，打开电脑电源键，屏幕中出现"Start booting from USB device..."提示。

步骤 02 此时，即可看到电脑开始加载USB设备

中的系统。

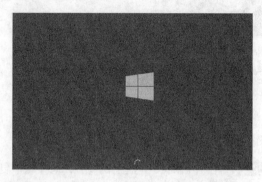

步骤 03 接下来的安装步骤和光盘安装的方法一致，可以参照6.2~6.4节不同系统的安装方法，在此不再一一赘述。

25.3.3 在Windows PE环境下安装系统

在设置好U盘启动后，只要U盘中存在系统安装程序的镜像文件，就可以使用U盘安装操作系统。

具体的操作步骤如下。

1. 进入Windows PE操作桌面

步骤 01 在BIOS中设置好用U盘启动之后，重新启动电脑，打开选择启动菜单界面。选择从Windows PE启动电脑。

步骤 02 在Windows PE启动的过程中，将弹出【欢迎使用WINPE操作系统】界面。

步骤 03 稍等片刻，即可进入Windows PE操作桌面。

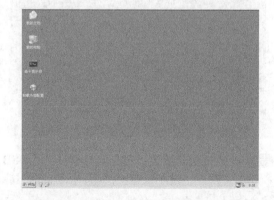

2. 格式化系统盘C盘

步骤01 双击桌面上的【我的电脑】图标,打开
【我的电脑】窗口,选中系统盘C盘并右击,
在弹出的快捷菜单中选择【格式化】菜单项。

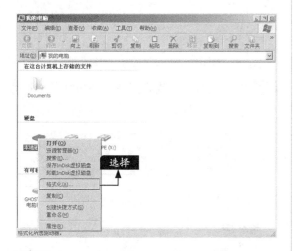

步骤02 打开【格式化 本地磁盘（C:）】对话
框,单击【文件系统】下拉按钮,在弹出的下
拉列表中选择格式化文件系统的方式,并设置
格式化选项。

步骤03 单击【开始】按钮,打开【警告】信息
提示框,提示用户格式化将删除该磁盘上的所
有数据。

步骤04 单击【确定】按钮,开始格式化本地磁
盘（C:）,并显示格式化的进度。

步骤05 格式化完毕后,将弹出一个信息提示
框,提示用户格式化完毕。

3. 装载映像文件

步骤01 单击【确定】按钮,关闭格式化对话
框,然后选择【开始】➤【程序】➤【常用工
具】➤【虚拟光驱】菜单项。

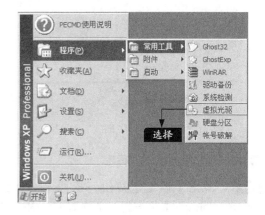

步骤02 打开【Virtual Drive Manager】（虚拟光
驱）窗口。

步骤 03 单击【装载】按钮，打开【装载映像文件】对话框。

步骤 04 单击【浏览】按钮，在打开的【Open Image File】（打开镜像文件）对话框中选择装载的Windows 7镜像文件。

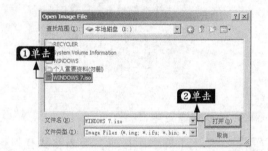

步骤 05 单击【打开】按钮，返回【装载映像文件】对话框。

● 4. 安装Windows 7程序

步骤 01 单击【确定】按钮，返回【Virtual Drive Manager】（虚拟光驱）窗口，单击右上角的【关闭】按钮，关闭该窗口，然后打开【我的电脑】窗口，即可在虚拟光驱中看到装载的ISO文件。

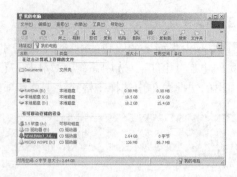

步骤 02 双击打开该虚拟光驱，即可在其中看到系统安装的文件。

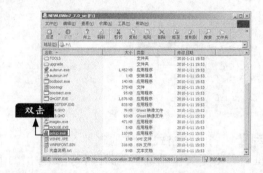

步骤 03 双击其中的【Setup】图标，即可开始加载Windows安装程序。以后的操作就和安装单操作系统一样，这里不再赘述。

另外，部分PE环境下集成了GHOST工具，用户也可以使用GHOST安装GHO镜像文件。

高手支招

本章主要介绍了如何使用U盘安装操作系统，下面再来介绍一些有关U盘的使用技巧。通过对U盘进行加密，可以保护U盘中的数据，而如果不小心丢失了U盘的加密密码，还可以将其找回并去除。

◉ 为U盘进行加密

在Window操作系统之中，用户可以利用BitLocker功能为U盘进行加密，用于解决用户数据的失窃、泄漏等安全性问题。

使用BitLocker为U盘进行加密，具体操作步骤如下。

(1) 启动BitLocker

步骤01 单击【开始】按钮，在弹出的【开始】菜单中选择【控制面板】菜单项，打开【控制面板】窗口。

步骤02 单击【控制面板】中的【系统和安全】超连接，打开【系统和安全】窗口。

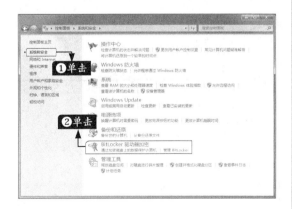

步骤03 在该窗口中单击【BitLocker驱动器加密】链接，打开【通过对驱动器进行加密来帮助保护您的文件和文件夹】窗口，在窗口中显示了可以加密的驱动器盘符和加密状态，用户

可以单击各个盘符后面的【启用BitLocker】链接，对各个驱动器进行加密。

步骤04 单击【可移动磁盘H】后面的【启用BitLocker】链接，打开【正在启动BitLocker】对话框。

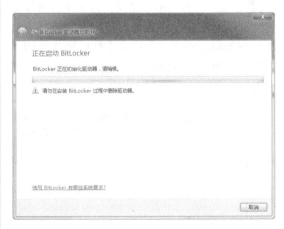

(2) 为U盘进行加密

步骤01 启动BitLocker完成后，打开【选择希望解锁此驱动器的方式】对话框，在其中勾选【使用密码解锁驱动器】复选框。

小提示

用户还可以选择【使用智能卡解锁驱动器】复选框，或者是两者都选择。这里推荐选择【使用密码解锁驱动器】复选框。

步骤 02 在【输入密码】和【再次输入密码】文本框中输入密码。

步骤 03 单击【下一步】按钮，打开【您希望如何存储恢复密钥】对话框，用户可以选择【将恢复密钥保存到文件】或者【打印恢复密钥】选项。这两个选项也可以同时使用，这里选择【将恢复密钥保存到文件】选项。

步骤 04 随即打开【将BitLocker恢复密钥另存为】对话框，在该对话框中选择将恢复密钥保存的位置，在【文件名】文本框中更改文件的名称。

步骤 05 单击【保存】按钮，即可将恢复密钥保存起来，同时关闭对话框，并返回【您希望如何存储恢复密钥】对话框，在对话框的下侧显示已保存恢复密钥的提示信息。

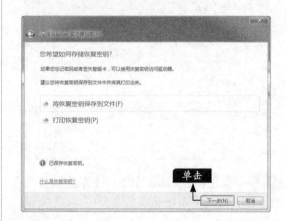

步骤 06 单击【下一步】按钮，打开【是否准备加密该驱动器】对话框。

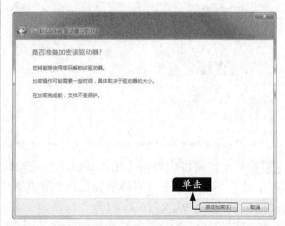

步骤 07 单击【启动加密】按钮，开始对可移动驱动器进行加密，加密的时间与驱动器的容量有关，但是加密过程不能中止。

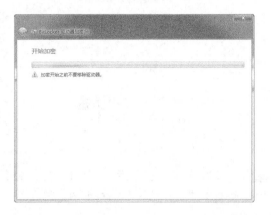

步骤 08 开始加密启动完成后，打开【BitLocker驱动器加密】对话框，在其中显示了加密的进度。

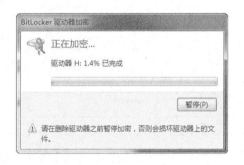

步骤 09 如果希望加密过程暂停，则单击【暂停】按钮，即可暂停驱动器的加密。

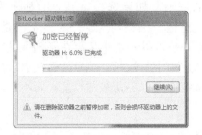

步骤 10 单击【继续】按钮，可继续对驱动器进行加密，但是在完成加密过程之前，不能取下U盘，否则驱动器内的文件将被损坏。加密完成后，将弹出信息提示框，提示用户已经加密完成。单击【关闭】按钮，即可完成U盘的加密。

● 加密U盘的使用

如果用户将启动了BitLocker To Go保护的U盘插入Windows 7操作系统的USB接口中，就会弹出【BitLocker 驱动器加密】对话框；如果没有弹出该对话框，则说明系统禁用了U盘的自启动功能，这时可以双击【计算机】窗口中的U盘图标，打开BitLocker解锁对话框。

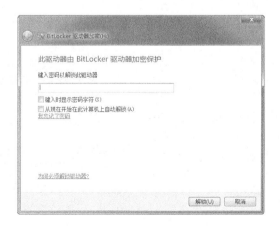

步骤 01 用户需要在【输入密码以解锁此驱动器】文本框中输入启用BitLocker To Go保护时设置的密码，如果选中【键入时显示密码字符】复选框，则在输入密码时显示的是"*"号。用户也可以勾选【从现在开始在此计算机上自动解锁】复选框，当U盘解锁成功后，在当前系统中可以随意插拔U盘，而不再输入密码。

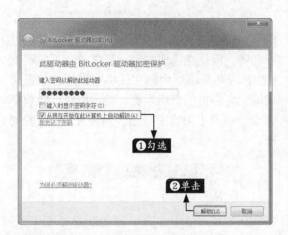

步骤 02 密码输入完毕后，单击【解锁】按钮，U盘很快就能成功解锁，然后在【计算机】窗口中双击U盘图标，即可打开U盘，在其中可以正常地访问U盘，并可以进行复制、粘贴以及创建文件夹等操作。

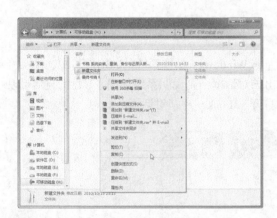

步骤 03 另外，当插入一个启动了BitLocker To Go加密的U盘时，在【通过对驱动器进行加密来帮忙保护您的文件和文件夹】窗口的驱动列表中会显示出来，用户可以单击【解锁驱动器】链接进行驱动器的解锁操作。

步骤 04 当解锁成功后，会出现【关闭BitLocker】和【管理BitLocker】两个链接。

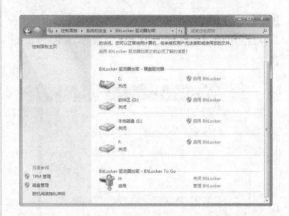

步骤 05 如果单击【关闭BitLocker】链接，则会弹出【关闭BitLocker】对话框，只要单击【解密驱动器】按钮，就可以移除U盘的BitLocker To Go的加密，将U盘恢复到原始的状态，这样任何支持U盘的操作系统都可以对其随意地访问和编辑。

步骤 06 如果单击【管理BitLocker】链接，则会打开【选择要管理的选项】对话框，用户可以通过这些选项更改密码、再次保存或打印恢复密钥、添加智能卡、删除密码以及设置此电脑

自动解锁等。只要选择相应的选项，然后按照提示逐步操作即可。

● 去除加密U盘的密钥

如果用户不小心将U盘设置的BitLocker密码忘记或丢失了，还可以使用恢复密钥更改或删除密码。在Windows 7操作系统中使用恢复密钥的具体操作步骤如下。

步骤01 单击【此驱动器由BitLocker驱动器加密保护】对话框中的【我忘记了密码】链接。

步骤02 随即打开【使用恢复密钥解锁此驱动器】对话框，用户可以选择【从USB闪存驱动器获取密钥】或【键入恢复密钥】选项，如果用户将恢复密钥保存在其他的U盘中，可以选择第1个选项，否则选择第2个选项。

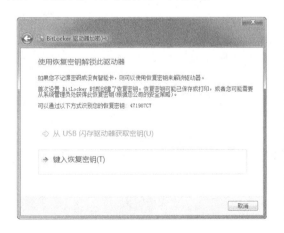

步骤03 这里选择第2个选项【键入恢复密钥】选项，打开【输入恢复密钥】对话框，找到并打开启用U盘BitLocker To Go加密时创建的恢复密钥文件，可以用记事本打开。

步骤04 从中找到BitLocker的恢复密钥，把该密钥输入或复制到【键入BitLocker恢复密钥】文本框中。

步骤05 单击【下一步】按钮，打开【您现在具有对此驱动器的临时访问权】对话框，用户可以选择【管理BitLocker】选项。

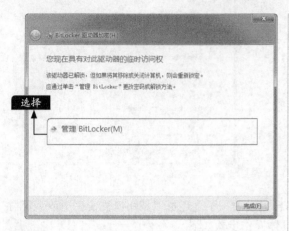

步骤 06 打开【选择要管理的选项】对话框，用

户可以在该对话框中进行更改密码、解锁驱动器等操作。

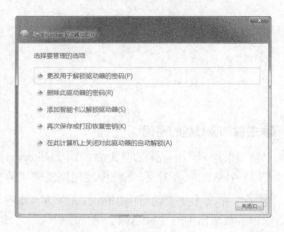

第26章

刻录DVD系统安装盘

学习目标

通过DVD安装系统是最为常见的系统安装方式，用户可以将系统镜像文件刻录到光盘中，方便随时安装系统。本章将主要介绍如何刻录DVD系统安装盘及如何生成ISO映像文件内容。

学习效果

26.1 刻录准备

🔘 **本节教学录像时间：4分钟**

刻录系统盘，需要满足3个前提条件，才能顺利地将系统镜像文件刻录完成，包括刻录机、空白光盘和刻录软件。

1. 刻录机

刻录机是刻录光盘的必要硬件外设，可以用于读取和写入光盘数据。对于很多用户来讲，即便电脑带有光驱，也不确定是否支持光盘刻录。而判断光驱是否支持刻录，可以采用以下几种办法。

(1) 看外观

看光驱的外观，如果有DVD-RW或RW的标识，则表明是可读写光驱，可以刻录DVD和CD光盘，如下图所示。如果是DVD-ROM的标识，则表明是只读光驱，能读出DVD和CD碟片，但不能刻录。

(2) 看盘符

打开【计算机】窗口，看光驱的盘符，如果显示为DVD-RW或DVD-RAM，则支持刻录。如果显示为DVD-R或DVD-ROM，则不能刻录。

(3) 看设备管理器

右键单击【计算机】图标，选择【属性】▶【设备管理器】选项，单击展开【DVD/CD-ROM 驱动器】项，查看DVD型号，如果是DVD-ROM，就不能刻录，如果是DVDW或DVDRW则支持刻录。

当然，除了上面3种方法，还可以通过鲁大师对硬件进行检测，查看光盘是否支持刻录。

2. 空白光盘

对于做一张系统安装盘，首先要看系统镜像的大小，如果是Windows XP，用户可以考虑使用700MB容量的CD，如果是Windows7\8.1\10的系统镜像，建议选用4.7 GB的DVD光盘。

另外，在光盘选择上，会看到分为CD-R和CD-RW两种类型，CD-R的光盘仅支持一次性的刻录，而CD-RW的光盘支持反复写入擦除。如果仅用来做系统盘，建议选用CD-R类型的光盘，价格相对便宜。

3. 刻录软件

除了要具备刻录机和空白光盘之外，还必须要安装CD光盘刻录软件，如Easy-CD Pro、Easy-CD Creator、Nero、WinOnCD等，或者是DVD刻录软件，如软碟通、Nero等，这些都是常用的刻录程序。读者可以根据需要在相应的网站中下载。

26.2 开始刻录

本节教学录像时间：3分钟

刻录机、光盘和软件准备好后，就可以刻录了。本节主要介绍如何使用UltraISO（软碟通）制作系统安装盘。

步骤01 下载并解压缩UltraISO软件后，在安装程序文件夹中双击程序图标，启动该程序，然后在工具栏中单击【文件】▶【打开】菜单命令，选择要刻录的系统映像文件。

步骤02 添加系统映像文件后，将空白光盘放入光驱中，然后在工具栏中单击【工具】▶【刻录光盘映像】菜单命令。

步骤03 弹出【刻录光盘映像】对话框，在【刻录机】下拉列表中选择要使用的刻录机，保持默认的写入速度和写入方式，单击【刻录】按钮。

小提示

勾选【刻录校验】复选项，可以在刻录完成后，对写入的数据进行校验，以确保数据的完整性，一般可不勾选。

另外，如果光盘支持反复写入和擦除，可以在该对话框中单击【擦除】按钮，擦除光盘中的数据。

步骤04 此时，软件即会进入刻录过程中，如下图所示。

步骤05 刻录成功后，光盘即会从光驱中弹出。此时，单击对话框右上角的【关闭】按钮，完成刻录。

用该盘安装系统。另外用户也可以在【计算机】窗口打开DVD驱动器，查看刻录的文件。

步骤 06 将光盘放入光驱中，弹出【自动播放】对话框，单击【运行 setup.exe】选项，即可使

至此，系统盘刻录已完成，用户也可以使用同样方法刻录视频、音乐等光盘。

 高手支招

本节教学录像时间：1分钟

● 保存为ISO镜像文件

ISO（Isolation）文件一般以.iso为扩展名，是复制光盘上全部信息而形成的镜像文件，它在系统安装中会经常用到，而如何将系统安装文件保存为ISO镜像文件格式，一直困扰了不少用户，下面讲述保存为ISO镜像文件的最简单的办法。

步骤 01 打开UltraISO软件，将要保存的文件全部拖到UltraISO软件列表框中。

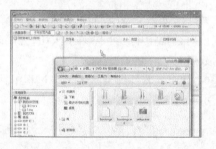

步骤 02 单击【保存】按钮或按【Ctrl+S】组合键。

步骤 03 弹出【ISO文件另存】对话框，设置要保存的路径和文件名，并单击【保存】按钮。

步骤 04 弹出【处理进程】对话框，显示保存的进度情况，待结束后即可在保存的路径下查看ISO镜像文件。

第27章

为500台电脑同时批量安装操作系统

学习目标

当用户管理多台电脑（如500多台）时，如果需要对这些电脑安装操作系统，一台一台安装的话，就需要多张安装光盘，显然这是不现实的，那么如何才能为多台电脑批量安装操作系统呢？本章就来介绍如何为多台电脑同时批量安装操作系统。

学习效果

27.1 安装条件

◎ 本节教学录像时间：2 分钟

要想为多台电脑（如500多台）同时安装操作系统，首先需要满足如下安装条件。

① 必须有一台带网卡的电脑A作为服务器，其他的电脑作为客户端。

② 必须将这些电脑都设置在一个局域网内。

③ 将这些电脑的IP地址设置在一个网段之中。

④ 需要安装系统的电脑B（客户机），支持网络启动，如启动到PE，内存最好大于256MB。

⑤ 准备好移动硬盘或者U盘，其中包含操作系统和驱动程序相关文件。

⑥ 准备好网络启动软件包，两个软件包均可以启动到DOS或WINPE，启动后均支持USB设备。

27.2 创建服务器

◎ 本节教学录像时间：3 分钟

要想为多台电脑批量安装操作系统，首先必须将其中的一台电脑安装好可以作为服务器的操作系统，如Window Server 2003/2008等，在安装好操作系统后，就可以创建服务器了。这里以MaxDOS网刻服务器为例，创建服务器的具体操作步骤如下。

步骤 01 双击下载的MaxDOS网刻服务器安装程序，打开【MaxDOS网刻服务器】窗口。

步骤 02 在【输入方案名称】文本框中输入方案的名称，这里输入"Win"，然后勾选【选

择克隆任务】区域中的【恢复镜像（网络克隆）】单选按钮，在【选择克隆模式】区域中勾选【普通模式（本地硬盘启动）】单选按钮。

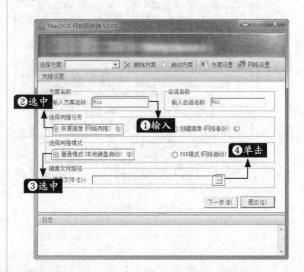

步骤 03 单击【镜像文件】文本框后面的【…】

按钮，打开【打开GHOST镜像文件】对话框，在其中选择GHOST镜像文件。

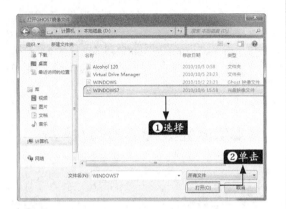

步骤 04 单击【打开】按钮，返回【MaxDOS网刻服务器】界面。

步骤 05 单击【下一步】按钮，打开【克隆设置】对话框，在其中勾选【分区克隆】单选按钮。

步骤 06 单击【保存】按钮，弹出【提示】对话框，在其中提示用户方案已经保存完成。

步骤 07 单击【确定】按钮，返回【选择方案】界面，单击【选择方案】右侧的下拉按钮，在弹出的下拉列表中选择刚才创建的方案【Win】。

步骤 08 单击【保存】按钮，即可将DHCP服务器创建成功，并在下面的【日志】窗口中显示DHCP服务器启动成功。

27.3 安装客户端程序

在安装好服务器端之后，就可以安装客户端程序了。这里以MaxDOS 8为例，在客户机中安装客户端程序的具体操作步骤如下。

步骤 01 双击下载的MaxDOS安装程序，打开【准备安装MaxDOS 8】对话框，提示用户在使用前需要认真查阅"说明文件"。

步骤 02 单击【下一步】按钮，打开【许可协议】对话框，在其中勾选【我同意该许可协议的条款】单选按钮。

步骤 03 单击【下一步】按钮，打开【请选择MaxDOS的安装方式】对话框，在其中勾选【将MaxDOS安装至BOOT.INI或者BOOTMGR】单选按钮。

步骤 04 单击【下一步】按钮，打开【请输入MaxDOS启动的等待时间及引导密码】对话框，在【请输入Windows启动菜单的等待时间】文本框中输入等待的时间，在【请输入MaxDOS启动密码，默认为空，为了您的计算机安全，建议您设置密码】文本框中输入密码。

步骤 05 单击【下一步】按钮，打开【选择用于存放一键备份与还原镜像的路径】对话框，用户可以根据实际需要在其中勾选相应的单选按钮。

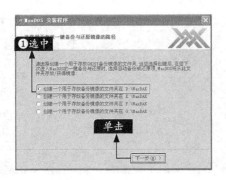

步骤06 单击【下一步】按钮，打开【请选择安装选项】对话框，用户可以根据实际需要勾选相应的复选框。

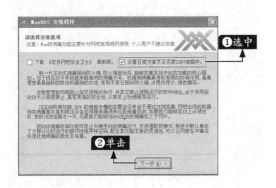

步骤07 单击【下一步】按钮，打开【MaxDOS 8已经安装成功】对话框。

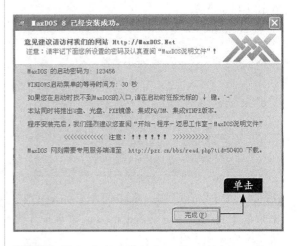

步骤08 单击【完成】按钮，即可关闭MaxDOS安装向导对话框。

27.4 开始批量安装

📀 **本节教学录像时间：2分钟**

重新启动电脑，即可在启动界面看到MaxDOS已经自动添加到启动菜单之中了。

步骤01 在【请选择要启动的操作系统】列表中按键盘上的方向键，选择【MaxDOS 8】选项，按【Enter】键，即可进入【MaxDOS 8】操作界面。

步骤 02 选择【启动 MaxDOS 8 Mem模式】选项，即可进入MaxDOS 8 Mem菜单模式界面，在其中输入密码。

步骤 03 按【Enter】键，即可进入【MaxDOS 8 主菜单】界面，通过键盘上的方向键选择【全自动网络克隆】选项。

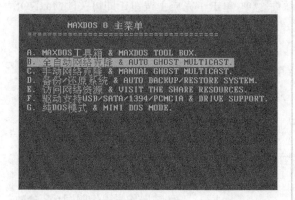

步骤 04 按【Enter】键，即可进入DOS操作系统的命令行界面，提示用户正在检测并加载网卡驱动，需要用户耐心等待。

步骤 05 网卡驱动加载完成后，弹出【MaxDOS NDIS驱动全自动网刻系统】界面。

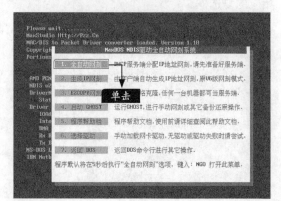

步骤 06 选择【全自动网刻】选项，按【Enter】键，则系统开始自动寻找服务器上的GHOST镜像文件，找到后，即可开始安装操作系统。以后的操作就和安装单操作系统一样，这里不再赘述。